数 論 I

数　論 I

—— Fermat の夢と類体論 ——

加藤和也・黒川信重・斎藤 毅

岩波書店

まえがき

　本書が出版される1996年の200年前1796年は，近代の数論を大きく進歩させたGaussにとり，実りの多い年であった．当時10代の終わりにあったGaussは，その年の3月30日に正17角形の作図法を発見，4月8日にGauss自身が「宝玉」と呼ぶ「平方剰余の相互法則」（本書§2.2参照）を証明，5月31日に素数の分布に関する「素数定理」を予想，7月10日にすべての自然数が3個以下の3角数の和としてあらわせること（本書の§0.5参照）を証明，10月1日に後の時代へ大きな影響を与えることになる有限体係数の方程式の解の個数についての結果を得る，…などの研究をおこなった．これらのことはいずれも『数論 I』，および続編の『数論 II』に登場する．

　ひ，ふ，み，よ，…と素朴に数えれば出てくる数の世界に，若いGaussをひきつけたたくさんの不思議がかくされており，ひとつの時代における発見が次の時代のさらに深い発見を呼んでゆく．100年後の1896年に上述の素数定理は証明され，約120年後には平方剰余の相互法則は「類体論」に成長し，約150年後には上の10月1日のGaussの結果を考察したWeilによって，20世紀の代数幾何学に大きな影響を与えたWeil予想が提起される．Gaussが磨いた宝玉はその後の人々に磨かれて光を増していった．地球上の秘境がほとんど探索されつくしたと言われる現代でも，数の世界にたたえられた謎は究めつくされそうもないが，それはこの自然界が底の浅いものでなく無限のゆたかさをもっていることのあらわれであると思われる．

　本書では数のもつふしぎさを大切にしつつ，現代の数論がさぐりあてた，その奥にあるゆたかな世界を描きだしてゆきたいと思う．筆者の非才のため力の及ばぬ点が多いのであるが，読者に数のもつふしぎさ，自然のもつゆたかさのようなものを感じていただけたら，幸いである．

　　1996年8月

加藤和也・黒川信重・斎藤毅

単行本化にあたって

　本書は，岩波講座『現代数学の基礎』「数論1」「数論2」「数論3」の中の「数論1」と「数論2」を合わせて1巻とし，改訂もおこなったものである．執筆者の意図や願いは，その「数論1」冒頭の「まえがき」に述べたとおりであり，その「まえがき」を再録した．主な改訂は，「付録§C. 素点の光」として，局所体を考えることの良さについての補足をおこなったことである．本書には，現代の整数論の中核である「代数的整数論」や，「類体論」が含まれている．本書に含まれていない「岩澤理論」や「保型形式論」については，本書の続編である『数論II』(その前身は，岩波講座『現代数学の基礎』「数論3」)をご覧いただければ幸いである．

　2004年10月8日

著者記す

理論の概要と目標

　本書の構成を述べる.

　数論の基本は，数のもつふしぎに対する素朴な驚きであろう．近代の数論の始祖と言われる Fermat の仕事には，この数のふしぎさがよくあらわれていると思えるので，まず第 0 章において，Fermat の数論に関する仕事の紹介をした．Fermat が発見した個々の事実の背後に，どのような世界がひそんでいることがその後あきらかになってきたかを，読者はそのあとの諸章において見ていただきたい．この第 0 章に次いで，現代の数論において重要な対象である，楕円曲線(第 1 章)，p 進数(第 2 章と第 6 章)，ζ 関数(第 3 章と第 7 章)，代数体(第 4 章と第 6 章)，類体論(第 5 章と第 8 章)について解説する．同じ主題を 2 つの章に分けてあるものは，前の章では親しみやすいところからその主題の核心へ直行していただき，後の章では十全な解説をおこなう，ということを意図したのである．たとえば類体論は理論的には，第 8 章の形に述べるのが最善であると思われるが，わかりやすさからいうと，第 5 章の形に述べるのが最善であると考えた．楕円曲線を第 1 章で解説したのは，現代の数論で重要性を増した数論的代数幾何学の方向にあるものを取り入れようとしたのである．第 1 章から第 4 章まではかなり独立に読める(前の章を理解しないと後の章が理解できないということはないし，後の章の方が前の章よりわかりやすいかもしれない)ので，読みやすいところから読み始めていただきたいと思う.

　多くの重要なことを論じようとしたが，実際に書いてみると紙数が足りず，いろいろな事項を割愛せねばならなかった．最近新たな進展を見せている「Diophantus 近似論」,「超越数論」について述べることができなかった.

　本書の続編である『数論 II』では，岩澤理論，保型形式の理論が解説される．また，シリーズ『現代数学への入門』の中の山本芳彦著「数論入門」(岩

波書店，2003)は，本書と合わせ読まれると，本書の足りないところが補われると思う．

　本書を読まれるための予備知識としては，読者が，群，環，体について基礎的なことがらを習得しておられることを期待する．第4章で使われるDedekind 環の理論については，付録§A に，そのまとめを置いた．第5章以降ではGalois 理論が使われるが，付録§B に，Galois 理論のまとめを置いた．

　読者におすすめすることは，実際に紙と鉛筆を用いて，簡単な素朴な例を書きくだす試みをされることである．天文学において天体の観測をすることが大切であるように，数論において，数についてのそのような実際の「観測」が大切であり，観測してみると，ふしぎはそこここにころがっている．また，数論は長い歴史をもつ分野であって歴史から学びえるところも大きく，数論の歴史に関心をもたれることもおすすめしたい．

目　次

まえがき ･････････････････ v
単行本化にあたって ････････････ vi
理論の概要と目標 ･････････････ vii

第0章　序 Fermat と数論 ･･･････ 1

§0.1　Fermat 以前 ･･････････ 1
§0.2　素数と2平方和 ･･･････ 4
§0.3　$p = x^2 + 2y^2$, $p = x^2 + 3y^2$, ⋯ 6
§0.4　Pell 方程式 ･･･････････ 8
§0.5　3角数, 4角数, 5角数, ⋯ ･･ 9
§0.6　3角数, 平方数, 立方数 ･･･ 10
§0.7　直角3角形と楕円曲線 ････ 12
§0.8　Fermat の最終定理 ･････ 13
　　　演習問題 ･････････････ 15

第1章　楕円曲線の有理点 ･････ 17

§1.1　Fermat と楕円曲線 ･････ 17
§1.2　楕円曲線の群構造 ･････ 25
§1.3　Mordell の定理 ･･･････ 32
　　　要　約 ･････････････ 44
　　　演習問題 ･････････････ 44

第2章　2次曲線と p 進数体 ････ 47

§2.1　2次曲線 ･･･････････ 47

§2.2　合　同　式 52
§2.3　2次曲線と平方剰余記号 55
§2.4　p進数体 61
§2.5　p進数体の乗法的構造 74
§2.6　2次曲線の有理点 79
　　要　　約 83
　　演習問題 84

第3章　ζ 85

§3.1　ζ関数の値の3つのふしぎ 85
§3.2　正整数での値 89
§3.3　負整数での値 94
　　要　　約 104
　　演習問題 105

第4章　代数的整数論 107

§4.1　代数的整数論の方法 108
§4.2　代数的整数論の核心 117
§4.3　虚2次体の類数公式 128
§4.4　Fermatの最終定理とKummer 132
　　要　　約 137
　　演習問題 138

第5章　類体論とは 139

§5.1　類体論的現象の例 140
§5.2　円分体と2次体 151
§5.3　類体論の概説 164
　　要　　約 170

演習問題 ・・・・・・・・・・・・・・・・ 170

第6章　局所と大域 ・・・・・・・・・・ 171

§6.1　数と関数のふしぎな類似 ・・・・・・・ 171

§6.2　素点と局所体 ・・・・・・・・・・・・ 179

§6.3　素点と体拡大 ・・・・・・・・・・・・ 191

§6.4　アデール環とイデール群 ・・・・・・・ 223

要　　約 ・・・・・・・・・・・・・・・・ 249

演習問題 ・・・・・・・・・・・・・・・・ 250

第7章　$\zeta(\mathrm{II})$ ・・・・・・・・・・・・ 253

§7.1　ζ の出現 ・・・・・・・・・・・・・ 254

§7.2　Riemann ζ と Dirichlet L ・・・・・ 258

§7.3　素数定理 ・・・・・・・・・・・・・・ 263

§7.4　$\mathbb{F}_p[T]$ の場合 ・・・・・・・・・・ 272

§7.5　Dedekind ζ と Hecke L ・・・・・・ 274

§7.6　素数定理の一般的定式化 ・・・・・・・ 285

要　　約 ・・・・・・・・・・・・・・・・ 292

演習問題 ・・・・・・・・・・・・・・・・ 292

第8章　類体論(II) ・・・・・・・・・・ 295

§8.1　類体論の内容 ・・・・・・・・・・・・ 296

§8.2　大域体，局所体上の斜体 ・・・・・・・ 320

§8.3　類体論の証明 ・・・・・・・・・・・・ 333

要　　約 ・・・・・・・・・・・・・・・・ 359

演習問題 ・・・・・・・・・・・・・・・・ 360

付録A　Dedekind 環のまとめ *361*

　§A.1　Dedekind 環の定義 *361*
　§A.2　分数イデアル *362*

付録B　Galois 理論 *365*

　§B.1　Galois 理論 *365*
　§B.2　正規拡大と分離拡大 *367*
　§B.3　ノルムとトレース *369*
　§B.4　有限体 *370*
　§B.5　無限次 Galois 理論 *371*

付録C　素点の光 *375*

　§C.1　Hensel の補題 *375*
　§C.2　Hasse の原理 *377*

問解答
演習問題解答
索引

《数論 II の内容》

第 9 章　序 保型形式とは
 §9.1　Ramanujan の発見
 §9.2　Ramanujan の Δ と正則 Eisenstein 級数
 §9.3　保形性と ζ の関数等式
 §9.4　実解析的 Eisenstein 級数
 §9.5　Kronecker の極限公式と正規積
 §9.6　$SL_2(\mathbb{Z})$ の保型形式
 §9.7　古典的保型形式

第 10 章　岩澤理論
 §10.0　岩澤理論とは
 §10.1　p 進解析的ゼータ
 §10.2　イデアル類群と円分 $\mathbb{Z}_p$ 拡大
 §10.3　岩澤主予想

第 11 章　保型形式 (II)
 §11.1　保型形式と表現論
 §11.2　Poisson 和公式
 §11.3　Selberg 跡公式
 §11.4　Langlands 予想

第 12 章　楕円曲線 (II)
 §12.1　有理数体上の楕円曲線
 §12.2　Fermat 予想

《数学記号と用語》

本書において次の記号を用いる．
 $\mathbb{Z}$　整数全体
 $\mathbb{Q}$　有理数全体
 $\mathbb{R}$　実数全体
 $\mathbb{C}$　複素数全体

環といえば乗法に関する単位元（1と書かれる）をもつものとし，環準同型といえば1を1にうつすものとする．

環Aに対し，$A^{\times}$で，Aの可逆元（乗法についての逆元をもつ元）全体のなす乗法群をあらわす．とくにAが体の場合，$A^{\times}$は，Aの0以外の元全体のなす乗法群である．

0

序
Fermat と数論

350 年以上の間証明が与えられずにいた，Fermat の最終定理(Fermat's last theorem)

「n が 3 以上のとき
$$x^n + y^n = z^n$$
をみたす自然数 x, y, z は存在しない」

が，1994 年 9 月に Wiles によって証明された．Fermat の最終定理は，Fermat(1601–65)が自分の持つ本の余白におそらく 1630 年代に書きのこしたもので，Fermat はそこに「自分はこのことの驚嘆すべき証明を発見したが，この余白はそれを記すには狭すぎる」ということばをのこした．その後の多くの人の努力にもかかわらず，証明が与えられずにいたのである．

この序章では，「近代の数論の創始者」と言われる Fermat に焦点をあて，Fermat の数論についての仕事をふりかえり，その仕事がその後の時代の数論においてどのように成長していったか，そしてそれが本書でどういうふうに現代の数学の方法でとりあつかわれるかについてふれる．

§0.1 Fermat 以前

Fermat の最終定理が書きのこされたのは，古代の数学者 Diophantus が書いた『数論』という本の中の，方程式 $x^2 + y^2 = z^2$ の有理数の解が論じら

れている部分の余白であった．Fermat はこの方程式の「2乗」のところを，3乗, 4乗, 5乗, … にしてみたのである．

方程式 $x^2+y^2=z^2$ の自然数の解は，
$$3^2+4^2=5^2, \quad 5^2+12^2=13^2, \quad 8^2+15^2=17^2$$
などたくさんあり(§2.1参照)，それらは三平方の定理によって図0.1のように直角3角形の3辺を形づくることから，古代から重視された．4000年近く前の古代バビロニアの遺跡から出た粘土板には，この $x^2+y^2=z^2$ をみたす自然数が，
$$119^2+120^2=169^2$$
などたくさん書かれていることが，20世紀なかばに解読された．この粘土板を書いた人は，こういう x, y, z を発見する方法をすでに知っていたと考えられる．

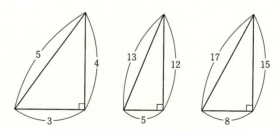

図 **0.1** 三平方の定理

古代ギリシャには，三平方の定理をはじめて証明したといわれる Pythagoras(紀元前6世紀)をはじめ，多くのすぐれた数学者が出現した．Pythagoras は数論の始祖ともいわれ，数の持つ神秘を強く感じて，「万物は数である」ということばをのこした．Pythagoras は，美しい整数の比の長さを持つ弦から美しい和音が生ずることを知って音階を考案し，整数の比を重視したが，一方で，整数の比とならない実数，すなわち無理数が存在することをはじめて発見したといわれる．

整数の比としてあらわされる数である有理数は，実数のなす数直線の上にすきまなくぎっしりと並んでいるように見えるが，じつは $\sqrt{5}$ のように，有理数でない実数が存在している．このことは我々の肉眼では判断しがたく，

古代ギリシャ数学が得た「証明」という方法によってはじめて知りえることであるが，Pythagoras自身はこの無理数が存在するというみずから証明した事実に驚き，それをどう解釈するかに苦しんだといわれる．(Pythagorasは無理数が存在することを，神の失敗であると考え，この事実を他言することを弟子たちに禁じたが，禁を破ったある弟子は神の怒りにふれて乗船が沈み落命した，という言い伝えがのこっているほどである．)

紀元前3世紀頃に書かれた，古代ギリシャ数学の集大成であるEuclidの『原論』には，数に関して，「素数が無限に存在すること」の証明や，最大公約数，最小公倍数に関することなどが書かれている(『原論』全13巻の中の第7巻，第9巻)．『原論』にはまた，上述の無理数の存在をふまえ，「整数の比(有理数)をもとにして実数をどうとらえるか」ということについて，すぐれた実数論が展開されている(『原論』第5巻)．このPythagorasが悩み『原論』がおおいに論じた「有理数をもとにして実数をどうとらえるか」という問に完全な答が与えられたのは，ずっと後の19世紀のことであった(本書の§2.4参照)．

しかし19世紀の実数論でもって古代ギリシャ数学が問うた「数とは何か」という問に終止符が打たれたわけではない．20世紀になると，有理数をもとにして実数が作れるのと似た方法で，各素数pごとに，実数の世界とはまったく異なる数の世界である「p進数の世界」が有理数をもとにして作れること，p進数(p-adic number)の世界が実数の世界におとらず自然で大切な数の世界であること，が判明してきたのである．

$$\{p \text{進数}\} \supset \{\text{有理数}\} \subset \{\text{実数}\}$$

このp進数については第2章で解説する．

古代ギリシャ数学の流れをくむ3世紀頃の数学者Diophantusは，『数論』という書物を著し，方程式の有理数解について論じた．Diophantusののち数論は，Fermatまで長い眠りについた．ルネサンスによって古代ギリシャの自由な精神活動を重視する気運が高まり，Diophantusの『数論』も復刻されたのであるが，FermatはDiophantusの『数論』を読んで刺激を受け，数論を研究するようになった．

Fermat は，フランスの町トゥルーズの法律家であったが，図形を方程式であらわす（たとえば楕円を $\dfrac{x^2}{a^2}+\dfrac{y^2}{b^2}=1$ という方程式であらわす）ことをDescartes と独立に始めたり，関数の極大極小を微分法に近い考え方でもとめて微分法の発見のてがかりを得る一方，数論で大きな業績をのこした，17世紀前半最大の数学者でもあった．

以下，Fermat が発見し証明を与えたと述べた，数に関する命題のいくつかを，ここに紹介してゆく．それらはどれも古代の数学のレベルを超えて，近代の数論の幕明けを告げるものであった．Fermat は証明をほとんど書きのこすことがなかったが，後の人々が努力してこれらの命題の証明をつけてゆくことに成功した．これらの命題は方程式の整数解や有理数解に関するものである．これらは一見，個々の方程式に関する散発的な事実の寄せ集めのようにも見え，実際 Fermat の同時代の数学者たちからはそのように見なされたようである．

しかし，これらの命題を愛した Fermat がおそらく感じていたように，方程式の整数解や有理数解を考察していると数学の深部に導かれることは多く，これらの定理は非常に深い数学の鉱脈の露頭であったことが，後の数学の発展でわかったのである．

§0.2 素数と2平方和

Fermat は自分の持つ Diophantus の『数論』の余白に，本文に関係のある自分の研究成果について，48 のコメントを書きのこした．これらのコメントは Fermat の死後その息子により出版された．「Fermat の最終定理」はそのうちの第2のコメントである．（コメントのすべてが，足立恒雄著『フェルマーを読む』（日本評論社）に紹介されている．）

そのうちの第7のコメントは，Fermat が得た次の命題 0.1, 0.2 に関するものであった．

命題0.1 p が4でわると1余る素数（たとえば 5, 13, 17 など）ならば，3辺の長さがどれも整数である直角3角形で，斜辺の長さが p に一致するもの

が存在する．しかし，4 でわると 3 余る素数(たとえば 3, 7, 11)に対しては，そのような直角 3 角形は存在しない． □

　先の図 0.1 で，4 でわると 1 余る素数 5, 13, 17 が，3 辺の長さが整数の直角 3 角形の斜辺になっていることに注目されたい．4 でわると 1 余る自然数でも，21 (それは素数ではない)は，3 辺の長さが整数の直角 3 角形の斜辺にはならない．前述のように，3 辺の長さが整数の直角 3 角形は古代から考察されたが，このような素数との関係を見いだしたのは Fermat が初めてであった．

命題 0.2 p が 4 でわると 1 余る素数なら，
$$p = x^2 + y^2$$
となる自然数 x, y が存在する．たとえば
$$5 = 2^2 + 1^2, \quad 13 = 3^2 + 2^2, \quad 17 = 4^2 + 1^2.$$
しかし，4 でわると 3 余る素数 p については，$p = x^2 + y^2$ となる有理数 x, y さえ存在しない． □

　この Fermat の命題 0.1, 0.2 は，20 世紀の「類体論(class field theory)」という大きな理論(第 5 章，第 8 章で解説)の"序曲"であった．複素数 $i = \sqrt{-1}$ を用いて考えると，命題 0.2 は，
$$5 = 2^2 + 1^2 = (2+i)(2-i),$$
$$13 = 3^2 + 2^2 = (3+2i)(3-2i),$$
$$17 = 4^2 + 1^2 = (4+i)(4-i)$$
のように，4 でわると 1 余る素数が
$$\mathbb{Z}[i] = \{a + bi \,;\, a, b \in \mathbb{Z}\} \quad (\mathbb{Z} \text{ は整数全体の集合})$$
の中で(積の形にわかれないという「素数(prime number)」としての性質を失い)，積の形に分解することと関係している．ここにあらわれた $2+i$, $2-i$, $3+2i$ などは，$\mathbb{Z}$ における素数にあたる，$\mathbb{Z}[i]$ の「素元(prime element)」である．ちょうど 0 でない整数が(± 1 をかけることを除いて)，素数の積としてただひととおりに書きあらわされるように，$\mathbb{Z}[i]$ の 0 でない元は(± 1 や $\pm i$ をかけることを除いて)，素元の積としてただひととおりに書きあらわすことができる．4 でわると 1 余る素数は，$\mathbb{Z}[i]$ において 2 つの素元の積にな

り，4 でわると 3 余る素数は $\mathbb{Z}[i]$ でも素元である．このことが命題 0.2 の背後にある．

また，命題 0.1 の方も，やはりこの「$\mathbb{Z}[i]$ における素数の分解」をもとにして，

$$5^2 = (2+i)^2(2-i)^2 = (3+4i)(3-4i) = 3^2+4^2,$$
$$13^2 = (3+2i)^2(3-2i)^2 = (5+12i)(5-12i) = 5^2+12^2,$$
$$17^2 = (4+i)^2(4-i)^2 = (15+8i)(15-8i) = 15^2+8^2$$

のようになることをもとにして証明ができる．

したがって，命題 0.1, 0.2 はともに，数の世界が $\mathbb{Z}$ から $\mathbb{Z}[i]$ へと広がるときの素数の分解の様子が，素数を 4 でわった余りで決まる，という事実の反映である．こういう「数の世界が広がるときの素数の分解の様子」は，「類体論」の主要テーマであり，この Fermat の命題 0.1, 0.2 は，「類体論の序曲」と呼べるものであった．類体論については次の §0.3 でもう一度ふれる．

§0.3 $p = x^2 + 2y^2,\ p = x^2 + 3y^2,\ \cdots$

Fermat はまた次のことを発見した．

命題 0.3 p が 8 でわると 1 または 3 余る素数ならば，
$$p = x^2 + 2y^2$$
となる自然数 x, y が存在する．たとえば
$$3 = 1^2 + 2 \times 1^2,\quad 11 = 3^2 + 2 \times 1^2,\quad 17 = 3^2 + 2 \times 2^2.$$
しかし，8 でわると 5 または 7 余る素数 p については，$p = x^2 + 2y^2$ となる有理数 x, y さえ存在しない． □

命題 0.4 p が 3 でわると 1 余る素数ならば，
$$p = x^2 + 3y^2$$
となる自然数 x, y が存在する．たとえば
$$7 = 2^2 + 3 \times 1^2,\quad 13 = 1^2 + 3 \times 2^2,\quad 19 = 4^2 + 3 \times 1^2.$$
しかし，3 でわると 2 余る素数 p については，$p = x^2 + 3y^2$ となる有理数 x, y さえ存在しない． □

命題0.5 p が8でわると1または7余る素数ならば,
$$p = x^2 - 2y^2$$
となる自然数 x, y が存在する. たとえば
$$7 = 3^2 - 2 \times 1^2, \quad 17 = 5^2 - 2 \times 2^2, \quad 23 = 5^2 - 2 \times 1^2.$$
しかし, 8でわると3または5余る素数 p については, $p = x^2 - 2y^2$ となる有理数 x, y さえ存在しない. □

これらの命題の証明は, 先の命題0.1, 0.2の証明とともに, 第4章に与える. 現代の数学の眼で見ると, これらの命題もまた, 類体論の序曲であるといえる.
$$3 = 1^2 + 2 \times 1^2 = (1 + \sqrt{-2})(1 - \sqrt{-2}),$$
$$7 = 2^2 + 3 \times 1^2 = (2 + \sqrt{-3})(2 - \sqrt{-3}),$$
$$7 = 3^2 - 2 \times 1^2 = (3 + \sqrt{2})(3 - \sqrt{2})$$
などから察せられるように, 命題0.3, 0.4, 0.5 はそれぞれ, 体 $\mathbb{Q}(\sqrt{-2}) = \{a + b\sqrt{-2}\,;\, a, b \in \mathbb{Q}\}$ ($\mathbb{Q}$ は有理数全体), $\mathbb{Q}(\sqrt{-3})$, $\mathbb{Q}(\sqrt{2})$ の中での素数の分解の様子の反映である. 命題0.2とあわせて, それぞれの数の世界で分解する素数は, 表0.1のとおりである.

表0.1

数の世界	分解する素数
$\mathbb{Q}(\sqrt{-1})$	4でわると1余る素数
$\mathbb{Q}(\sqrt{-2})$	8でわると1または3余る素数
$\mathbb{Q}(\sqrt{-3})$	3でわると1余る素数
$\mathbb{Q}(\sqrt{2})$	8でわると1または7余る素数

類体論は, この表0.1のような「有理数体(rational number field) $\mathbb{Q}$ の拡大の仕方と, 素数の分解の様子の間の対応」を語るものであって, さらにまた, $\mathbb{Q}$ の拡大のみならず「$\mathbb{Q}(\sqrt{-1})$ や $\mathbb{Q}(\sqrt{-2})$ がさらに拡大する拡大の仕方と, $\mathbb{Q}(\sqrt{-1})$ や $\mathbb{Q}(\sqrt{-2})$ において分解した素数のさらなる分解の様子の間の対応」も語るものである. 詳しいことは第5章をご覧いただきたい.

類体論は，Fermat, Gauss, Kummer, Weber, Hilbert 他多くの人々の貢献の後に，1920 年頃高木貞治の到達した，数論のひとつの頂きである．

なお，$x^2+y^2=5$, $x^2+2y^2=7$ など，$ax^2+by^2=c$ (a,b,c は有理数)の形の方程式に有理数解が存在するか否かについて興味深い理論が存在し，それについて第 2 章で考察する．

§0.4 Pell 方程式

Fermat はまた，次のことを証明したと述べている．

命題 0.6 N を平方数でない自然数(つまりある自然数の 2 乗にはならない自然数)とする．このとき，方程式
$$x^2-Ny^2=1$$
は自然数の解を無限個持つ． □

たとえば，方程式 $x^2-2y^2=1$ は
$$3^2-2\times 2^2=1, \quad 17^2-2\times 12^2=1, \quad 99^2-2\times 70^2=1$$
など自然数の解を無限に持つ．

$x^2-Ny^2=1$ の形の方程式は **Pell 方程式**(Pell equation)と呼ばれている．

現代の数学の眼で見ると，命題 0.6 は環 $\mathbb{Z}[\sqrt{N}]=\{a+b\sqrt{N}\,;\,a,b\in\mathbb{Z}\}$ に関係する．整数 x,y が $x^2-Ny^2=1$ をみたせば，これを $(x+y\sqrt{N})(x-y\sqrt{N})=1$ と書きかえるとわかるように，$x+y\sqrt{N}$ は環 $\mathbb{Z}[\sqrt{N}]$ の可逆元(invertible element)($\mathbb{Z}[\sqrt{N}]$ の中に逆数がある元)である．たとえば $N=2$ のとき，$\mathbb{Z}[\sqrt{2}]$ の可逆元全体は $\{\pm(1+\sqrt{2})^n\,;\,n\in\mathbb{Z}\}$ という無限集合に一致することが知られており，$\mathbb{Z}[\sqrt{2}]$ の可逆元が無限個あることが，$x^2-2y^2=1$ の自然数の解が無限個あることの背後にある．$\mathbb{Z}[i]$ の可逆元全体が $\{\pm 1,\pm i\}$ という有限集合であるのと大きな違いがあるが，こうした可逆元の集合の様子は，第 4 章の「代数的整数論」の重要定理「Dirichlet の単数定理」(§4.2)によって解明されるものであり，§4.2 では命題 0.6 をこの Dirichlet の単数定理(Dirichlet unit theorem)を使って証明する．

§0.5 3角数, 4角数, 5角数, …

Diophantus の『数論』の余白に記された Fermat の第 18 のコメントは, 次の命題 0.7 であった.

命題 0.7 $n \geqq 3$ とするとき, すべての自然数は, n 個以下の n 角数の和としてあらわされる. □

ここで n 角数 (n-gonal number) とは, 図 0.2 のように正 n 角形を描いていくと (黒丸の個数として) 現れる数であり, 古代から Pythagoras らが興味をもった数であった. たとえば 3 角数は, $1, 3, 6, 10, \ldots$ すなわち $\frac{1}{2}x(x+1)$ (x は自然数) の形の数であり, 4 角数とは平方数のことである.

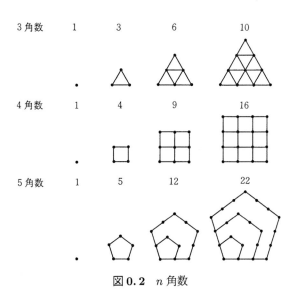

図 0.2 n 角数

Fermat は命題 0.7 を記した余白に, 命題 0.7 が数論の数多くの深遠な神秘にかかわっており, このことについて自分は本を書くつもりでいる, と記しているのであるが, その本をついに書くことはなかった.

命題 0.7 の中で 4 角数の部分だけをとりだすと次の命題 0.8 になる.

命題 0.8 n を自然数とすると,

$$n = x^2 + y^2 + z^2 + u^2$$

となる整数 x, y, z, u が存在する. □

たとえば,

$$5 = 2^2 + 1^2 + 0^2 + 0^2, \quad 7 = 2^2 + 1^2 + 1^2 + 1^2, \quad 15 = 3^2 + 2^2 + 1^2 + 1^2.$$

18 世紀最大の数学者 Euler は, Fermat の命題 0.7 を知って感動し, Fermat がその証明を書きのこさなかったことを残念がりつつ, 数論における Fermat の後継者となっていった. Euler は, Fermat の言明したことに次々と証明をつけていったが, この命題 0.8 を証明しようとしておおいに苦しんだといわれる. 命題 0.8 の証明は 1772 年に, Euler の努力をひきついで Lagrange によって与えられた.

1828 年に Jacobi は, 命題 0.8 の, 保型形式を用いた新証明を与えた. この Jacobi の方法を, 『数論 II』§9.7 定理 9.22 において紹介する. Jacobi の方法は, 各整数 $n \geqq 0$ について

$$n = x^2 + y^2 + z^2 + u^2$$

をみたす整数の 4 つ組 (x, y, z, u) の個数 $a(n)$ も具体的に表示することのできる, 強力なものであった. この Jacobi の方法は,

$$\sum_{n=0}^{\infty} a(n) e^{2\pi i n z}$$

が保型形式になる, という事実を用いるもので,「2 次形式の数論」への保型形式の応用の典型的な例である.

ここまでの命題 0.1–0.8 は, $x^2 + y^2$ や $x^2 + y^2 + z^2 + u^2$ のような(複数個の変数を持つ) 2 次式で整数や有理数をあらわす問題になっており, こうした問題から, 2 次形式の数論が成長していった.

§0.6 3 角数, 平方数, 立方数

ここまでに紹介した Fermat の仕事には数の 2 乗があらわれていたが, こからは 3 乗があらわれる. ある自然数の 3 乗となる自然数を**立方数**(cubic number)という. Fermat は, 立方数と 3 角数(trigonal number), 立方数と

4角数(square number, 平方数)を比べて，次のことを述べている．

命題0.9 1以外の3角数は，立方数ではない． □

命題0.10 平方数に2を加えて立方数になるのは，$5^2+2=3^3$ の場合のみである． □

命題0.11 平方数に4を加えて立方数になるのは，$2^2+4=2^3$ と $11^2+4=5^3$ の2つの場合のみである． □

命題0.9, 0.10, 0.11 はそれぞれ

$$\frac{1}{2}y(y+1) = x^3, \quad y^2+2 = x^3, \quad y^2+4 = x^3$$

の自然数の解を決定する話である．

これらの命題を証明することは(ここまでの命題0.1–0.8もそうであるが)，素手でかかってもなかなかできることではなく，証明しようとすれば何らかの深い数学に自然と接触することになる．

本書では命題0.10, 0.11 を，代数的整数論の方法で§4.1に証明する．($y^2+2=x^3$, $y^2+4=x^3$ をそれぞれ

$$(y+\sqrt{-2})(y-\sqrt{-2}) = x^3, \quad (y+2\sqrt{-1})(y-2\sqrt{-1}) = x^3$$

と書きかえると，$\mathbb{Z}[\sqrt{-2}], \mathbb{Z}[\sqrt{-1}]$ の数論を用いて証明できるのである．)

さて，命題0.9–0.11 はいずれも

(0.1)　　$y^2 = (x の 3 次式)$

　　　　　　ここで(細かいことだが)右辺の3次式は重根を持たない

の形の方程式の整数解を論じていることになる．(命題0.9では，$\frac{1}{2}y(y+1)=x^3$ は $(2y+1)^2=(2x)^3+1$ と書きかえられ，$2y+1$ を y とおきかえれば，(0.1)の形になる．)

(0.1)の形の方程式で定義される曲線は，**楕円曲線**(elliptic curve)と呼ばれる(図0.3)．楕円曲線は「楕円(長円)」ではなく，楕円曲線の名は楕円の周の長さを計算する問題と関係があるためについたものである．この節以降に紹介する Fermat の仕事は，すべて楕円曲線に関係する．Fermat は「楕円曲線」という意識はもたなかったが，楕円曲線をおおいに考察した人であった．楕円曲線は非常に豊かな数学的な対象である．この楕円曲線について第

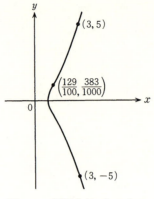

図 0.3　楕円曲線 $y^2 = x^3 - 2$

1 章や『数論 II』第 12 章で解説する．

§0.7　直角 3 角形と楕円曲線

Fermat が Diophantus の『数論』の余白に書いた第 23 のコメントは次の命題 0.12 であり，第 45 のコメントは次の命題 0.13 であり，また Fermat は命題 0.14 も別のところで述べている．

命題 0.12　3 辺の長さが有理数である直角 3 角形が与えられたとき，それと同じ面積をもつ，3 辺の長さが有理数の直角 3 角形を無限個作ることができる．　　□

たとえば 3, 4, 5 を 3 辺とする直角 3 角形と同じ面積 6 をもつ，$\left(\dfrac{7}{10}, \dfrac{120}{7}, \dfrac{1201}{70}\right)$ を 3 辺とする直角 3 角形が，自分の方法で作られることを Fermat は説明している．

命題 0.13　3 辺の長さが整数の直角 3 角形の面積は，平方数とはならない．　　□

命題 0.14　3 辺の長さが整数の直角 3 角形の面積は，平方数の 2 倍とはならない．　　□

命題 0.13 と 0.14 はそれぞれ，3 辺の長さが有理数で面積が 1 あるいは 2

の直角3角形が存在しないことを言っている．（そのようなものが存在すれば，3辺を同じ自然数倍して整数の長さにしたとき，面積が平方数あるいは平方数の2倍になってしまう．）

§1.1 に示すように，d を正の有理数とすると，3辺の長さが有理数で面積が d の直角3角形を与えることと，方程式 $y^2 = x^3 - d^2 x$ の有理数解で $(x, y) = (0, 0), (\pm d, 0)$ 以外のものを与えることとは，本質的に同じことである．したがって，命題 0.13, 0.14 はそれぞれ，$d = 1, 2$ のときに $y^2 = x^3 - d^2 x$ の有理数解が $(x, y) = (0, 0), (\pm d, 0)$ 以外には存在しないこと（$d = 1$ については §1.3 にこのことを証明する）を言っており，命題 0.12 は，$y^2 = x^3 - d^2 x$ が $(0, 0), (\pm d, 0)$ 以外の有理数解を持てば，有理数解を無限に持つということを言っている．

楕円曲線の方程式（有理数係数と仮定する）に有理数解が無限個あるか否かを判定することについては，Birch と Swinnerton-Dyer の予想と呼ばれる大変重要な予想がたてられており（『数論 II』第 12 章参照），現在さまざまの進展が得られつつある．Fermat の最終定理を証明した Wiles は，Birch と Swinnerton-Dyer の予想についての研究からその数学人生を始めた人であった．

§0.8 Fermat の最終定理

以上紹介してきたような Fermat の言明は，後の時代の人々の努力で証明がつけられていったのであるが，ただひとつ Fermat の最終定理だけは，最後まで証明されずにのこり，そのため「最終定理」と呼ばれるようになった．

Fermat が最終定理の $n = 4$ の場合（つまり，$x^4 + y^4 = z^4$ をみたす自然数 x, y, z が存在しないこと）の完全な証明を持っていたことははっきりわかっている．というのは，自分の諸結果の証明をほとんど書きのこさなかったこの人にはめずらしく，先述の命題 0.13 の証明を Fermat は Diophantus の本の余白に書きのこしており，その証明は副産物として自然に $n = 4$ の場合の証明を与えるものであったからである（§1.1 参照）．Fermat はその生涯の間に，

最終定理以外のこの章で紹介した言明については何度も知人に知らせており，最終定理の $n=3$ の場合も，年をとってから，自分の得た重要な成果として知人に知らせている．そしてそれらの言明について Fermat が手紙に書いたこと（証明の輪郭など）から見て，それらについては，Fermat は証明あるいは証明に近いものを持っていただろうと考えられている．しかし，5以上の n に関する Fermat の最終定理については，Fermat はあの Diophantus の本の余白に自分用のメモとして書いた以外，人に告げることもなかったのであり，最終定理を証明することが異常に難しいことがその後の人々の努力の中でわかってきたことと合わせ，最終定理を証明したと Fermat が思ったのは一時の思い違いだったのだろうと今では考えられている．

Fermat の最終定理を証明しようとする，後の人々の努力が，数学の発展をもたらしたことが何度かあった．そのうち特に重要なものは，19世紀なかばの Kummer の研究と，今回 Fermat の最終定理を証明した Wiles の研究であろう．Fermat の方程式
$$x^n + y^n = z^n$$
は，1の原始 n 乗根 $\cos\dfrac{2\pi}{n} + i\sin\dfrac{2\pi}{n}$ を ζ_n と書くと
$$x^n = (z-y)(z-\zeta_n y)\cdots(z-\zeta_n^{n-1}y)$$
という「積＝積」の形に書きかえることができる．ここで，環
$$\mathbb{Z}[\zeta_n] = \{a_0 + a_1\zeta_n + \cdots + a_r\zeta_n^r;\ r \geq 0,\ a_0,\cdots,a_r \in \mathbb{Z}\}$$
において，整数環 $\mathbb{Z}$ におけるのと同様の素元分解の理論が成立すれば，上の x や $z - \zeta_n^k y\ (k=0,1,\cdots,n-1)$ を素元分解して考えていくことにより，Fermat の最終定理は証明できるのであるが，実際はたいていの n については，$\mathbb{Z}$ や §0.2 に登場した環 $\mathbb{Z}[i]$ では成立した「0以外のすべての元がただひととおりに素元分解(factorization in prime elements)される」という法則が $\mathbb{Z}[\zeta_n]$ で不成立となってしまうのである．

Kummer は，$\mathbb{Z}[\zeta_n]$ における素元分解に代わる法則，「素イデアル分解(factorization in prime ideals)」(§4.2)を発見するなどして，第4章で紹介する代数的整数論($\mathbb{Z}[\zeta_n]$ のような環に関する法則を探る理論)の分野を切りひらくことにより，Fermat の最終定理をたくさんの n について証明するこ

とができた(§4.4 参照).

Kummer はこの研究の中で p 進数の考えに近づき, $\mathbb{Z}[\zeta_n]$ の数論, p 進数, 18 世紀に Euler が発見した ζ 関数

$$\sum_{n=1}^{\infty} \frac{1}{n^s}$$

(第 3 章参照)の 3 つの対象の間に存在する, ふしぎな関係を見いだしていったが, これは 20 世紀になって,『数論 II』で解説する岩澤理論(Iwasawa theory)へと発展した. Wiles は, その岩澤理論を拡張し,『数論 II』で解説する保型形式の理論や, 楕円曲線の数論に関する, 深い考察をおこなって今回 Fermat の最終定理を証明したのである.

Wiles による Fermat の最終定理の証明の詳細は, 岩波講座『現代数学の展開』の「Fermat 予想」の巻で紹介されるが,『数論 II』§12.2 で要点を述べる.

以上, Fermat の仕事とその現代数学との関連について述べてきた. 近代数論の創始者 Fermat は, 数の世界の奥の深さに気づいた人であった.「万物は数である」という古代ギリシャの Pythagoras の考えに沿うかのごとく, 現在数論の深い所が, 宇宙や素粒子についての物理学の深い所と結びつきつつある. 数の世界の深さが Pythagoras, Fermat をはじめ人をひきつけてきたのは, そこにこの宇宙の深さがあらわれているからであろう. Fermat 以降 350 年, 数論が進むにつれ, ますます深いものがそこに存在することがわかってきたのである.

──────── 演習問題 ────────

0.1 2 以上の自然数 n について 5 の n 乗根が無理数であることを証明せよ.

0.2 $\sqrt{2}+\sqrt{3}$ が無理数であることを示せ.

0.3 素数 29, 37, 41, 53 を x^2+y^2 (x, y は整数)の形にあらわせ.

0.4 Diophantus は,「65 = 5×13 は, 3 辺の長さが整数の直角 3 角形の斜辺の長さとなりうる 5 と 13 の積であるゆえに, $65^2 = 63^2+16^2 = 56^2+33^2$ のように,

3辺の長さが整数の2つの異なる直角3角形の斜辺の長さになりうる」ということを述べている．これを，§0.2のように $\mathbb{Z}[i]$ における素元分解を用いて説明せよ．

0.5 $17^2 - 2 \times 12^2 = 1$, $99^2 - 2 \times 70^2 = 1$ などの，$x^2 - 2y^2 = 1$ の自然数の解から分数 $\dfrac{x}{y}$ を作ると，$\dfrac{17}{12} = 1.416\cdots$, $\dfrac{99}{70} = 1.41428\cdots$ のように，$\sqrt{2} = 1.41421\cdots$ に非常に近い有理数を得る．その理由を説明せよ．

0.6 3角数でありかつ平方数であるものは，無限に存在することを示せ．

楕円曲線の有理点

この章の目標は，楕円曲線の紹介をし，楕円曲線に関する数論において重要な Mordell の定理の証明の主要部分を紹介することである．

§1.1 Fermat と楕円曲線

(a) $x^4+y^4=z^4$ と楕円曲線

§0.7 に述べたように，Fermat は Diophantus の本の余白に，「3 辺の長さが整数で面積が平方数となる直角 3 角形は存在しない」(命題 0.13)ということの証明を書きのこした．そしてその証明の中で，次の命題の証明も実質的になしとげている．

命題 1.1 $x^4+y^4=z^4$ をみたす自然数 x,y,z は存在しない． □

Fermat による命題 0.13 の証明を現代風に書きなおしてみると，Fermat は，楕円曲線 $y^2=x^3-x$ の考察をおこなったのであると解釈できる．この節の項(c)で説明するように，命題 0.13 は次の命題 1.2 と同値である．そして命題 1.1 もこの命題 1.2 に帰着できる．

命題 1.2 $y^2=x^3-x$ の有理数解は，
$$(x,y) = (0,0), (\pm 1, 0)$$
のみである． □

命題 1.1 が命題 1.2 に帰着することは次のようにしてわかる．
$$x^4+y^4=z^4$$
をみたす自然数 x,y,z があれば，それらは(y^4 を移項してから $\dfrac{z^2}{y^6}$ をかければわかるように)
$$\left(\frac{x^2z}{y^3}\right)^2=\left(\frac{z^2}{y^2}\right)^3-\frac{z^2}{y^2}$$
をみたすので，方程式 $y^2=x^3-x$ に $y\neq 0$ をみたす有理数解が存在することになる．これは命題 1.2 に反するから，命題 1.2 を証明すれば命題 1.1 が証明されることになる．命題 1.2 の証明(Fermat が Diophantus の本の余白に書いた命題 0.13 の証明を言いなおしたもの)をこの節の項(d)に与える．

(b) 楕円曲線

　序章に,「1 以外の 3 角数は立方数ではない」という Fermat の言明が $y^2=x^3+1$ の整数解に関する主張だと解釈できることと，Fermat が $y^2=x^3-4$ の自然数の解は $(x,y)=(2,2),(5,11)$ だけであると言明したことを述べた．これら
$$y^2=x^3-x,\quad y^2=x^3+1,\quad y^2=x^3-4$$
のグラフを書いてみる(図 1.1)．

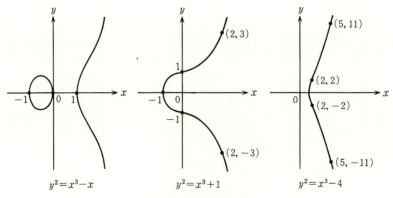

図 1.1　楕円曲線

こういうものを有理数体 $\mathbb{Q}$ 上の**楕円曲線**という．$\mathbb{Q}$ 上の楕円曲線は

$(*)$ $\qquad y^2 = ax^3 + bx^2 + cx + d \qquad (a,b,c,d \in \mathbb{Q})$

$\qquad\qquad a \neq 0$，かつ右辺の 3 次式は重根を持たない

の形の方程式で与えられる曲線である．

K を標数が 2 でない可換体とするとき，$(*)$ で「$a,b,c,d \in \mathbb{Q}$」を「$a,b,c,d \in K$」とおきかえると，「K 上の楕円曲線」の定義になる．この章ではもっぱら $\mathbb{Q}$ 上の楕円曲線を考察するので，標数が 2 のときの楕円曲線については述べない．

$$y^2 = x^3 \quad \text{や} \quad y^2 = x^2(x+1)$$

などは，右辺の 3 次式が重根を持っているので楕円曲線とは呼ばれない．これらはグラフ(図 1.2)で見ても図形的に変調をきたしている——すなわち特異点(これらの曲線の例では点 $(0,0)$)を持っている．

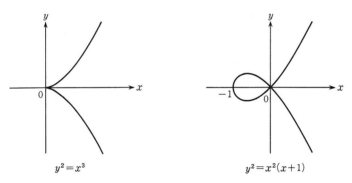

図 1.2 楕円曲線でないグラフ

図 1.1 で・をしるした点は，それぞれの楕円曲線の上にある整数点(x 座標も y 座標も整数である点)である．x 座標も y 座標も有理数である点は有理点と呼ばれるが，楕円曲線の整数点(integral point)，有理点(rational point)を知ることは，Fermat が好んだテーマであり，実際それは本書で論じてゆくように，数学の深い所に関係している．

図 1.1 の楕円曲線の整数点は・をしるした点のみである．($y^2 = x^3 + 1$ についていえば，この主張は命題 0.9 を含む．$y^2 = x^3 - 4$ については，この主張

は命題 0.11 にあたる．命題 0.11 の証明は §4.1 に与える．)

一般に，$\mathbb{Q}$ 上の楕円曲線の整数点は有限個しかないことが知られている (Mordell, Siegel)．なお，$y^2=x^3$ や $y^2=x^2(x+1)$ は楕円曲線でないからこの整数点の有限性が成り立たなくてもいいわけだが，実際 $(n^3,n^2)\,(n\in\mathbb{Z})$ は $y^2=x^3$ の無限個の整数点であり，$(n^2-1, n(n^2-1))\,(n\in\mathbb{Z})$ は $y^2=x^2(x+1)$ の無限個の整数点であり，これらの曲線の図形的変調と整数論的変調に関係があることが察せられる．

一方，$\mathbb{Q}$ 上の楕円曲線の有理点は，有限個になることも無限個になることもある．図 1.1 で，$y^2=x^3-x$ の有理点は (命題 1.2 にあるように)・をしるした点のみであり，$y^2=x^3+1$ の有理点も・をしるした点のみなのであるが，$y^2=x^3-4$ の有理点はじつは $\left(\dfrac{106}{9}, \dfrac{1090}{27}\right)$ など無限個存在するのである．楕円曲線の有理点をめぐっては，§1.3 の Mordell の定理や『数論 II』§12.1 で紹介する Birch と Swinnerton-Dyer の予想など，重要な定理や予想があり活発な研究がおこなわれている．

(c) 直角3角形と楕円曲線

直角3角形に関する Fermat の命題 0.13 は，「3辺の長さが有理数で面積が1の直角3角形は存在しない」ということと同値である．それが楕円曲線 $y^2=x^3-x$ に関する命題 1.2 と同値であることは，次の補題 1.3 の $d=1$ の場合からしたがう．

補題 1.3 d を正の有理数とするとき，次の条件 (i)–(iii) は同値である．
(i) 3辺の長さが有理数で面積が d の直角3角形が存在する．
(ii) 有理数の平方となる3つの数で，公差 d の等差数列をなすものが存在する．
(iii) $y^2=x^3-d^2x$ の有理数解が，$(x,y)=(0,0), (\pm d, 0)$ の他にも存在する． □

たとえば，3辺が 3, 4, 5 の直角3角形の面積は6であるが，$\left(\dfrac{1}{2}\right)^2, \left(\dfrac{5}{2}\right)^2, \left(\dfrac{7}{2}\right)^2$ は公差6の等差数列をなす．「どのような数 d について，有理数の平方となる3つの数で公差が d の等差数列をなすものが存在するか」(それは補

§1.1 Fermatと楕円曲線 —— 21

題 1.3 により，「どのような数 d が，3 辺の長さが有理数の直角 3 角形の面積となりうるか」という問と同値)は，古くから興味を持たれた問題で，1000 年以上前のアラビア数学の文献に見られる．(その頃ヨーロッパでは忘れられた古代ギリシャ数学は，アラビア文化の中に輸入されて少しずつ成長し，ルネサンスになってヨーロッパに逆輸入された．)

補題 1.3 は次の補題 1.4 からしたがう．補題 1.3 の条件 (i), (ii), (iii) はそれぞれ，補題 1.4 の $K=\mathbb{Q}$ の場合の集合 A_d, B_d, C_d がそれぞれ空集合でないことを言っているからである．

補題 1.4 K を標数が 2 でない体とし，$d \in K$ とし，集合 A_d, B_d, C_d を

$$A_d = \{(x,y,z) \in K \times K \times K;\ x^2+y^2=z^2,\ \frac{1}{2}xy=d\},$$
$$B_d = \{(u,v,w) \in K \times K \times K;\ u^2+d=v^2,\ v^2+d=w^2\},$$
$$C_d = \{(x,y) \in K \times K;\ y^2=x^3-d^2x,\ y \neq 0\}$$

とおく．このとき，A_d, B_d, C_d の間に全単射が存在する． □

実際，A_d と B_d の間には，

$$A_d \to B_d;\ (x,y,z) \longmapsto \left(\frac{y-x}{2}, \frac{z}{2}, \frac{x+y}{2}\right),$$
$$B_d \to A_d;\ (u,v,w) \longmapsto (w-u, w+u, 2v)$$

という互いに逆な全単射がつくれる．たとえば，$(3,4,5) \in A_6$ には，$\left(\frac{1}{2}, \frac{5}{2}, \frac{7}{2}\right) \in B_6$ が対応し，$\left(\frac{1}{2}\right)^2, \left(\frac{5}{2}\right)^2, \left(\frac{7}{2}\right)^2$ が公差 6 の等差数列になる．$(5,12,13) \in A_{30}$ には，$\left(\frac{7}{2}, \frac{13}{2}, \frac{17}{2}\right) \in B_{30}$ が対応し，$\left(\frac{7}{2}\right)^2, \left(\frac{13}{2}\right)^2, \left(\frac{17}{2}\right)^2$ が公差 30 の等差数列になる．

また，B_d と C_d の間に全単射が存在することは，次の補題 1.5 の $a=d, b=0, c=-d$ の場合の (1) からしたがう．

補題 1.5 K を標数が 2 でない可換体とし，a, b, c を相異なる K の元とし，集合 $B, \tilde{C}, C$ を

$$B = \{(u,v,w) \in K \times K \times K;\ u^2+a = v^2+b = w^2+c\},$$
$$\tilde{C} = \{(x,y) \in K \times K;\ y^2 = (x-a)(x-b)(x-c)\},$$

$$C = \{(x,y) \in K \times K \, ; \, y^2 = (x-a)(x-b)(x-c), \, y \neq 0\}$$
$$= \tilde{C} - \{(a,0),(b,0),(c,0)\}$$

とおく．このとき

(1) 互いに逆な次の写像 $f\colon B \to C$, $g\colon C \to B$ が存在する：

$$f(u,v,w) = (u^2+a+uv+vw+wu, \, (u+v)(v+w)(w+u)),$$

$$g(x,y) = \left(\frac{1}{2y}\{(x-a)^2-(b-a)(c-a)\}, \, \frac{1}{2y}\{(x-b)^2-(a-b)(c-b)\}, \right.$$

$$\left. \frac{1}{2y}\{(x-c)^2-(a-c)(b-c)\} \right).$$

(2) 写像 $h\colon B \to \tilde{C}$; $h(u,v,w) = (u^2+a, uvw)$ が存在する． □

補題 1.5 の証明は，工夫の不要な，単純なものなので省略する．

注意 1.6 補題 1.5 において，合成写像 $h \circ g \colon C \to \tilde{C}$ は，楕円曲線 $y^2 = (x-a)(x-b)(x-c)$ の「2 倍写像」と呼ばれるものになる（§1.2 参照）．この $h \circ g$ の像（それは g が全単射なので h の像に一致する）は，h の定義からわかるように，

$$\{(x,y) \in K \times K \, ; \, y^2 = (x-a)(x-b)(x-c),$$
$$x-a, \, x-b, \, x-c \text{ がどれも } K \text{ の平方元}\}$$

に一致する．このことはあとで用いられる．

以上で，命題 0.13 と命題 1.2 が同値であることがわかった．

(d) 命題 1.2 の証明

$y^2 = x^3 - x$ の有理数解が，$(0,0), (\pm 1, 0)$ のみであることを証明する．

有理数 a に対し，その**高さ**（height）$H(a)$ を，$a = \dfrac{m}{n}$ と既約分数にあらわしたときの $\max(|m|,|n|)$ と定義する．

ここで，$\max(a,b)$ は，a と b のうちの大きい方をあらわす．ただし $a=b$ のときは a（すなわち b）をあらわす．なお，$\min(a,b)$ は，a と b のうちの小さい方，$a=b$ のときは a（すなわち b）をあらわす．たとえば

$$H\left(-\frac{5}{8}\right) = 8, \, H\left(\frac{7}{2}\right) = 7, \, H(0) = 1 \quad \left(0 \text{ の既約分数表示は } \frac{0}{1} \text{ なので}\right).$$

$y^2 = x^3 - x$ に $(0,0), (\pm 1, 0)$ の他に有理数解が存在すると仮定し，そのうち x 座標の高さが最小のものをとって，それを (x_0, y_0) と記す．証明の方法は，この (x_0, y_0) よりもさらに x 座標の高さが小さい，$(0,0), (\pm 1, 0)$ と異なる $y^2 = x^3 - x$ の有理数解が作れることを示し，矛盾を導くというものである．このように，同じ方程式の「もっと小さい解」をどんどん作っていって矛盾を導く，という方法を，Fermat は彼の研究でよく用い，それを自ら「無限降下法(infinite descent)」と呼んだ．

証明は次の3つのステップ(i), (ii), (iii)からなる．

（i） $x_0 > 1$ としてよいことを示す．

（ii） そこで $x_0 > 1$ とする．$(x_0 - 1)x_0(x_0 + 1) = x_0^3 - x_0 = y_0^2$ だから，これは有理数の平方であるが，じつは $x_0 - 1, x_0, x_0 + 1$ のそれぞれが有理数の平方であることを示す．

（iii） 補題1.5において，$K = \mathbb{Q}$, $a = 1$, $b = 0$, $c = -1$ の場合を考え，そこにでてきた写像
$$h \circ g : C = \{(x, y) \in \mathbb{Q} \times \mathbb{Q} ; y^2 = x^3 - x, y \neq 0\}$$
$$\to \tilde{C} = \{(x, y) \in \mathbb{Q} \times \mathbb{Q} ; y^2 = x^3 - x\}$$
を考える．$x_0 - 1, x_0, x_0 + 1$ が有理数の平方であることから，注意1.6より，$h \circ g(x_1, y_1) = (x_0, y_0)$ となる $(x_1, y_1) \in C$ が存在する．そこで，$H(x_1) < H(x_0)$ を証明する．

まず，ステップ(i)の $x_0 > 1$ としてよいことを示す．(x, y) が $(0, 0)$ と異なる $y^2 = x^3 - x$ の有理数解であれば $\left(-\dfrac{1}{x}, \dfrac{y}{x^2}\right)$ も有理数解であり，$H(x) = H\left(-\dfrac{1}{x}\right)$ である．よって $x_0 > 0$ としてよい．$x_0 > 0$ とすると，$(x_0 - 1)x_0(x_0 + 1) = y_0^2 > 0$ より，$x_0 > 1$．

次にステップ(ii)である．$x_0 > 1$ とし，$x_0 = \dfrac{m}{n}$, $m > n > 0$ と既約分数の形にあらわす．もし m, n がともに奇数であるとすると，
$$x_0' = \frac{x_0 + 1}{x_0 - 1} = \frac{(m + n)/2}{(m - n)/2}$$
とおくと，$(x_0', 2y_0/(x_0 - 1)^2)$ も $y^2 = x^3 - x$ の有理数解であり，

$$H(x_0') \leqq \max\left(\frac{m+n}{2}, \frac{m-n}{2}\right) < \max(m,n) = H(x_0)$$

ゆえ $H(x_0)$ の最小性に反する．こうして m, n の少なくとも一方は偶数である．表示 $\frac{m}{n}$ の既約性から，m, n のもう一方は奇数でなければならない．

$$(x_0-1)x_0(x_0+1) = \frac{mn(m-n)(m+n)}{n^4}$$

が有理数の平方ゆえ，それに n^4 をかけた $mn(m-n)(m+n)$ も有理数の平方である．よって，$mn(m-n)(m+n)$ は整数の平方である．

問1 ここで「整数 a がある有理数の平方なら，a はある整数の平方である」という事実を用いた．この事実の証明を与えよ．

次に，$m, n, m-n, m+n$ のどの2つも互いに素である（共通の素因数を持たない）ことを示す．心配なのは $m-n$ と $m+n$ が互いに素であるかどうかだが，これらの共通の素因子は，$2m = (m-n)+(m+n)$, $2n = (m+n)-(m-n)$ をわりきるから，よって2でしかありえず，しかし $m-n, m+n$ は奇数ゆえ，2でもありえない．

そこで次の補題1.7の $k=2$ の場合により，$m, n, m-n, m+n$ のそれぞれが平方数であることがわかる．したがって，$x_0 = \frac{m}{n}$, $x_0-1 = \frac{m-n}{n}$, $x_0+1 = \frac{m+n}{n}$ はいずれも有理数の平方である．

補題1.7 k を自然数とし，$a_1, \cdots, a_r$ をどの2つも互いに素な自然数で，積 $a_1 \cdots a_r$ がある自然数の k 乗であるものとする．このとき，各 $i = 1, \cdots, r$ について，a_i はある自然数の k 乗である． □

問2 補題1.7を証明せよ．（ヒント：各 a_i を素因数分解して考えよ．）

次にステップ(iii)にうつる．(x_1, y_1) をステップ(iii)の内容紹介のところに書いたとおりとし，$H(x_1) < H(x_0)$ を証明する．$h \circ g$ の定義から

$$x_0 = \frac{(x_1^2+1)^2}{4(x_1^3-x_1)}$$

を得る．$x_1 = \dfrac{r}{s}$ と既約分数の形に書くとき,

$$x_0 = \frac{(r^2+s^2)^2}{4rs(r^2-s^2)} .$$

ここで分母と分子の最大公約数は4以下である．（理由．分母と分子の共通の素因数は，存在したとしても2以外ではありえないことが，容易にわかる．よって最大公約数は2のベキである．しかし，r^2+s^2 が偶数のとき，r,s はともに奇数でなければならず，すると r^2, s^2 ともに4でわった余りが1となり，r^2+s^2 を4でわった余りが2となって，$(r^2+s^2)^2$ は8ではわりきれないことがわかる．）ゆえに

$$H(x_0) \geqq \frac{1}{4}(r^2+s^2)^2 \geqq \frac{1}{4}\max(|r|,|s|)^4 > \max(|r|,|s|) .$$

ここで最後の $>$ は，$x_1 \neq 0, \pm 1$ より $H(x_1) \geqq 2$ となることによる.

以上で命題1.2は証明された．この証明は§1.2に述べる楕円曲線の群構造と「高さ」の考えを用いたものである．実際，注意1.6からわかるように，証明のステップ(iii)において「2倍写像」が用いられた．また，楕円曲線 $y^2 = x^3-x$ の点 $P(x,y)$ にこの楕円曲線の点 $Q\left(-\dfrac{1}{x}, \dfrac{y}{x^2}\right)$, $R\left(\dfrac{x+1}{x-1}, \dfrac{2y}{(x-1)^2}\right)$ を対応させるところがステップ(i), (ii)にあるが，これらは楕円曲線の群構造でいうと，

$$Q = P + \text{点}\,(0,0), \quad R = -P + \text{点}\,(1,0)$$

となっているのである.

§1.2　楕円曲線の群構造

有理数体上の楕円曲線において，与えられた有理点をもとにして，有理点を得る方法がある．図1.1に出した楕円曲線 $y^2 = x^3-4$ を考える．この楕円曲線の有理点 $(2,2)$ においてこの楕円曲線に接線をひくと，この接線とこの楕円

曲線の別の交点として得られるのが有理点 $(5, 11)$ である．$(2, 2)$ と $(5, -11)$ を結ぶ直線とこの楕円曲線の第 3 の交点として，有理点 $\left(\dfrac{106}{9}, -\dfrac{1090}{27}\right)$ が得られる．

このような手続きが可能なことの背後に，楕円曲線の群構造(group structure)がある．この群構造を論ずるのが §1.2 の目的である．

(a) 楕円曲線の群構造の定義

K を標数が 2 でない可換体とし，K 上の楕円曲線 E の方程式
$$y^2 = ax^3 + bx^2 + cx + d$$
(ここに $a, b, c, d \in K$, $a \neq 0$, 右辺の 3 次式は重根を持たないとする)を考える．この方程式の K における解の集合
$$\{(x, y) \in K \times K ; \ y^2 = ax^3 + bx^2 + cx + d\}$$
にある 1 点 O をつけ加えたもの
$$E(K) = \{(x, y) \in K \times K ; \ y^2 = ax^3 + bx^2 + cx + d\} \cup \{O\}$$
に，自然に可換群の構造が入ることを述べる．ここで O は点 $(0, 0)$ のことではなく，まったく新しくつけ加えた 1 点である．(この点 O の意味については，あとで述べる．) $E(K)$ の群構造(加法の形に書かれる)はおおまかにいうと次の原理(i)–(iii)にしたがって定義される．

(ⅰ) O は単位元である．

(ⅱ) $P, Q \in E(K), P \neq O, Q \neq O$ のとき，P と Q を結ぶ直線と，この楕円曲線の第 3 の交点を $R(x, y)$ とするとき，点 $(x, -y) \in E(K)$ が $P + Q$ である(図 1.3)．

(ⅲ) $P \in E(K), P \neq O$ のとき，P の座標を (x, y) とすると，P の逆元は $(x, -y)$ である．

たとえば，$K = \mathbb{Q}$ で，楕円曲線が $y^2 = x^3 - 4$ のときに，$P = (2, 2)$, $Q = (5, -11)$ とすると，$P + Q = \left(\dfrac{106}{9}, \dfrac{1090}{27}\right)$ である．$E(K)$ の元 P, Q の和 $P + Q \in E(K)$ の定義を正確に述べる(上述の「原理」では，P と Q が一致するときはどうするかなど，細かいところを省略してしまったので)．

$P = O$ のときは $O + Q = Q$, $Q = O$ のときは $P + O = P$ と定義する．$P \neq$

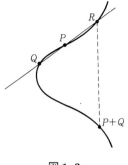

図 1.3

O, $Q \neq O$ とし，P の座標を (x_1, y_1)，Q の座標を (x_2, y_2) とおく．まず $x_1 \neq x_2$ と仮定する．このとき P と Q を結ぶ直線は，方程式

$$(1.1) \qquad y = \frac{y_2 - y_1}{x_2 - x_1}(x - x_1) + y_1$$

で与えられる．この直線とこの楕円曲線の交点をもとめると，(1.1)を $y^2 = ax^3 + bx^2 + cx + d$ に代入して，

$$qx^3 + rx^2 + sx + t = 0 \qquad (q, r, s, t \in K,\ q \neq 0)$$

の形の3次方程式を得る．$x = x_1$ と $x = x_2$ はこの方程式の解だから，$qx^3 + rx^2 + sx + t$ は $(x - x_1)(x - x_2)$ でわりきれ，

$$qx^3 + rx^2 + sx + t = q(x - x_1)(x - x_2)(x - x_3) \qquad (x_3 \in K)$$

の形の因数分解ができることがわかる．直線の方程式(1.1)で $x = x_3$ とおいたときの y の値を y_4 とし，$y_3 = -y_4$ とおくとき，(x_3, y_4) が先ほど原理の(ii)で「第3の交点」と呼んだものであり，点 (x_3, y_3) が $P + Q$ である．実際に計算すると，

$$(1.2) \qquad x_3 = \frac{1}{a}\left(\frac{y_2 - y_1}{x_2 - x_1}\right)^2 - \frac{b}{a} - x_1 - x_2,$$
$$y_3 = -\frac{y_2 - y_1}{x_2 - x_1}x_3 + \frac{y_2 x_1 - y_1 x_2}{x_2 - x_1}$$

となる．次に $x_1 = x_2$ の場合を考える．$y_1 = -y_2$ の場合は $P + Q = O$ と定義する．$x_1 = x_2$, $y_1 \neq -y_2$ とする．このとき $P = Q$, $y_1 \neq 0$ である．この場合原

理の(ii)に述べた P と Q を結ぶ直線とは,P におけるこの楕円曲線の接線

(1.3) $$y = \frac{3ax_1^2 + 2bx_1 + c}{2y_1}(x - x_1) + y_1$$

のことと解釈する.この直線とこの楕円曲線の交点をもとめると,(1.3)を $y^2 = ax^3 + bx^2 + cx + d$ に代入して,

$$qx^3 + rx^2 + sx + t = 0 \quad (q, r, s, t \in K,\ q \neq 0)$$

の形の3次方程式を得る.(1.3)が接線であったことから,$x = x_1$ はこの方程式の2重根であり,

$$qx^3 + rx^2 + sx + t = q(x - x_1)^2(x - x_3) \quad (x_3 \in K)$$

の形の因数分解ができる.直線の方程式(1.3)で $x = x_3$ とおいたときの y の値を y_4 とし,$y_3 = -y_4$ とおくとき,(x_3, y_3) が $P + Q (= P + P = 2P)$ であると定義する.計算すると,

(1.4) $$x_3 = \frac{1}{4ay_1^2}(a^2 x_1^4 - 2ac x_1^2 - 8ad x_1 + c^2 - 4bd),$$

$$y_3 = \frac{1}{8ay_1^3}\{a^3 x_1^6 + 2a^2 b x_1^5 + 5a^2 c x_1^4 + 20 a^2 d x_1^3$$
$$+ (20abd - 5ac^2)x_1^2 + (8b^2 d - 2bc^2 - 4acd)x_1$$
$$+ (4bcd - 8ad^2 - c^3)\}$$

となる.

たとえば $K = \mathbb{Q}$ で $y^2 = x^3 - 4$ の場合,$P = (2, 2)$ とすると $2P = (5, -11)$ である.

以上で和 $P + Q$ を定義したが,この和について $E(K)$ が可換群になっていることを示すことができる.(結合法則を証明するのが大変である.代数幾何学あるいは代数関数論を用いれば結合法則のエレガントな証明が得られるが,ここでは紹介しない.)

問3 $\{P \in E(K);\ 2P = O\}$ は,O と,$E(K)$ の元 $\neq O$ のうちで y 座標が0である点からなることを示せ.K が代数閉体のとき,群として
$$\{P \in E(K);\ 2P = O\} \cong \mathbb{Z}/2\mathbb{Z} \oplus \mathbb{Z}/2\mathbb{Z}$$

であることを示せ.

K を標数 $\neq 2$ の可換体とし，a, b, c を相異なる K の元とし，楕円曲線
$$y^2 = (x-a)(x-b)(x-c)$$
を考える．$\{P \in E(K); 2P = O\} = \{O, (a,0), (b,0), (c,0)\}$ (問3参照) である．補題1.5における写像
$$h \circ g : C = E(K) - \{O, (a,0), (b,0), (c,0)\} \to \tilde{C} = E(K) - \{O\}$$
は2倍写像に他ならない．これは，$h \circ g$ の定義と，2倍写像を与える式(1.4)を比べて証明できる．

(b) 点 O の意味について

さて点 O の意味を考える．まず K が実数体 $\mathbb{R}$ の場合に O が「無限遠点 (point at infinity)」という図形的意味をもつことを述べる．$K = \mathbb{R}$ のとき
$$\{(x,y) \in \mathbb{R} \times \mathbb{R}; y^2 = ax^3 + bx^2 + cx + d\}$$
はその楕円曲線のグラフそのものであるが，点 O は，その楕円曲線をグラフの上方へ上方へとたどっていった無限の彼方にあり，またその曲線をグラフの下方へ下方へとたどっていった無限の彼方にも(この同じ点 O が)あると解釈されるのである．

この考えは和 $P+Q$ の定義とうまく合っている．例として，$y^2 = x^3 - 4$ (図1.1)で考えてみる．点 $(2,2)$ と点 $(2,-2)$ の和は定義によれば O であった．P を点 $(2,2)$ とし，Q を点 $(2,-2)$ に非常に近い，しかし $(2,-2)$ とは異なるこの楕円曲線上の点とし，Q がグラフの下方から $(2,-2)$ に近づくとき $P+Q$ はこの楕円曲線をグラフの上方へ上方へと無限の彼方へむかって走っていき，Q がグラフの上方から $(2,-2)$ に近づくとき $P+Q$ はこの楕円曲線をグラフの下方へ下方へと無限の彼方へむかって走っていく．だから Q が $(2,-2)$ に一致した瞬間には，$P+Q$ はこの楕円曲線をグラフの上方へ上方へとたどっていった無限の彼方にあり，また下方へ下方へとたどっていった無限の彼方にもあり，この楕円曲線は上方と下方の無限の彼方で(点 O によって)つながっていると見るのが自然なのである．$P + O = P$ ということと，楕円曲線上

の点 Q が無限の彼方にむかって走っていくとき $P+Q$ が P に近づいていくことも，うまく合っている．

次に K をかってな 標数 $\neq 2$ の可換体とするときの点 O の意味を与える．$E(K)$ を，集合
$$X = \{\text{比 }(x:y:z);\ x,y,z \in K,\ x=y=z=0\text{ ではない．}$$
$$y^2 z = ax^3 + bx^2 z + cxz^2 + dz^3\}$$
と次のように同一視する．$y^2 = ax^3 + bx^2 + cx + d$ をみたす $(x,y) \in K \times K$ を比 $(x:y:1) \in X$ と同一視し，$O \in E(K)$ は比 $(0:1:0) \in X$ と同一視するのである．なお比 $(x:y:z)$ と比 $(x':y':z')$ が等しいとは，ある 0 でない K の元 c について，$x' = cx$, $y' = cy$, $z' = cz$ が成立することである．この X においては，O も $E(K)$ の他の点と同等な存在感を得ている．(X は，比 $(x:y:z)$ 全体のなす「2次元射影空間」にうめこまれている．)

$K = \mathbb{R}$ のとき，X に自然な位相を与えれば，楕円曲線上の点 (x,y) がグラフの上方へ上方へと，あるいは下方へ下方へと無限の彼方へむかうとき，$(x,y) = \text{比 }(x:y:1) = \text{比}\left(\dfrac{x}{y} : 1 : \dfrac{1}{y}\right)$ は実際に $O = (0:1:0)$ に収束する．

(c) 例

$\mathbb{Q}$ 上の楕円曲線について $E(\mathbb{Q})$ の群構造の様子を，例で見てみる．

例 1.8 $y^2 = x^3 - x$ の場合，$E(\mathbb{Q}) = \{O, (0,0), (\pm 1, 0)\}$ の元はすべて $2P = O$ をみたす(問3参照)．それゆえ，群として
$$E(\mathbb{Q}) \cong \mathbb{Z}/2\mathbb{Z} \oplus \mathbb{Z}/2\mathbb{Z}.\qquad \square$$

例 1.9 $y^2 = x^3 + 1$ の場合，$P = (2,3)$ とおくと，$2P = (0,1)$, $3P = (-1,0)$, $4P = (0,-1)$, $5P = (2,-3)$, $6P = O$ であることが確かめられる(図1.4)．本書では証明しないが $E(\mathbb{Q})$ はこれらの元だけでできているので，群として
$$E(\mathbb{Q}) \cong \mathbb{Z}/6\mathbb{Z}.\qquad \square$$

例 1.10 $y^2 = x^3 - 4$ の場合，$P = (2,2)$ とおくと，$2P = (5,-11)$, $3P = \left(\dfrac{106}{9}, \dfrac{1090}{27}\right)$．本書では証明しないが，群として
$$\mathbb{Z} \xrightarrow{\cong} E(\mathbb{Q});\ n \mapsto nP.\qquad \square$$

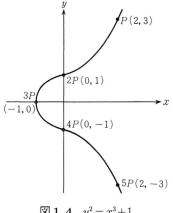

図 1.4 $y^2 = x^3 + 1$

例 1.11 $y^2 = x^3 - 2$ の場合，$P = (3, 5)$ とおくと，$2P = \left(\dfrac{129}{100}, \dfrac{383}{1000}\right)$. 本書では証明しないが，群として
$$\mathbb{Z} \xrightarrow{\cong} E(\mathbb{Q}); \ n \mapsto nP.$$
□

(d) Fermat の方法

序章の§0.7 に述べたように(命題 0.12)，Fermat は，3 辺の長さが有理数の直角 3 角形が与えられたとき，それと同じ面積をもつ，3 辺の長さが有理数の直角 3 角形を無限に多く作ってゆく方法を得たと書いた．その方法とは，d を正の有理数とし，補題 1.4 の記号で $(x, y, z) \in A_d$ が与えられたとき，
$$\left(\frac{2xyz}{y^2 - x^2}, \frac{y^2 - x^2}{2z}, \frac{z^4 + 4x^2 y^2}{2(y^2 - x^2)z}\right) \in A_d$$
となっていることを見ぬいたものであった．$(x, y, z) \in A_d$ にこの元を対応させる写像 $A_d \to A_d$ (それはたとえば $(3, 4, 5)$ を $\left(\dfrac{120}{7}, \dfrac{7}{10}, \dfrac{1201}{70}\right)$ にうつす) は，補題 1.4 の全単射 $A_d \cong C_d$ を通して考えると，楕円曲線 $y^2 = x^3 - d^2 x$ の 2 倍写像に他ならないことが確かめられる．

§1.1 に紹介した命題 1.2 の証明もそうであったが，Fermat は楕円曲線の 2 倍写像を(楕円曲線が群構造を持つという考えには到達しなかったものの)駆使した人であった．

Fermat が 2 倍写像を用いるとき，強い結果を得ることができるポイントは，有理点 P の x 座標の「高さ」($\S 1.1$ の $H(x)$)に比べ，$2P$ の x 座標の高さがふつうはるかに大きくなるという現象である．(たとえば，楕円曲線 $y^2 = x^3 - 4$ において，$P = (5, 11)$ ととると，$2P$ の x 座標は $\dfrac{785}{484}$ でこの分母分子は約分できないからその高さは 785．) この現象は $\S 1.1$ の命題 1.2 の証明の末尾にあらわれたし，次の節に出てくる Mordell の定理の証明でもひとつのキーポイントになる (Mordell の証明のアイデアはおそらく Fermat の影響を受けている) のである．

$\S 1.3$ Mordell の定理

(a) Mordell の定理の内容

Mordell の定理 (Mordell's theorem) とは，1922 年に Mordell が証明した次の定理である．

定理 1.12 E を $\mathbb{Q}$ 上の楕円曲線とすると，$E(\mathbb{Q})$ は有限生成 Abel 群である． □

「Abel 群の基本定理 (fundamental theorem on Abelian groups)」により，有限生成 Abel 群は，

(1.5) $\qquad \mathbb{Z}^{\oplus r} \oplus $ 有限 Abel 群 $\qquad (r \geqq 0)$

($\mathbb{Z}^{\oplus r}$ は Abel 群 $\mathbb{Z}$ の r 個の直和) と同型である．この r は，その楕円曲線の rank と呼ばれる．たとえば，

$$y^2 = x^3 - x, \quad y^2 = x^3 + 1, \quad y^2 = x^3 - 4, \quad y^2 = x^3 - 2$$

の rank は，それぞれ，0, 0, 1, 1 である ($\S 1.2$ の例 1.8–1.11 参照)．有理数体上の楕円曲線の rank はいくらでも大きくなりうると予想されているが，これは現在未解決の問題である．

一方，(1.5) の中の「有限 Abel 群」の部分，すなわち $E(\mathbb{Q})$ の位数有限の元全体からなる部分群については，それが必ず次の(i), (ii)の群のいずれかと同型になることが 1977 年に Mazur によって証明されている．

(i) $\mathbb{Z}/n\mathbb{Z}$，ここに $1 \leqq n \leqq 10$ または $n = 12$．

（ii） $\mathbb{Z}/n\mathbb{Z} \oplus \mathbb{Z}/2\mathbb{Z}$, ここに $n = 2, 4, 6, 8$.
（また上の(i), (ii)のいずれの群も，実際にある $\mathbb{Q}$ 上の楕円曲線の位数有限の元全体のなす群に同型になることが知られている．)

この節では Mordell の定理の証明の主要部分を与える．

(b) Mordell の定理の証明の方針

Mordell の定理は，次の 2 つのことを使って証明される．

（I） 弱 Mordell の定理(weak Mordell theorem)．これは $E(\mathbb{Q})/2E(\mathbb{Q})$ が有限群であるという定理である．

（II） $E(\mathbb{Q})$ の点の「高さ」の性質．

(I)はあとで説明することとし，(II)について述べる．§1.1 に，有理数 x の高さ $H(x)$ を，$x = \dfrac{m}{n}$ と既約分数の形に書いたときの $\max(|m|, |n|)$ と定義した．$\mathbb{Q}$ 上の楕円曲線 E と $P \in E(\mathbb{Q})$ に対し，その高さ $H(P)$ を，$P \neq O$ なら P の x 座標の高さと定義し，$H(O) = 1$ と定義する．高さの性質として，次の(IIA), (IIB)を使う．

（IIA） 任意の正の実数 C に対し，
$$\{P \in E(\mathbb{Q}); H(P) \leqq C\}$$
は有限集合である．

これは，任意の正の実数 C に対し，$\{x \in \mathbb{Q}; H(x) \leqq C\}$ が有限集合であるという自明な事実からしたがう．

（IIB） 次の(1), (2)をみたす正の実数 C が存在する．

(1) 任意の $P \in E(\mathbb{Q})$ に対し
$$C \cdot H(2P) \geqq H(P)^4.$$

(2) 任意の $P, Q \in E(\mathbb{Q})$ に対し
$$C \cdot H(P)H(Q) \geqq \min(H(P+Q), H(P-Q)).$$

この(1)は，§1.2 の末尾に述べた「$H(2P)$ はふつう $H(P)$ よりはるかに大きい」という現象を述べたものである．

(I), (IIA), (IIB)から Mordell の定理がしたがうことを示そう．もっと正

確に，次のことが成り立つ．

命題 1.13 $Q_1, \cdots, Q_n \in E(\mathbb{Q})$ が「$E(\mathbb{Q})/2E(\mathbb{Q})$ のどの元も，ある Q_i の像に等しい」をみたし，また正の実数 C が (IIB) の (1), (2) をみたすとする．このとき M を $H(Q_1), \cdots, H(Q_n), C$ の最大値とすると，$E(\mathbb{Q})$ は
$$\{P \in E(\mathbb{Q}) ; H(P) \leqq M\}$$
(それは (IIA) によって有限集合) によって生成される．

［証明］$\{P \in E(\mathbb{Q}) ; H(P) \leqq M\}$ で生成されない $E(\mathbb{Q})$ の元が存在すると仮定し，そのような元のうち高さが最小のものを P_0 とおく．$H(P_0) > M$ である．P_0 の $E(\mathbb{Q})/2E(\mathbb{Q})$ での像は，ある i について Q_i の像と一致する．この i について $P_0 + Q_i, P_0 - Q_i$ は $2E(\mathbb{Q})$ に属する．この 2 つのうち高さの小さい方を R とし，$R = 2P_1$ なる $P_1 \in E(\mathbb{Q})$ をとる．(IIB) の (1) により
$$H(P_1)^4 \leqq C \cdot H(R) \leqq M \cdot H(R).$$
(IIB) の (2) より
$$H(R) \leqq C \cdot H(P_0) H(Q_i) \leqq M^2 H(P_0).$$
以上により，
$$H(P_1)^4 \leqq M^3 H(P_0)$$
を得るが，$H(P_0) > M$ により $H(P_1)^4 < H(P_0)^4$．よって $H(P_1) < H(P_0)$ を得．$H(P_0)$ の最小性により P_1 は $\{P \in E(\mathbb{Q}) ; H(P) \leqq M\}$ で生成される．P_0 は $2P_1 + Q_i$ または $2P_1 - Q_i$ のいずれかに等しいから，P_0 もまた $\{P \in E(\mathbb{Q}) ; H(P) \leqq M\}$ で生成されることになり，これは矛盾である．よって命題 1.13 は証明された． ∎

問 4 A を Abel 群とする．A が有限生成なら $A/2A$ は有限群であること，しかし $A/2A$ が有限であるからといって A が有限生成であるとは限らないことを示せ．(したがって Mordell の定理は，弱 Mordell の定理だけからは導けず，証明には「高さ」の考えが必要．)

(c) Mordell の定理の証明の主要部分

この節の残りでは，(I)(弱 Mordell の定理) を，

$$y^2 = (x-a)(x-b)(x-c) \qquad (a,b,c \text{ は相異なる有理数})$$

の形の楕円曲線に対して証明し,また(IIB)を証明する.したがってこの形の $\mathbb{Q}$ 上の楕円曲線については Mordell の定理の証明がこの節で完結する.本節のここからの証明はたいへんなので,読者は本書を最初に読まれるときはこれらの証明を読みとばし,第2章に進まれることをおすすめする.

命題 1.14 a,b,c を相異なる有理数とし,
$$y^2 = (x-a)(x-b)(x-c)$$
で定義される楕円曲線 E を考える.写像
$$\partial : E(\mathbb{Q}) \to \mathbb{Q}^\times/(\mathbb{Q}^\times)^2 \times \mathbb{Q}^\times/(\mathbb{Q}^\times)^2 \times \mathbb{Q}^\times/(\mathbb{Q}^\times)^2$$
を $P \in E(\mathbb{Q})$ に対し, $P \neq O$ なら P の x 座標を x とおいて,

$$\partial(P) = \begin{cases} (\overline{x-a},\ \overline{x-b},\ \overline{x-c}) & P \neq O, (a,0), (b,0), (c,0) \text{ のとき} \\ (\overline{(a-b)(a-c)},\ \overline{a-b},\ \overline{a-c}) & P = (a,0) \text{ のとき} \\ (\overline{b-a},\ \overline{(b-a)(b-c)},\ \overline{b-c}) & P = (b,0) \text{ のとき} \\ (\overline{c-a},\ \overline{c-b},\ \overline{(c-a)(c-b)}) & P = (c,0) \text{ のとき} \\ (1,1,1) & P = O \text{ のとき} \end{cases}$$

と定義する($\overline{}$ は $\mathrm{mod}(\mathbb{Q}^\times)^2$ をあらわす).このとき,

(1) ∂ は群の準同型である.

(2) ∂ の核は $2E(\mathbb{Q})$ に等しい.

(3) G を $a-b, b-c, c-a$ の分母あるいは分子どれかの素因数と -1 で生成される $\mathbb{Q}^\times/(\mathbb{Q}^\times)^2$ の部分群とする.このとき, ∂ の像は $G \times G \times G$ に含まれる. $\square$

この命題 1.14 によって,命題 1.14 に扱われている楕円曲線については弱 Mordell の定理が成立する.実際,命題 1.14 は, $E(\mathbb{Q})/2E(\mathbb{Q})$ が ∂ によって有限群 $G \times G \times G$ に埋めこまれることを示している.

命題 1.14 の証明をおこなう.

[命題 1.14(1)の証明] ∂ の第1成分 $E(\mathbb{Q}) \to \mathbb{Q}^\times/(\mathbb{Q}^\times)^2$ が群準同型であることを示す.(第2, 第3成分についての議論も同様.) $P, Q \in E(\mathbb{Q})$ とし,

$P, Q, P+Q$ は O や $(a, 0)$ でないとする. ($P, Q, P+Q$ のいずれかが O または $(a, 0)$ の場合の証明は簡単であり, 略す.) P の座標を (x_1, y_1), Q の座標を (x_2, y_2), $P+Q$ の座標を (x_3, y_3) とおく.
$$(x_1-a)(x_2-a)(x_3-a) \in (\mathbb{Q}^\times)^2$$
を示せばよい. (というのは, これは商群 $\mathbb{Q}^\times/(\mathbb{Q}^\times)^2$ の中で x_3-a が $(x_1-a)(x_2-a)$ に一致することを意味するからである.) P と Q を結ぶ直線の方程式を $y = \lambda x + \mu$ とすると,
$$(x-a)(x-b)(x-c) - (\lambda x + \mu)^2 = 0$$
がこの直線とこの楕円曲線の交点をもとめる方程式であり, よって
$$(x-a)(x-b)(x-c) - (\lambda x + \mu)^2 = (x-x_1)(x-x_2)(x-x_3).$$
ここで $x = a$ とおくと
$$(x_1-a)(x_2-a)(x_3-a) = (\lambda a + \mu)^2 \in (\mathbb{Q}^\times)^2.$$ ∎

命題 1.14(2) は §1.1 注意 1.6 からしたがう.

命題 1.14(3) の証明をおこなう前に準備をする.

定義 1.15 素数 p と有理数 $t \neq 0$ に対し, t の p 進付値と呼ばれる整数 $\mathrm{ord}_p(t)$ を, $t = p^m \dfrac{u}{v}$, $m \in \mathbb{Z}$, u, v は p でわれない整数, と書いたときの m と定義する. 次の (i), (ii) が成り立つ.

(i) $\mathrm{ord}_p(st) = \mathrm{ord}_p(s) + \mathrm{ord}_p(t)$.

(ii) 0 でない有理数 s, t が $\mathrm{ord}_p(s) \neq \mathrm{ord}_p(t)$ をみたせば,
$$\mathrm{ord}_p(s+t) = \min(\mathrm{ord}_p(s), \mathrm{ord}_p(t)).$$

[命題 1.14(3) の証明] p を $a-b, b-c, c-a$ のいずれの分母分子にも素因数としてあらわれない素数とする. $y^2 = (x-a)(x-b)(x-c)$ の有理数解 (x, y) で $y \neq 0$ なるものに対し, $\mathrm{ord}_p(x-a), \mathrm{ord}_p(x-b), \mathrm{ord}_p(x-c)$ がすべて偶数であることを示せば十分である. $y^2 = (x-a)(x-b)(x-c)$ と (i) より,

(*) $\qquad \mathrm{ord}_p(x-a) + \mathrm{ord}_p(x-b) + \mathrm{ord}_p(x-c) \quad$ は偶数

となる. $\mathrm{ord}_p(x-a), \mathrm{ord}_p(x-b), \mathrm{ord}_p(x-c)$ のいずれかが < 0 ならば, $x-a, x-b, x-c$ のどの 2 つの差の ord_p も 0 であることから, (ii) より, $\mathrm{ord}_p(x-a) = \mathrm{ord}_p(x-b) = \mathrm{ord}_p(x-c)$. これと (*) より, $\mathrm{ord}_p(x-a), \mathrm{ord}_p(x-b), \mathrm{ord}_p(x-c)$ は偶数. $\mathrm{ord}_p(x-a), \mathrm{ord}_p(x-b), \mathrm{ord}_p(x-c)$ のいずれか

が >0 ならば，$x-a, x-b, x-c$ のどの 2 つの差の ord_p も 0 であることから，(ii) より，$\mathrm{ord}_p(x-a), \mathrm{ord}_p(x-b), \mathrm{ord}_p(x-c)$ のうちのあとの 2 つは 0. $(*)$ より $\mathrm{ord}_p(x-a), \mathrm{ord}_p(x-b), \mathrm{ord}_p(x-c)$ のすべてが偶数となる． ∎

次に(IIB)を証明する．初めから細部を書くとわかりにくいので，まず証明の骨子を述べる．

E を $\mathbb{Q}$ 上の楕円曲線とし，その方程式を
$$y^2 = ax^3 + bx^2 + cx + d$$
とする．

(IIB)の(1)の証明法．$2P \neq O$ なる $P \in E(\mathbb{Q})$ を除外して考察してよい．すなわち，正の実数 C で $2P \neq O$ なるすべての $P \in E(\mathbb{Q})$ について $C \cdot H(2P) \geqq H(P)^4$ が成立するものを見つければよい．すると C' を，この C よりも大きく，かつ，$2P = O$ なるすべての $P \in E(\mathbb{Q})$（そういう P は高々 4 個）についての $H(P)^4$ よりも大きい実数とすれば，$C' \cdot H(2P) \geqq H(P)^4$ がすべての $P \in E(\mathbb{Q})$ について成立するからである．多項式 $f(T), g(T)$ を
$$f(T) = aT^3 + bT^2 + cT + d,$$
$$g(T) = \frac{1}{4a}(a^2 T^4 - 2acT^2 - 8adT + c^2 - 4bd)$$
と定義すると，$2P \neq O$ なる $P \in E(\mathbb{Q})$ の座標を (x, y) とおくとき，(1.4)により，$2P$ の x 座標は $\frac{g(x)}{f(x)}$ で与えられる．あとで示すように，$f(T)$ と $g(T)$ は多項式として互いに素（共通の 1 次以上の多項式ではわりきれない）である．それゆえ，楕円曲線とはまったく関係のない次の補題 1.16 を証明すればよいことになる．

補題 1.16 $f(T), g(T)$ を $\mathbb{Q}$ 係数の互いに素な多項式とする．$f(T), g(T)$ の次数のうち，大きい方(両方の次数が一致するときはその一致した次数)を d とする．このとき，ある正の実数 C があって，
$$H(x)^d \leqq C \cdot H\left(\frac{g(x)}{f(x)}\right)$$
が，$f(x) \neq 0$ となるすべての有理数 x について成立する． ∎

この補題はあとで証明する．

(IIB)の(2)の証明法.
（ⅰ） $P,Q\in E(\mathbb{Q})$, $P=O$ または $Q=O$ の場合,
（ⅱ） $P,Q\in E(\mathbb{Q})$, $P+Q=O$ または $P-Q=O$ の場合,
（ⅲ） $P,Q\in E(\mathbb{Q})$, $P\neq O$, $Q\neq O$, $P+Q\neq O$, $P-Q\neq O$ の場合

のそれぞれに，正の実数 C でそういう P,Q すべてについて，$H(P+Q)\cdot H(P-Q)\leqq C\cdot H(P)^2 H(Q)^2$ をみたすものが存在することを示せばよい．

(ⅰ)の場合，これはあきらか．

(ⅱ)の場合，問題は，ある正の実数 C があって，
$$H(2P)\leqq C\cdot H(P)^4$$
がすべての $P\in E(\mathbb{Q})$ について成立することを示すことになる．先に述べた P の x 座標と $2P$ の x 座標の関係から，楕円曲線とはまったく関係のない次の補題 1.17 を証明すればよいことになる．

補題 1.17 $f(T), g(T)$ を $\mathbb{Q}$ 係数多項式とし，d は自然数で，$f(T)$ の次数も $g(T)$ の次数も d 以下であるとする．このとき，ある正の実数 C があって
$$H\left(\frac{g(x)}{f(x)}\right)\leqq C\cdot H(x)^d$$
が，$f(x)\neq 0$ となるすべての有理数 x について成立する． □

(ⅲ)の場合は，あとで示すように，$\mathbb{Q}$ 係数 2 変数多項式 $f(S,T)$, $g(S,T)$, $h(S,T)$ で，S と T についての総次数がどれも 2 であるものがあって，次が成立する．$P,Q\in E(\mathbb{Q})$, $P\neq O$, $Q\neq O$, $P+Q\neq O$, $P-Q\neq O$ とし，P の x 座標を x_1, Q の x 座標を x_2, $P+Q$ の x 座標を x_+, $P-Q$ の x 座標を x_- とし，$s=x_1+x_2$, $t=x_1 x_2$, $s'=x_++x_-$, $t'=x_+ x_-$ とおくと，$f(s,t)\neq 0$ であり，かつ
$$s'=\frac{g(s,t)}{f(s,t)}, \quad t'=\frac{h(s,t)}{f(s,t)}$$
となる．有理数 u,v に対し，組 (u,v) の高さ $H(u,v)$ を次のように定義する．u,v をそれぞれ既約分数であらわしたときの分母の最小公倍数を n とし，$u=\dfrac{m}{n}$, $v=\dfrac{m'}{n}$ とおいて，
$$H(u,v)=\max(|m|,|m'|,|n|).$$

すると問題は，楕円曲線とはまったく関係のない次の補題 1.18 に帰着される．というのは，補題 1.18 の (2) にあらわれる実数 C について，

$$\begin{aligned}H(x_+)H(x_-) &\leqq 2H(s',t') &&（補題 1.18(1) より）\\ &\leqq 2C\cdot H(s,t)^2 &&（補題 1.18(2) より）\\ &\leqq 4C\cdot H(x_1)^2 H(x_2)^2 &&（補題 1.18(1) より）\end{aligned}$$

となり，$4C$ をあらためて C ととればよいからである．

補題 1.18

（1） 任意の有理数 u,v について

$$\frac{1}{2}H(u)H(v) \leqq H(u+v, uv) \leqq 2H(u)H(v).$$

（2） $f(S,T), g(S,T), h(S,T)$ を $\mathbb{Q}$ 係数 2 変数多項式とし，d は自然数で，$f(S,T)$ の次数（S と T についての総次数）も $g(S,T)$ の次数も $h(S,T)$ の次数も d 以下とする．このとき，ある正の実数 C があって，

$$H\left(\frac{g(s,t)}{f(s,t)}, \frac{h(s,t)}{f(s,t)}\right) \leqq C\cdot H(s,t)^d$$

が，$f(s,t)\neq 0$ となるすべての有理数 s,t について成立する． □

これらの補題 1.17, 1.18 もあとで証明する．

ここから (IIB) の証明の細部を述べる．まず，(IIB) の (1) の証明法の中で $f(T)$ と $g(T)$ が互いに素であることは，

$$g(T) = \frac{1}{4a}f'(T)^2 - \left(2T+\frac{b}{a}\right)f(T)$$

（$f'(T)$ は $f(T)$ の微分 $3aT^2+2bT+c$）であること（直接計算で確かめられる）と，$f(T)$ が重根を持たないので $f(T)$ と $f'(T)$ が多項式として互いに素であることからしたがう．また，(IIB) の (2) の証明法の中の (iii) の場合における $f(S,T), g(S,T), h(S,T)$ の存在であるが，これは，

$$f(S,T) = S^2 - 4T,$$
$$g(S,T) = \frac{1}{a}(2aST + 2cS + 4bT + 4d),$$

$$h(S,T) = \frac{1}{a^2}(a^2T^2 - 2acT - 4adS + c^2 - 4bd)$$

とおけばよいことが，楕円曲線の点の加法を与える式(1.2)により確かめられる．

あとは補題 1.16, 1.17, 1.18 の証明をすれば，(IIB)の証明が完成することになる．簡単なことから順に証明していく．(補題 1.16 の証明が難しい．他は比較的やさしい．)

［補題 1.18(1) の証明］ u,v を既約分数の形に $u = \dfrac{m}{n}$, $v = \dfrac{m'}{n'}$ とあらわすと，

$$u+v = \frac{mn' + m'n}{nn'}, \quad uv = \frac{mm'}{nn'}$$

であるが，ここで $mn'+m'n$, mm', nn' の最大公約数は 1 である．実際 l を $mn'+m'n$, mm', nn' すべての素因数とする．l は mm' をわりきるから，m または m' をわりきるが，m をわりきれば，$mn'+m'n$ もわりきることから $m'n$ をわりきり，m と n は互いに素ゆえ m' をわりきる．一方，l は nn' をわりきるから n' もわりきる．これは m' と n' が互いに素であることに矛盾．l が m' をわるときも同様に矛盾．よって最大公約数が 1 であることが示せた．したがって，高さの定義により，

$$H(u+v, uv) = \max(|mn'+m'n|, |mm'|, |nn'|).$$

一方

$$H(u)H(v) = \max(|mm'|, |mn'|, |m'n|, |nn'|).$$

これから $H(u+v, uv) \leqq 2H(u)H(v)$ は明らか．$\dfrac{1}{2}H(u)H(v) \leqq H(u+v, uv)$ を示すには，$\dfrac{1}{2}|mn'|$ と $\dfrac{1}{2}|m'n|$ が $\max(|mn'+m'n|, |mm'|, |nn'|)$ 以下であることを示せばよい．$\dfrac{1}{2}|mn'|$ について考える ($\dfrac{1}{2}|m'n|$ の方も証明は同様)．$mn' \neq 0$ としてよく，mn' でわって考え，$\dfrac{n}{m}$ を x, $\dfrac{m'}{n'}$ を y とおいて考えることにより，

$$\frac{1}{2} \leqq \max(|1+xy|, |x|, |y|)$$

がすべての実数 x, y について成立することを示せばよい．

これは，$|x| < \dfrac{1}{2}$ かつ $|y| < \dfrac{1}{2}$ なら，$|1+xy| \geqq 1 - \left(\dfrac{1}{2}\right)^2 \geqq \dfrac{1}{2}$ となることにより成立する． ∎

[補題 1.17 の証明]　$f(T), g(T)$ に 0 でない同じ整数をかけることにより，$f(T), g(T)$ の係数は整数であるとしてよい．このとき，$f(T), g(T)$ の係数の絶対値のうちで最大のものの $d+1$ 倍を C とおく．

$$f(T) = \sum_{i=0}^{d} a_i T^i, \quad g(T) = \sum_{i=0}^{d} b_i T^i$$

とおくと，$f(x) \neq 0$ なる有理数 x を既約分数 $\dfrac{m}{n}$ の形にあらわすとき，

$$\frac{g(x)}{f(x)} = \frac{\sum_{i=0}^{d} b_i m^i n^{d-i}}{\sum_{i=0}^{d} a_i m^i n^{d-i}}.$$

よって

$$H\left(\frac{g(x)}{f(x)}\right) \leqq \max\left(\left|\sum_{i=0}^{d} a_i m^i n^{d-i}\right|, \left|\sum_{i=0}^{d} b_i m^i n^{d-i}\right|\right) \leqq C \cdot H(x)^d.$$ ∎

[補題 1.18(2) の証明]　$f(S,T), g(S,T), h(S,T)$ に 0 でない同じ整数をかけることで，これらの多項式の係数は整数であるとしてよい．このとき，係数の絶対値のうちで最大のものの $\dfrac{1}{2}(d+1)(d+2)$ 倍を C とおく．

$$f(S,T) = \sum_{i,j} a_{ij} S^i T^j, \quad g(S,T) = \sum_{i,j} b_{ij} S^i T^j, \quad h(S,T) = \sum_{i,j} c_{ij} S^i T^j$$

(ここに (i,j) は $i \geqq 0, j \geqq 0, i+j \leqq d$ なる整数の組を走る)とおき，$f(s,t) \neq 0$ なる有理数 s, t に対し，s と t の既約分数表示の分母の最小公倍数を n，$s = \dfrac{m}{n}, t = \dfrac{m'}{n}$ とおくとき，

$$\frac{g(s,t)}{f(s,t)} = \frac{\sum_{i,j} b_{ij} m^i (m')^j n^{d-i-j}}{\sum_{i,j} a_{ij} m^i (m')^j n^{d-i-j}}, \quad \frac{h(s,t)}{f(s,t)} = \frac{\sum_{i,j} c_{ij} m^i (m')^j n^{d-i-j}}{\sum_{i,j} a_{ij} m^i (m')^j n^{d-i-j}}.$$

よって

$$H\left(\frac{g(s,t)}{f(s,t)}, \frac{h(s,t)}{f(s,t)}\right) \leq \max\left(\left|\sum_{i,j} a_{ij} m^i (m')^j n^{d-i-j}\right|, \left|\sum_{i,j} b_{ij} m^i (m')^j n^{d-i-j}\right|,\right.$$
$$\left.\left|\sum_{i,j} c_{ij} m^i (m')^j n^{d-i-j}\right|\right)$$
$$\leq C \cdot H(s,t)^d. \blacksquare$$

[補題 1.16 の証明] $f(T), g(T)$ に 0 でない同じ整数をかけることにより, $f(T), g(T)$ の係数は整数であるとしてよい. 0 でない整数 R, 整数 $e \geqq 0$, 整数係数の多項式 $c_j(T)$ $(j = 1, 2, 3, 4)$ で, どの j についても $c_j(T)$ の次数は e 以下であり, かつ

$$(1.6) \quad \begin{cases} c_1(T)f(T) + c_2(T)g(T) = R \\ c_3(T)f(T) + c_4(T)g(T) = RT^{d+e} \end{cases}$$

をみたすものが存在することをあとで証明する. $c_j(T)$ $(j = 1, 2, 3, 4)$ の係数の絶対値すべてのうちで最大のものの $2(e+1)$ 倍を C とおく. $f(x) \neq 0$ なる有理数 x に対し, $H(x)^d \leqq C \cdot H\left(\dfrac{g(x)}{f(x)}\right)$ なることを示す. $x = \dfrac{m}{n}$ を既約分数表示とする. ここで,

$$f(T) = \sum_{i=0}^{d} a_i T^i, \quad g(T) = \sum_{i=0}^{d} b_i T^i, \quad c_j(T) = \sum_{i=0}^{e} c_{ij} T^i$$

とおく.

$$f(x)n^d = \sum_{i=0}^{d} a_i m^i n^{d-i}, \quad g(x)n^d = \sum_{i=0}^{d} b_i m^i n^{d-i}, \quad c_j(x)n^e = \sum_{i=0}^{e} c_{ij} m^i n^{e-i}$$

はいずれも整数であり, (1.6) より

$$(1.7) \quad \begin{cases} (c_1(x)n^e)(f(x)n^d) + (c_2(x)n^e)(g(x)n^d) = Rn^{d+e} \\ (c_3(x)n^e)(f(x)n^d) + (c_4(x)n^e)(g(x)n^d) = Rm^{d+e} \end{cases}$$

となる. (1.7) より, $f(x)n^d$ と $g(x)n^d$ の最大公約数は, Rn^{d+e} と Rm^{d+e} をわりきるから, m と n が互いに素であることから R をわりきる.

$$(1.8) \quad \frac{g(x)}{f(x)} = \frac{g(x)n^d}{f(x)n^d}$$

より

(1.9) $$H\left(\frac{g(x)}{f(x)}\right) \geqq R^{-1}\max(|f(x)n^d|, |g(x)n^d|).$$

(これが証明のキーである．これは，(1.8)の右辺の分母分子があまり約分できないこと，したがって $H\left(\frac{g(x)}{f(x)}\right)$ が大きいことを言っているのである．)

一方，先の $c_j(x)n^e$ の表示から
$$|c_j(x)n^e| \leqq 2^{-1}C \cdot H(x)^e.$$

よって(1.7)より，次の $\leqq$ を得る：
$$R \cdot H(x)^{d+e} = R\max(|m|^{d+e}, |n|^{d+e})$$
$$\leqq C \cdot H(x)^e \max(|f(x)n^d|, |g(x)n^d|).$$

すなわち

(1.10) $$H(x)^d \leqq CR^{-1}\max(|f(x)n^d|, |g(x)n^d|).$$

(1.9), (1.10)より，
$$C \cdot H\left(\frac{g(x)}{f(x)}\right) \geqq H(x)^d.$$

最後に(1.6)をみたす $e, R, c_j(T)$ ($j=1,2,3,4$) の存在を示す．$f(T)$ と $g(T)$ は多項式として互いに素なので，
$$u_1(T)f(T) + u_2(T)g(T) = 1$$

なる $\mathbb{Q}$ 係数多項式 $u_1(T), u_2(T)$ が存在する．また $f(T)$ と $g(T)$ が互いに素なることから，$f\left(\frac{1}{T}\right)T^d, g\left(\frac{1}{T}\right)T^d$ も互いに素な $\mathbb{Q}$ 係数多項式になることが簡単に導ける．そこで
$$v_1(T)f\left(\frac{1}{T}\right)T^d + v_2(T)g\left(\frac{1}{T}\right)T^d = 1$$

なる $\mathbb{Q}$ 係数多項式 $v_1(T), v_2(T)$ が存在する．e を $u_1(T), u_2(T), v_1(T), v_2(T)$ の次数のいずれよりも以上である整数とし，R を 0 でない整数で，$Ru_i(T)$, $Rv_i(T)$ ($i=1,2$) がすべて整数係数になるものとし，
$$c_1(T) = Ru_1(T), \quad c_2(T) = Ru_2(T),$$
$$c_3(T) = Rv_1\left(\frac{1}{T}\right)T^e, \quad c_4(T) = Rv_2\left(\frac{1}{T}\right)T^e$$

とおけば，$c_j(T)$ $(j=1,2,3,4)$ は整数係数の多項式で次数は $\leqq e$，かつ (1.6) が成立する．

注意 1.19 $E(\mathbb{Q})$ の点 P に対し，

$$h(P) = \lim_{n \to \infty} \frac{1}{4^n} \log(H(2^n P))$$

とおく．この極限が存在すること，また $P, Q \in E(\mathbb{Q})$ に対し $\langle P, Q \rangle = \frac{1}{2}(h(P+Q) - h(P) - h(Q))$ とおくと，$h(P) = \langle P, P \rangle$ が成立し，さらに $\langle\ ,\ \rangle$ が次のような「内積」のような性質を持つことを示すことができる．$(P, Q, R \in E(\mathbb{Q})$ とする．)

(ⅰ) $\langle P, Q \rangle = \langle Q, P \rangle$,

(ⅱ) $\langle P, Q+R \rangle = \langle P, Q \rangle + \langle P, R \rangle$,

(ⅲ) $\langle P, P \rangle \geqq 0$ であり，$\langle P, P \rangle = 0$ となるのは P が位数有限の元であるときに限る．

《要約》

1.1 楕円曲線は $y^2 = (x\text{ の }3\text{ 次式})$（ただし右辺は重根を持たない）の形の方程式で与えられる曲線である．

1.2 楕円曲線は（点 O を付加すると）可換群の構造を持つ．

1.3 有理数体上の楕円曲線の有理点全体は（点 O も入れて考える）有限生成 Abel 群をなす（Mordell の定理）．

1.4 有理数体上の楕円曲線の有理点を研究するには，有理点の「高さ」の性質を用いることがたいへん重要である．

---------- 演習問題 ----------

1.1 E を楕円曲線 $y^2 = x^3 + 1$ とするとき

$$\{P \in E(\mathbb{C});\ 3P = O\}$$

をもとめよ．

1.2 楕円曲線 $y^2 = x^3 - 4$ において，有理点 P の x 座標が $\dfrac{m}{n}$ のとき，$2P$ の

x 座標が $\dfrac{(m^3+32n^3)m}{4(m^3-4n^3)n}$ になることを用いて，
$$144 \cdot H(2P \text{ の } x \text{ 座標}) \geq H(P \text{ の } x \text{ 座標})^4$$
であることを示せ．これを用いて $y^2 = x^3 - 4$ の有理点が無限に存在することを証明せよ．

1.3 K を標数が 2 でも 3 でもない可換体とし，$k \in K^{\times}$ とし，
$$X = \{(x,y) \in K \times K \,;\, x^3 + y^3 = k\},$$
$$Y = \{(x,y) \in K \times K \,;\, y^2 = \dfrac{4k}{3}x^3 - \dfrac{1}{3}, x \neq 0\}$$
とおく．X から Y の上への全単射
$$X \to Y\,;\ (x,y) \mapsto \left(\dfrac{1}{x+y}, \dfrac{x-y}{x+y}\right)$$
が存在することを示せ．

1.4 K を標数が 2 でない体とし，$k \in K^{\times}$ とし，
$$X = \{(x,y) \in K \times K \,;\, y^2 = x^4 + k\},$$
$$Y = \{(x,y) \in K \times K \,;\, y^2 = x^3 - 4kx,\ (x,y) \neq (0,0)\}$$
とおく．X から Y の上への全単射
$$X \to Y\,;\ (x,y) \mapsto (2(x^2+y), 4x(x^2+y))$$
が存在することを示せ．

1.5 K を標数が 2 でない体とし，$k \in K^{\times}$ とし，E を K 上の楕円曲線 $y^2 = x^3 + kx$，E' を K 上の楕円曲線 $y^2 = x^3 - 4kx$ とする．写像
$$f: E(K) \to E'(K),\quad g: E'(K) \to E(K)$$
$$f(x,y) = \left(x + \dfrac{k}{x},\ y\left(1 - \dfrac{k}{x^2}\right)\right)\ (x \neq 0 \text{ のとき})\quad f(0,0) = f(O) = O,$$
$$g(x,y) = \left(\dfrac{x}{4} - \dfrac{k}{x},\ \dfrac{y}{8}\left(1 + \dfrac{4k}{x^2}\right)\right)\ (x \neq 0 \text{ のとき})\quad g(0,0) = g(O) = O$$
が存在すること，$g \circ f : E(K) \to E(K)$, $f \circ g : E'(K) \to E'(K)$ がいずれも 2 倍写像であることを示せ．また，問題 1.4 の写像と合成した
$$X \to Y \subset E'(K) \xrightarrow{g} E(K)$$
は，写像 $(x,y) \mapsto (x^2, xy)$ であることをたしかめよ．

1.6 問題 1.4, 1.5 および命題 1.2 を用いて，次の方程式の有理解をすべてもとめよ．

(i) $y^2 = x^3 + 4x$, (ii) $y^2 = x^4 - 1$, (iii) $y^2 = x^4 + 4$

2 次曲線と p 進数体

前章では，楕円曲線の有理点を考察したが，この章では，楕円曲線よりも簡単な対象である2次曲線の有理点を考察する．2次曲線が有理点を持つか否か，持てば有理点全体がどのように記述されるか，を完全に解決することがこの章のテーマである．しかし，「より簡単」とはいっても，2次曲線が有理点を持つか否かについては，平方剰余記号や§0.1でふれた p 進数が本質的な役割を果たし，興味深い理論がそこにあらわれる．数論において大切な p 進数の紹介をすることも，本章の目的である．

§2.1 2次曲線

(a) 2次曲線の有理点

方程式
$$x^2+y^2=z^2$$
の整数解は，$z\neq 0$ なら，$\left(\dfrac{x}{z}\right)^2+\left(\dfrac{y}{z}\right)^2=1$ ゆえ，円 $x^2+y^2=1$ の有理点を定める．たとえば，$3^2+4^2=5^2$ は，円 $x^2+y^2=1$ の有理点 $\left(\dfrac{3}{5},\dfrac{4}{5}\right)$ を定め，$5^2+12^2=13^2$ は $\left(\dfrac{5}{13},\dfrac{12}{13}\right)$ を定める．

逆に，円 $x^2+y^2=1$ の有理点が与えられれば，分母を払うことで $x^2+y^2=z^2$ の $z\neq 0$ なる整数解が得られる．では，円 $x^2+y^2=1$ の有理点はどれぐら

いあるだろうか．じつは以下で説明するように無限個存在している．

一方，円 $x^2+y^2=3$ を考える．じつはこちらは有理点がまったく無いのである．読者は図2.1と図2.2を見比べて，右側の円に有理点がまったく無いことが判読できるだろうか．それはできないはずで，人間の視力は，そういうことが見分けられないのである．これらの図において有理数は実数の中にひたされているのであるが，その状況で有理数についての真実を見きわめるのは難しく，実数の光とは異なる光を有理数にあてて見るのが必要で，それが後述の「素数の光」である．

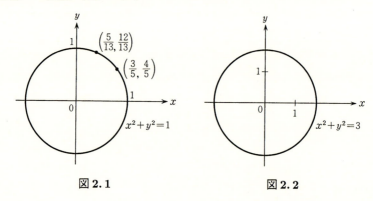

図2.1　　　　　図2.2

この章において，a,b,c を 0 でない与えられた有理数とするとき，2 次曲線(quadratic curve)

(2.1) $$ax^2+by^2=c$$

を考察する．§2.1 では，この 2 次曲線(2.1)に有理点が($x^2+y^2=1$ の場合のように)もし 1 つでも存在すれば，無限に有理点が存在し，かつそれらを具体的にすべてもとめることができる，ということを述べる．これよりもずっと深いのは，2 次曲線(2.1)が有理点を 1 つでも持つか全く持たないか，の判定法(§2.3 に出てくる定理2.3)である．この定理2.3の意味は，実数の光とともに「素数の光」をあてると，有理数の真実がくっきりと浮かびあがり，2 次曲線の有理点のことがよくわかる，ということである．

このことをつきつめていくと，§2.4 で紹介するように各素数 p に対し，実

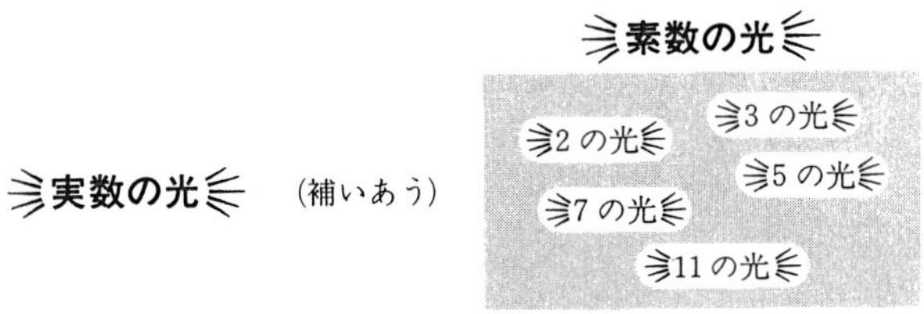

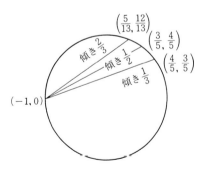

図 2.3 実数の光と素数の光

数の世界に匹敵する数の世界「p進数の世界」が存在し,「2次曲線の有理点のことは,実数の世界で考え,かつあらゆる素数pについてp進数の世界でも考えればよくわかる」という話になる.たとえば$x^2+y^2=-1$に有理点が無いことは,実数の世界に解を持たないことからわかる.$x^2+y^2=3$に有理点が無いことは,実数の光をあてただけではわからないが,素数2や素数3の光をあてれば,これが2進数の世界や3進数の世界に解を持たないことからわかるのである.これについては§2.5に述べる.

(b) $x^2+y^2=1$ の場合

$x^2+y^2=1$ の有理点を考える.

図 2.4 $x^2+y^2=1$ の有理点

円 $x^2+y^2=1$ に有理点 (x,y) があるとき,$(x,y) \neq (-1,0)$ なら,この点 (x,y) と $(-1,0)$ を結ぶ直線の傾きは $\dfrac{y}{x+1}$ で,これは有理数である.逆に,有理数 t が与えられたとき,$(-1,0)$ を通る傾きが t の直線とこの円の交点は,

座標が $\left(\dfrac{1-t^2}{1+t^2}, \dfrac{2t}{1+t^2}\right)$ であることが示せる．それは有理点である．

たとえば，t として $\dfrac{1}{5}, \dfrac{1}{4}, \dfrac{1}{3}, \dfrac{1}{2}, \dfrac{2}{3}$ をとると，それぞれ有理点

$$\left(\dfrac{12}{13}, \dfrac{5}{13}\right), \left(\dfrac{15}{17}, \dfrac{8}{17}\right), \left(\dfrac{4}{5}, \dfrac{3}{5}\right), \left(\dfrac{3}{5}, \dfrac{4}{5}\right), \left(\dfrac{5}{13}, \dfrac{12}{13}\right)$$

を得ることになる．$t=\dfrac{5}{12}$ ととれば有理点 $\left(\dfrac{119}{169}, \dfrac{120}{169}\right)$ を得るが，$\left(\dfrac{119}{169}\right)^2 + \left(\dfrac{120}{169}\right)^2 = 1$ の分母を払うと，序章の古代バビロニアのところに出てきた $119^2 + 120^2 = 169^2$ が得られる．ともかくこうして，

$$\{\text{円 } x^2+y^2=1 \text{ の},\ (-1,0) \text{ 以外の有理点}\} \underset{1:1}{\longleftrightarrow} \{\text{有理数}\}$$

$$(x,y) \longmapsto \dfrac{y}{x+1}$$

$$\left(\dfrac{1-t^2}{1+t^2}, \dfrac{2t}{1+t^2}\right) \longleftarrow t$$

という互いに逆な 1 対 1 対応を得る．

（c） 有理点を持つ 2 次曲線の場合

a, b, c を 0 でない有理数としたときの 2 次曲線
$$ax^2 + by^2 = c$$
が，1 つでも有理点を持つ場合，上と同様の方法ですべての有理点をもとめることができる．その 1 つの有理点 $Q(x_0, y_0)$ をとるとき，

$$\{(x,y);\ x,y \in \mathbb{Q},\ ax^2+by^2=c\} \underset{1:1}{\longleftrightarrow} \mathbb{Q} \cup \{\infty\} - \{\text{高々 2 元}\}$$

が，$ax^2+by^2=c$ の有理点 P に，Q から P へひいた直線（直線 QP と呼ぶ）の傾きを対応させることにより成立する．ただし $P=Q$ のときは直線 QP とは，Q におけるこの 2 次曲線の接線と解釈する．また，直線 QP が y 軸に平行なときは，その傾きは ∞ と解釈する．「高々 2 元」というのは，$-a/b$ が有理数の平方であるときに，$\mathbb{Q} \cup \{\infty\}$ から $\pm\sqrt{-a/b}$ を除き，そうでないときは，$\mathbb{Q} \cup \{\infty\}$ から何も除かないということである．$-a/b$ が有理数の平方であるとき，曲線 $ax^2+by^2=c$ は双曲線で，$\pm\sqrt{-a/b}$ はその漸近線の傾きである．

この1対1対応の存在する理由は $x^2+y^2=1$ の場合と同様である．Q を通り傾きが $\mathbb{Q} \cup \{\infty\}$ の元である直線とこの2次曲線の交点が，その直線が2次曲線の接線でなく傾きが $\pm\sqrt{-a/b}$ でもないなら，Q の他にもう1点存在し，しかもその点 P が有理点になっていることによる．（実際，交点をもとめる問題は有理数係数の2次方程式を解くことになり，Q がその方程式の1つの解を与えておりそれは有理数解であるから，残りの解も「根と係数の関係」から有理数であることがわかる．これが P が有理点である理由である．）

なお，上の「高々2元」の例外的扱いは，次のようにすれば解消することができる．
$$X = \{\text{比}\,(x:y:z);\ x,y,z \in \mathbb{Q}, x=y=z=0\text{ではない},$$
$$ax^2+by^2=cz^2\}$$
とおき，§1.2(b)でおこなったのと同様に，$ax^2+by^2=c$ をみたす $(x,y) \in \mathbb{Q}\times\mathbb{Q}$ を比 $(x:y:1) \in X$ と同一視するとき，上の1対1対応は，
$$X \underset{1:1}{\longleftrightarrow} \mathbb{Q} \cup \{\infty\}$$
という1対1対応に拡張される．$-a/b$ が有理数 r の平方であるとき，$r \in \mathbb{Q}$ に X の元 $(1:r:0)$ を対応させるのである．

この「2次曲線が有理点を1つでも持てば他の有理点もすべて記述できる」ということは，標数が2でない可換体 K 上の2次曲線についての話に次のように拡張できる．$a,b,c \in K^\times$ とし，$ax^2+by^2=c$ をみたす $(x,y) \in K \times K$ が存在するとするとき，1対1対応
$$X = \{\text{比}\,(x:y:z);\ x,y,z \in K, x=y=z=0\text{ではない},$$
$$ax^2+by^2=cz^2\}$$
$$\underset{1:1}{\longleftrightarrow} K \cup \{\infty\}$$
が同様にして得られる．

問1 $x^2+y^2=5$ の有理点を $(\pm 1, \pm 2)$, $(\pm 2, \pm 1)$（複号は同順でなくていい）の他にもとめよ．

問2 序章の§0.1に出てきた古代バビロニアの $119^2+120^2=169^2$ においては，対応する直角3角形の直角をはさむ2辺の長さの比 $\dfrac{119}{120}$ がたいへん1に近い．

（それを書いたバビロニア人は，比の大きさの順に彼の $x^2+y^2=z^2$ の解を並べており，比がたいへん 1 に近いこの例を表の最初においている．）x と y の比がもっと 1 に近い，$x^2+y^2=z^2$ の整数解を与えよ．

§2.2 合同式

有理数係数の 2 次曲線 $ax^2+by^2=c$ に有理点が 1 つでもあれば前節の方法ですべての有理点がもとめられるが，有理点があるかないかを判定することは，それよりもずっと深い問題であり，それは平方剰余記号など，合同式 (congruence) についての話に関係する．ここで合同式について述べる．

(a) 合同式とその基本的性質

自然数 m と整数 a, b に対し
$$a \equiv b \bmod m$$
(「a と b は m を法として合同である」あるいは「a 合同 b モッド m」と読む)とは，$a-b$ が m の整数倍であることを意味する．たとえば
$$28 \equiv 3 \bmod 5, \quad 35 \equiv 0 \bmod 5.$$
合同式に関しては，ここでは簡単に復習するにとどめる．合同式の基本的性質から，平方剰余の相互法則 (quadratic reciprocity law) までを復習する．次のことが成立することが容易に確かめられる．

(2.2)　　$a \equiv a \bmod m$．

(2.3)　　$a \equiv b \bmod m$　なら　$b \equiv a \bmod m$．

(2.4)　　$a \equiv b \bmod m, b \equiv c \bmod m$　なら　$a \equiv c \bmod m$．

(2.5)　　$a \equiv b \bmod m, c \equiv d \bmod m$　なら
$$a+c \equiv b+d \bmod m, \quad ac \equiv bd \bmod m.$$

合同式が方程式の整数解や有理数解を考えるのに有効であることを示唆するため，簡単な例ではあるが，たとえば，a が整数で $a \equiv 3 \bmod 4$ である

とき，$x^2+y^2=a$ なる整数 x,y が存在しないことを示そう．そのような整数 x,y があれば $x^2+y^2 \equiv 3 \bmod 4$．しかし，$0^2 \equiv 0$, $1^2 \equiv 1$, $2^2 \equiv 0$, $3^2 \equiv 1 \bmod 4$ であるから，整数 x,y をどうとっても，$x^2+y^2 \equiv 3 \bmod 4$ がみたされることはない．

上の合同式の性質 (2.2), (2.3), (2.4) は，「$\equiv \bmod m$」という関係が「同値関係」であることを言っており，そのことと (2.5) から，$a \equiv b \bmod m$ なる整数 a,b を同一視して m 個の元からなる環 $\mathbb{Z}/m\mathbb{Z}$ が得られる，ということについては，読者は既知であるとする．たとえば，$\mathbb{Z}/6\mathbb{Z}$ は，$0, 1, 2, 3, 4, 5$ の 6 つの元からなり，$3+4=7=1$, $2 \times 3 = 6 = 0$ などの演算により環になっている．

次の命題の証明は省略する．

命題 2.1 m を自然数とする．

（1） $\mathbb{Z}/m\mathbb{Z}$ が体であることと，m が素数であることは同値である．

（2） p を素数とする．（このとき体 $\mathbb{Z}/p\mathbb{Z}$ を $\mathbb{F}_p$ と書く．）すると，$\mathbb{F}_p$ の 0 でない元全体のなす乗法群 $\mathbb{F}_p^\times$ は位数 $p-1$ の巡回群である．

（3） a を整数とすると，a の $\mathbb{Z}/m\mathbb{Z}$ の像が $\mathbb{Z}/m\mathbb{Z}$ の可逆元であることと，a と m が互いに素であることは，同値である．

（4） （中国式剰余定理(Chinese remainder theorem)）$m = p_1^{e_1} \cdots p_r^{e_r}$ を m の素因数分解（$p_1, \cdots, p_r$ は相異なる素数）とするとき，環としての自然な同型

$$\mathbb{Z}/m\mathbb{Z} \xrightarrow{\cong} \mathbb{Z}/p_1^{e_1}\mathbb{Z} \times \cdots \times \mathbb{Z}/p_r^{e_r}\mathbb{Z}$$

を得る．（左から右への写像は，整数を $\bmod m$ で見たものを，各 i について $\bmod p_i^{e_i}$ で見ることによる写像．）すなわち，各 $i = 1, \cdots, r$ について整数 a_i が与えられれば

$$b \equiv a_i \bmod p_i^{e_i} \qquad (i = 1, \cdots, r)$$

なる整数 b が存在し（これが左から右への写像が全射であること），整数 b' も b と同じ条件をみたせば $b \equiv b' \bmod m$ がなりたつ（これがその写像が単射であるということ）． □

(b) 平方剰余の相互法則

体 $\mathbb{F}_5$ には，-1 の平方根が存在する．実際 $2^2 = 4 \equiv -1 \mod 5$ ゆえ，$\mathbb{F}_5$ において 2 は -1 の平方根である．しかし，$\mathbb{F}_7$ には，-1 の平方根が存在しないことが確かめられる．じつは，p を奇素数とするとき，$\mathbb{F}_p$ に -1 の平方根が存在するための必要十分条件は $p \equiv 1 \mod 4$ である．どんな素数 p について $\mathbb{F}_p$ に 5 の平方根が存在するのだろうか，3 の平方根が存在するのだろうか，という問に答を与えるのが，Gauss が 1796 年に証明した平方剰余の相互法則である．まず平方剰余記号を復習する．

p を奇素数とし，a を p でわれない整数とするとき，平方剰余記号 $\left(\dfrac{a}{p}\right) \in \{\pm 1\}$ を，$\mathbb{F}_p$ において a の平方根が存在するとき (すなわち $x^2 \equiv a \mod p$ となる整数 x が存在するとき) $\left(\dfrac{a}{p}\right) = 1$ とおき，存在しないとき $\left(\dfrac{a}{p}\right) = -1$ とおいて定義する．たとえば，$0^2 \equiv 0,\ 1^2 \equiv 4^2 \equiv 1,\ 2^2 \equiv 3^2 \equiv 4 \mod 5$ ゆえ

$$\left(\frac{1}{5}\right) = \left(\frac{4}{5}\right) = 1, \quad \left(\frac{2}{5}\right) = \left(\frac{3}{5}\right) = -1.$$

命題 2.1(2) から，商群 $\mathbb{F}_p^\times / (\mathbb{F}_p^\times)^2$ は位数が 2 の乗法群 $\{\pm 1\}$ と同型になる．$\left(\dfrac{a}{p}\right) \in \{\pm 1\}$ とは，群の同型 $\mathbb{F}_p^\times / (\mathbb{F}_p^\times)^2 \cong \{\pm 1\}$ による a の類の像に他ならない．したがって，

$$\left(\frac{ab}{p}\right) = \left(\frac{a}{p}\right)\left(\frac{b}{p}\right)$$

が，p でわれない整数 a, b について成立する．

定理 2.2 p を奇素数とする．

(1) (平方剰余の相互法則) q を p と異なる素数とするとき，

$$\left(\frac{q}{p}\right) = (-1)^{\frac{p-1}{2} \cdot \frac{q-1}{2}} \left(\frac{p}{q}\right)$$

(2) (第 1 補充法則)

$$\left(\frac{-1}{p}\right) = (-1)^{\frac{p-1}{2}} = \begin{cases} 1 & p \equiv 1 \mod 4 \text{ のとき} \\ -1 & p \equiv 3 \mod 4 \text{ のとき} \end{cases}$$

（3） （第2補充法則）
$$\left(\frac{2}{p}\right) = (-1)^{\frac{p^2-1}{8}} = \begin{cases} 1 & p \equiv 1,7 \mod 8 \text{ のとき} \\ -1 & p \equiv 3,5 \mod 8 \text{ のとき} \end{cases}$$
□

(2)は先ほどの，$\mathbb{F}_p$ に -1 の平方根が存在するか否かについての法則である．(1)の例として，p を 2 でも 5 でもない素数とするとき，$\mathbb{F}_p$ に 5 の平方根が存在するための必要十分条件が $p \equiv 1$ または $4 \mod 5$ であることが，

$$\left(\frac{5}{p}\right) = (-1)^{\frac{p-1}{2} \cdot \frac{5-1}{2}} \left(\frac{p}{5}\right) = \left(\frac{p}{5}\right)$$

からわかる（$\left(\frac{a}{5}\right)$ はすでにもとめた）．また p を 2 でも 3 でもない素数とするとき，$\mathbb{F}_p$ に 3 の平方根が存在するための必要十分条件が $p \equiv 1$ または $11 \mod 12$ であることが，

$$\left(\frac{3}{p}\right) = (-1)^{\frac{p-1}{2} \cdot \frac{3-1}{2}} \left(\frac{p}{3}\right) = (-1)^{\frac{p-1}{2}} \left(\frac{p}{3}\right)$$

と，$\left(\frac{1}{3}\right) = 1$, $\left(\frac{2}{3}\right) = -1$ からわかる．

問 3 p を 2 でも 3 でもない素数とするとき，$\mathbb{F}_p$ に -3 の平方根が存在するための必要十分条件は $p \equiv 1 \mod 3$ であることを示せ．

問 4 m を整数とし，p を $2m$ をわらない素数とするとき，$\mathbb{F}_p$ に m の平方根が存在するか否かが $p \mod 4|m|$ だけできまること（つまり，p' も $2m$ をわらない素数とし $p \equiv p' \mod 4|m|$ とすれば，「$\mathbb{F}_p$ に m の平方根が存在する $\iff \mathbb{F}_{p'}$ に m の平方根が存在する」が成立すること）を示せ．

§2.3　2次曲線と平方剰余記号

(a)　2次曲線の有理点の有無

2 次曲線 $ax^2 + by^2 = c$ $(a, b, c \in \mathbb{Q}^\times)$ に有理点が存在するか否かを判定する定理 2.3 について述べる．この定理の証明は §2.6 に与える．両辺を c でわることにより，$c = 1$ の場合を考察すれば十分である．

$a, b \in \mathbb{Q}^\times$ に対し,各素数 p について $(a, b)_p \in \{\pm 1\}$ を定義し,また,$(a, b)_\infty \in \{\pm 1\}$ を定義する.$(a, b)_v$(v は素数または ∞)は Hilbert 記号(Hilbert symbol)と呼ばれる.$(a, b)_p$ の定義はあとで与えるが,p が奇素数のとき $(a, b)_p$ は平方剰余記号 $\left(\dfrac{}{p}\right)$ を使って定義される.また

$$(a, b)_\infty = \begin{cases} 1 & a > 0 \text{ または } b > 0 \text{ のとき} \\ -1 & a < 0 \text{ かつ } b < 0 \text{ のとき} \end{cases}$$

と定義される.

$(a, b)_\infty = 1 \iff ax^2 + by^2 = 1$ となる実数 x, y が存在する

であることは容易に確かめられる.$ax^2 + by^2 = 1$ をみたす有理数 x, y が存在するためには,それをみたす実数がまず存在しなければならないが,それが $(a, b)_\infty$ で判読される.しかし,もちろんそれだけでは有理数解の有無は判読できず,「実数の光」$(\ ,\ )_\infty$ だけでなく,各素数 p について「素数の光」$(\ ,\ )_p$ をあてると,有理数解の有無がわかる,というのが次の定理である.

定理 2.3 $a, b \in \mathbb{Q}^\times$ とする.$ax^2 + by^2 = 1$ となる有理数 x, y が存在するための必要十分条件は,$(a, b)_\infty = 1$ が成立し,かつ $(a, b)_p = 1$ がすべての素数 p について成立することである. □

(b) Hilbert 記号の定義と性質

Hilbert 記号 $(a, b)_p$(p は素数)の定義を述べる前に,小さな準備をする.素数 p に対し,$\mathbb{Q}$ の部分環 $\mathbb{Z}_{(p)}$ を,

$$\mathbb{Z}_{(p)} = \left\{\frac{a}{b}\ ;\ a, b \in \mathbb{Z},\ b \text{ は } p \text{ でわれない}\right\}$$

と定義する.$n \geq 1$ に対し自然な準同型 $\mathbb{Z} \to \mathbb{Z}/p^n\mathbb{Z}$($\bmod p^n$ で見ること)は,環準同型(ring homomorphism)

$$\mathbb{Z}_{(p)} \to \mathbb{Z}/p^n\mathbb{Z},$$
$$\frac{a}{b} \mapsto \frac{a \bmod p^n}{b \bmod p^n} \qquad (a, b \in \mathbb{Z},\ b \text{ は } p \text{ でわれない})$$

($b \bmod p^n$ が $\mathbb{Z}/p^n\mathbb{Z}$ の可逆元であることを用いた）に拡張される．これは次のようにも理解される．自然な準同型 $\mathbb{Z}/p^n\mathbb{Z} \to \mathbb{Z}_{(p)}/p^n\mathbb{Z}_{(p)}$ は同型写像であり，上の準同型は合成
$$\mathbb{Z}_{(p)} \to \mathbb{Z}_{(p)}/p^n\mathbb{Z}_{(p)} \xleftarrow{\cong} \mathbb{Z}/p^n\mathbb{Z}$$
に他ならない．$\mathbb{Z}_{(p)}$ の元 x の $\mathbb{Z}/p^n\mathbb{Z}$ における像を $x \bmod p^n$ と書く．

$\mathbb{Z}_{(p)}$ の可逆元全体 $(\mathbb{Z}_{(p)})^\times$ は，$\left\{\dfrac{a}{b} \; ; \; a,b \in \mathbb{Z}, \, a,b \text{ は } p \text{ でわれない}\right\}$ に一致する．0 でない有理数は，$p^m u \, (m \in \mathbb{Z}, \, u \in (\mathbb{Z}_{(p)})^\times)$ の形にただひととおりにあらわすことができる．

素数 p と $a, b \in \mathbb{Q}^\times$ に対し，Hilbert 記号 $(a,b)_p$ を定義する．
$$a = p^i u, \quad b = p^j v \qquad (i,j \in \mathbb{Z}, \, u,v \in (\mathbb{Z}_{(p)})^\times)$$
と書き，
$$r = (-1)^{ij} a^j b^{-i} = (-1)^{ij} u^j v^{-i} \in (\mathbb{Z}_{(p)})^\times$$
とおく．$p \neq 2$ なら，
$$(a,b)_p = \left(\frac{r \bmod p}{p}\right)$$
（右辺は平方剰余記号）とおく．$p = 2$ なら，
$$(a,b)_2 = (-1)^{\frac{r^2-1}{8}} \cdot (-1)^{\frac{u-1}{2} \cdot \frac{v-1}{2}}$$
とおく．ここに -1 の肩にのっている数は（$\mathbb{Z}_{(2)}$ に属するが），$\mathbb{Z}_{(2)} \to \mathbb{Z}/2\mathbb{Z}$ により $\mathbb{Z}/2\mathbb{Z}$ の元と見る．

命題 2.4 v は素数または ∞ とする．

（1） $(a,b)_v = (b,a)_v$．

（2） $(a,bc)_v = (a,b)_v (a,c)_v$．

（3） $(a,-a)_v = 1$．$a \neq 1$ なら $(a, 1-a)_v = 1$．

（4） p を奇素数とし，$a,b \in (\mathbb{Z}_{(p)})^\times$ とすると次が成立する．

　（4-1） $(a,b)_p = 1$，

　（4-2） $(a, pb)_p = \left(\dfrac{a \bmod p}{p}\right)$．

（5） $a,b \in \mathbb{Z}_{(2)}^\times$ とすると次が成立する．

$$(5\text{-}1) \quad (a,b)_2 = \begin{cases} 1 & a \equiv 1 \bmod 4 \text{ または } b \equiv 1 \bmod 4 \text{ のとき} \\ -1 & a \equiv b \equiv -1 \bmod 4 \text{ のとき} \end{cases}$$

$$(5\text{-}2) \quad (a,2b)_2 = \begin{cases} 1 & a \equiv 1 \bmod 8 \text{ または } a \equiv 1-2b \bmod 8 \text{ のとき} \\ -1 & \text{それ以外のとき} \end{cases}$$

□

この命題は Hilbert 記号の定義から，特別な工夫なく得られるので，証明を省略する．

(c) Hilbert 記号の積公式

次の定理は，平方剰余の相互法則とその補充法則を Hilbert 記号を使った形に書きかえたものである．

定理 2.5 $a,b \in \mathbb{Q}^\times$ とする．すると，$(a,b)_v$ は有限個の v を除いて 1 に等しく，

$$\prod_v (a,b)_v = 1.$$

この積で v は ∞ とすべての素数を走る． □

注意 2.6 この定理により，定理 2.3 の条件「すべての v について $(a,b)_v = 1$」の成否を確かめるには，∞ と素数の中の 1 個の v を除いて残りのすべての v について確かめれば十分である．

[定理 2.5 の証明] $(a,b)_v$ が有限個の v を除いて 1 になることは，有限個の素数を除けば $a,b \in (\mathbb{Z}_{(p)})^\times$ となることと，命題 2.4(4-1) からしたがう．すべての v にわたる積が 1 になることについては，命題 2.4(1), (2), (3) により (a,b を素因数分解して考えることにより)，次の(i)–(iii)の場合に示せば十分である．

(i) a,b は相異なる奇素数．
(ii) a は奇素数，b は -1 または 2．
(iii) $a = -1$, b は -1 または 2．

(i)の場合．命題 2.4 により

$$(a,b)_v = \begin{cases} \left(\dfrac{b}{a}\right) & v=a \text{ のとき} \\ \left(\dfrac{a}{b}\right) & v=b \text{ のとき} \\ (-1)^{\frac{a-1}{2}\cdot\frac{b-1}{2}} & v=2 \text{ のとき} \\ 1 & \text{その他の } v \text{ のとき} \end{cases}$$

よって，$\prod_v (a,b)_v = 1$ は平方剰余の相互法則(定理 2.2(1))に他ならない．

(ii)の場合．命題 2.4 により

$$(a,-1)_v = \begin{cases} \left(\dfrac{-1}{a}\right) & v=a \text{ のとき} \\ (-1)^{\frac{a-1}{2}} & v=2 \text{ のとき} \\ 1 & \text{その他の } v \text{ のとき} \end{cases}$$

$$(a,2)_v = \begin{cases} \left(\dfrac{2}{a}\right) & v=a \text{ のとき} \\ (-1)^{\frac{a^2-1}{8}} & v=2 \text{ のとき} \\ 1 & \text{その他の } v \text{ のとき} \end{cases}$$

よって，$\prod_v (a,b)_v = 1$ は補充法則(定理 2.2(2), (3))に他ならない．

(iii)の場合．計算してみると，

$$(-1,-1)_v = \begin{cases} -1 & v \text{ が } 2 \text{ または } \infty \text{ のとき} \\ 1 & \text{その他の } v \text{ のとき} \end{cases}$$

$$(-1,2)_v = 1 \quad \text{すべての } v \text{ について}$$

がわかる．

注意 2.7 平方剰余の相互法則を定理 2.5 の形になおしてみる(これは Hilbert による)と，平方剰余の相互法則は，「実数の光」と「素数の光」全体の調和をあらわしていたのだとわかる．

(d) 例

定理 2.3 を応用して具体的な 2 次曲線の有理点の有無を確かめよう.

準備として次のことに注意する. $a, b, c \in \mathbb{Q}^\times$ とするとき, 次の (ア), (イ) は同値である.

(ア) $ax^2 + by^2 = c$ なる $x, y \in \mathbb{Q}$ が存在する.

(イ) $ax^2 + by^2 = cz^2$ なる $x, y, z \in \mathbb{Q}$ で $(x, y, z) \neq (0, 0, 0)$ なるものが存在する.

(ア)⇒(イ)は自明($z = 1$ とおけばよい). 逆に,
$$ax^2 + by^2 = cz^2, \quad x, y, z \in \mathbb{Q}, \quad (x, y, z) \neq (0, 0, 0)$$
とする. $z \neq 0$ なら $a\left(\dfrac{x}{z}\right)^2 + b\left(\dfrac{y}{z}\right)^2 = c$. $z = 0$ なら $x \neq 0$ であり $a = c\left(\dfrac{z}{x}\right)^2 - b\left(\dfrac{y}{x}\right)^2$ より §1.1 の結果から 2 次曲線 $a = cu^2 - bv^2$ は無限個の有理点をもち, よって $u \neq 0$ なる有理点を持つ. すると, $a\left(\dfrac{1}{u}\right)^2 + b\left(\dfrac{v}{u}\right)^2 = c$ である.

命題 2.8 p を素数とする.

(1) $p = x^2 + y^2$ となる $x, y \in \mathbb{Q}$ が存在するための必要十分条件は, $p \equiv 1 \bmod 4$ または $p = 2$ であること.

(2) $p = x^2 + 5y^2$ となる $x, y \in \mathbb{Q}$ が存在するための必要十分条件は, $p \equiv 1$ または $9 \bmod 20$ または $p = 5$ であること.

(3) $p = x^2 + 26y^2$ となる $x, y \in \mathbb{Q}$ が存在するための必要十分条件は, $p \equiv 1$ または $3 \bmod 8$ かつ $p \equiv (1, 3, 4, 9, 10, 12$ のいずれか$) \bmod 13$ となること. □

[証明] $a \in \mathbb{Q}^\times$ とする. $p = x^2 + ay^2$ なる $x, y \in \mathbb{Q}$ の有無は, $pz^2 = x^2 + ay^2$ を, $x^2 = pz^2 - ay^2$ と書きかえれば上述の(ア), (イ)の同値からわかるように, $(p, -a)_v = 1$ がすべての v (すべての v とは, ∞ とすべての素数) について成立するか否かと同じである. 注意 2.6 により $v = p$ の場合は確かめなくてよい.

(1)の証明. すでに定理 2.5 の証明の中で計算したように, $v \neq 2, p$ なら $(p, -1)_v = 1$, $(p, -1)_2$ は $p \neq 2$ なら $(-1)^{\frac{p-1}{2}}$ である. (1)はこれからしたが

(2)の証明．$(p, -5)_v$ は，命題 2.4(4-1) により，$v \neq 2, 5, p$ なら 1 である．$p \neq 2$ なら $(p, -5)_2 = (-1)^{\frac{p-1}{2}}$．$p \neq 5$ なら $(p, -5)_5 = \left(\dfrac{p}{5}\right)$．以上により (2) を得る．

(3)の証明．$(p, -26)_v$ は，命題 2.4(4-1) により，$v \neq 2, 13, p$ なら 1 である．$p \neq 2$ なら，$(p, -26)_2$ は，$p \equiv 1$ または $3 \bmod 8$ のとき 1，$p \equiv 5$ または 7 のとき -1．$p \neq 13$ なら，$(p, -13)_{13} = \left(\dfrac{p}{13}\right)$．$\mathbb{Z}/13\mathbb{Z}$ の元の 2 乗を実際に計算することにより，$\left(\dfrac{a}{13}\right)$ は $a \equiv 1, 3, 4, 9, 10, 12 \bmod 13$ なら 1，$a \equiv 2, 5, 6, 7, 8, 11 \bmod 13$ なら -1 であることがわかる．(3) はこれからしたがう． ∎

命題 2.8 では方程式の有理数解を考えているが，整数解はどうなるのであろうか．$p = x^2 + y^2$ をみたす $x, y \in \mathbb{Z}$ の存在する必要十分条件は，Fermat が述べたとおり (§0.2)，$p \equiv 1 \bmod 4$ または $p = 2$ であって，これは有理数解の存在条件に一致している．$p = x^2 + 5y^2$ についても整数解の存在条件と有理数解の存在条件は一致するのであるが，$p = x^2 + 26y^2$ については，$3 = x^2 + 26y^2$ には命題 2.8(3) にあるとおり有理数解が存在する（たとえば $3 = \left(\dfrac{1}{3}\right)^2 + 26\left(\dfrac{1}{3}\right)^2$）けれども，整数解はあきらかに存在しない．ここにでてきた整数解の存在条件と有理数解の存在条件の一致不一致は，類体論と関係があるので，第 5 章でふれる．

問 5 Diophantus の『数論』の中に，$15x^2 - 36 = y^2$ は有理数解を持たないということが書かれている．これが正しいことを，定理 2.3 を使って確かめよ．

§2.4 p 進数体

Hilbert 記号 $(\ ,\ )_\infty$ の意味は，$a, b \in \mathbb{Q}^\times$ に対し，
$$(a, b)_\infty = 1 \iff ax^2 + by^2 = 1 \text{ となる } x, y \in \mathbb{R} \text{ が存在する}$$
であった．

各素数 p に対し，$(a, b)_p$ も同様な解釈を持つ．すなわち，各素数 p に対し，

$\mathbb{R}$ に匹敵する重要さを持つ $\mathbb{Q}$ の拡大体 $\mathbb{Q}_p$ (p 進数体 (p-adic number field) あるいは p 進体と呼ばれ，その元は p 進数と呼ばれる) が存在し，$a,b\in\mathbb{Q}^\times$ に対し，

$$(a,b)_p = 1 \iff ax^2+by^2=1 \text{ となる } x,y\in\mathbb{Q}_p \text{ が存在する}$$

が成立するのである．p 進数体は数論において非常に重要である．この §2.4 では p 進数体の紹介をする．

p 進数は 1900 年頃 Hensel によって導入された．「数とは実数のことだ」と考えてきた数学の長い歴史から考えると，p 進数という数の世界があることに比較的最近気づいたばかりの私達は，昼の空しか見たことがなかった人が夜の空を眺めて驚いている状態に似ているといえよう．そこには昼とはまったく異なる数学の景色がある．その夜空で「素数 p の光」を発する $\mathbb{Q}_p$ は，実数体 $\mathbb{R}$ を太陽とすれば太陽の光に隠れて見えなかった夜空の星のようであり，無数の星があるように各素数 p ごとに $\mathbb{Q}_p$ があり，それぞれの星が太陽に匹敵するものであるように各 $\mathbb{Q}_p$ も $\mathbb{R}$ に匹敵する．夜空において宇宙の遠くが見通せるように，p 進数の世界を通して非常に深い数学の景色が見え始めている．

p 進数体の導入法を 3 通り (後出の (b), (c), (d)) 述べるので，読者は自分に合った導入法によって p 進数体になじんでいただきたい．

(a) p 進的遠近感について

$\mathbb{Q}_p$ は $\mathbb{R}$ とは全く異なる遠近感を持つ，数の世界である．$\mathbb{Q}_p$ においては，p が 0 に近く，$p^2, p^3, p^4, \ldots$ という数列は，どんどん 0 に近づいてゆく．この遠近感の「感じ」をここで述べる．この $\mathbb{Q}_p$ における遠近感は，「合同式からくる遠近感」である．「合同式からくる遠近感」とは次の意味である．

たとえば，mod 5 で整数を類別することは，整数を 5 つの部屋 ($\equiv 0 \bmod 5$ なる整数たちの部屋，$\equiv 1 \bmod 5$ なる整数たちの部屋，…) に分けて入れるのであるから，同じ部屋に入るものは近い，という感覚が生ずる．次に整数を mod 25 で類別すれば，mod 5 での類別による 5 つの部屋のそれぞれを，さらに $\equiv 1 \bmod 25$ なる整数たちの小部屋，$\equiv 6 \bmod 25$ なる整数たちの小部

屋, ≡ 11 mod 25 なる整数たちの小部屋, などの5つの小部屋に分けることになる. 1 と 6 と 51 は mod 5 の類別では同じ部屋に入ったが, mod 25 で類別すると, 6 と 1 は別々の小部屋に入り, 51 と 1 は同じ小部屋に入る. したがって 6 は 4 よりも 1 に近いが, 51 は 6 よりもさらに 1 に近い, という感覚が生ずる(図 2.5).

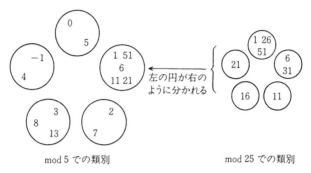

図 2.5 mod (5 のベキ) による類別

p を素数とするとき, 整数 a, b は, 非常に大きい n について $a \equiv b \bmod p^n$ となるとき, 非常に近いと感じる. この感じかたを p 進的遠近感ということにすると, この p 進的遠近感をつきつめていくときに, 以下に述べるように p 進数体が現れるのである.

我々が現在知っている「数の遠近感」は, 実数の世界での(数直線の上に数を並べての)遠近感と, 合同式による遠近感の2種類である.(いずれも, 数の加法や乗法と両立する遠近感である. 合同式の場合,「両立」とは合同式の性質 (2.5) のこと.) この合同式による遠近感のうちで, なぜ上のように $\bmod p^n$ (p は素数) の形の合同式による遠近感のみ重視するのかは, 次のとおりである.

m を自然数とし, その素因数分解を $m = p_1^{e_1} \cdots p_r^{e_r}$ ($p_1, \cdots, p_r$ は相異なる素数) とするとき, 整数 a, b について, $a \equiv b \bmod m$ とは, $a \equiv b \bmod p_i^{e_i}$ がすべての $i = 1, \cdots, r$ に対し成立することと同値である.(これは「中国式剰余定理」(命題 2.1(4)) の結論である.) したがって $\bmod m$ での遠近感は, 「 mod 素数のベキ」による遠近感の「合成」であり, 「 mod 素数のベキ」の形の合

同式による遠近感が基本的なのである.

p を素数とする. 有理数 a に対し a の **p 進付値**(p-adic valuation) $\mathrm{ord}_p(a)$ が次のように定義される. 定義 1.15 にあるように, $a \neq 0$ の場合,

$$a = p^m \frac{u}{v} \quad (m \in \mathbb{Z},\ u, v \text{ は } p \text{ でわれない整数})$$

とあらわすとき, $\mathrm{ord}_p(a) = m$. (つまり $\mathrm{ord}_p(a)$ は a が p の何乗できっかりわりきれるかをあらわす.) $\mathrm{ord}_p(0) = \infty$ とおく. 次が成立する.

(2.6) $\quad \mathrm{ord}_p(ab) = \mathrm{ord}_p(a) + \mathrm{ord}_p(b)$.

(2.7) $\quad \mathrm{ord}_p(a+b) \geqq \min(\mathrm{ord}_p(a), \mathrm{ord}_p(b))$.

(2.8) $\quad \mathrm{ord}_p(a) \neq \mathrm{ord}_p(b)$ なら $\mathrm{ord}_p(a+b) = \min(\mathrm{ord}_p(a), \mathrm{ord}_p(b))$.

(ここで, $\infty + \infty = \infty$, $\infty \geqq \infty$, すべての整数 n について, $\infty + n = n + \infty = \infty$, $\infty \geqq n$ と定める.)

先に述べた整数に対する p 進的遠近感を有理数に対して拡張し, 有理数 a, b は $\mathrm{ord}_p(a-b)$ が非常に大きいとき「p 進的に非常に近い」と考えることにする.

有理数の数列 $(x_n)_{n \geqq 1}$ が有理数 a に p 進的に収束する(**p 進収束**), ということを,

$$n \to \infty \text{ のとき } \mathrm{ord}_p(x_n - a) \to \infty$$

となることと定義する.

たとえば, $p = 5$ のとき

$$x_n = 1 - 5 + 5^2 - 5^3 + \cdots + (-5)^n$$

とおくと, 数列 $(x_n)_{n \geqq 1}$ は実数の世界のふつうの意味では発散するが, 5 進的には $\frac{1}{6}$ に収束することを示そう. 一般に有理数 $a \neq 1$ に対し

$$1 + a + a^2 + \cdots + a^n - \frac{1}{1-a} = -\frac{a^{n+1}}{1-a}$$

が成り立つことから, ($a = -5$ とおいて)

$$x_n - \frac{1}{6} = \frac{(-1)^n 5^{n+1}}{6}.$$

よって，$n \to \infty$ のとき，

$$\mathrm{ord}_5\left(x_n - \frac{1}{6}\right) = \mathrm{ord}_5\left(\frac{(-1)^n 5^{n+1}}{6}\right) = n+1 \to \infty.$$

このように p 進収束はふつうの収束とは全く様子が異なる．今この $(x_n)_{n \geq 1}$ が 5 進的に $\frac{1}{6}$ に収束することを

$$(2.9) \qquad \sum_{i=0}^{\infty}(-5)^i = \frac{1}{6} \qquad (5\text{ 進的に})$$

と書くと，これは実数の世界における事実

$$-1 < x < 1 \text{ なら} \quad \sum_{i=0}^{\infty} x^i = \frac{1}{1-x}$$

において不注意にも $x = -5$ とおいてしまった姿になっているが，5 進的収束については(2.9)は正しい式なのである．

問 6 p を素数，c を有理数，$\mathrm{ord}_p(c) \geq 1$ とする．このとき，

$$\sum_{i=0}^{\infty} c^i = \frac{1}{1-c} \qquad (p\text{ 進的に})$$

となること (つまり $x_n = \sum_{i=0}^{n} c^i$ とおくと $(x_n)_{n \geq 1}$ が p 進的に $\frac{1}{1-c}$ に収束すること) を示せ．

式(2.9)は次のような「具体的な意味」を持っている．各 $n \geq 1$ について，$\mathbb{Z}/5^n\mathbb{Z}$ における 6 の逆元をもとめようとするとき，$1 - 5 + 5^2 - \cdots + (-5)^{n-1}$ が 6 の逆元であることを教えてくれるのである．たとえば，$\mathbb{Z}/25\mathbb{Z}$ では $1 - 5 = -4$ が 6 の逆元，$\mathbb{Z}/125\mathbb{Z}$ では $1 - 5 + 5^2 = 21$ が 6 の逆元，実際 $6 \times 21 = 126 \equiv 1 \bmod 125$．

問 7 なぜ $1 - 5 + 5^2 - \cdots + (-5)^{n-1}$ が $\mathbb{Z}/5^n\mathbb{Z}$ で 6 の逆元であるかを，式(2.9)をもとに説明せよ．

問 8 $\mathbb{Z}/3^4\mathbb{Z}$ における 4 の逆元をもとめよ．

上の「p 進収束」は，次のように「距離空間における収束」と考えることができる．有理数 a に対し，その **p 進絶対値**(p-adic absolute value) $|a|_p$ を $a \neq 0$ のとき

$$|a|_p = p^{-\mathrm{ord}_p(a)}$$

($|0|_p = 0$) とおく．$|a|_p$ は「p 進的な意味での a の大きさ」である．たとえば，

$$|p|_p = \frac{1}{p}, \quad |p^2|_p = \frac{1}{p^2}.$$

このように，p 進絶対値は $p, p^2, p^3, \cdots$ が p 進的に 0 に収束することをよくあらわしている．（この §2.4 の議論は，かってな $0 < r < 1$ なる数 r をとって，p 進絶対値を $|a|_p = r^{\mathrm{ord}_p(a)}$ と定義しても成立する．しかし，$r = \dfrac{1}{p}$ ととるのが一番自然であることが，あとで項(c)の最後に説明するように，わかっている．）

ord_p の性質 (2.6), (2.7) から

(2.10)　　$|ab|_p = |a|_p \cdot |b|_p,$

(2.11)　　$|a+b|_p \leqq \max(|a|_p, |b|_p)$　（したがって，$|a+b|_p \leqq |a|_p + |b|_p$）

が成立する．有理数 a, b の間の **p 進距離**(p-adic metric) $d_p(a, b)$ を

$$d_p(a, b) = |a-b|_p$$

とおくと，d_p は

(2.12)　　$d_p(a, b) \geqq 0.$ $d_p(a, b) = 0$ は $a = b$ のとき，そのときに限る．

(2.13)　　$d_p(a, b) = d_p(b, a),$

(2.14)　　$d_p(a, c) \leqq d_p(a, b) + d_p(b, c)$

をみたすので，$\mathbb{Q}$ は d_p について**距離空間**(metric space)になる．有理数の数列 $(x_n)_{n \geqq 1}$ が有理数 a に p 進的に収束する，とは $d_p(x_n, a) \to 0$ ($n \to \infty$ のとき）ということであるが，これは距離空間のことばを使えば，$(x_n)_{n \geqq 1}$ が距離 d_p について a に収束することに他ならない．

(b) $\mathbb{Q}$ の完備化としての $\mathbb{Q}_p$ の導入

実数の世界では,
$$1.4,\ 1.41,\ 1.414,\ 1.4142,\ \cdots\ \to\ \sqrt{2} \notin \mathbb{Q}$$
のように,有理数の数列が,有理数でない数に収束することがある.有理数だけの世界では,上の数列のような「収束すべき」数列が極限を持たないことがある不完全な世界になっており,$\mathbb{Q}$ から見れば $\mathbb{R}$ とは,(通常の意味の収束に関する)「収束すべき」有理数の数列が収束できるように $\mathbb{Q}$ を拡大したものだと言える.(この「収束すべき」の意味は下に正確に議論する.)

p 進収束についても,有理数だけの世界では「収束すべき」数列が極限を持たないことがある不完全な世界になっていて,p 進収束に関して「収束すべき」有理数の数列が収束できるように $\mathbb{Q}$ を拡大したものが,$\mathbb{Q}_p$ なのである.$\mathbb{R}$ と $\mathbb{Q}_p$ はこの点で,同じ動機にもとづく $\mathbb{Q}$ の拡大体である.まず $\mathbb{R}$ の正確な定義を復習してから,そのあとで $\mathbb{Q}_p$ の定義に入ることにする.

§0.1 に述べたように,古代ギリシャ数学が悩んだ「有理数から見て実数とは何か(有理数をもとにして実数をどう正確に定義するか)」という問題は,やっと 19 世紀になって解決された.ここでは 19 世紀末の Cantor による「収束すべき」数列の極限としての,実数の定義法を紹介する.(Cantor に先立って,Dedekind は「有理数の集合の切断」としての,実数の定義を得た.これは,たとえば実数 $\sqrt{2}$ とは,有理数の集合を $\{x \in \mathbb{Q};\ x < \sqrt{2}\}$ と $\{x \in \mathbb{Q};\ x > \sqrt{2}\}$ の 2 つの部分に切断することである,と解釈するものである.)

有理数の数列 $(x_n)_{n \geq 1}$ が Cauchy 列(先ほどの言い方では,通常の意味の収束に関する「収束すべき」数列)であるとは,次の条件(C)をみたすことと定義する.

(C) どんな正の有理数 ε をとっても,それに対してある番号 N がとれて,
$$m, n \geq N\ \text{なら}\ |x_m - x_n| < \varepsilon$$
がなりたつ.

有理数の世界では,(通常の収束の意味で)有理数に収束する数列は Cauchy

列であるが，先出の 1.4, 1.41, 1.414, 1.4142, … のように Cauchy 列であっても有理数に収束しないものがある．しかし実数の世界では，Cauchy 列であることと収束することは同値になる．そこで発想を逆転して「実数とは，その実数に収束する有理数の Cauchy 列のことである」と定義するのが Cantor の方法である．正確にいうと，有理数の Cauchy 列全体の集合を S とし，S に同値関係を，$(x_n)_{n \geq 1}$ と $(y_n)_{n \geq 1}$ が同値であるとは，「どんな正の有理数 ε をとっても，ある番号 N がとれて，

$$n \geq N \text{ なら } |x_n - y_n| < \varepsilon$$

がなりたつこと」と定義する．そしてこの同値関係で S をわった商集合を $\mathbb{R}$ と定義するのである．(上の「同値」は結局「同じ実数に収束すること」である．) $\mathbb{R}$ には加法，乗法が，

$$(x_n)_{n \geq 1} \text{ の類} + (y_n)_{n \geq 1} \text{ の類} = (x_n + y_n)_{n \geq 1} \text{ の類},$$
$$(x_n)_{n \geq 1} \text{ の類} \cdot (y_n)_{n \geq 1} \text{ の類} = (x_n y_n)_{n \geq 1} \text{ の類}$$

とすることで定義でき，$\mathbb{R}$ はこの演算について体になることが示される．

いよいよ $\mathbb{Q}_p$ を定義する．有理数の数列 $(x_n)_{n \geq 1}$ が p 進 Cauchy 列(p 進収束に関する「収束すべき」数列)であるとは，次の条件(C_p)をみたすことである．

(C_p) どんな正の有理数 ε をとっても，それに対してある番号 N がとれて，
$$m, n \geq N \text{ なら } |x_m - x_n|_p < \varepsilon$$

がなりたつ．

有理数の p 進 Cauchy 列全体の集合を S_p とし，S_p に同値関係を，$(x_n)_{n \geq 1}$ と $(y_n)_{n \geq 1}$ が同値であるとは，「どんな正の有理数 ε をとっても，ある番号 N がとれて，

$$n \geq N \text{ なら } |x_n - y_n|_p < \varepsilon$$

がなりたつこと」と定義する．そしてこの同値関係で S をわった商集合を $\mathbb{Q}_p$ と定義するのである．$\mathbb{Q}_p$ において加法，乗法が，上に述べた $\mathbb{R}$ の場合と同様に定義され，$\mathbb{Q}_p$ はその演算で体になることが示せる．

この $\mathbb{R}$ や $\mathbb{Q}_p$ を $\mathbb{Q}$ から得る方法は，一般に「距離空間の完備化(completion of a metric space)」と言われるものであって，$\mathbb{Q}$ を通常の距離について距離

空間と見たものの完備化が $\mathbb{R}$ であり，$\mathbb{Q}$ を p 進距離について距離空間と見たものの完備化が $\mathbb{Q}_p$ である．

有理数 a を，$\mathbb{Q}_p$ の元「恒等的に a である数列（それは p 進 Cauchy 列）の類」と同一視することにより，$\mathbb{Q}$ は $\mathbb{Q}_p$ の中に埋めこまれる．

$\mathbb{Q}$ で定義された p 進付値 ord_p，p 進絶対値 $|\ |_p$，p 進距離 d_p を，$\mathbb{Q}_p$ に延長する．$\mathbb{Q}_p$ の元 a に対し $\mathrm{ord}_p(a) \in \mathbb{Z} \cup \{\infty\}$ を次のように定義する．$a=0$ なら $\mathrm{ord}_p(a) = \infty$ とおく．$a \neq 0$ のとき，有理数の p 進 Cauchy 列 $(x_n)_{n \geq 1}$ でその類が a であるものをとると，十分大きい n について $\mathrm{ord}_p(x_n)$ が一定であることが，(2.6)–(2.8) を用いて示せる（証明は省略する）．この一定値を $\mathrm{ord}_p(a)$ と定義する．この $\mathrm{ord}_p(a)$ はそのような p 進 Cauchy 列 $(x_n)_{n \geq 1}$ のとりかたによらず a のみによって定まる．

$\mathbb{Q}_p$ の元 a に対し，$a=0$ のとき $|a|_p = 0$，$a \neq 0$ のとき $|a|_p = p^{-\mathrm{ord}_p(a)}$ と定義し，$a, b \in \mathbb{Q}_p$ に対し，$d_p(a,b) = |a-b|_p$ と定義する．この $\mathbb{Q}_p$ で定義された ord_p，$|\ |_p$，d_p も (2.6)–(2.8)，(2.10)–(2.14) を，すべての $a, b \in \mathbb{Q}_p$ についてみたす．$\mathbb{Q}_p$ をこの d_p について距離空間とみなし，位相空間とみなす．

$\mathbb{Q}_p$ の元の列 $(x_n)_{n \geq 1}$ が収束することと，$(x_n)_{n \geq 1}$ が先の条件 (C_p) をみたすことは同値である．$\mathbb{Q}$ は $\mathbb{Q}_p$ で稠密である（つまり，$\mathbb{Q}_p$ の各元はある $\mathbb{Q}$ の元の数列の極限となる）．実際，$\mathbb{Q}_p$ の元 a と有理数の数列 $(x_n)_{n \geq 1}$ について，$(x_n)_{n \geq 1}$ が a に収束することと，$(x_n)_{n \geq 1}$ が p 進 Cauchy 列でその類が a であることが同値になる．

$\mathbb{Q}_p$ における無限和の収束の法則は，$\mathbb{R}$ における無限和の収束よりもやや簡単になる：

補題 2.9 $a_n \in \mathbb{Q}_p$ $(n \geq 1)$ とすると，$\mathbb{Q}_p$ において和 $\sum_{n=1}^{\infty} a_n$ が収束する（つまり $s_n = \sum_{i=1}^{n} a_i$ とおいたとき $(s_n)_{n \geq 1}$ が収束する）ための必要十分条件は，$n \to \infty$ のとき $\mathbb{R}$ の中で $|a_n|_p \to 0$ となること（つまり $\mathrm{ord}_p(a_n) \to \infty$ となること）である． □

$\mathbb{R}$ においては，$n \to \infty$ のとき $\left|\dfrac{1}{n}\right| \to 0$ だけれども $\sum_{n=1}^{\infty} \dfrac{1}{n}$ は収束しないので，事態はもっと複雑である．この違いは，$\mathbb{Q}_p$ では $|x+y|_p \leq \max(|x|_p, |y|_p)$ が成り立つが，$\mathbb{R}$ では $|x+y| \leq \max(|x|, |y|)$ が成り立たないことによる．

[補題 2.9 の証明] すでに述べたように，$(s_n)_{n \geqq 1}$ が収束することと $(s_n)_{n \geqq 1}$ が条件(C_p)をみたすことは同値である．後者が $|a_n|_p \to 0$ と同値であることは，p 進絶対値の性質 (2.10), (2.11) を用いて示すことができる． ∎

（c） 逆極限を用いる $\mathbb{Q}_p$ の導入

$$\mathbb{Z}_p = \{a \in \mathbb{Q}_p ;\ \mathrm{ord}_p(a) \geqq 0\}$$

とおく．$\mathbb{Z}_p$ は $\mathbb{Q}_p$ の部分環になる．(これは，$\mathrm{ord}_p : \mathbb{Q}_p \to \mathbb{Z} \cup \{\infty\}$ が (2.6), (2.7) をみたすことからしたがう．) $\mathbb{Z}_p$ の元は **p 進整数**(p-adic integer) と呼ばれる．

本項(c)においては，$\mathbb{Z}_p$ を「逆極限」という考えを用いてとらえることができ，それから $\mathbb{Q}_p$ の，すでにおこなったのとは別の導入法ができることを述べる．

いささか天下り的であるが，「逆極限」の定義を述べる．

定義 2.10 集合 $X_n\,(n=1,2,3,\cdots)$ と写像 $f_n : X_{n+1} \to X_n\,(n=1,2,3,\cdots)$ からなる系列

$$\cdots \xrightarrow{f_4} X_4 \xrightarrow{f_3} X_3 \xrightarrow{f_2} X_2 \xrightarrow{f_1} X_1$$

が与えられたとき，積集合 $\prod_{n \geqq 1} X_n$ の部分集合

$$\{(a_n)_{n \geqq 1} \in \prod_{n \geqq 1} X_n ;\ \text{すべての}\ n \geqq 1\ \text{について}\ f_n(a_{n+1}) = a_n\}$$

をこの系列の**逆極限**(inverse limit) と呼び，$\varprojlim_n X_n$ と書く． ∎

定義 2.10 で $X_n = \mathbb{Z}/p^n\mathbb{Z}$ とし，f_n を $\mathbb{Z}/p^{n+1}\mathbb{Z}$ から $\mathbb{Z}/p^n\mathbb{Z}$ への自然な射影とし，系列

$$\cdots \to \mathbb{Z}/p^4\mathbb{Z} \to \mathbb{Z}/p^3\mathbb{Z} \to \mathbb{Z}/p^2\mathbb{Z} \to \mathbb{Z}/p\mathbb{Z}$$

の逆極限 $\varprojlim_n \mathbb{Z}/p^n\mathbb{Z}$ の意味を考える．$\varprojlim_n \mathbb{Z}/p^n\mathbb{Z}$ の元 $(a_n)_{n \geqq 1}$ は次の意味を持つものである．

$a_1 \in \mathbb{Z}/p\mathbb{Z}$ は，$\bmod p$ で見ることで整数全体を p 個の部屋に分けたときの，1 つの部屋である．

a_2 は $f_1(a_2) = a_1$ をみたす $\mathbb{Z}/p^2\mathbb{Z}$ の元であるが，これは，$\bmod p^2$ で見ること

とで部屋 a_1 を p 個の小部屋に分けたとき a_2 がその小部屋の1つであるということを意味している.

a_3 は $f_2(a_3)=a_2$ を満たす $\mathbb{Z}/p^3\mathbb{Z}$ の元であるが,これは,$\bmod p^3$ で見ることで小部屋 a_2 を p 個のたいへん小さい部屋に分けたとき a_3 がそのたいへん小さい部屋の1つであることを意味している.

このように,ある部屋の中の小部屋,その小部屋の中のたいへん小さい部屋,… と定め続けていくことが,$\varprojlim_{n} \mathbb{Z}/p^n\mathbb{Z}$ の元を与えることである.

じつはこの $\varprojlim_{n} \mathbb{Z}/p^n\mathbb{Z}$ が $\mathbb{Z}_p$ と同型なのである.まず写像 $\varprojlim_{n} \mathbb{Z}/p^n\mathbb{Z} \to \mathbb{Z}_p$ を与える.$(a_n)_{n\geq 1} \in \varprojlim_{n} \mathbb{Z}/p^n\mathbb{Z}$ とし,各 $n\geq 1$ に対し整数 x_n を,$\mathbb{Z}/p^n\mathbb{Z}$ での x_n の像が a_n となるようにとると,x_n はすべて部屋 a_1 に属し,$n\geq 2$ なら x_n はすべて小部屋 a_2 に属し,$n\geq 3$ なら x_n はすべてたいへん小さい部屋 a_3 に属し,… となる.これは「$(x_n)_{n\geq 1}$ がいずこかへ収束してゆく」という感覚を与えるが,実際,「$m,n\geq N$ なら $x_m \equiv x_n \bmod p^N$ (つまり $|x_m - x_n| \leq \dfrac{1}{p^N}$)」が成り立つので,$(x_n)_{n\geq 1}$ は p 進 Cauchy 列であり,$\mathbb{Q}_p$ の中で収束する.すべての n について $\mathrm{ord}_p(x_n) \geq 0$ なので,この極限は $\mathbb{Z}_p$ に属する.

$(a_n)_{n\geq 1} \in \varprojlim_{n} \mathbb{Z}/p^n\mathbb{Z}$ にこのようにして p 進 Cauchy 列 $(x_n)_{n\geq 1}$ の 極限 $\in \mathbb{Z}_p$ を対応させることで,写像 $\varprojlim_{n} \mathbb{Z}/p^n\mathbb{Z} \to \mathbb{Z}_p$ が得られる.

補題 2.11 上の写像

$$\varprojlim_{n} \mathbb{Z}/p^n\mathbb{Z} \to \mathbb{Z}_p$$

は全単射である. □

この補題の証明はあとで与える.

逆極限を用いた $\mathbb{Q}_p$ の導入法を述べる.まず $\mathbb{Z}_p$ を逆極限 $\varprojlim_{n} \mathbb{Z}/p^n\mathbb{Z}$ であると定義する.定義 2.10 で $X_n (n\geq 1)$ がすべて環であり,f_n がすべて環準同型なら,$\varprojlim_{n} X_n$ の元 $(a_n)_{n\geq 1}$ と $(b_n)_{n\geq 1}$ の和,積をそれぞれ $(a_n+b_n)_{n\geq 1}$,$(a_n b_n)_{n\geq 1}$ と定義することにより,$\varprojlim_{n} X_n$ に環の構造が入る.したがって今定義した $\mathbb{Z}_p$ は環の構造を持つ.そしてこの $\mathbb{Z}_p$ が整域であることが示せる.そこで,$\mathbb{Q}_p$ を整域 $\mathbb{Z}_p$ の分数体(商体)と定義するのである.

この導入法は,$\mathbb{Z}/p^n\mathbb{Z}$ の n をどんどん大きくしていくことで $\mathbb{Z}_p$ を得てお

り,「整数をいろいろな n について $\bmod p^n$ で見ていくと,$\mathbb{Q}_p$ に到達する」という考え方の導入法である.

補題 2.11 を証明する前に,次の補題を証明する.以下では $\mathbb{Q}_p, \mathbb{Z}_p$ は,項(b)で $\mathbb{Q}$ の完備化として定義した $\mathbb{Q}_p$,この項(c)の最初に定義した $\mathbb{Z}_p$ であるとして議論をする.

補題 2.12
(1) $\mathbb{Z}_p$ は $\mathbb{Q}_p$ の中で,開集合でありかつ閉集合である.
(2) m を整数とすると,
$$p^m \mathbb{Z}_p = \{a \in \mathbb{Q}_p ;\ \mathrm{ord}_p(a) \geqq m\}.$$
(3) $\mathbb{Z}_{(p)} \subset \mathbb{Z}_p$. $\mathbb{Q}_p$ の中で $\mathbb{Q} \cap \mathbb{Z}_p = \mathbb{Z}_{(p)}$.
(4) すべての整数 $m \geqq 0$ について,
$$\mathbb{Z}/p^m \mathbb{Z} \xrightarrow{\cong} \mathbb{Z}_{(p)}/p^m \mathbb{Z}_{(p)} \xrightarrow{\cong} \mathbb{Z}_p/p^m \mathbb{Z}_p.$$
(5) $\mathbb{Z}_p$ は $\mathbb{Q}_p$ の中における $\mathbb{Z}_{(p)}$ の閉包であり,$\mathbb{Z}$ の閉包でもある.

[証明] (1), (2), (3) および (4) の第 1 の同型の証明は,容易なので省略する.

(4) の第 2 の同型を示す.(2), (3) より $\mathbb{Z}_{(p)} \cap p^m \mathbb{Z}_p = p^m \mathbb{Z}_{(p)}$ なので,$\mathbb{Z}_{(p)}/p^m \mathbb{Z}_{(p)} \to \mathbb{Z}_p/p^m \mathbb{Z}_p$ は単射である.また $a \in \mathbb{Z}_p$ とすると,$\mathbb{Q}$ は $\mathbb{Q}_p$ で稠密ゆえ,$\mathrm{ord}_p(x-a) \geqq m$ となる $x \in \mathbb{Q}$ が存在する.$x-a \in p^m \mathbb{Z}_p$, $m \geqq 0$, $a \in \mathbb{Z}_p$ ゆえ $x \in \mathbb{Q} \cap \mathbb{Z}_p = \mathbb{Z}_{(p)}$.よって $a = x+(a-x) \in \mathbb{Z}_{(p)} + p^m \mathbb{Z}_p$.ゆえに,$\mathbb{Z}_{(p)}/p^m \mathbb{Z}_{(p)} \to \mathbb{Z}_p/p^m \mathbb{Z}_p$ は全射.

(5) を示すには,$\mathbb{Z}_p$ は閉集合ゆえ,$\mathbb{Z}, \mathbb{Z}_{(p)}$ が $\mathbb{Z}_p$ の中で稠密であることを言えば十分であるが,これは (2), (4) からしたがう. ∎

[補題 2.11 の証明] $\mathbb{Z}_p$ の元 a に対し,a の
$$\mathbb{Z}_p \to \mathbb{Z}_p/p^n \mathbb{Z}_p \cong \mathbb{Z}/p^n \mathbb{Z} \quad (\text{補題 2.12(4)})$$
による像を a_n とおくと,写像
$$\mathbb{Z}_p \to \varprojlim_n \mathbb{Z}/p^n \mathbb{Z};\ a \mapsto (a_n)_{n \geqq 1}$$
が得られる.この写像と補題 2.11 の写像が互いの逆写像であることが容易に確かめられる. ∎

ここで，p 進絶対値 $|\ |_p$ の定義が「自然なもの」であることを説明する．実数体 $\mathbb{R}$ においては，実数 a の絶対値 $|a|$ は，a 倍写像 $\mathbb{R} \to \mathbb{R}; x \mapsto ax$ の「倍率」である．つまり，I を長さ l の区間とすると，$aI = \{ax; x \in I\}$ は長さ $|a| \cdot l$ の区間になる．一方，$\mathbb{Q}_p$ においては，p 進数 a の p 進絶対値 $|a|_p$ は，a 倍写像 $\mathbb{Q}_p \to \mathbb{Q}_p; x \mapsto ax$ の「倍率」なのである．たとえば，$p\mathbb{Z}_p$ は $\mathbb{Z}_p$ の指数 p の部分群であるから，$p\mathbb{Z}_p$ の大きさは $\mathbb{Z}_p$ の大きさの $\dfrac{1}{p}$ であるというべきである．p 倍写像を施したことで $\mathbb{Z}_p$ の大きさが $\dfrac{1}{p}$ 倍になったのである．このように，$|p|_p = \dfrac{1}{p}$ という定義は，$\mathbb{Q}_p$ における p 倍写像の倍率が $\dfrac{1}{p}$ であるという，自然な意味を持っているのである．この「倍率(module)」というものについては，§6.2 でもう一度論ずる．

(d)　p 進展開による $\mathbb{Q}_p$ の導入

この $\mathbb{Q}_p$ の導入方法は

$$\mathbb{Q}_p = \left\{ \sum_{n=m}^{\infty} c_n p^n ;\ m \in \mathbb{Z},\ c_n \in \{0, 1, \cdots, p-1\} \right\}$$

とおくのである．たとえば，$\mathbb{Q}_5$ の元とは

$$2 \times \frac{1}{5} + 3 \times 1 + 4 \times 5 + 2 \times 5^2 + 4 \times 5^3 + 1 \times 5^4 + \cdots$$

のような形のものであると定義するのである．実際，$m \in \mathbb{Z}$，$c_n \in \mathbb{Z}$ ($n = m, m+1, m+2, \cdots$) とすると，和 $\sum_{n=m}^{\infty} c_n p^n$ は「項(b)で導入した $\mathbb{Q}_p$」において収束し（補題 2.9），「項(b)で導入した $\mathbb{Q}_p$」の元になる．逆に，「項(b)で導入した $\mathbb{Q}_p$」の元 a が $\sum_{n=m}^{\infty} c_n p^n$ ($m \in \mathbb{Z}$, $c_n \in \{0, 1, \cdots, p-1\}$) の形にただひととおりに展開されることが次のように証明される．（これを $\mathbb{Q}_p$ の元の **p 進展開**という．）

$\mathrm{ord}_p(a) \geqq m$ となる整数 m をとる．$p^{-m}a \in \mathbb{Z}_p$ であり，$\mathbb{Z}/p\mathbb{Z} \xrightarrow{\cong} \mathbb{Z}_p/p\mathbb{Z}_p$ ゆえ，$\mathbb{Z}_p/p\mathbb{Z}_p$ での像が $p^{-m}a$ の像と一致する整数 $c_m \in \{0, 1, \cdots, p-1\}$ が存在する．$p^{-m}a - c_m \in p\mathbb{Z}_p$ ゆえ，$\mathrm{ord}_p(a - p^m c_m) \geqq m+1$ であり，同様の議論によって，$\mathrm{ord}_p(a - p^m c_m - p^{m+1} c_{m+1}) \geqq m+2$ となる整数 $c_{m+1} \in \{0, 1, \cdots, p-1\}$ が存在する．これをくりかえせば，

$$a = \sum_{n=m}^{\infty} c_n p^n \qquad (c_n \in \{0, 1, \cdots, p-1\})$$

という展開が得られる．以上の議論をよく見ると，各 c_n の選びかたはただひととおりであることから，a の p 進展開がただひととおりであることがわかる．

注意 2.13 同様の議論により，S を $\mathbb{Z}_p$ の部分集合で合成写像 $S \to \mathbb{Z}_p \to \mathbb{Z}_p/p\mathbb{Z}_p$ が全単射であるものとする(S の例として上でとった $\{0, 1, \cdots, p-1\}$ がある)と，$\mathbb{Q}_p$ の各元は

$$\sum_{n=m}^{\infty} c_n p^n \qquad (m \in \mathbb{Z},\ c_n \in S)$$

の形にただひととおりに表示されることが証明できる．

問 9 実数は日常生活でおこなわれるように 10 進展開できるが，10 のかわりにかってな自然数 $N \geq 2$ を使って N 進展開もでき，特に素数 p について p 進展開もできる．この実数の p 進展開と，p 進数の p 進展開には，どのような違いが見られるか．

§2.5　p 進数体の乗法的構造

実数体には指数関数と対数関数があり，それらは，実数のなす加法群と，正の実数のなす乗法群との間の同型を与えている：

$$\text{加法群 } \mathbb{R} \cong \text{乗法群 } \{t \in \mathbb{R}; t > 0\},$$
$$x \mapsto e^x, \quad \log(t) \leftarrow t.$$

(e は自然対数の底，$\log$ は自然対数．) 同様なことが $\mathbb{Q}_p$ でもおきているだろうか．この節では，$\mathbb{Q}_p$ における指数関数や対数関数を導入し，それらを用いて，0 でない p 進数のなす乗法群 $\mathbb{Q}_p^\times$ の構造を決定する(命題 2.16, 命題 2.17)．$\mathbb{R}^\times$ の元 a が $\mathbb{R}^\times$ の中で平方元であるための必要十分条件は，$a > 0$ である．$\mathbb{Q}_p^\times$ においてはどのような元が平方元になるのだろうか．この節でこの問に対する解答を命題 2.18 に与える．たとえば $\mathbb{Q}_5^\times$ においては，平方元である 1 に(5 進的に)近い 6 や 11 は平方元であり，平方元である 4 に

近い -1 もまた平方元である．$\mathbb{R}^\times$ におけると同様 $\mathbb{Q}_p^\times$ においても，平方元に近いものは平方元となるのである．（この意味で $\mathbb{R}$ や $\mathbb{Q}_p$ における代数学は $\mathbb{Q}$ における代数学よりも単純である．）

(a) $\mathbb{Q}_p$ における指数関数，対数関数

$\mathbb{R}$ や $\mathbb{C}$ においては
$$e^x = \sum_{n=0}^{\infty} \frac{x^n}{n!} \quad （これは \exp(x) とも書かれる）$$
（右辺は必ず収束する）であり，$|t-1|<1$ のとき
$$\log(t) = \sum_{n=1}^{\infty} \frac{(-1)^{n-1}}{n}(t-1)^n$$
である．$\mathbb{Q}_p$ においてこの類似物を考える．

命題 2.14

（1） $x \in \mathbb{Q}_p$ とすると
$$\sum_{n=0}^{\infty} \frac{x^n}{n!} \quad (= \exp(x) と書く)$$
が収束するための必要十分条件は，$p \neq 2$ の場合 $x \in p\mathbb{Z}_p$ であり，$p=2$ の場合 $x \in 4\mathbb{Z}_2$ である．（すなわち，$\mathbb{Q}_p$ における指数関数は，$\mathbb{R}$ や $\mathbb{C}$ の場合と違って，$\mathbb{Q}_p$ 全体で収束するわけではない．）

（2） $t \in \mathbb{Q}_p$ とすると
$$\sum_{n=1}^{\infty} \frac{(-1)^{n-1}}{n}(t-1)^n \quad (= \log(t) と書く)$$
が収束するための必要十分条件は，$t-1 \in p\mathbb{Z}_p$ である．

（3） x_1, x_2 が上の $\exp(x)$ の収束域に属し，t_1, t_2 が上の $\log(t)$ の収束域に属するとき，
$$\exp(x_1+x_2) = \exp(x_1)\exp(x_2), \quad \log(t_1 t_2) = \log(t_1) + \log(t_2).$$

（4） $p \neq 2$ なら $m \geq 1$ とし，$p=2$ なら $m \geq 2$ とするとき，$\exp$ と $\log$ は，群としての互いに逆な同型
$$加法群 \ p^m \mathbb{Z}_p \ \cong \ 乗法群 \ 1+p^m \mathbb{Z}_p = \{1+p^m a; a \in \mathbb{Z}_p\}$$

を与える.   □

命題 2.14 の証明のため，まず次の補題を示す．

補題 2.15

（1） 整数 $n \geq 0$ に対し，
$$\mathrm{ord}_p(n!) = \sum_{i=1}^{\infty} \left[\frac{n}{p^i}\right].$$

ここに，実数 x に対し $[x]$ は「Gauss の記号」で，x 以下の整数のうち最大のものをあらわす．

（2） c を実数とする．$n \to \infty$ のとき $nc - \mathrm{ord}_p(n!) \to \infty$ となるための必要十分条件は，$c > \dfrac{1}{p-1}$ であり，$n \to \infty$ のとき $nc - \mathrm{ord}_p(n) \to \infty$ となるための必要十分条件は，$c > 0$ である．

（3） $c > \dfrac{1}{p-1}$ とすると，すべての $n \geq 1$ について，
$$nc - \mathrm{ord}_p(n!) \geq c.$$

［証明］（1）の証明は省略する．（2）を証明する．（1）より
$$nc - \mathrm{ord}_p(n!) \geq nc - \sum_{i=1}^{\infty} \frac{n}{p^i} \geq nc - \frac{n}{p-1}.$$

これは $c > \dfrac{1}{p-1}$ なら（$n \to \infty$ のとき）$\to \infty$ となる．また $n = p^m$ とおくと（1）より
$$nc - \mathrm{ord}_p(n!) = p^m c - \sum_{i=1}^{m} p^{m-i} = p^m \left(c - \frac{1}{p-1}\right) + \frac{1}{p-1}.$$

これが $\to \infty$ となるには $c > \dfrac{1}{p-1}$ でなければならない．また，$\log_p(n)$ を実数体における p を底とする n の対数とすると，$\mathrm{ord}_p(n) \leq \log_p(n)$ ゆえ
$$nc - \mathrm{ord}_p(n) \geq nc - \log_p(n).$$

これは $c > 0$ なら $\to \infty$ となる．$n = p^m$ とおくと
$$nc - \mathrm{ord}_p(n) = p^m c - m.$$

これが $\to \infty$ となるには $c > 0$ でなければならない．

次に（3）を証明する．$\mathrm{ord}_p(n!) < \sum_{i=1}^{\infty} \dfrac{n}{p^i} = \dfrac{n}{p-1}$ であり，$\dfrac{n}{p-1}$ より小さい整数は $\dfrac{n-1}{p-1}$ 以下であるから，$\mathrm{ord}_p(n!) \leq \dfrac{n-1}{p-1}$. よって

$$nc - \operatorname{ord}_p(n!) - c \geqq (n-1)\left(c - \frac{1}{p-1}\right) \geqq 0.$$

[命題 2.14 の証明] (1), (2) は補題 2.9 により,

$$\operatorname{ord}_p\left(\frac{x^n}{n!}\right) = n \operatorname{ord}_p(x) - \operatorname{ord}_p(n!),$$

$$\operatorname{ord}_p\left((-1)^{n-1}\frac{(t-1)^n}{n}\right) = n \operatorname{ord}_p(t-1) - \operatorname{ord}_p(n)$$

に補題 2.15(2) を用いて得られる. ($\frac{1}{p-1}$ は $p=2$ なら 1, $p \neq 2$ なら <1 であることに注意.) (3) の証明は, $\mathbb{R}$ や $\mathbb{C}$ におけるのと同様である.

次に (4) を示す. 補題 2.15(3) から,

$$x \in p^m \mathbb{Z}_p \text{ なら, } n \geqq 1 \text{ のとき } \operatorname{ord}_p\left(\frac{x^n}{n!}\right) \geqq m \text{ ゆえ } \exp(x) \in 1 + p^m \mathbb{Z}_p,$$

$$t \in 1 + p^m \mathbb{Z}_p \text{ なら, } n \geqq 1 \text{ のとき } \operatorname{ord}_p\left((-1)^{n-1}\frac{(t-1)^n}{n}\right) \geqq m \text{ ゆえ}$$

$$\log(t) \in p^m \mathbb{Z}_p$$

を得る. この範囲の x, t について $\log(\exp(x)) = x$, $t = \exp(\log(t))$ が成立することは, $\mathbb{R}$ や $\mathbb{C}$ におけるのと同様に証明できる. ∎

(b) $\mathbb{Q}_p^\times$ の構造

命題 2.16

(1) $p \neq 2$ なら, $\mathbb{Q}_p^\times \cong \mathbb{Z} \oplus \mathbb{Z}/(p-1)\mathbb{Z} \oplus \mathbb{Z}_p$.

(2) $p = 2$ なら, $\mathbb{Q}_p^\times \cong \mathbb{Z} \oplus \mathbb{Z}/2\mathbb{Z} \oplus \mathbb{Z}_2$. □

これは次の命題と, $\mathbb{F}_p^\times \cong \mathbb{Z}/(p-1)\mathbb{Z}$ (命題 2.1(2)) からしたがう.

命題 2.17

(1) $\mathbb{Q}_p^\times$ の元は, $p^n u \, (n \in \mathbb{Z}, u \in \mathbb{Z}_p^\times)$ の形にただひととおりにあらわされる. すなわち

$$\mathbb{Z} \oplus \mathbb{Z}_p^\times \xrightarrow{\cong} \mathbb{Q}_p^\times; \quad (n, u) \mapsto p^n u.$$

($\mathbb{Z}_p^\times$ は $\mathbb{Z}_p$ の可逆元全体の乗法群をあらわす.)

(2) $G = \{x \in \mathbb{Z}_p^\times; x^{p-1} = 1\}$ とおく. $\mathbb{Z}_p^\times \to \mathbb{F}_p^\times$ を, 自然な環準同型 $\mathbb{Z}_p \to$

$\mathbb{Z}_p/p\mathbb{Z}_p = \mathbb{F}_p$ から導かれる群準同型とすると，合成写像 $G \to \mathbb{Z}_p^\times \to \mathbb{F}_p^\times$ は全単射であり，$\mathbb{Z}_p^\times$ は部分群 G と部分群 $1+p\mathbb{Z}_p$ の直積である．

（3） $p \neq 2$ なら乗法群 $1+p\mathbb{Z}_p$ は，$\mathbb{Z}_p$ と同型．$p=2$ なら乗法群 $1+2\mathbb{Z}_2$ は，部分群 $\{\pm 1\}$ と部分群 $1+4\mathbb{Z}_2$ の直積であり，$1+4\mathbb{Z}_2 \cong \mathbb{Z}_2$．

[証明] (1)は，$\mathbb{Z}_p^\times = \mathrm{Ker}(\mathrm{ord}_p \colon \mathbb{Q}_p^\times \to \mathbb{Z})$ となることと，$\mathrm{ord}_p(p)=1$ から容易にしたがう．(3)は，$p \neq 2$ なら exp と log によって $1+p\mathbb{Z}_p \cong p\mathbb{Z}_p$ であることと，$\mathbb{Z}_p \xrightarrow{\cong} p\mathbb{Z}_p$; $a \mapsto pa$ からしたがい，$p=2$ なら exp と log によって $1+4\mathbb{Z}_2 \cong 4\mathbb{Z}_2$ であることと $\mathbb{Z}_2 \cong 4\mathbb{Z}_2$ からしたがう．以下(2)を証明する．

$\mathbb{Z}_p^\times \to \mathbb{F}_p^\times$ の核は $1+p\mathbb{Z}_p$ ゆえ，合成写像 $G \to \mathbb{F}_p^\times$ が全単射であることを示せば十分である．単射であることをいうには $G \cap (1+p\mathbb{Z}_p)=\{1\}$ をいえばよいが，$p=2$ なら $G=\{1\}$ ゆえこれは自明．$p \neq 2$ ならこれは $1+p\mathbb{Z}_p \cong \mathbb{Z}_p$ が単位元以外に位数有限の元を持たないことからしたがう．$G \to \mathbb{F}_p^\times$ が全射であることを示す．$p=2$ なら $\mathbb{F}_2^\times=\{1\}$ ゆえ，$p \neq 2$ とする．$a \in \mathbb{F}_p^\times$ とし，$u \in \mathbb{Z}_p$ をその $\mathbb{F}_p$ への像が a である元とする．$a^{p-1}=1$ ゆえ $u^{p-1} \in 1+p\mathbb{Z}_p$．

$$v = \exp\left(\frac{1}{p-1}\log(u^{p-1})\right)$$

とおき，$w=uv^{-1}$ とおくと，$v^{p-1}=\exp(\log(u^{p-1}))=u^{p-1}$ だから $w \in G$，また，$v \in 1+p\mathbb{Z}_p$ だから w の $\mathbb{F}_p^\times$ における像は a に等しい． ∎

(c) $\mathbb{Q}_p$ における平方元

命題 2.18 $\mathbb{Q}_p^\times$ の元 a を $p^n u$ $(n \in \mathbb{Z},\ u \in \mathbb{Z}_p^\times)$ と書く（命題 2.17(1)）とき，a が $\mathbb{Q}_p^\times$ において平方元であるためには，次の(i), (ii)をみたすことが必要十分である．

（ i ） n は偶数．

（ii） $p \neq 2$ なら，$u \bmod p\mathbb{Z}_p \in \mathbb{F}_p^\times$ が $\mathbb{F}_p^\times$ の平方元．
　　　　$p=2$ なら，$u \equiv 1 \bmod 8\mathbb{Z}_2$．

[証明] 命題 2.17(1)により，a が $\mathbb{Q}_p^\times$ において平方元であることと，n が偶数であり u が $\mathbb{Z}_p^\times$ において平方元であることは同値である．$p \neq 2$ なら，

$$1+p\mathbb{Z}_p = \exp(p\mathbb{Z}_p) = \exp(2p\mathbb{Z}_p) = \{\exp(p\mathbb{Z}_p)\}^2$$

ゆえ，$1+p\mathbb{Z}_p$ の元は $\mathbb{Z}_p^\times$ において平方元である．$\mathbb{Z}_p^\times/(1+p\mathbb{Z}_p) \cong \mathbb{F}_p^\times$ ゆえ $p \neq 2$ の場合は証明された．$p=2$ なら，
$$1+8\mathbb{Z}_2 = \exp(8\mathbb{Z}_2) = \exp(2\cdot 4\mathbb{Z}_2) = \{\exp(4\mathbb{Z}_2)\}^2$$
ゆえ，$1+8\mathbb{Z}_2$ の元は $\mathbb{Z}_2^\times$ において平方元である．$\mathbb{Z}_2^\times/(1+8\mathbb{Z}_2) \cong (\mathbb{Z}/8\mathbb{Z})^\times \cong \mathbb{Z}/2\mathbb{Z} \oplus \mathbb{Z}/2\mathbb{Z}$ ゆえ $p=2$ の場合も証明された． ∎

次の命題は，命題 2.16 からしたがうし，命題 2.18 からもしたがう．

命題 2.19
（1） $p \neq 2$ なら，$\mathbb{Q}_p^\times/(\mathbb{Q}_p^\times)^2 \cong \mathbb{Z}/2\mathbb{Z} \oplus \mathbb{Z}/2\mathbb{Z}$．
（2） $\mathbb{Q}_2^\times/(\mathbb{Q}_2^\times)^2 \cong \mathbb{Z}/2\mathbb{Z} \oplus \mathbb{Z}/2\mathbb{Z} \oplus \mathbb{Z}/2\mathbb{Z}$． ∎

問 10 a を整数で $a \equiv \pm 1 \bmod 5$ なるものとすると，a の平方根が $\mathbb{Q}_5$ に存在することを示せ．

問 11 $\mathbb{Q}_p$ に -1 の平方根が存在するための必要十分条件は，$p \equiv 1 \bmod 4$ であることを示せ．

問 12 $p \neq 2$ のとき，$\mathbb{Q}_p$ の 2 次拡大は全部で 3 個あることを示せ．$\mathbb{Q}_5$ の 3 つの 2 次拡大をすべてもとめよ．

§2.6 2 次曲線の有理点

この節ではまず，§2.4 の初めに述べた
「$a,b \in \mathbb{Q}^\times$ とし，p を素数とすると，
$$(a,b)_p = 1 \iff ax^2+by^2=1 \text{ となる } x,y \in \mathbb{Q}_p \text{ が存在する}」$$
を証明し（これは下の命題 2.20 に含まれる）．それを用いて定理 2.3 の証明を与える．

（a） $\mathbb{Q}_p$ 上の 2 次曲線

Hilbert 記号 $(\ ,\ )_p : \mathbb{Q}^\times \times \mathbb{Q}^\times \to \{\pm 1\}$ は，$\mathbb{Q}_p^\times \times \mathbb{Q}_p^\times \to \{\pm 1\}$ に自然に拡張される．$a,b \in \mathbb{Q}_p^\times$ に対し，
$$a = p^i u, \quad b = p^j v \qquad (i,j \in \mathbb{Z},\ u,v \in \mathbb{Z}_p^\times)$$

と書き
$$r = (-1)^{ij} a^j b^{-i} = (-1)^{ij} u^j v^{-i} \in \mathbb{Z}_p^\times$$

とおき，$p \neq 2$ なら
$$(a,b)_p = \left(\frac{r \bmod p}{p}\right),$$

$p = 2$ なら
$$(a,b)_2 = (-1)^{\frac{r^2-1}{8}} \cdot (-1)^{\frac{u-1}{2} \cdot \frac{v-1}{2}}$$

と定義するのである．この $(\ ,\ )_p : \mathbb{Q}_p^\times \times \mathbb{Q}_p^\times \to \{\pm 1\}$ について，命題 2.4 が $(\mathbb{Z}_{(p)})^\times$ を $\mathbb{Z}_p^\times$ におきかえればそのまま成り立つことが確かめられる．

命題 2.20 $a, b \in \mathbb{Q}_p^\times$ に対し，次の(i), (ii)は同値である．

(i) $(a,b)_p = 1$.

(ii) $ax^2 + by^2 = 1$ をみたす $x, y \in \mathbb{Q}_p$ が存在する．

[証明] まず $ax^2 + by^2 = 1$ をみたす $x, y \in \mathbb{Q}_p$ が存在すると仮定して $(a,b)_p = 1$ を示す．$x = 0$ なら $b \in (\mathbb{Q}_p^\times)^2$ であり，$y = 0$ なら $a \in (\mathbb{Q}_p^\times)^2$ であり，いずれにしても $(a,b)_p = 1$ が得られる．$x \neq 0, y \neq 0$ とする．$(a,b)_p = (ax^2, by^2)_p = (ax^2, 1-ax^2)_p$ であるが，命題 2.4(3) が $(\ ,\ )_p : \mathbb{Q}_p^\times \times \mathbb{Q}_p^\times \to \{\pm 1\}$ について成立することから，$(ax^2, 1-ax^2)_p = 1$．

次に，$(a,b)_p = 1$ と仮定して $ax^2 + by^2 = 1$ をみたす $x, y \in \mathbb{Q}_p$ の存在を示す．(i), (ii)のいずれの成立・不成立も，$a, b \in \mathbb{Q}_p^\times$ の $\mathbb{Q}_p^\times/(\mathbb{Q}_p^\times)^2$ での像にしかよらない．そこで $(\mathbb{Q}_p^\times)^2$ の元を a, b にかけることにより，a, b は $\mathbb{Z}_p^\times$ の元であるかあるいは $p \cdot (\mathbb{Z}_p^\times$ の元) であるとしてよい．a, b ともに $p \cdot (\mathbb{Z}_p^\times$ の元) の場合，a を $-ab^{-1}$ におきかえても(i), (ii)の成立・不成立は変化しない．

(実際，(i)については，
$$(-ab^{-1}, b)_p = (a,b)_p \cdot (-b,b)_p = (a,b)_p \quad (命題 2.4(3))．$$
(ii)については，$ax^2 + by^2 = 1$ から $-ab^{-1}u^2 + bv^2 = 1$ の解が，$y \neq 0$ の場合は $u = xy^{-1}, v = \dfrac{1}{by}$ とおけば得られるし，$y = 0$ の場合は $u = \dfrac{(b-1)x}{2}, v = \dfrac{(b+1)}{2b}$ とおけば得られ，また，$-ab^{-1}u^2 + bv^2 = 1$ の解から $ax^2 + by^2 = 1$ の

解を得ることも，同様にしてできる．)

よって，$a\in\mathbb{Z}_p^\times$，$b\in p\cdot\mathbb{Z}_p^\times$ の場合と，$a,b\in\mathbb{Z}_p^\times$ の場合の，2つの場合を調べればよい．

(ア) $a\in\mathbb{Z}_p^\times$，$b\in p\cdot\mathbb{Z}_p^\times$ の場合．

$p\neq 2$ なら，$(a,b)_p=1$ は $a\bmod p\in\mathbb{F}_p^\times$ が平方元であることを意味する．命題 2.18 により，$t^2=a$ となる $t\in\mathbb{Q}_p^\times$ が存在する．$a\left(\dfrac{1}{t}\right)^2+b\cdot 0^2=1$ となる．$p=2$ の場合，$(a,b)_p=1$ は「$a\equiv 1\bmod 8\mathbb{Z}_2$ または $a\equiv 1-b\bmod 8\mathbb{Z}_2$」を意味する(命題 2.4(5-2) が $\mathbb{Q}_2^\times\times\mathbb{Q}_2^\times$ に拡張された Hilbert 記号についても成立することによる)．$a\equiv 1\bmod 8\mathbb{Z}_2$ なら $t^2=a$ となる $t\in\mathbb{Q}_2^\times$ が存在し(命題 2.18)，$a\left(\dfrac{1}{t}\right)^2+b\cdot 0^2=1$ となる．$a\equiv 1-b\bmod 8\mathbb{Z}_2$ なら $t^2=\dfrac{1-b}{a}$ なる $t\in\mathbb{Q}_2^\times$ が存在し(命題 2.18)，$at^2+b\cdot 1^2=1$ となる．

(イ) $a,b\in\mathbb{Z}_p^\times$ の場合．

$p\neq 2$ とする．$(a,b)_p=1$ は必ず成立するので，$ax^2+by^2=1$ が必ず $\mathbb{Q}_p$ に解をもつことを示さなければならない．$\bar{a},\bar{b}$ をそれぞれ a,b の $\mathbb{F}_p$ における像とすると，$\mathbb{F}_p$ の部分集合 $\{\bar{a}u^2\,;\,u\in\mathbb{F}_p\}$ と $\{1-\bar{b}v^2\,;\,v\in\mathbb{F}_p\}$ はともに位数が $\dfrac{p+1}{2}$ であり，よってそれらの共通部分は空でない．よって，$ax^2\equiv 1-by^2\bmod p\mathbb{Z}_p$ となる $x,y\in\mathbb{Z}_p$ が存在する．$x\not\equiv 0\bmod p\mathbb{Z}_p$ なら，命題 2.18 により，$t^2=\dfrac{1-by^2}{a}$ となる $t\in\mathbb{Q}_p^\times$ が存在する．$at^2+by^2=1$ となる．$x\equiv 0\bmod p\mathbb{Z}_p$ なら $1\equiv by^2\bmod p\mathbb{Z}_p$，よって命題 2.18 により，$t^2=b$ となる $t\in\mathbb{Q}_p^\times$ が存在し，$a\cdot 0^2+b\left(\dfrac{1}{t}\right)^2=1$ となる．

$p=2$ とする．$(a,b)_2=1$ により，$a\equiv 1\bmod 4\mathbb{Z}_2$ または $b\equiv 1\bmod 4\mathbb{Z}_2$ である．たとえば $a\equiv 1\bmod 4\mathbb{Z}_2$ とする($b\equiv 1\bmod 4\mathbb{Z}_2$ の場合も同様にできる)．$a\equiv 1\bmod 8\mathbb{Z}_2$ または $a\equiv 5\bmod 8\mathbb{Z}_2$ である．$a\equiv 1\bmod 8\mathbb{Z}_2$ なら命題 2.18 により，$t^2=a$ となる $t\in\mathbb{Q}_2^\times$ が存在し，$a\left(\dfrac{1}{t}\right)^2+b\cdot 0^2=1$．$a\equiv 5\bmod 8\mathbb{Z}_2$ なら，$4b\equiv 4\bmod 8\mathbb{Z}_2$ ゆえ $a\equiv 1-4b\bmod 8\mathbb{Z}_2$．よって命題 2.18 により，$t^2=\dfrac{1-4b}{a}$ となる $t\in\mathbb{Q}_2^\times$ が存在し，$at^2+b\cdot 2^2=1$ となる． ∎

(b) 定理2.3の証明

命題2.20により，定理2.3は次の形に書きかえられた．$\mathbb{R}$ を $\mathbb{Q}_\infty$ と書く．
「$a,b \in \mathbb{Q}^\times$ とすると，次の(i), (ii)は同値である．
（ⅰ） $ax^2+by^2=1$ は $\mathbb{Q}$ に解をもつ．
（ⅱ） $ax^2+by^2=1$ はすべての素数 v と $v=\infty$ について，$\mathbb{Q}_v$ に解をもつ.」
「(i)ならば(ii)」は明らかだから，「(ii)ならば(i)」を示す．

$a,b \in \mathbb{Q}^\times$ とし，$ax^2+by^2=1$ がすべての素数 v と $v=\infty$ について $\mathbb{Q}_v$ において解をもつとする．これが $\mathbb{Q}$ において解をもつことを証明する．

a,b に 0 でない有理数の平方をかけても，$ax^2+by^2=1$ の $\mathbb{Q}$ における解の有無も $\mathbb{Q}_v$ における解の有無も変化しない．よって a,b は整数で，1 以外の平方数でわれないとしてよい．以下 a,b を 1 以外の平方数でわれない整数とし，$\max(|a|,|b|)$ についての帰納法で証明する．

まず a,b のいずれかが 1 なら，$ax^2+by^2=1$ は明らかに $\mathbb{Q}$ において解をもつ．

$\max(|a|,|b|)=1$ の場合，$\mathbb{R}$ において解をもつと仮定してあるから，$a>0$ または $b>0$．よって $a=1$ または $b=1$ となり，$\mathbb{Q}$ において解をもつことがわかる．

そこで $\max(|a|,|b|)>1$ とする．問題は a,b について対称だから，$|a| \leqq |b|$ としてよい．b は 1 以外の平方数でわれないから，$|b|$ は相異なる素数の積である．

$a \bmod b$ が $\mathbb{Z}/b\mathbb{Z}$ の平方元であることを示す．もしそうでなければ，b のある素因数 p について，$a \bmod p$ は $\mathbb{F}_p$ の平方元でない．（これは中国式剰余定理による．）すると，$p \neq 2$ であり，$(a,b)_p = \left(\dfrac{a}{p}\right) = -1$ となって $ax^2+by^2=1$ は $\mathbb{Q}_p$ に解をもたず，仮定に反する．よって $a \bmod b$ は $\mathbb{Z}/b\mathbb{Z}$ の平方元である．そこで，ある整数 r について，$r^2 \equiv a \bmod b$ となる．$\mathbb{Z}/b\mathbb{Z}$ の元は $-|b|/2 \leqq n \leqq |b|/2$ なる代表 n を $\mathbb{Z}$ の中にもつことから，$0 \leqq r \leqq |b|/2$ としてよい．

$$r^2 - a = bc, \quad c \in \mathbb{Z}$$

とおく．$c=0$ なら $a=r^2$ であり，$a\left(\dfrac{1}{r}\right)^2+b\cdot 0^2=1$ となるから $\mathbb{Q}$ に解がある．そこで $c\neq 0$ としてよい．

$$|c|=\left|\dfrac{r^2-a}{b}\right|\leqq \left|\dfrac{r^2}{b}\right|+\left|\dfrac{a}{b}\right|\leqq \dfrac{|b|}{4}+1<|b|$$

（最後の不等号は $|b|\geqq 2$ なることによる．）下の補題 2.21 により，$ax^2+cy^2=1$ について考察すればよい．$|a|<|b|$ なら（$|c|<|b|$ なので），帰納法が使える．$|a|=|b|$ なら（$|c|<|b|$ なので），$|a|<|b|$ の状況に帰着できる．∎

補題 2.21 K を体とし，$a,b,c\in K^{\times}$，$r\in K$，$r^2-a=bc$ とする．このとき 2 つの集合

$$X=\{(x,y,z)\in K\times K\times K\,;\,ax^2+by^2=z^2,\,(x,y,z)\neq(0,0,0)\},$$
$$Y=\{(x,y,z)\in K\times K\times K\,;\,ax^2+cy^2=z^2,\,(x,y,z)\neq(0,0,0)\}$$

の間には全単射がある．

［証明］ 写像 $f\colon X\to Y$，$g\colon Y\to X$ が

$$f(x,y,z)=(rx+z,\,by,\,ax+rz),$$
$$g(x,y,z)=\left(\dfrac{rx-z}{r^2-a},\,\dfrac{y}{b},\,\dfrac{-ax+rz}{r^2-a}\right)$$

と定義され，$g\circ f$，$f\circ g$ がそれぞれ X,Y の恒等写像であることが確かめられる．∎

《要 約》

2.1 有理数体上の 2 次曲線が有理点を 1 つでももつ場合，その曲線は有理点を無限個もち，それらの有理点をすべてもとめることができる．（この章の最重要テーマはしかし，この 2.1 ではなく，下の 2.2, 2.3 である．）

2.2 各素数 p ごとに p 進数体という有理数体の拡大体があり，それぞれの p 進数体は実数体と同等な重要さをもつと考えられる．p 進数体では実数体同様「収束」の概念が存在するが，それは実数体における収束とはたいへん様子の異なる収束である．

2.3 有理数体上の 2 次曲線が有理点をもつための必要十分条件は，その 2 次

曲線の方程式が実数体で解をもち，かつすべての素数 p について $\mathbb{Q}_p$ でも解をもつことである．$\mathbb{Q}_p$ における解の有無は，Hilbert 記号という，平方剰余記号と関係あるもので判定できる．

―――――― 演習問題 ――――――

2.1 有理数の数列で，$\mathbb{R}$ の中では 1 に収束し，$\mathbb{Q}_2$ の中では 0 に収束するものの例をあげよ．また，有理数の数列で，$\mathbb{Q}_3$ の中では 1 に収束し，$\mathbb{Q}_2$ の中では 0 に収束するものの例を示せ．

2.2
$$\mathbb{Z}\left[\frac{1}{p}\right] = \left\{ \frac{a}{p^n} \,;\, a \in \mathbb{Z}, n \geq 0 \right\}$$

とおき，$\mathbb{Z}\left[\frac{1}{p}\right]/\mathbb{Z}$ から $\mathbb{Z}\left[\frac{1}{p}\right]/\mathbb{Z}$ への群準同型全体 $\mathrm{Hom}\left(\mathbb{Z}\left[\frac{1}{p}\right]/\mathbb{Z}, \mathbb{Z}\left[\frac{1}{p}\right]/\mathbb{Z}\right)$ に環構造を，元 f, g の和を $(f+g)(x) = f(x) + g(x)$ $\left(x \in \mathbb{Z}\left[\frac{1}{p}\right]/\mathbb{Z}\right)$ で定め，積を合成 $f \circ g$ と定めることで定義する．このとき，環として

$$\mathbb{Z}_p \cong \mathrm{Hom}\left(\mathbb{Z}\left[\frac{1}{p}\right]/\mathbb{Z}, \mathbb{Z}\left[\frac{1}{p}\right]/\mathbb{Z}\right)$$

であることを示せ．

2.3 $\mathrm{ord}_3(4^n - 1)$ $(n \in \mathbb{Z})$ をもとめよ．（ヒント: 3 進数体の $\exp, \log$ を使って，$4^n - 1 = \exp(n \log(4)) - 1$ と考え，命題 2.14(4) を適用せよ．）

2.4 p を素数とするとき次を示せ．
(1) $x^2 = -2$ が $\mathbb{Q}_p$ に解をもつ $\iff p \equiv 1, 3 \mod 8$.
(2) $x^2 + y^2 = -2$ が $\mathbb{Q}_p$ に解をもつ $\iff p \neq 2$.
(3) $x^2 + y^2 + z^2 = -2$ は，どんな p についても，$\mathbb{Q}_p$ に解を持つ．

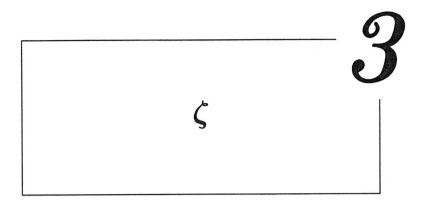

この章では，ζ 関数(ゼータ関数)と呼ばれる数論において大切な関数を紹介する．

§3.1 ζ 関数の値の3つのふしぎ

$$(3.1) \quad 1+\frac{1}{2^2}+\frac{1}{3^2}+\frac{1}{4^2}+\frac{1}{5^2}+\cdots=\frac{\pi^2}{6}$$

(π は円周率)は，1735 年頃 Euler が発見した公式である．Euler はこの左辺の無限和をもとめようとして長年努力し，その和が円周率に関係するというふしぎな事実を発見して非常に感激した．

$$(3.2) \quad 1-\frac{1}{3}+\frac{1}{5}-\frac{1}{7}+\frac{1}{9}-\frac{1}{11}+\cdots=\frac{\pi}{4}$$

は Leibniz の公式と呼ばれ，Leibniz はこれを 1673 年に発見して自然の神秘を感じ，法律家，外交官から数学への道に転ずる決心をしたといわれる．ただこの Leibniz の公式は，その少し前に Gregory によっても発見され，もっと以前に 1400 年頃インドの数学者 Madhava によっても得られている．

これらの公式や，Euler の得た公式

$$(3.3) \quad 1+\frac{1}{2^4}+\frac{1}{3^4}+\frac{1}{4^4}+\frac{1}{5^4}+\cdots=\frac{\pi^4}{90}$$

(3.4) $\quad 1 - \dfrac{1}{3^3} + \dfrac{1}{5^3} - \dfrac{1}{7^3} + \dfrac{1}{9^3} - \dfrac{1}{11^3} + \cdots = \dfrac{\pi^3}{32}$

(3.5) $\quad 1 - \dfrac{1}{2} + \dfrac{1}{4} - \dfrac{1}{5} + \dfrac{1}{7} - \dfrac{1}{8} + \cdots = \dfrac{\pi}{3\sqrt{3}}$

あるいは Dirichlet の公式

(3.6) $\quad 1 - \dfrac{1}{3} - \dfrac{1}{5} + \dfrac{1}{7} + \dfrac{1}{9} - \dfrac{1}{11} - \dfrac{1}{13} + \dfrac{1}{15}$
$\qquad + \cdots$ (正負の符号は 8 ごとに繰り返す)
$\qquad = \dfrac{1}{\sqrt{2}} \log(1 + \sqrt{2})$

は，いずれも ζ 関数(zeta function)と総称される一群の関数の値についての公式である．それらは調べれば調べるほどふしぎな意味を持っている公式なのである．この節では，ζ 関数の値について 3 つのふしぎがあるということについて述べる．その前に，ζ 関数とはどういうものかを述べる．

$$\zeta(s) = \sum_{n=1}^{\infty} \dfrac{1}{n^s} = 1 + \dfrac{1}{2^s} + \dfrac{1}{3^s} + \dfrac{1}{4^s} + \dfrac{1}{5^s} + \cdots$$

とおく．この関数について 19 世紀に重要な研究をした Riemann にちなんで，$\zeta(s)$ は **Riemann ζ 関数**(Riemann zeta function)と呼ばれている．(3.1), (3.3)はそれぞれ

$$\zeta(2) = \dfrac{\pi^2}{6}, \quad \zeta(4) = \dfrac{\pi^4}{90}$$

という，$\zeta(s)$ の値についての公式である．また N を自然数とし，環 $\mathbb{Z}/N\mathbb{Z}$ の可逆元全体の乗法群 $(\mathbb{Z}/N\mathbb{Z})^\times$ から 0 でない複素数全体の乗法群 $\mathbb{C}^\times$ への群準同型

$$\chi: (\mathbb{Z}/N\mathbb{Z})^\times \to \mathbb{C}^\times$$

を$(\bmod N$ の$)$**Dirichlet 指標**(Dirichlet character)と呼び，

$$L(s, \chi) = \sum_{n=1}^{\infty} \dfrac{\chi(n)}{n^s}$$

とおいて，これを$(\chi$ についての$)$ **Dirichlet L 関数**(Dirichlet L function)と

呼ぶ. ただしここで $\chi(n)$ は, n と N が互いに素なときは $\chi(n \bmod N)$ をあらわすが, n と N が互いに素でないときは 0 をあらわす. 公式(3.2), (3.4)はそれぞれ, $\bmod 4$ の Dirichlet 指標

$$\chi: (\mathbb{Z}/4\mathbb{Z})^\times = \{1 \bmod 4,\ 3 \bmod 4\} \to \mathbb{C}^\times,$$

$$\chi(1 \bmod 4) = 1, \quad \chi(3 \bmod 4) = -1$$

についての Dirichlet L 関数の値の公式

$$L(1, \chi) = \frac{\pi}{4}, \quad L(3, \chi) = \frac{\pi^3}{32}$$

である. 公式(3.5)は, $\bmod 3$ の Dirichlet 指標

$$\chi: (\mathbb{Z}/3\mathbb{Z})^\times = \{1 \bmod 3,\ 2 \bmod 3\} \to \mathbb{C}^\times,$$

$$\chi(1 \bmod 3) = 1, \quad \chi(2 \bmod 3) = -1$$

についての $L(s, \chi)$ の値の公式

$$L(1, \chi) = \frac{\pi}{3\sqrt{3}}$$

であり, 公式(3.6)は, $\bmod 8$ の Dirichlet 指標

$$\chi: (\mathbb{Z}/8\mathbb{Z})^\times = \{1 \bmod 8,\ 3 \bmod 8,\ 5 \bmod 8,\ 7 \bmod 8\} \to \mathbb{C}^\times,$$

$$\chi(1 \bmod 8) = \chi(7 \bmod 8) = 1, \quad \chi(3 \bmod 8) = \chi(5 \bmod 8) = -1$$

についての $L(s, \chi)$ の値の公式

$$L(1, \chi) = \frac{1}{\sqrt{2}} \log(1 + \sqrt{2})$$

である.

これらの $\zeta(s)$ や $L(s, \chi)$ は, ζ 関数と総称される一群の関数の例である.「数論とは ζ 関数の研究である」と言われるくらいに, ζ 関数は数論において重要である.

ζ 関数の値の第 1 のふしぎは, (3.1)–(3.6)のような, 左辺と右辺がかけはなれた姿をしていてそれらが一致することが意外であるような, ζ の値の公式が存在することである. いろいろな ζ 関数があるが,

ζ 関数の「$s = $ 整数」での値
 $= $ 有理数 $\times$「円周率のベキ乗や $\log(1+\sqrt{2})$ に似たもの」

というタイプの公式が多く知られてきている．たとえば Euler は r が 2 以上の偶数のとき

$$\zeta(r) = 有理数 \times \pi^r \quad (§3.2 系 3.9)$$

であることを証明した．

　ζ 関数の値の第 2 のふしぎは，ζ 関数の「$s=$ 整数」での値が，もとの定義からは想像できない，p 進数の世界とのかかわりを持つことである．たとえば，r が正の偶数のときの $\zeta(r)\pi^{-r}$ は上述のごとく有理数であるが，この有理数は r が動くときある p 進連続性を示すのである．このことは 19 世紀に Kummer によって考えられ始め，1964 年頃，久保田–Leopoldt の研究によって明らかにされた．この第 2 のふしぎを見るとき，ζ 関数のほんとうの故郷が，実数の世界と p 進数の世界の両者の上に存在する，我々のまだ知らぬ世界であることが感じられるのである．

　ζ 関数の値の第 3 のふしぎは，ζ 関数の値が微妙な数論的な意味を持っていることである．たとえば Leibniz の公式 (3.2) は，§4.3 に述べるように，「$\mathbb{Z}[i]$ が素元分解整域である」ということを意味しているのである．これは，19 世紀に Dirichlet によって発見された「類数公式」(§4.3 および §7.5 で論ずる) というものでとらえることのできる，ζ 関数の値の意味であるが，20 世紀後半になって，この「類数公式」よりももっと深く ζ 関数の値の意味をとらえようとする，「岩澤理論」が発展した．

　§3.2 では，$\zeta(s)$ や $L(s,\chi)$ の「$s=$ 正整数」での値について「第 1 のふしぎ」を論じ，公式 (3.1)–(3.5) を証明する．（公式 (3.6) の証明については，演習問題 3.3 を参照．）§3.3 では，これらの ζ 関数を複素平面全体に解析接続して，「$s=$ 負整数」での値の「第 1 のふしぎ」を論ずる．§3.3 の最後に第 2，第 3 のふしぎにふれる．第 2，第 3 のふしぎについては『数論 II』の「岩澤理論」の章で詳しく論ずる．

　この章の題が「ζ 関数」でなく単に「ζ」となっているのは，ζ 関数を調べていくと「ζ 関数は関数以上の何者かである」と感じられるため，あえて「関数」の語を付さなかったのである．

§3.2 正整数での値

(a) $\zeta(2)$

まず,次の Euler の定理の, Euler が与えた証明のうちのひとつを与える.

定理 3.1
$$\zeta(2) = \frac{\pi^2}{6}.$$

[証明] Euler の発見した sin 関数の積公式

$$(3.7) \quad \frac{\sin(\pi x)}{\pi x} = \prod_{n=1}^{\infty}\left(1 - \frac{x^2}{n^2}\right)$$

を用いる.(3.7)の両辺の,$x=0$ における Taylor 展開を比較する.$\sin(x)$ の Taylor 展開

$$\sin(x) = x - \frac{x^3}{3!} + \frac{x^5}{5!} - \frac{x^7}{7!} + \frac{x^9}{9!} - \cdots$$

より,

$$(3.7)\text{の左辺} = 1 - \frac{\pi^2}{3!}x^2 + (4\text{次以上の項}).$$

一方,(3.7)の右辺を展開すると,

$$(3.7)\text{の右辺} = 1 - \left(\sum_{n=1}^{\infty}\frac{1}{n^2}\right)x^2 + (4\text{次以上の項}).$$

よって

$$\sum_{n=1}^{\infty}\frac{1}{n^2} = \frac{\pi^2}{3!} = \frac{\pi^2}{6}.$$

∎

(b) 一般の正整数での値

下の定理 3.4, 3.8 は,$\zeta(2)$ だけでなく,正整数での $\zeta(s)$ や $L(s,\chi)$ の値に関するものである.

定義 3.2 有理数係数の有理関数 $h_r(t)$ $(r=1,2,3,\cdots)$ を

$$h_1(t) = \frac{1+t}{2(1-t)},$$

$$h_r(t) = \left(t\frac{d}{dt}\right)^{r-1}(h_1(t)) \qquad (r \geqq 1)$$

と定義する。 □

たとえば,

(3.8) $\quad h_2(t) = \dfrac{t}{(1-t)^2}, \quad h_3(t) = \dfrac{t+t^2}{(1-t)^3}, \quad h_4(t) = \dfrac{t+4t^2+t^3}{(1-t)^4},$

すべての $r \geqq 1$ に対し

$$h_r(t) \in \mathbb{Q}\left[t, \frac{1}{1-t}\right]$$

となる。

命題 3.3 $x \in \mathbb{C}$, $x \notin \mathbb{Z}$, $t = e^{2\pi i x}$ とおく。

(1)
$$h_1(t) = -\frac{1}{2} \cdot \frac{1}{2\pi i} \sum_{n \in \mathbb{Z}} \left(\frac{1}{x+n} + \frac{1}{x-n}\right).$$

(2) $r \geqq 2$ のとき

$$h_r(t) = (r-1)! \cdot \left(-\frac{1}{2\pi i}\right)^r \sum_{n \in \mathbb{Z}} \frac{1}{(x+n)^r}.$$

［証明］ (3.7)の両辺に $\dfrac{1}{\pi}\dfrac{d}{dx}\log(\ )$ をとると,

(3.9) $\qquad \cot(\pi x) = \dfrac{1}{2\pi} \sum_{n \in \mathbb{Z}} \left(\dfrac{1}{x+n} + \dfrac{1}{x-n}\right)$

を得る。ここに $\cot(y) = \dfrac{\cos(y)}{\sin(y)}$ であるが,

$$\sin(y) = \frac{e^{yi} - e^{-yi}}{2i}, \quad \cos(y) = \frac{e^{yi} + e^{-yi}}{2}$$

であるから

$$\cot(\pi x) = \frac{i(e^{\pi x i} + e^{-\pi x i})}{e^{\pi x i} - e^{-\pi x i}} = -2ih_1(t) \qquad (t = e^{2\pi i x})$$

となり, 命題 3.3(1)を得る。この(1)の両辺に $\left(t\dfrac{d}{dt}\right)^{r-1} = \left(\dfrac{d}{2\pi i dx}\right)^{r-1}$ を

ほどことすと，命題 3.3(2) が得られる． ∎

この命題 3.3 から次の定理 3.4, 3.8 を得ることができる．

定理 3.4 N を 2 以上の自然数，χ を $\mathrm{mod}\, N$ の Dirichlet 指標とする．r を自然数とし，$\chi(-1) = (-1)^r$ と仮定する．$\zeta_N = e^{2\pi i/N}$ とおく．このとき
$$L(r, \chi) = \frac{1}{(r-1)!} \cdot \left(-\frac{2\pi i}{N}\right)^r \cdot \frac{1}{2} \sum_{a \in (\mathbb{Z}/N\mathbb{Z})^\times} \chi(a) h_r(\zeta_N^a).$$
□

定理 3.4 から §3.1 の公式 (3.2), (3.4), (3.5) を導く．

例 3.5
$$1 - \frac{1}{3} + \frac{1}{5} - \frac{1}{7} + \frac{1}{9} - \frac{1}{11} + \cdots$$
$$= \frac{1}{(1-1)!} \cdot \left(-\frac{2\pi i}{4}\right) \cdot \frac{1}{2} \cdot (h_1(i) - h_1(i^3))$$
$$= \left(-\frac{2\pi i}{4}\right) \cdot \frac{1}{2} \cdot \left(\frac{1+i}{2(1-i)} - \frac{1-i}{2(1+i)}\right)$$
$$= \left(-\frac{2\pi i}{4}\right) \cdot \frac{1}{2} \cdot i = \frac{\pi}{4}.$$
□

例 3.6
$$1 - \frac{1}{2} + \frac{1}{4} - \frac{1}{5} + \frac{1}{7} - \frac{1}{8} + \cdots$$
$$= \frac{1}{(1-1)!} \cdot \left(-\frac{2\pi i}{3}\right) \cdot \frac{1}{2} \cdot (h_1(\zeta_3) - h_1(\zeta_3^2))$$
$$= \left(-\frac{2\pi i}{3}\right) \cdot \frac{1}{2} \cdot \frac{i}{\sqrt{3}} = \frac{\pi}{3\sqrt{3}}.$$
□

例 3.7
$$1 - \frac{1}{3^3} + \frac{1}{5^3} - \frac{1}{7^3} + \frac{1}{9^3} - \frac{1}{11^3} + \cdots$$
$$= \frac{1}{(3-1)!} \cdot \left(-\frac{2\pi i}{4}\right)^3 \cdot \frac{1}{2} \cdot (h_3(i) - h_3(i^3))$$
$$= \frac{1}{2} \cdot \left(-\frac{2\pi i}{4}\right)^3 \cdot \frac{1}{2} \cdot \left(\frac{i-1}{(1-i)^3} - \frac{-i-1}{(1+i)^3}\right) \quad ((3.8) \text{ より})$$

$$= \frac{1}{2} \cdot \left(-\frac{2\pi i}{4}\right)^3 \cdot \frac{1}{2} \cdot (-i) = \frac{\pi^3}{32}.$$
□

定理 3.8 r を正の偶数とすると,

$$\zeta(r) = \frac{1}{(r-1)!} \cdot \frac{1}{2^r-1} \cdot (2\pi i)^r \cdot \frac{1}{2} \cdot h_r(-1).$$
□

系 3.9 r を正の偶数とすると,$\pi^{-r}\zeta(r)$ は有理数である. □

なぜなら,$h_r(t)$ は有理数係数の有理関数だから,その -1 での値 $h_r(-1)$ は有理数である.

定理 3.8 から公式 (3.1), (3.3) を導く.

例 3.10

$$\zeta(2) = \frac{1}{(2-1)!} \cdot \frac{1}{4-1} \cdot (2\pi i)^2 \cdot \frac{1}{2} \cdot \frac{-1}{(1+1)^2} \quad ((3.8) \text{より})$$

$$= \frac{\pi^2}{6}.$$
□

例 3.11

$$\zeta(4) = \frac{1}{(4-1)!} \cdot \frac{1}{2^4-1} \cdot (2\pi i)^4 \cdot \frac{1}{2} \cdot \frac{-1+4-1}{2^4} \quad ((3.8) \text{より})$$

$$= \frac{\pi^4}{90}.$$
□

注意 3.12 定理 3.8 は,$\zeta(3), \zeta(5), \zeta(7), \zeta(9), \cdots$ については何も言っていない. $\zeta(3)$ が無理数であることが 1978 年に Apéry によって証明された. $\zeta(5), \zeta(7), \zeta(9), \cdots$ も無理数であろうということや,r が 3 以上の奇数のとき,$\zeta(r)$ が(r が偶数の場合と違って)有理数と円周率から四則演算によって得られる数ではないだろうということが,予想されているが,証明されていない.

[定理 3.4 の証明] 命題 3.3 を用いて $\sum_{a\in(\mathbb{Z}/N\mathbb{Z})^\times} \chi(a) h_r(\zeta_N^a)$ を書きかえる. $n \geqq 0$ なら

$$\sum_{a=1}^{N-1} \frac{\chi(a)}{\left(\frac{a}{N}+n\right)^r} = N^r \sum_{Nn<m<N(n+1)} \frac{\chi(m)}{m^r},$$

$n<0$ なら, $n'=-n-1\geqq 0$ とおくとき

$$\sum_{a=1}^{N-1}\frac{\chi(a)}{\left(\frac{a}{N}+n\right)^r}=(-1)^r\sum_{a=1}^{N-1}\frac{\chi(a)}{\left(\frac{N-a}{N}+n'\right)^r}=N^r\sum_{Nn'<m<N(n'+1)}\frac{\chi(m)}{m^r}$$

となる. よって命題 3.3 により,

$$\sum_{a\in(\mathbb{Z}/N\mathbb{Z})^\times}\chi(a)h_r(\zeta_N^a)=(r-1)!\cdot\left(-\frac{N}{2\pi i}\right)^r\cdot 2\cdot L(r,\chi)$$

を得る. ∎

[定理 3.8 の証明] 定理 3.4 の $N=2$, χ が自明な準同型 $\chi:(\mathbb{Z}/2\mathbb{Z})^\times\to\mathbb{C}^\times$ である場合を考えると, 正の偶数 r について

$$L(r,\chi)=\frac{1}{(r-1)!}\cdot\left(-\frac{2\pi i}{2}\right)^r\cdot\frac{1}{2}\cdot h_r(-1).$$

一方

$$L(s,\chi)=\sum_{\substack{n=1\\n:\text{奇数}}}^\infty\frac{1}{n^s}=\zeta(s)-\sum_{n=1}^\infty\frac{1}{(2n)^s}=\left(1-\frac{1}{2^s}\right)\zeta(s).$$

定理 3.8 はこれからでてくる. ∎

問 1 命題 3.3(1) で $x=i$ とおくことにより次を示せ.
$$\sum_{n\in\mathbb{Z}}\frac{1}{n^2+1}=\pi\cdot\frac{e^{2\pi}+1}{e^{2\pi}-1}.$$

問 2 命題 3.3(2) の $r=2$, $x=i$ の場合と問 1 の公式を用いて, 次を示せ.
$$\sum_{n\in\mathbb{Z}}\frac{1}{(n^2+1)^2}=\frac{\frac{\pi}{2}e^{4\pi}+2\pi^2 e^{2\pi}-\frac{\pi}{2}}{(e^{2\pi}-1)^2}.$$

上の 2 つの問の公式は, ζ 関数の値についての公式ではないが, $\zeta(2)=\frac{\pi^2}{6}$ と同様の世界に属しており,「ζ のかおりが漂っている」ように思われる.

§3.3 負整数での値

(a) 解析接続

$\zeta(s)$ や $L(s,\chi)$ は, s を複素数として考えると, 下の命題 3.15 に述べるように, もともとの無限級数としての収束域からはみだして複素平面全体に解析接続され, 負の整数での値を考えられるようになる. 負の整数での値の性質を見るには, 次の「部分 Riemann ζ 関数」や「Hurwitz ζ 関数」を導入しておくと便利である.

定義 3.13 自然数 N と整数 a に対し,

$$\zeta_{\equiv a(N)}(s) = \sum_{\substack{n=1 \\ n \equiv a \bmod N}}^{\infty} \frac{1}{n^s}$$

(和は $n \equiv a \bmod N$ なる自然数 n にわたる) と定義し, これを ($a \bmod N$ についての) **部分 Riemann ζ 関数**(partial Riemann zeta function) と呼ぶ. □

たとえば

$$\zeta_{\equiv 1(4)}(s) = 1 + \frac{1}{5^s} + \frac{1}{9^s} + \frac{1}{13^s} + \frac{1}{17^s} + \cdots.$$

定義 3.14 正の実数 x に対し,

$$\zeta(s,x) = \sum_{n=0}^{\infty} \frac{1}{(x+n)^s}$$

とおき, これを **Hurwitz ζ 関数**(Hurwitz zeta function) と呼ぶ. □

(なお, $\zeta_{\equiv a(N)}(s)$ という記号は本書だけのもので, 他所では通用せぬかもしれない.)

定義により, 次のことが成立する.

(3.10) $\zeta_{\equiv a(1)}(s) = \zeta(s), \quad \zeta(s,1) = \zeta(s).$

(3.11) $\bmod N$ の Dirichlet 指標 χ について,

$$L(s,\chi) = \sum_{a=1}^{N} \chi(a) \zeta_{\equiv a(N)}(s).$$

(N と互いに素でない整数 a について $\chi(a) = 0$ とおく.)

(3.12)　　　　自然数 N と $1 \leqq a \leqq N$ なる整数 a について，
$$\zeta\left(s, \frac{a}{N}\right) = N^s \cdot \zeta_{\equiv a(N)}(s).$$

命題 3.15

（1）$\zeta(s)$, $L(s,\chi)$（χ は Dirichlet 指標），$\zeta_{\equiv a(N)}(s)$（N は自然数，a は整数），$\zeta(s,x)$（x は正の実数）を定義する無限和は，$\text{Re}(s) > 1$ なる複素数 s について絶対収束し，その s の範囲において s の正則関数となる．

（2）$\zeta(s)$, $L(s,\chi)$, $\zeta_{\equiv a(N)}(s)$, $\zeta(s,x)$ は s の関数として複素平面全体に解析接続（analytic continuation）され，有理型関数となる．これらは $s \neq 1$ で正則であり，

$$\lim_{s \to 1}(s-1)\zeta(s) = 1, \quad \lim_{s \to 1}(s-1)\zeta_{\equiv a(N)}(s) = \frac{1}{N}, \quad \lim_{s \to 1}(s-1)\zeta(s,x) = 1$$

が成立する．

（3）$\chi: (\mathbb{Z}/N\mathbb{Z})^\times \to \mathbb{C}^\times$ の像が $\{1\}$ でないなら，$L(s,\chi)$ を定義する無限和（$n = 1, 2, 3, \cdots$ の順にたしてゆく）は，$\text{Re}(s) > 0$ なる複素数 s について収束し，その s の範囲において s の正則関数となる．（これと（2）を合わせ）そういう χ に対し $L(s,\chi)$ は複素平面全体で正則である．　　□

命題 3.15 の証明はこの節の終わりに与える．

(b)　負整数での値と，Bernoulli 数，Bernoulli 多項式

下の定理 3.18 において，部分 Riemann ζ 関数が 0 以下の整数において有理数値をとること，その値が，Bernoulli 数，Bernoulli 多項式というものであらわされることを述べる．

定義 3.16　**Bernoulli 数**（Bernoulli number）B_n $(n = 0, 1, 2, 3, \cdots)$ を

$$\frac{x}{e^x - 1} = \sum_{n=0}^{\infty} \frac{B_n}{n!} x^n$$

で定義する．　　□

$$\frac{x}{e^x-1} = \frac{x}{x+\dfrac{x^2}{2!}+\dfrac{x^3}{3!}+\cdots} = \frac{1}{1+\dfrac{x}{2!}+\dfrac{x^2}{3!}+\cdots}$$

$$= 1 - \left(\frac{x}{2!}+\frac{x^2}{3!}+\cdots\right) + \left(\frac{x}{2!}+\frac{x^2}{3!}+\cdots\right)^2 - \cdots$$

という計算をしてゆくと，

(3.13) $\quad B_0 = 1, \quad B_1 = -\dfrac{1}{2}, \quad B_2 = \dfrac{1}{6}, \quad B_4 = -\dfrac{1}{30}, \quad B_6 = \dfrac{1}{42},$

$\quad B_8 = -\dfrac{1}{30}, \quad B_{10} = \dfrac{5}{66}, \quad B_{12} = -\dfrac{691}{2730}, \quad B_{14} = \dfrac{7}{6}, \quad \cdots$

となることがわかる．

また，$\dfrac{x}{e^x-1}-1+\dfrac{x}{2}$ が偶関数 ($x \mapsto -x$ で不変) であるという容易にたしかめられる事実から，

(3.14) $\qquad\qquad n$ が 3 以上の奇数のとき $\quad B_n = 0$

がわかる．B_n はすべて有理数である．

定義 3.17　**Bernoulli 多項式**(Bernoulli polynomial)$B_n(x)$ $(n=0,1,2,\cdots)$ を

$$B_n(x) = \sum_{i=0}^{n} \binom{n}{i} B_i x^{n-i}$$

で定義する．ここに $\binom{n}{i} = \dfrac{n!}{i!(n-i)!}$ ． □

(3.13) から

(3.15) $\quad B_0(x) = 1, \quad B_1(x) = x - \dfrac{1}{2}, \quad B_2(x) = x^2 - x + \dfrac{1}{6},$

$\quad B_3(x) = x^3 - \dfrac{3}{2}x^2 + \dfrac{1}{2}x, \quad B_4(x) = x^4 - 2x^3 + x^2 - \dfrac{1}{30}, \quad \cdots$

を得る．$B_n(x)$ は有理数係数の多項式である．また，
$$B_n(0) = B_n$$
である．

定理 3.18

（1） 自然数 r と正の実数 x に対し，
$$\zeta(1-r,x) = -\frac{1}{r}B_r(x).$$

（2） 自然数 r, N と，$1 \leq a \leq N$ なる整数 a に対し，
$$\zeta_{\equiv a(N)}(1-r) = -\frac{1}{r}N^{r-1}B_r\left(\frac{a}{N}\right). \quad\square$$

系 3.19 N を自然数，a を整数，m を 0 以下の整数とするとき，
$$\zeta_{\equiv a(N)}(m) \in \mathbb{Q}.$$

とくに，0 以下の整数 m について $\zeta(m) \in \mathbb{Q}$. $\quad\square$

これは定理 3.18(2) からわかる.

例 3.20 定理 3.18(2) と (3.15) より，
$$\zeta_{\equiv a(N)}(0) = -\frac{a}{N} + \frac{1}{2},$$
$$\zeta_{\equiv a(N)}(-1) = -\frac{a^2}{2N} + \frac{a}{2} - \frac{N}{12},$$
$$\zeta_{\equiv a(N)}(-2) = -\frac{a^3}{3N} + \frac{a^2}{2} - \frac{Na}{6}. \quad\square$$

系 3.21 N を自然数とし，$\chi: (\mathbb{Z}/N\mathbb{Z})^\times \to \mathbb{C}^\times$ を，像が $\{1\}$ でない Dirichlet 指標とすると，
$$L(0,\chi) = -\frac{1}{N}\sum_{a=1}^{N} a\chi(a). \quad\square$$

これは例 3.20 の最初の式と，$\sum_{a=1}^{N} \chi(a) = 0$ となること（問 3）からしたがう.

問 3 G を有限群とし，$\chi: G \to \mathbb{C}^\times$ を像が $\{1\}$ でない準同型とするとき，$\sum_{a \in G} \chi(a) = 0$ であることを示せ.

定理 3.18(2) は定理 3.18(1) から，Hurwitz ζ 関数と部分 Riemann ζ 関数の値の関係 (3.12) によってでてくる.

定理 3.18(1) の証明はこの節の終わりに与えるが，定理 3.18(1) が成立することが，Hurwitz ζ 関数と Bernoulli 多項式の本性から見て自然なことで

あることをまず説明する.

Bernoulli 多項式が数学にはじめて登場したのは，k 乗数の和の公式であった．一般に r, x を自然数とするとき，公式

$$(3.16) \qquad \sum_{n=0}^{x-1} n^{r-1} = \frac{1}{r}(B_r(x) - B_r)$$

が成立する．（この公式(3.16)は J. Bernoulli と関孝和により発見された．）
たとえば

$$1+2+3+\cdots+(x-1) = \frac{1}{2}(x^2 - x) = \frac{1}{2}(B_2(x) - B_2),$$
$$1+2^2+3^2+\cdots+(x-1)^2 = \frac{1}{3}\left(x^3 - \frac{3}{2}x^2 + \frac{1}{2}x\right) = \frac{1}{3}(B_3(x) - B_3).$$

一方，Hurwitz ζ 関数はその定義により，

$$\zeta(s, x+1) - \zeta(s, x) = -\frac{1}{x^s}$$

をみたし，したがって自然数 x に対し

$$(3.17) \qquad \sum_{n=1}^{x-1} \frac{1}{n^s} = -\zeta(s, x) + \zeta(s)$$

が成立する．つまり k 乗数の和の公式を k が正として考察すると Bernoulli 多項式があらわれるが，k が負として考察するとあらわれるのが Hurwitz ζ 関数なのである．このことを思えば，$\zeta(1-r, x) = -\frac{1}{r} B_r(x)$ が自然なことと感じられる.

和の公式(3.16)が成立する理由を簡単に述べる．多項式環 $\mathbb{C}[x]$ における線形作用素

$$D: \mathbb{C}[x] \to \mathbb{C}[x]; \; f(x) \mapsto \frac{d}{dx} f(x)$$

を考える．線形作用素 $e^D = \sum_{n=0}^{\infty} \frac{D^n}{n!}$ は，Taylor 展開の理論により

$$e^D(f(x)) = f(x+1)$$

をすべての $f(x) \in \mathbb{C}[x]$ に対してみたす．B_n の定義から

(3.18) $$D = (e^D - 1) \sum_{n=0}^{\infty} \frac{B_n}{n!} D^n.$$

(3.18)を x^r に作用させると，

$$\sum_{n=0}^{\infty} \frac{B_n}{n!} D^n(x^r) = \sum_{n=0}^{r} \binom{r}{n} B_n x^{r-n} = B_r(x)$$

であることにより

(3.19) $$rx^{r-1} = B_r(x+1) - B_r(x)$$

を得る．和の公式(3.16)はこれから容易にしたがう．

問 4 (3.17)で $s \to 1$ とすると，自然数 x について

$$\sum_{n=1}^{x-1} \frac{1}{n} = \lim_{s \to 1} (-\zeta(s, x) + \zeta(s))$$

が成立するが，この式で無理やり $x = 5/2$ とおくと，左辺は意味不明であるが，$1/n$ を 1 から 3/2 まで加えたもの，という感じがする．そのときの右辺をもとめよ．

系 3.22

(1) $\zeta(0) = -\frac{1}{2}$.

(2) r が 2 以上の自然数なら，$\zeta(1-r) = -\frac{1}{r} B_r$.

(3) m が負の偶数なら，$\zeta(m) = 0$.

[証明] 定理3.18(2)により，自然数 r に対し

$$\zeta(1-r) = -\frac{1}{r} B_r(1).$$

$B_1(x) = x - \frac{1}{2}$ により $\zeta(0) = -\frac{1}{2}$ を得る．$r \geq 2$ なら(3.19)により $B_r(1) = B_r(0) = B_r$．(3.14)により r が 3 以上の奇数のとき，$B_r = 0$ ゆえ $\zeta(1-r) = 0$． ∎

例 3.23 系3.22と(3.13)により，

$$\zeta(0) = -\frac{1}{2}, \quad \zeta(-1) = -\frac{1}{2^2 \times 3}, \quad \zeta(-3) = \frac{1}{2^3 \times 3 \times 5},$$

$$\zeta(-5) = -\frac{1}{2^2 \times 3^2 \times 7}, \quad \zeta(-7) = \frac{1}{2^4 \times 3 \times 5},$$

$$\zeta(-9) = -\frac{1}{2^2 \times 3 \times 11}, \quad \zeta(-11) = \frac{691}{2^3 \times 3^2 \times 5 \times 7 \times 13},$$

$$\zeta(-13) = -\frac{1}{2^2 \times 3}, \quad \cdots \qquad \square$$

(c) 命題3.15と定理3.18(1)の証明

[命題3.15(1)の証明] $L(s,\chi)$ について考える．($\zeta_{\equiv a(N)}(s)$, $\zeta(s,x)$ に対する証明も同様である．) $\mathrm{Re}(s) = \sigma > 1$ とおくと，$\left|\dfrac{\chi(n)}{n^s}\right| \leq \dfrac{1}{n^\sigma}$ であり，$n \geq 2$ なら $\dfrac{1}{n^\sigma} \leq \displaystyle\int_{n-1}^{n} \dfrac{1}{x^\sigma} dx$ であるから，

$$\sum_{n=1}^{\infty} \frac{1}{n^\sigma} \leq 1 + \int_1^{\infty} \frac{1}{x^\sigma} dx = 1 + \frac{1}{\sigma-1}.$$

これは，和 $\displaystyle\sum_{n=1}^{\infty} \dfrac{\chi(n)}{n^s}$ が絶対収束し，かつてな $c>1$ に対し $\mathrm{Re}(s) \geq c$ の範囲で一様収束することを示している．正則関数の一様収束による極限は正則なので，命題3.15(1)は示された． ∎

[命題3.15(2)と定理3.18(1)の証明] 命題3.15(2)については，$\zeta(s,x)$ について証明すれば十分である．それを定理3.18(1)といっしょに証明する．

その準備としてガンマ関数(gamma function) $\Gamma(s)$ について述べる．$\mathrm{Re}(s) > 0$ なる複素数 s に対し，

$$\Gamma(s) = \int_0^{\infty} e^{-t} t^s \frac{dt}{t}$$

と定義する．s が自然数なら $\Gamma(s) = (s-1)!$ となる．また，$\Gamma(s)$ は複素平面全体に有理型関数として延長され，その延長も $\Gamma(s)$ と書くと，$\Gamma(s)$ は $s=0, -1, -2, -3, \cdots$ で1位の極を持つほかは正則であり，零点をまったく持たない．また，整数 $m \geq 0$ について，

$$\lim_{s \to -m} (s+m)\Gamma(s) = (-1)^m \frac{1}{m!}.$$

$\mathrm{Re}(s) > 1$ のとき

$$\Gamma(s)\zeta(s,x) = \int_0^\infty e^{-t} t^s \frac{dt}{t} \sum_{n=0}^\infty \frac{1}{(x+n)^s}$$

$$= \int_0^\infty \sum_{n=0}^\infty e^{-t} \left(\frac{t}{x+n}\right)^s \frac{dt}{t}$$

$$= \int_0^\infty \sum_{n=0}^\infty e^{-(x+n)u} u^s \frac{du}{u} \quad \left(u = \frac{t}{x+n} \text{ とおいた}\right)$$

$$= \int_0^\infty \frac{e^{-xu}}{1-e^{-u}} u^s \frac{du}{u}.$$

すなわち

$$\Gamma(s)\zeta(s,x) = \int_0^\infty f(s,u)du \quad \left(\text{ここに } f(s,u) = \frac{e^{-xu}}{1-e^{-u}} u^{s-1}\right).$$

$$\int_0^\infty f(s,u)du = \int_0^1 f(s,u)du + \int_1^\infty f(s,u)du$$

と分けて考察する.積分 $\int_1^\infty f(s,u)du$ は,$u \to \infty$ のとき e^{-xu} が急激に 0 に近づくことから,すべての複素数 s について収束して s の正則関数となる.次に $\int_0^1 f(s,u)du$ を考える.$B_n(x)$ の定義から

$$\sum_{n=0}^\infty \frac{B_n(x)}{n!} u^n = \frac{ue^{xu}}{e^u-1}$$

が導かれる.よって

$$\int_0^1 f(s,u)du = \int_0^1 \sum_{n=0}^\infty \frac{B_n(x)}{n!} \cdot (-1)^n u^{n+s-2} du$$

$$= \sum_{n=0}^\infty \frac{B_n(x)}{n!} \cdot \frac{(-1)^n}{s+n-1}.$$

これは複素平面全体に s の有理型関数として延長され,$s = 1, 0, -1, -2, -3, \cdots$ に 1 位の極を持つほかは正則である.

以上により,$\Gamma(s)\zeta(s,x)$ が複素平面全体に有理型関数として延長され,$s = 1, 0, -1, -2, -3, \cdots$ に 1 位の極を持つほかは正則であることがわかった.したがって,$\zeta(s,x)$ は複素平面全体に有理型関数として延長され,$s = 1$ で 1 位の極を持つほかは正則である.

整数 $n \geqq 0$ に対し,

$$\lim_{s \to 1-n}(s+n-1)(\Gamma(s)\zeta(s,x)) = \frac{B_n(x)}{n!} \cdot (-1)^n.$$

$n=0$ とおくと，$\Gamma(1)=1$ ゆえ，これは
$$\lim_{s \to 1}(s-1)\zeta(s,x) = B_0(x) = 1$$
を示している．$n \geq 1$ とすると，$\lim_{s \to 1-n}(s+n-1)\Gamma(s) = (-1)^{n-1} \cdot \frac{1}{(n-1)!}$ ゆえ，これは
$$\zeta(1-n,x) = -\frac{B_n(x)}{n}$$
を示している． ∎

[命題 3.15(3) の証明]　$\mathrm{Re}(s) > 0$ とし，$m \geq 0$ に対し
$$f_m(s) = \sum_{n=1}^{N} \frac{\chi(n)}{(mN+n)^s}$$
とおく．$L(s,\chi) = f_0(s) + \sum_{m=1}^{\infty} f_m(s)$ である．以下で

(3.20) $$\sum_{m=1}^{\infty} |f_m(s)| \leq N \cdot |s| \cdot \left(1 + \frac{1}{\mathrm{Re}(s)}\right)$$

を証明する．(3.20) は和 $\sum_{m=1}^{\infty} f_m(s)$ が，かってな正の実数 C, C' に対し $\{s \in \mathbb{C}; |s| \leq C, \mathrm{Re}(s) \geq C'\}$ において一様収束することを示しており，したがって，$\mathrm{Re}(s) > 0$ の範囲で収束して正則であることを示している．

(3.20) を証明する．$\chi : (\mathbb{Z}/N\mathbb{Z})^\times \to \mathbb{C}^\times$ の像が $\{1\}$ でないことから $\sum_{n=1}^{N} \chi(n) = 0$ (問 3)．よって
$$f_m(s) = \sum_{n=1}^{N} \chi(n) \left(\frac{1}{(mN+n)^s} - \frac{1}{(mN)^s}\right).$$
$$\frac{1}{(mN+n)^s} - \frac{1}{(mN)^s} = -\int_{mN}^{mN+n} \frac{s}{x^{s+1}} dx$$
により，$\mathrm{Re}(s)$ を σ とおくと
$$\left|\frac{1}{(mN+n)^s} - \frac{1}{(mN)^s}\right| \leq n \cdot |s| \cdot \frac{1}{(mN)^{s+1}} \leq \frac{|s|}{m^{\sigma+1}}.$$
よって

$$|f_m(s)| \leq N \cdot \frac{|s|}{m^{\sigma+1}},$$
$$\sum_{m=1}^{\infty} |f_m(s)| \leq N \cdot |s| \sum_{m=1}^{\infty} \frac{1}{m^{\sigma+1}} \leq N \cdot |s| \cdot \left(1 + \frac{1}{\sigma}\right).$$

∎

(d) 関数等式

§7.2 で紹介するが，$\chi:(\mathbb{Z}/N\mathbb{Z})^{\times} \to \mathbb{C}^{\times}$ を Dirichlet 指標，$\chi^{-1}:(\mathbb{Z}/N\mathbb{Z})^{\times} \to \mathbb{C}^{\times}$ を $\chi^{-1}(a) = \chi(a)^{-1}$ で定義される Dirichlet 指標とするとき，$L(s,\chi)$ と $L(1-s,\chi^{-1})$ の間に，**関数等式**(functional equation)と呼ばれるある関係が存在する．Riemann ζ 関数の場合はその関係から（第 7 章で説明する），

「r が 2 以上の偶数のとき，$\zeta(1-r) = 2 \times (r-1)! \times \dfrac{\zeta(r)}{(2\pi i)^r}$」

が出てくる．たとえば，$r=2$ とおくと，

$$\zeta(-1) = 2 \times 1 \times \frac{1}{(2\pi i)^2} \times \zeta(2) = -2 \times \frac{1}{4\pi^2} \times \frac{\pi^2}{6} = -\frac{1}{12}$$

（例 3.23 参照）．

(e) 第 2, 第 3 のふしぎ

ζ 関数の値の第 2, 第 3 のふしぎについてふれる．

まず第 2 のふしぎについて，19 世紀に Kummer は次の命題を証明した．この命題の(2)は「Kummer の合同式」と呼ばれる．

命題 3.24 p を素数とする．
(1) m が 0 以下の整数で，$m \not\equiv 1 \bmod p-1$ なら，
$$\zeta(m) \in \mathbb{Z}_{(p)}.$$
(2) m, m' が負の整数で，$m \equiv m' \not\equiv 1 \bmod p-1$ なら，
$$\zeta(m) \equiv \zeta(m') \bmod p\mathbb{Z}_{(p)}. \qquad \square$$

例 3.25 $-1 \equiv -5 \not\equiv 1 \bmod (5-1)$ であり，例 3.23 より，
$$\zeta(-1) = 21 \times \zeta(-5) \equiv \zeta(-5) \bmod 5\mathbb{Z}_{(5)}. \qquad \square$$

この Riemann ζ 関数の負整数での値がみたす $\bmod p$ の合同式は，現在，Dirichlet L 関数の負整数での値がみたす $\bmod p^n$ $(n \geq 1)$ の合同式に拡張され，さらには p 進数の値をとる p 進 L 関数(p-adic L function)の理論へと拡張されている(久保田–Leopoldt の p 進 L 関数の理論).

問5 命題 3.24(1) を使って，m を 0 以下の整数とすると，$\zeta(m)$ を既約分数の形にあらわしたときの分母の素因数は，$2-m$ 以下であることを示せ．(たとえば，例 3.23 を見ると，$\zeta(-11)$ の分母にあらわれる素数 $2, 3, 5, 7, 13$ は，$2-(-11) = 13$ 以下である.)

第3のふしぎについては，たとえば，例 3.23 で，$\zeta(-11)$ の分子に素数 691 があらわれているが，このことが 1 の 691 乗根を $\mathbb{Q}$ に添加した体についての数論的情報をもたらす，ということを §4.4 に述べる．また，$\chi(-1) = -1$ なる Dirichlet 指標についての $L(1, \chi)$ や $L(0, \chi)$ の持つ数論的意味を §4.3 に述べる．

この第 2, 第 3 のふしぎについて，『数論 II』の「岩澤理論」の章を見られたい．

ζ 関数の値は，数学のさまざまな所に思いがけずあらわれることの多い，興味のつきない対象である．

《要約》

3.1 Riemann ζ 関数の正の偶数 r における値は，有理数 $\times \pi^r$ (π は円周率)の形の数になる．この関数は複素平面全体に解析接続され，その 0 以下の整数における値は有理数になる．

3.2 Riemann ζ 関数を一般化した Dirichlet の L 関数もまた，それに近い性質を持つ．(「近い」といっても違いがある．正確なことは本文参照のこと.)

3.3 あとの章で出てくることであるが，これら ζ 関数と総称される関数の整数における値は，ふしぎな性質，数論的な意味(具体的には，p 進数との関係や，

第 4 章に出てくる「イデアル類群」との関係)をもっている.

―――――― 演習問題 ――――――

3.1 次の無限和をもとめよ.
(1) $\left(1+\dfrac{1}{3}-\dfrac{1}{5}-\dfrac{1}{7}\right)+\left(\dfrac{1}{9}+\dfrac{1}{11}-\dfrac{1}{13}-\dfrac{1}{15}\right)+\cdots$.
(2) $\left(1-\dfrac{1}{3^2}-\dfrac{1}{5^2}+\dfrac{1}{7^2}\right)+\left(\dfrac{1}{9^2}-\dfrac{1}{11^2}-\dfrac{1}{13^2}+\dfrac{1}{15^2}\right)+\cdots$.

3.2
(1) $\mathrm{Re}(s)>1$ のとき, $(1-2^{1-s})\zeta(s)=1-\dfrac{1}{2^s}+\dfrac{1}{3^s}-\dfrac{1}{4^s}+\dfrac{1}{5^s}-\dfrac{1}{6^s}+\cdots$ が成り立つことを示せ.
(2) $\log(2)=1-\dfrac{1}{2}+\dfrac{1}{3}-\dfrac{1}{4}+\dfrac{1}{5}-\dfrac{1}{6}+\cdots$ を用いて,
$$\lim_{s\to 1+0}(s-1)\zeta(s)=1$$
を示せ. ただし $\lim_{s\to 1+0}$ は s が実軸上で右から 1 に近づくときの極限である.

3.3
$$\zeta_8=\cos\left(\dfrac{\pi}{4}\right)+i\sin\left(\dfrac{\pi}{4}\right)=\dfrac{1}{\sqrt{2}}+\dfrac{1}{\sqrt{2}}i$$
とし, $a=1,3,5,7$ に対し
$$s_a=\sum_{n=1}^{\infty}\dfrac{\zeta_8^{an}}{n}=-\log(1-\zeta_8^a)$$
とおく. $s_1-s_3-s_5+s_7$ を計算することにより, 公式(3.6)を証明せよ.

3.4 $x,c_1,\cdots,c_k$ を正の実数とし,
$$\zeta(s,x;c_1,\cdots,c_k)=\sum_{n_1,\cdots,n_k\geq 0}\dfrac{1}{(x+c_1n_1+\cdots+c_kn_k)^s}$$
とおく. (これは多重 Hurwitz ζ 関数と呼ばれる.) 命題 3.15(2) と, 定理 3.18 の証明を参考にして, もっと一般的な状況をあつかう次のことを証明せよ.
(1) $\zeta(s,x;c_1,\cdots,c_k)$ は $\mathrm{Re}(s)>k$ のとき絶対収束し, s の関数として複素平面全体に有理型関数として解析接続され, $1,2,\cdots,k$ 以外の点では正則である.
(2) m を 0 以下の整数とすると, $\zeta(m,x;c_1,\cdots,c_k)$ は積 $c_1\cdots c_k$ をかけると $x,c_1,\cdots,c_k$ の $\mathbb{Q}$ 係数の多項式の形に書ける数になる.

4 代数的整数論

　代数的整数論は，19世紀中葉に Kummer が切り開いた理論で，そのあと Dedekind, Kronecker らが発展させていったものである．

　Kummer の念頭には，この新理論を用いて，Fermat の最終定理「n が 3 以上のとき，方程式 $x^n+y^n=z^n$ をみたす自然数 x,y,z は存在しない」を解決できるのでは，という期待があった．この方程式は

$$(4.1) \qquad x^n = \prod_{k=0}^{n-1}(z-\zeta_n^k y)$$

の形に書きかえられる．ここに ζ_n は，1 の原始 n 乗根 $\cos\left(\dfrac{2\pi}{n}\right)+i\sin\left(\dfrac{2\pi}{n}\right)$ であり，ζ_n^k は ζ_n の k 乗の意味である．(4.1)の両辺は「積＝積」の形になっており，積についての数の基本法則「素因数分解」を両辺に適用して考えてみたくなる．しかしながら，ここに ζ_n という有理数でないものが出現したために，ζ_n を含むような数の世界でも素因数分解の法則が存在するかどうかを，Kummer は考察しなければならなかった．

　有理数体の有限次拡大体を，**代数体**(algebraic number field)という．たとえば，体 $\mathbb{Q}(\zeta_n)$ は代数体である．有理数の世界における「自然数はただひととおりに素因数分解できる」などの法則が，代数体にいかに（修正を加えた形になりつつ）拡張されていくか，を知ろうとするのが，代数的整数論である．

　有理数体内部のことでも，いったん代数体の世界にまで出て考えることで，有理数体の内部にとどまっていたのでは解明できなかったことが解明できる

ことがあり，実際 Kummer は Fermat の最終定理(それは元来有理数体内部の問題)について大きな成果(§4.4 参照)を得たのであった.

この章では，代数的整数論の方法と大事な結果を紹介する.

§4.1 代数的整数論の方法

この節では，上に述べた「数の世界を広げて考える」という代数的整数論の考え方」で，序章に紹介したいくつかの Fermat の言明の証明を与え，また Fermat の最終定理の $n=3$ の場合の証明を与える.

(a) 命題 0.1–0.5 と命題 0.10, 0.11 の証明

数の世界を $\mathbb{Z}$ からもっと広い環 $\mathbb{Z}[i] = \{a+bi\,;\ a,b \in \mathbb{Z}\}$, $\mathbb{Z}[\sqrt{-2}] = \{a+b\sqrt{-2}\,;\ a,b \in \mathbb{Z}\}$, $\mathbb{Z}[\zeta_3] = \{a+b\zeta_3\,;\ a,b \in \mathbb{Z}\}$, $\mathbb{Z}[\sqrt{2}] = \{a+b\sqrt{2}\,;\ a,b \in \mathbb{Z}\}$ に広げて考えることで，これらの命題を証明する．以下で用いることは，これらの環が，$\mathbb{Z}$ における素因数分解の法則と同様の**素元分解**の法則を持っていることである．すなわち，A が $\mathbb{Z}[i], \mathbb{Z}[\sqrt{-2}], \mathbb{Z}[\zeta_3], \mathbb{Z}[\sqrt{2}]$ のいずれの場合も次の(∗)が成立する．

(∗) A の 0 でも可逆元でもない元 a は，
$$a = \alpha_1 \cdots \alpha_r \quad (r \geq 1,\ \alpha_1, \cdots, \alpha_r\text{ は }A\text{ の素元})$$
という素元の積の形に分解され，しかもこの分解はあとで述べる意味でただひととおりである.

ここで「素元」の定義は次のとおり．上の $\mathbb{Z}[i], \mathbb{Z}[\sqrt{-2}]$ などの環はいずれも整域(「整域」の定義は，付録§A.1 参照)である．整域 A の元 α が**素元**であるとは，次の条件(i), (ii)をみたすことである.

(i) α は 0 でも可逆元でもない.

(ii) $a,b \in A$ かつ $ab \in \alpha A$ なら，$a \in \alpha A$ または $b \in \alpha A$. (ここに $\alpha A = \{\alpha x\,;\ x \in A\}$. (ii)は，$ab$ が α でわりきれれば，a または b が α でわりきれるということである.)

たとえば，$\mathbb{Z}$ の素元とは「±素数」の形の元のことである.

§4.1 代数的整数論の方法 —— 109

上で「ただひととおり」というのは，他に a の分解 $a = \alpha'_1 \cdots \alpha'_s$ ($s \geq 1$, α'_1, ..., α'_s は A の素元)があれば，$r = s$ であり，かつ，$\alpha'_1, ..., \alpha'_s$ の番号を適当につけかえれば $i = 1, ..., r$ について $\alpha'_i A = \alpha_i A$ となる(これは $\alpha'_i = \alpha_i \times$(可逆元)となることと同値)ということである．

上の($*$)が成立する整域を，素元分解整域，あるいは一意分解整域(unique factorization domain)という．§4.3 において，$\mathbb{Z}[i]$, $\mathbb{Z}[\sqrt{-2}]$, $\mathbb{Z}[\zeta_3]$ が素元分解整域であることが ζ 関数を用いて確かめられる．

[命題 0.2 の証明] 命題 0.2 は次の(1), (2)を言うものであった．
（1） p が 4 でわると 1 余る素数ならば，$p = x^2 + y^2$ となる $x, y \in \mathbb{Z}$ が存在する．
（2） p が 4 でわると 3 余る素数ならば，$p = x^2 + y^2$ となる $x, y \in \mathbb{Q}$ は存在しない．

(2)はすでに命題 2.8 にて証明した．$\mathbb{Z}[i]$ の元 $\alpha = x + yi$ $(x, y \in \mathbb{Z})$ について $\alpha \bar{\alpha} = x^2 + y^2$ ($\bar{\alpha}$ は α の共役複素数)であるから，(1)は，$\mathbb{Z}[i]$ における素数の分解法則をあらわす次の命題 4.1 の(1)に帰着される．

命題 4.1
（1） p が 4 でわると 1 余る素数ならば，$p = \alpha \bar{\alpha}$ (α は $\mathbb{Z}[i]$ の素元，したがって $\bar{\alpha}$ も $\mathbb{Z}[i]$ の素元)の形になり，$\alpha \mathbb{Z}[i] \neq \bar{\alpha} \mathbb{Z}[i]$ である．
（2） p が 4 でわると 3 余る素数ならば，p は $\mathbb{Z}[i]$ でも素元である．
（3） $2 = (1+i)^2 \times (-i)$，$1+i$ は $\mathbb{Z}[i]$ の素元，$-i$ は $\mathbb{Z}[i]$ の可逆元．
（4） $\mathbb{Z}[i]$ の素元は，(上にでてきた素元)$\times$(可逆元)の形のものにつきる．
（5） $\mathbb{Z}[i]$ の可逆元全体は $\{\pm 1, \pm i\}$．

[証明] (1)を示す．p を，4 でわると 1 余る素数とする．$\left(\dfrac{-1}{p}\right) = 1$ (定理 2.2(2))であるから，$a^2 \equiv -1 \bmod p$ なる整数 a が存在する．
$$(a+i)(a-i) = a^2 + 1 \in p\mathbb{Z}[i], \quad a+i \notin p\mathbb{Z}[i], \quad a-i \notin p\mathbb{Z}[i]$$
により，p が $\mathbb{Z}[i]$ の素元でないことがわかる．一方，p は $\mathbb{Z}[i]$ の可逆元ではないから，p の $\mathbb{Z}[i]$ での素元分解を考えると，p をわりきる $\mathbb{Z}[i]$ の素元 α が存在することがわかる．$p = \alpha \beta$, $\beta \in \mathbb{Z}[i]$ と書く．p が素元でないことから，β は可逆元でない．

$$p^2 = \alpha\beta \cdot \overline{\alpha\beta} = \alpha\overline{\alpha} \cdot \beta\overline{\beta}$$

であり，$\alpha\overline{\alpha}$, $\beta\overline{\beta}$ は自然数ゆえ，$\alpha\overline{\alpha}$ は p^2 の約数 $1, p, p^2$ のいずれかに等しい．$\alpha\overline{\alpha} = 1$ とすると，α が可逆元になって矛盾．$\alpha\overline{\alpha} = p^2$ とすると，$\beta\overline{\beta} = 1$ より β が可逆元になって矛盾．よって，$p = \alpha\overline{\alpha}$．次に，$\alpha\mathbb{Z}[i] = \overline{\alpha}\mathbb{Z}[i]$ と仮定して矛盾を導く．$(a+i)(a-i) \in p\mathbb{Z}[i]$ なる整数 $a \in \mathbb{Z}$ をとると，α は素元ゆえ，$a+i \in \alpha\mathbb{Z}[i]$ または $a-i \in \alpha\mathbb{Z}[i]$．これらの複素共役をとり $\alpha\mathbb{Z}[i] = \overline{\alpha}\mathbb{Z}[i]$ を用いると，$a+i$ も $a-i$ も $\alpha\mathbb{Z}[i]$ に入ることがわかり，$2i = (a+i)-(a-i) \in \alpha\mathbb{Z}[i]$．よって，$2, p \in \alpha\mathbb{Z}[i]$ となりこれから $1 \in \alpha\mathbb{Z}[i]$ を得て α が可逆元となり，矛盾．

(2)を示す．p を，4 でわると 3 余る素数とし，α を，p をわりきる $\mathbb{Z}[i]$ の素元とし，$p = \alpha\beta$ ($\beta \in \mathbb{Z}[i]$) とおくと，先と同様に，$p^2 = \alpha\overline{\alpha} \cdot \beta\overline{\beta}$．$\alpha\overline{\alpha} \neq 1$ であり，また $p = x^2 + y^2$ ($x, y \in \mathbb{Z}$) と書けないことから $p \neq \alpha\overline{\alpha}$．よって，$\alpha\overline{\alpha} = p^2$, $\beta\overline{\beta} = 1$ であり，β は可逆元．ゆえに，$p = \alpha\beta$ は素元．

(3)を示す．$1+i$ が素元であることを証明する．$1+i$ をわりきる $\mathbb{Z}[i]$ の素元 α をとり，$1+i = \alpha\beta$ とおくと，$2 = (1+i)(1-i) = \alpha\overline{\alpha} \cdot \beta\overline{\beta}$．$\alpha\overline{\alpha} \neq 1$ ゆえ，$\alpha\overline{\alpha} = 2$, $\beta\overline{\beta} = 1$ であり，β は可逆元．ゆえに，$1+i = \alpha\beta$ は素元．

(4)を示す．α を $\mathbb{Z}[i]$ の素元とする．1 でない自然数 $\alpha\overline{\alpha}$ の素因数分解を考えると，α はある素数をわりきることがわかる．

(5)を示す．β が $\mathbb{Z}[i]$ の可逆元なら，$\beta\gamma = 1$ ($\gamma \in \mathbb{Z}[i]$) とおくと，$1 = \beta\overline{\beta} \cdot \gamma\overline{\gamma}$．よって，$\beta\overline{\beta} = 1$．$\beta = x + yi$ ($x, y \in \mathbb{Z}$) と書くと，これは $x^2 + y^2 = 1$ ということであり，その整数解は $(x, y) = (\pm 1, 0), (0, \pm 1)$ であるから，$\beta \in \{\pm 1, \pm i\}$ を得る． ∎

［命題 0.1 の証明］ 命題 0.1 は，3 辺の長さが整数の直角 3 角形の斜辺の長さになりうる素数に関するものであった．

p を 4 でわると 1 余る素数とする．命題 4.1(1) により，$p = \alpha\overline{\alpha}$, α は $\mathbb{Z}[i]$ の素元となる．$\alpha^2 = x + yi$ ($x, y \in \mathbb{Z}$) とおくと，$p^2 = \alpha^2\overline{\alpha}^2 = x^2 + y^2$．ここで $x \neq 0$, $y \neq 0$ を示せば，p が $|x|, |y|, p$ を 3 辺とする直角 3 角形の斜辺となることがわかる．もし $x = 0$ または $y = 0$ なら，α の複素数としての偏角は $\dfrac{\pi}{4}$ の倍数となり，ある整数 m について

$$\alpha = m\beta, \quad \text{ここに } \beta \in \{1, 1+i, i, -1+i\}$$

となる.これは $\mathbb{Z}[i]$ において素元分解がただひととおりであることに反する.

次に $2^2 = x^2 + y^2$ が $x \neq 0$, $y \neq 0$ なる整数解をもたないことは簡単にわかる.

p を 4 でわると 3 余る素数とし,$p^2 = x^2 + y^2 (x, y \in \mathbb{Z})$ とする.$\alpha = x + yi$ とおくと $p^2 = \alpha\bar{\alpha}$.命題 4.1(2) により,p は $\mathbb{Z}[i]$ でも素元であり,素元分解がひととおりであることから,$\alpha = p \times (\pm 1, \pm i$ のいずれか$)$.これは $x = 0$ または $y = 0$ であることを示している.∎

[命題 0.11 の証明] 命題 0.11 は,方程式 $y^2 = x^3 - 4$ の自然数の解が $(x, y) = (2, 2), (5, 11)$ のみであるというものであった.この方程式を

$$x^3 = y^2 + 4 = (y + 2i)(y - 2i)$$

と書きかえる.ここで $y + 2i$ と $y - 2i$ をかけると 3 乗数になっていることに注意する.あとで説明するが,$\mathbb{Z}[i]$ における素元分解の話を用いて,これから $y + 2i$ と $y - 2i$ のそれぞれが $\mathbb{Z}[i]$ のある元の 3 乗であることが示せる.

(4.2) $\qquad y + 2i = (a + bi)^3 \qquad (a, b \in \mathbb{Z})$

の右辺を展開して両辺の虚部を比べると,

(4.3) $\qquad 2 = 3a^2 b - b^3 = (3a^2 - b^2) b.$

よって b は 2 の約数であり,$\pm 1, \pm 2$ のいずれかである.(4.3) において,$b = 1, -1, 2, -2$ としていくとそれぞれの場合 $3a^2 = 3, -1, 5, 3$ となり,これから

$$(a, b) = (\pm 1, 1) \quad \text{または} \quad (\pm 1, -2).$$

これより (4.2) から $y = 2, 5$ を得,それをもとの $y^2 = x^3 - 4$ に代入して x が得られる.

上で証明をやりのこした部分については,次の補題 4.2 を使う.

補題 4.2 A を $\mathbb{Z}[i], \mathbb{Z}[\sqrt{-2}], \mathbb{Z}[\zeta_3], \mathbb{Z}[\sqrt{2}]$ のいずれかとし,$\alpha_1, \cdots, \alpha_r, \beta$ を A の 0 でない元とし,k を自然数とし $\alpha_1 \cdots \alpha_r = \beta^k$ とする.さらに,$i \neq j$ なら α_i と α_j は共通の素元ではわれないとする.このとき各 i について,α_i は A のある元 β_i と可逆元 u_i について,$\alpha_i = u_i \beta_i^k$ と書ける. □

この補題は,§1.1 の補題 1.7 同様,各素元が $\alpha_1, \cdots, \alpha_r, \beta$ の素元分解に何回あらわれるかを考えて証明される.

さて，やりのこした $x^3=(y+2i)(y-2i)$ $(x,y\in\mathbb{Z})$ から，$y+2i, y-2i$ が $\mathbb{Z}[i]$ の元の3乗であることを導く議論をおこなう．

γ を $y+2i$ と $y-2i$ の両方をわりきる $\mathbb{Z}[i]$ の素元とするとき，γ は $(y+2i)-(y-2i)=4i=-i(1+i)^4$ をわりきるから，$\gamma=(1+i)\times($可逆元$)$．そこで，$y+2i=(1+i)^e\alpha$, $e\geqq 1$, α は $1+i$ でわれない $\mathbb{Z}[i]$ の元，と書くと，$y-2i=(1-i)^e\overline{\alpha}$, $1-i=(-i)\times(1+i)$ ゆえ，$y-2i=($可逆元$)\times(1+i)^e\overline{\alpha}$．こうして
$$\alpha_1\alpha_2\alpha_3=x^3,$$
$$\alpha_1=(可逆元)\times(1+i)^{2e},\quad \alpha_2=\alpha,\quad \alpha_3=\overline{\alpha}$$
となる．$\alpha_1, \alpha_2, \alpha_3$ はどの2つも共通の素元でわれない．補題4.2より，$\alpha_1, \alpha_2, \alpha_3$ とも（可逆元）$\times$（$\mathbb{Z}[i]$ の3乗元）となり，これから e が3の倍数であることも出る．こうして，$y+2i=(1+i)^e\alpha$ は（可逆元）$\times$（$\mathbb{Z}[i]$ の3乗元）である．しかし，$\mathbb{Z}[i]$ の可逆元 $\pm 1, \pm i$ はすべて3乗元なので，$y+2i$ は $\mathbb{Z}[i]$ の3乗元となる．∎

［命題0.3の証明］　命題0.3は，方程式 $p=x^2+2y^2$（p は素数）と，p を8でわった余りに関するものであった．$p\equiv 5, 7 \bmod 8$ なら，$(-2,p)_2=-1$ となるゆえ $p=x^2+2y^2$ なる有理数 x, y は存在しない（命題2.8の証明参照）．

次に，$p\equiv 1, 3 \bmod 8$ とし，$p=x^2+2y^2$ をみたす $x, y\in\mathbb{Z}$ の存在を証明する．$\mathbb{Z}[\sqrt{-2}]$ の元 $\alpha=x+y\sqrt{-2}$ $(x,y\in\mathbb{Z})$ について，$\alpha\overline{\alpha}=x^2+2y^2$ であることにより，$p=\alpha\overline{\alpha}$ となる $\alpha\in\mathbb{Z}[\sqrt{-2}]$ の存在を示せばよい．これは，$\left(\dfrac{-2}{p}\right)=1$ であることを使って，先の命題0.2の証明における $\mathbb{Z}[i]$ を $\mathbb{Z}[\sqrt{-2}]$ におきかえてまったく同様に議論することにより証明される．∎

［命題0.10の証明］　命題0.10は，方程式 $y^2=x^3-2$ の自然数の解が $(x,y)=(3,5)$ のみであるというものであった．この方程式を，
$$x^3=(y+\sqrt{-2})(y-\sqrt{-2})$$
と書きかえる．先の命題0.11の証明と同様にして，これから $y+\sqrt{-2}$ と $y-\sqrt{-2}$ のそれぞれが $\mathbb{Z}[\sqrt{-2}]$ のある元の3乗であることが示せる．（ただし，$\mathbb{Z}[i]$ のかわりに $\mathbb{Z}[\sqrt{-2}]$ を用いる．$\mathbb{Z}[i]$ の素元 $1+i$ のかわりに $\mathbb{Z}[\sqrt{-2}]$ の素元 $\sqrt{-2}$ があらわれ，$\mathbb{Z}[i]$ の可逆元が $\pm 1, \pm i$ であることのかわりに $\mathbb{Z}[\sqrt{-2}]$

の可逆元が ± 1 であることを使う.)
$$y+\sqrt{-2} = (a+b\sqrt{-2})^3 \qquad (a,b \in \mathbb{Z}).$$
右辺を展開して両辺の虚部を比べると,
$$1 = 3a^2b - 2b^3 = (3a^2 - 2b^2)b.$$
よって b は 1 の約数であり, $b = \pm 1$. これから,
$$(a,b) = (\pm 1, 1)$$
を得, $y = \pm 5$, $x = 3$ を得る. ∎

[命題 0.4 の証明] 命題 0.4 は, 方程式 $p = x^2 + 3y^2$ (p は素数)と, p を 3 でわった余りに関するものであった. $p \equiv 2 \bmod 3$ なら, $(-3, p)_3 = -1$ となるゆえ $p = x^2 + 3y^2$ なる有理数 x, y は存在しない(命題 2.8 の証明参照).

次に, $p \equiv 1 \bmod 3$ とし, $p = x^2 + 3y^2$ をみたす $x, y \in \mathbb{Z}$ の存在を証明する. $\mathbb{Z}[\sqrt{-3}] = \{a + b\sqrt{-3}\,;\,a, b \in \mathbb{Z}\}$ の元 $\alpha = x + y\sqrt{-3}$ について, $\alpha\bar{\alpha} = x^2 + 3y^2$ であることにより, $p = \alpha\bar{\alpha}$ となる $\alpha \in \mathbb{Z}[\sqrt{-3}]$ の存在を示せばよい. $\left(\dfrac{-3}{p}\right) = 1$ であることを使って, 先の命題 0.2 の証明における $\mathbb{Z}[i]$ を $\mathbb{Z}[\zeta_3]$ におきかえてまったく同様に議論することにより, $p = \beta\bar{\beta}$ となる $\beta \in \mathbb{Z}[\zeta_3]$ が存在することが示せる. ところが容易に証明できるように, $\mathbb{Z}[\zeta_3]$ の各元は, $\pm 1, \pm \zeta_3, \pm \zeta_3^2$ (これらは $\mathbb{Z}[\zeta_3]$ の可逆元全体)のいずれかをかけると $\mathbb{Z}[\sqrt{-3}]$ に入る. $\alpha = u\beta \in \mathbb{Z}[\sqrt{-3}]$, $u \in \{\pm 1, \pm \zeta_3, \pm \zeta_3^2\}$ とおくと, $p = \beta\bar{\beta} = \alpha\bar{\alpha}$. ∎

[命題 0.5 の証明] 命題 0.5 は, 方程式 $p = x^2 - 2y^2$ (p は素数)と, p を 8 でわった余りに関するものであった. 命題 0.5 の証明も命題 0.2 の証明と同様にできる. ただし $\mathbb{Z}[i]$ の元 α に対して $\bar{\alpha}$ をとって考えたかわりに, $\mathbb{Z}[\sqrt{2}]$ の元 $\alpha = x + y\sqrt{2}$ ($x, y \in \mathbb{Z}$) に対して $\alpha' = x - y\sqrt{2}$ をとって考える. すると, $p \equiv 1, 7 \bmod 8$ なら, ある $\alpha = x + y\sqrt{2} \in \mathbb{Z}[\sqrt{2}]$ ($x, y \in \mathbb{Z}$) について
$$p = \pm \alpha\alpha' = \pm(x^2 - 2y^2)$$
となることがわかる. $p = -\alpha\alpha'$ の場合は, $\beta = (1+\sqrt{2})\alpha$ とおくと, $p = \beta\beta'$ が得られる. ∎

問 1 $y^2 = x^3 - 1$ の整数解は, $(x, y) = (1, 0)$ のみであることを示せ.

問 2 $\mathbb{Z}\left[\dfrac{1+\sqrt{-11}}{2}\right]$ が素元分解整域であるという事実を用いて，$y^2=x^3-11$ のすべての整数解は，$(x,y)=(3,\pm 4),(15,\pm 58)$ であることを示せ．

(b) $x^3+y^3=z^3$

Fermat の最終定理の $n=3$ の場合の証明を与える．これは Euler が与えた証明と本質的に同じである．初めから細部まで書くとわかりにくいので，まず証明の骨子を述べる．方法は前述の $y^2=x^3-4$ の整数解をもとめるときに使った方法と，§1.1 の命題 1.2 の証明に使った「無限降下法」の併用である．

［証明］ $x^3+y^3=z^3$ となる整数 x,y,z で $x\neq 0,\ y\neq 0,\ z\neq 0$ となるものが存在したと仮定し，そのうち $\max(|x|,|y|,|z|)$ が最小なるものをとる．そして，$\max(|x'|,|y'|,|z'|)<\max(|x|,|y|,|z|)$, $x'\neq 0,\ y'\neq 0,\ z'\neq 0$ なる解が存在することを示し矛盾を導くのである．はじめに証明の骨子を述べる．

（ⅰ） まず，y,z が奇数としてよいことが示せるので y,z を奇数とする．

（ⅱ） $x^3+y^3=z^3$ を
$$x^3=(z-y)(z-\zeta_3 y)(z-\overline{\zeta_3}y)$$
($\zeta_3^2=\overline{\zeta_3}$ に注意）と書きなおす．そして，前に $x^3=(y+2i)(y-2i)$ から $y+2i, y-2i$ がそれぞれ $\mathbb{Z}[i]$ の3乗元であることを示したときと似た考察をし，次のことを得る．

(ⅱ-1) x が3でわりきれないときは，$c\in\mathbb{Z},\ \alpha\in\mathbb{Z}[\zeta_3]$ があって，

(1) $z-y=c^3$, (2) $z-\zeta_3 y=\overline{\zeta_3}\alpha^3$, (3) $z-\overline{\zeta_3}y=\zeta_3\overline{\alpha}^3$

が成り立つ．

(ⅱ-2) x が3の倍数であるときは，$c\in\mathbb{Z},\ \alpha\in\mathbb{Z}[\zeta_3]$ があって，

(1) $z-y=9c^3$, (2) $z-\zeta_3 y=(1-\zeta_3)\alpha^3$, (3) $z-\overline{\zeta_3}y=(1-\overline{\zeta_3})\overline{\alpha}^3$

が成り立つ．

(ⅲ) そこで $\alpha=a+b\zeta_3\ (a,b\in\mathbb{Z})$ とおく．

(ⅲ-1) x が3でわりきれないときは，(ⅱ-1)(2)(3) より
$$y=a^3-3ab^2+b^3,\quad z=-a^3+3a^2b-b^3,$$
したがって，$z-y=(a+b)(2a-b)(2b-a)$ を得る．これと (ⅱ-1)(1) を比

べて
$$c^3 = (a+b)(2a-b)(2b-a)$$
を得る．ここで，$a+b, 2a-b, 2b-a$ はどの2つも互いに素であることが示せる．それゆえ $a+b, 2a-b, 2b-a$ のそれぞれが整数の3乗となり，$a+b=(z')^3$, $2a-b=(x')^3$, $2b-a=(y')^3$ ($x', y', z' \in \mathbb{Z}$) とおくと，$(x')^3 + (y')^3 = (z')^3$, $x' \neq 0, y' \neq 0, z' \neq 0$, $\max(|x'|, |y'|, |z'|) < \max(|x|, |y|, |z|)$ となる．

(iii-2) x が3の倍数であるときは，(ii-2)(2)(3)より
$$y = a^3 - 6a^2b + 3ab^2 + b^3, \quad z = a^3 + 3a^2b - 6ab^2 + b^3,$$
したがって，$z - y = 9ab(a-b)$ を得る．これと(ii-2)(1)を比べて
$$c^3 = ab(a-b)$$
を得る．ここで，$a, b, a-b$ はどの2つも互いに素であることが示せる．それゆえ $a, b, a-b$ のそれぞれが整数の3乗となり，$a=(z')^3$, $b=(x')^3$, $a-b=(y')^3$ ($x', y', z' \in \mathbb{Z}$) とおくと，$(x')^3 + (y')^3 = (z')^3$, $x' \neq 0, y' \neq 0, z' \neq 0$, $\max(|x'|, |y'|, |z'|) < \max(|x|, |y|, |z|)$ となる．

(i), (ii), (iii)について細部を述べる．そのための準備((ア)–(エ))をする．

(ア) $1 - \zeta_3$ は $\mathbb{Z}[\zeta_3]$ の素元であり（その証明は先にやった $1+i$ が $\mathbb{Z}[i]$ の素元であることの証明と同様），$3 = (1 - \zeta_3)^2 \times (-\overline{\zeta_3})$．

(イ) x, y, z のどの2つも互いに素である．というのは，x, y, z のうちの2つをわりきる素数 l は，$x^3 + y^3 = z^3$ により残りの1つもわりきり，$\left(\dfrac{x}{l}, \dfrac{y}{l}, \dfrac{z}{l}\right)$ も $x^3 + y^3 = z^3$ の整数解となって，$\max(|x|, |y|, |z|)$ の最小性に反してしまうからである．

(ウ) $\mathbb{Z}[\zeta_3]$ の素元 α が $z-y, z-\zeta_3 y, z-\overline{\zeta_3} y$ のどれか2つをわりきれば，$\alpha = (1-\zeta_3) \times$（可逆元）である．なぜなら，$\alpha$ がたとえば $z-y$ と $z-\zeta_3 y$ をわりきれば，α は $(z-y)-(z-\zeta_3 y) = (1-\zeta_3)y$ をわりきるが，もし α が $(1-\zeta_3) \times$（可逆元）でなければ，これから α は y をわりきる．α は $z-y$ もわりきるから α は y も z もわりきるが，y と z は(イ)より互いに素なので矛盾．α が $z-y$ と $z-\overline{\zeta_3}y$, あるいは $z-\zeta_3 y$ と $z-\overline{\zeta_3}y$ をわりきるときも同様の議論ができる．

(エ) 環 $\mathbb{Z}[\zeta_3]/2\mathbb{Z}[\zeta_3]$ は,$0,1,\zeta_3,1+\zeta_3$ の類という 4 つの元からなり,0 以外はこの環における 1 の 3 乗根である.$\mathbb{Z}[\zeta_3]$ のすべての可逆元である $\pm 1, \pm\zeta_3, \pm\overline{\zeta_3}$ のうち ± 1 の $\mathbb{Z}[\zeta_3]/2\mathbb{Z}[\zeta_3]$ への像が 1 の類,$\pm\zeta_3$ の像が ζ_3 の類,$\pm\overline{\zeta_3}$ の像が $1+\zeta_3$ の類になる.

(i)について. (イ)により,x,y,z のうち偶数は 1 個. 必要なら (x,y,z) を $(y,x,z),(z,-y,x)$ でおきかえ,y,z を奇数と仮定できる.

(ii-1)について. (ア),(ウ)と,x が 3 でわりきれないことにより,$z-y, z-\zeta_3 y, z-\overline{\zeta_3}y$ のどの 2 つも,$\mathbb{Z}[\zeta_3]$ の共通の素元でわりきれない.したがって補題 4.2 より,$z-y, z-\zeta_3 y, z-\overline{\zeta_3}y$ はそれぞれ,$\mathbb{Z}[\zeta_3]$ の可逆元と 3 乗元の積である.$z-y=u\beta^3$ (u は $\mathbb{Z}[\zeta_3]$ の可逆元,$\beta \in \mathbb{Z}[\zeta_3]$)とおくと,
$$(z-y)^2 = u\beta^3 \overline{u}\overline{\beta}^3 = (\beta\overline{\beta})^3.$$
よって $(z-y)^2$ が整数の 3 乗であるが,これは(素因数分解をして考えればわかるように),$z-y$ が整数の 3 乗であることを意味する.次に $z-\zeta_3 y = v\alpha^3$ (v は $\mathbb{Z}[\zeta_3]$ の可逆元,$\alpha \in \mathbb{Z}[\zeta_3]$)とおく.$v=\pm\overline{\zeta_3}$ を示せばよい.$\mathrm{mod}\, 2\mathbb{Z}[\zeta_3]$ で考えると,$y \equiv z \equiv 1 \mod 2$ より
$$v\alpha^3 \equiv z - \zeta_3 y \equiv 1 - \zeta_3 \equiv \overline{\zeta_3} \mod 2\mathbb{Z}[\zeta_3]$$
となることと,$\mathbb{Z}[\zeta_3]/2\mathbb{Z}[\zeta_3]$ では 0 でない元の 3 乗が 1 になること((エ))から,$v \equiv \overline{\zeta_3} \mod 2\mathbb{Z}[\zeta_3]$,よって,$v = \pm \overline{\zeta_3}$.

(ii-2)について. x が 3 でわりきれるから $1-\zeta_3$ でわりきれること,$x^3 = (z-y)(z-\zeta_3 y)(z-\overline{\zeta_3}y)$ であること,そして
$$z-y \equiv z-\zeta_3 y \equiv z-\overline{\zeta_3}y \mod (1-\zeta_3)\mathbb{Z}[\zeta_3]$$
であることによって,$z-y, z-\zeta_3 y, z-\overline{\zeta_3}y$ のすべてが $1-\zeta_3$ でわりきれる.$z-\zeta_3 y \notin 3\mathbb{Z}[\zeta_3] = (1-\zeta_3)^2\mathbb{Z}[\zeta_3]$(もし $z-\zeta_3 y \in 3\mathbb{Z}[\zeta_3]$ なら z,y はともに 3 でわりきれ,(イ)に矛盾)なので,$\mathrm{ord}_3(x) = m$, $\mathrm{ord}_3(z-y) = n$ とすると,$x^3 = (z-y)(z-\zeta_3 y)(z-\overline{\zeta_3}y)$ は $6m = 2n+1+1$ を意味する.よって $n \geq 2$.よって
$$z-y = 9r, \quad z-\zeta_3 y = (1-\zeta_3)\varphi, \quad z-\overline{\zeta_3}y = (1-\overline{\zeta_3})\overline{\varphi}$$
($r \in \mathbb{Z}, \varphi \in \mathbb{Z}[\zeta_3]$)となる.$\left(\dfrac{x}{3}\right)^3 = r\varphi\overline{\varphi}$ であり,$r, \varphi, \overline{\varphi}$ のどの 2 つも $\mathbb{Z}[\zeta_3]$ の共通の素元ではわれないので,補題 4.2 により $r, \varphi, \overline{\varphi}$ はそれぞれ,$\mathbb{Z}[\zeta_3]$ の可逆元と 3 乗元の積である.これから $z-y = 9c^3$ ($c \in \mathbb{Z}$),$z-\zeta_3 y = v(1-\zeta_3)\alpha^3$

(v は $\mathbb{Z}[\zeta_3]$ の可逆元, $\alpha \in \mathbb{Z}[\zeta_3]$)となる. $v = \pm 1$ を示せばよい. $\mod 2\mathbb{Z}[\zeta_3]$ で見て,
$$1 - \zeta_3 \equiv z - \zeta_3 y \equiv v(1 - \zeta_3)\alpha^3 \mod 2\mathbb{Z}[\zeta_3].$$
$\mathbb{Z}[\zeta_3]/2\mathbb{Z}[\zeta_3]$ では 0 でない元の 3 乗は 1 だから, これから $v \equiv 1 \mod 2\mathbb{Z}[\zeta_3]$, よって $v = \pm 1$ を得る.

(iii-1)について. まず, $a+b, 2a-b, a-2b$ のどの 2 つも互いに素なことを示すことだが, l がこのうちの 2 つをわりきる素数なら, l は $3a$ と $3b$ をわりきる. ($3a$ が $(a+b)+(2a-b)$ と書けることなどから.) しかし l はこの 3 つの数の積 $z-y$ をわりきり, その倍数 x^3 を, よって x をわりきるから, 仮定より $l \neq 3$. よって l は a, b をわりきり, y, z の a, b による表示から, y, z をわりきり, (イ) に矛盾. 次に $x' \neq 0, y' \neq 0, z' \neq 0$ は容易であり, $\max(|x'|, |y'|, |z'|) < \max(|x|, |y|, |z|)$ も容易に示せる.

(iii-2)については, (iii-1)と同様なので省略する.

この Fermat の最終定理の $n = 3$ の場合の証明は, 楕円曲線と関係がある. 方程式 $x^3 + y^3 = z^3$ は, $X = \dfrac{x}{z-y}, Y = \dfrac{z+y}{z-y}$ とおくと,
$$Y^2 = \frac{4}{3}X^3 - \frac{1}{3}$$
と書きかえられる. ここで楕円曲線を E と書くと, Fermat の最終定理の $n = 3$ の場合は, $E(\mathbb{Q}) = \{O, (1, \pm 1)\}$ (これは $E(\mathbb{Q})$ が位数 3 の群, つまり $E(\mathbb{Q}) \cong \mathbb{Z}/3\mathbb{Z}$ であることを意味する) と同値である. $E(\mathbb{Q})$ の元 Q で $Q \neq O, Q \neq (1, \pm 1)$ となるものがあったとするとき, 証明の途中の, (x, y, z) を (y, x, z) や $(z, -y, -x)$ でおきかえることは, Q を $(1,1)-Q$ や $(1,-1)-Q$ でおきかえることに対応し, (x', y', z') を見つけることは, $Q = 3P$ なる $P \in E(\mathbb{Q})$ を見つけることに対応し, $\max(|x'|, |y'|, |z'|) < \max(|x|, |y|, |z|)$ は $3P$ の高さが P の高さよりはるかに大きいことの反映である.

§4.2　代数的整数論の核心

代数的整数論の核心的事項である, 代数体の整数環のこと, 素イデアル分

解のこと,代数的整数論の2大定理「類数の有限性定理」と「Dirichletの単数定理」について述べる.

(a) 代数体の整数環

前節に登場した環 $\mathbb{Z}[i]$, $\mathbb{Z}[\sqrt{-2}]$, $\mathbb{Z}[\zeta_3]$, $\mathbb{Z}[\sqrt{2}]$ はいずれも,代数体の整数環と呼ばれるものである.

「代数体の整数環」というものについて述べる.有理数体 $\mathbb{Q}$ の中に整数環 $\mathbb{Z}$ があるように,各代数体 K はその内部に「K の整数環」と呼ばれる部分環(O_K と書かれる)を持っている.たとえば,$K = \mathbb{Q}(\zeta_n)$ なら,

$$O_K = \mathbb{Z}[\zeta_n] = \left\{ \sum_{i=0}^{r} a_i \zeta_n^i ; \ r \geqq 0, a_0, \cdots, a_r \in \mathbb{Z} \right\}$$

となることが知られている.O_K の定義は次のとおりである.O_K は,K の元 α で,ある $n \geqq 1$ と $c_1, \cdots, c_n \in \mathbb{Z}$ についての

$$\alpha^n + c_1 \alpha^{n-1} + \cdots + c_n = 0$$

の形の式をみたすもの全体である.(ここでポイントは,この式の最高次(n 次)の係数が1になっていることである.)O_K の元を K の整数と呼ぶ.あるいは,本来の整数と区別するため,K に属する代数的整数と呼ぶ.たとえば,ζ_n は $(\zeta_n)^n - 1 = 0$ をみたすから $\mathbb{Q}(\zeta_n)$ の整数である.O_K は,代数学における「整閉包」のことばを使うと,「K における $\mathbb{Z}$ の整閉包」に他ならない.「整閉包」の一般論については,付録の §A.1 を見られたい.

K が2次体($\mathbb{Q}$ の2次拡大)の場合,O_K は次のようになる.$K = \mathbb{Q}(\sqrt{m})$,ここに m は,1以外の平方数でわれない,1でない整数,と書けるが,

$$O_K = \begin{cases} \mathbb{Z}[\sqrt{m}] = \{a + b\sqrt{m} ; a, b \in \mathbb{Z}\} \\ \qquad\qquad\qquad\qquad m \equiv 2, 3 \bmod 4 \text{ のとき} \\ \mathbb{Z}\left[\dfrac{1+\sqrt{m}}{2}\right] = \left\{a + b\dfrac{1+\sqrt{m}}{2} ; a, b \in \mathbb{Z}\right\} \\ \qquad\qquad\qquad\qquad m \equiv 1 \bmod 4 \text{ のとき} \end{cases}$$

となる．($m \equiv 1 \bmod 4$ のとき $\dfrac{1+\sqrt{m}}{2}$ は
$$\left(\frac{1+\sqrt{m}}{2}\right)^2 - \frac{1+\sqrt{m}}{2} - \frac{m-1}{4} = 0$$
の解である．)

代数体	$\mathbb{Q}$	$\mathbb{Q}(\sqrt{2})$	$\mathbb{Q}(\sqrt{3})$	$\mathbb{Q}(\sqrt{5})$	$\mathbb{Q}(\zeta_n)$
その整数環	$\mathbb{Z}$	$\mathbb{Z}[\sqrt{2}]$	$\mathbb{Z}[\sqrt{3}]$	$\mathbb{Z}\left[\dfrac{1+\sqrt{5}}{2}\right]$	$\mathbb{Z}[\zeta_n]$

($\mathbb{Q}(\alpha)$ は $\mathbb{Q}$ と α から四則演算で作れる数全体，$\mathbb{Z}[\alpha]$ は α の $\mathbb{Z}$ 係数の多項式の形に書ける数全体．)

代数体の整数環 O_K は，加法群として $\mathbb{Z}^{\oplus n}$ ($n=[K:\mathbb{Q}]$) に同型である．すなわち，$\alpha_1,\cdots,\alpha_n \in O_K$ ($n=[K:\mathbb{Q}]$) があって，O_K の各元が $c_1\alpha_1+\cdots+c_n\alpha_n$ ($c_1,\cdots,c_n \in \mathbb{Z}$) の形にただひととおりにあらわされる．このことは整閉包の一般論から次のようにして導かれる．一般に A を Noether 整閉整域(付録§A.1 参照)，F を A の分数体，K を F の有限次分離拡大体，B を A の K における整閉包とすると，B が有限生成 A 加群になることが，整閉包の一般論で知られている．$A=\mathbb{Z}$ (したがって $F=\mathbb{Q}$)ととると，$B=O_K$ であるから，O_K は有限生成 $\mathbb{Z}$ 加群，つまり有限生成 Abel 群である．有限生成 Abel 群の基本定理と，加法群 O_K が位数有限の元を 0 以外に持たないことから，$O_K \cong \mathbb{Z}^{\oplus n}$ となる $n \geq 0$ が存在する．この n が $[K:\mathbb{Q}]$ になることは容易にわかる．

問3 2次体の整数環が上に述べたようになることを証明せよ．

(b) 素元分解の不成立

代数体の整数環においては，$\mathbb{Z}, \mathbb{Z}[\sqrt{-1}], \mathbb{Z}[\sqrt{-2}], \mathbb{Z}[\zeta_3], \mathbb{Z}[\sqrt{2}]$ では成立した素元分解の法則(§4.1 の初めの($*$))が成立しないことがある．たとえば，$\mathbb{Q}(\sqrt{-26})$ の整数環 $\mathbb{Z}[\sqrt{-26}] = \{a+b\sqrt{-26}\,;\,a,b \in \mathbb{Z}\}$ において，3 をわりきる素元は存在しない．実際，

(4.4) $$3^3 = (1+\sqrt{-26})(1-\sqrt{-26})$$
であり，$1+\sqrt{-26}$ と $1-\sqrt{-26}$ は積が $3\mathbb{Z}[\sqrt{-26}]$ に入るのにそれら自身は $3\mathbb{Z}[\sqrt{-26}]$ に入らないから，3 は $\mathbb{Z}[\sqrt{-26}]$ の素元ではない．3 をわりきる $\mathbb{Z}[\sqrt{-26}]$ の素元 α があったとすると，3 が素元でないことから，先の命題 4.1 の証明の議論によって，$3 = \alpha\bar{\alpha}$ を得る．$\alpha = x+y\sqrt{-26}$ ($x, y \in \mathbb{Z}$) と書くと，$3 = x^2 + 26y^2$ を得るが，そのような整数 x, y が存在しないことは容易にわかる．このように，$\mathbb{Z}[\sqrt{-26}]$ では素元分解の話がうまくゆかないので，(4.4) には補題 4.2 が適用できず，$1+\sqrt{-26}$ や $1-\sqrt{-26}$ は $\mathbb{Z}[\sqrt{-26}]$ において 3 乗元にはならない．

(c) 素イデアル分解

上記のように，代数体の整数環においては素元分解は成立しないことがあるけれども，代数体の整数環の立派なところは，そのかわりに「素イデアル分解」が成立するということである．「イデアル」，「素イデアル」を説明する．

定義 4.3 A を可換環とする．A の部分集合 $\mathfrak{a}$ で次の (i), (ii) をみたすものを，A のイデアル (ideal) という．

(ⅰ) $\mathfrak{a}$ は加法について A の部分群．（すなわち，$0 \in \mathfrak{a}$ であり，「$a, b \in \mathfrak{a} \Rightarrow a+b, a-b \in \mathfrak{a}$」が成り立つ．）

(ⅱ) $a \in A$, $b \in \mathfrak{a}$ なら $ab \in \mathfrak{a}$． □

例 4.4 (1) 可換環 A の元 $\alpha_1, \cdots, \alpha_n$ について，$\{a_1\alpha_1 + \cdots + a_n\alpha_n ; a_1, \cdots, a_n \in A\}$ は A のイデアルである．このイデアルを $\alpha_1, \cdots, \alpha_n$ で生成される A のイデアルといい，$(\alpha_1, \cdots, \alpha_n)$ と書く．特に，A の元 α に対し，$(\alpha) = \alpha A$．この (α) の形のイデアルを，**主イデアル** (principal ideal)（または**単項イデアル**）と呼ぶ．

イデアル $(0) = \{0\}$ を，以下では 0 と略記する．

(2) $\mathbb{Z}$ のイデアルは，主イデアル (n) (n は整数) のみである．実際，$\mathfrak{a}$ が $\mathbb{Z}$ の 0 でないイデアルなら，$\mathfrak{a}$ の 0 でない元のうち絶対値が最小のものを n とすると，$\mathfrak{a} = (n)$ となることが容易に証明される．

$\mathbb{Z}$ のように，そのイデアルがすべて主イデアルである整域を，**主イデアル整域**(principal ideal domain)(または**単項イデアル整域**)と呼ぶ．主イデアル整域は，PID と略称することがある．$\mathbb{Z}[i]$, $\mathbb{Z}[\sqrt{-2}]$, $\mathbb{Z}[\zeta_3]$, $\mathbb{Z}[\sqrt{2}]$ も主イデアル整域である($\mathbb{Z}[i]$, $\mathbb{Z}[\sqrt{-2}]$, $\mathbb{Z}[\zeta_3]$ については§4.3 参照)． □

定義 4.5 A を可換環とする．A のイデアル $\boldsymbol{p}$ が素イデアルであるとは，次の(i), (ii)が成立することをいう．

（ i ） $a,b \in A$, $ab \in \boldsymbol{p}$ なら，$a \in \boldsymbol{p}$ または $b \in \boldsymbol{p}$ が成り立つ．

（ii） $1 \notin A$．（これは $\boldsymbol{p} \neq A$ と同値．） □

例 4.6 （1）A を整域，α を A の 0 でない元とすると，

(α) が素イデアル $\iff$ α が A の素元．

（2）$\mathbb{Z}$ の素イデアルは，素数 p についての (p) と，0 である． □

定義 4.7 可換環 A のイデアル $\boldsymbol{a}, \boldsymbol{b}$ に対し，その積 $\boldsymbol{ab}$ を $\sum_{i=1}^{n} a_i b_i$ ($n \geq 1$, $a_i \in \boldsymbol{a}$, $b_i \in \boldsymbol{b}$) の形の元全体と定義する．$\boldsymbol{ab}$ は A のイデアルである． □

定理 4.8 K を代数体とし，$\boldsymbol{a}$ を O_K の 0 でないイデアルとすると，$\boldsymbol{a}$ は

$$\boldsymbol{a} = \boldsymbol{p}_1 \cdots \boldsymbol{p}_r \quad (r \geq 0, \ \boldsymbol{p}_1, \cdots, \boldsymbol{p}_r は O_K の 0 でない素イデアル)$$

という素イデアルの積の形に分解され，しかもこの分解は次の意味でただひととおりである．他に $\boldsymbol{a}$ の分解

$$\boldsymbol{a} = \boldsymbol{p}'_1 \cdots \boldsymbol{p}'_s \quad (s \geq 0, \ \boldsymbol{p}'_1, \cdots, \boldsymbol{p}'_s は O_K の 0 でない素イデアル)$$

があれば，$r = s$ であり，かつ，$\boldsymbol{p}'_1, \cdots, \boldsymbol{p}'_s$ の番号を適当につけかえれば $i = 1, \cdots, r$ について $\boldsymbol{p}'_i = \boldsymbol{p}_i$ となる． □

上の $\boldsymbol{a}$ の分解を $\boldsymbol{a}$ の素イデアル分解という．$\boldsymbol{p}_1, \cdots, \boldsymbol{p}_r$ のうち同じものをまとめて，

$$\boldsymbol{a} = \boldsymbol{p}_1^{e_1} \cdots \boldsymbol{p}_g^{e_g} \quad (g \geq 0, \ \boldsymbol{p}_i は O_K の相異なる 0 でない素イデアル, e_i \geq 1)$$

の形に表示することが多い．

この定理は，代数体の整数環 O_K が **Dedekind 環**(Dedekind ring)(付録§A.1)であるという事実の帰結である．大切な定理ではあるが，これは数論というより，「Dedekind 環論」という代数学の一般論に属するものと考え，本書では証明を与えない．付録に Dedekind 環論の概要をのせたので，

それを参照され，詳しいことは環論の本をお読みいただきたい．簡単に説明すると，$\mathbb{Z}$ は主イデアル整域(例 4.4)であるが，一般に主イデアル整域は Dedekind 環であるから，$\mathbb{Z}$ は Dedekind 環であり，$\mathbb{Z}$ の K における整閉包である O_K も Dedekind 環になる(付録§A.1. Dedekind 環であるという性質は整閉包に伝播する．) Dedekind 環においては，0 でないイデアルはただひととおりに素イデアル分解されるのである(§A.2)．

Dedekind 環のイデアルは有限個の元 $\alpha_1,\cdots,\alpha_n$ を使って $(\alpha_1,\cdots,\alpha_n)$ の形に書ける(§A.1)が，Dedekind 環は主イデアル整域とは限らないから，(α) の形に書けるとは限らない．

例 4.9 $K=\mathbb{Q}(\sqrt{-26})$ とし，$O_K=\mathbb{Z}[\sqrt{-26}]$ のイデアル
$$\mathfrak{a}=(3,1+\sqrt{-26}),\quad \mathfrak{b}=(3,1-\sqrt{-26})$$
と考える．$\mathfrak{a},\mathfrak{b}$ は主イデアルでない素イデアルであり，
$$(3)=\mathfrak{a}\mathfrak{b},\quad (1+\sqrt{-26})=\mathfrak{a}^3,\quad (1-\sqrt{-26})=\mathfrak{b}^3$$
となる．(4.4)の両辺は数の世界ではそれ以上積に分解できないが，イデアルの世界では
$$(3^3)=\mathfrak{a}^3\mathfrak{b}^3=((1+\sqrt{-26})(1-\sqrt{-26}))$$
と，$\mathfrak{a}^3\mathfrak{b}^3$ の形の素イデアル分解をもつ． □

定理 4.8 は，下の「分数イデアルの素イデアル分解」に関する定理 4.12 の形に拡張される．

定義 4.10 K を代数体とする．K の部分集合 $\mathfrak{a}$ が O_K の**分数イデアル** (fractional ideal)であるとは，次の同値な条件(i),(ii)のうちの 1 つ(したがって両方)をみたすことである．

（i） O_K の 0 でない元 c があって，$c\mathfrak{a}$ は O_K の 0 でないイデアルになる．

（ii） $\mathfrak{a}$ は K の 0 でない有限生成部分 O_K 加群である．

$K^\times$ の元 α に対し，分数イデアル αO_K を (α) と書く．(α) $(\alpha\in K^\times)$ の形の分数イデアルを**主分数イデアル**(principal fractional ideal)という． □

定義 4.11 K を代数体とする．K の分数イデアル $\mathfrak{a},\mathfrak{b}$ に対し，その積 $\mathfrak{a}\mathfrak{b}$ を $\sum_{i=1}^n a_i b_i$ $(n\geq 1, a_i\in\mathfrak{a}, b_i\in\mathfrak{b})$ の形の元全体と定義する．$\mathfrak{a}\mathfrak{b}$ は O_K の分

数イデアルである. □

定理 4.12 K を代数体とし,$\mathfrak{a}$ を O_K の分数イデアルとすると,$\mathfrak{a}$ は

$$\mathfrak{a} = \prod_\mathfrak{p} \mathfrak{p}^{e_\mathfrak{p}}$$

ここに,$\mathfrak{p}$ は O_K のすべての 0 でない素イデアルを走り,$e_\mathfrak{p} \in \mathbb{Z}$ で,有限個の $\mathfrak{p}$ を除いて $e_\mathfrak{p} = 0$,の形にただひととおりにあらわされる.O_K の分数イデアル全体は乗法について群をなし,O_K がその単位元であり,分数イデアル $\mathfrak{a}$ の逆元 $\mathfrak{a}^{-1}$ は,

$$\mathfrak{a}^{-1} = \{x \in K;\ x\mathfrak{a} \subset O_K\}$$

で与えられる. □

この定理も O_K が Dedekind 環であることにより Dedekind 環論からしたがう(付録§A.2).

$\mathbb{Z}[\zeta_n]$ $(n \geq 1)$ において,素元分解の法則が成立するとは限らないこと,しかしただひととおりの素イデアル分解が成立すること,を示したのは Kummer で,1845 年頃のことである.ただし正確に言うと,Kummer は「イデアル」の考えは用いず,それに類した「理想数」という考えを用いていた.代数体の整数環の定義,イデアルの定義,一般の代数体の整数環においてただひととおりの素イデアル分解が成立することの証明,は 1863 年頃 Dedekind がおこなった.数論に生じたこのイデアルの考えは,代数幾何をはじめ数学全体で重要になっている.

(d) イデアル類群と単数群

代数的整数論に登場する群の中で最も重要な群は「イデアル類群」であり,2 番目に大切な群は「単数群」であると思われる.

定義 4.13 K を代数体とする.

(1) K の**イデアル類群**(ideal class group)とは,O_K の分数イデアル全体が乗法についてなす群(定理 4.12)を主分数イデアル(定義 4.10)全体のなす部分群でわった,商群のことである.K のイデアル類群を,$Cl(K)$ または $Cl(O_K)$ と書く.

(2) K の**単数群**(unit group)とは，O_K の可逆元全体のなす乗法群 $O_K^\times$ のことである． □

補題 4.14 K を代数体とすると次の(i), (ii), (iii)は同値．

(i) $Cl(K)$ は単位元のみからなる群．

(ii) O_K は主イデアル整域．

(iii) O_K の 0 でも可逆元でもない元は，素元の積として(§4.1(a)に述べた意味で)ただひととおりに分解される． □

証明は省略する．

例 4.15 $K = \mathbb{Q}$ の場合，$Cl(\mathbb{Q})$ は単位元のみからなり，$\mathbb{Q}$ の単数群は $\mathbb{Z}^\times = \{\pm 1\}$ である． □

イデアル類群と単数群の意味や重要さについて述べる．

イデアル類群や単数群は，「数とイデアルのずれ」であると言える．数の群 $K^\times$ から分数イデアルの群への準同型 $\alpha \mapsto (\alpha)$ の余核がイデアル類群，核が単数群であるが，余核，核の大きさはこの準同型がいかに同型から遠いかをあらわすものだからである．また，イデアル類群は，補題 4.14 により，「素元分解の法則の成り立たなさ」をあらわしているともいえる．単数群もまた素元分解の様子に関係する．たとえば，$\mathbb{Z}[\sqrt{2}]$ において 7 の素元分解を考えると，

$$(4.5) \quad 7 = (3+\sqrt{2})(3-\sqrt{2}) = (5+3\sqrt{2})(5-3\sqrt{2})$$
$$= (27+19\sqrt{2})(27-19\sqrt{2}) = \cdots\cdots$$

などとなる．$3+\sqrt{2} = (5-3\sqrt{2})(1+\sqrt{2})^2$ などからわかるように，7 のたくさんの素元分解(4.5)は，$(1+\sqrt{2})^2$ など $\mathbb{Q}(\sqrt{2})$ の単数をかけてずらしてできるもので，§4.1(*)の意味ではただひととおりの素元分解である．とはいえ，$\mathbb{Q}(\sqrt{2})$ の単数が無限にあるため，$\mathbb{Z}[\sqrt{2}]$ における素元分解の様子は，(4.5)のように $\mathbb{Z}$ における素因数分解の様子とは感じが異なる．Fermat は環 $\mathbb{Z}[\sqrt{2}]$ や「単数」の考えには到らなかったが，「$7 = 3^2 - 2 \times 1^2 = 5^2 - 2 \times 3^2 = 27^2 - 2 \times 19^2 = \cdots$ のように $7 = x^2 - 2y^2$ の整数解が無限に存在することの原因が，$1 = x^2 - 2y^2$ の整数解が無限に存在することにある」ということを理解

し，命題 0.6 にあるような Pell 方程式の研究に入ったのであった．

このように，代数体 K のイデアル類群や単数群は，O_K における数の法則が $\mathbb{Z}$ における法則とどれくらい異なっているかをあらわしていると言える．「どれくらい法則が異なるのか」をしっかり把握できれば（たとえば，たとえ §4.1 で本質的な役割を果たした素元分解の法則が不成立であっても），その代数体についての的確な考察が可能であろうから，イデアル類群や単数群を知ることが重要になる．しかし，これらの群の重要性はこれにとどまらない．このさき見ていくように，イデアル類群や単数群は，ζ 関数と関係したり類体論と関係したり，ふしぎな役割を果たすのである．

(e) 代数的整数論の2大定理

ここで紹介する 2 大定理とは，イデアル類群と単数群という代数体に関する 2 つの重要な群についての，2 つの定理，定理 4.16 と 4.21 である．これらの定理の証明は §6.4 に与える．

定理 4.16 代数体のイデアル類群は有限群である． □

定義 4.17 代数体のイデアル類群の位数を，その代数体の**類数**(class number) と呼ぶ． □

例 4.18 $K = \mathbb{Q}(\sqrt{-26})$ とおく．§4.3 において示すように，K の類数は 6 である．$\boldsymbol{a} = (3, 1+\sqrt{-26})$, $\boldsymbol{c} = (2, \sqrt{-26})$ とおくと，
$$\boldsymbol{a}^3 = (1+\sqrt{-26}), \quad \boldsymbol{c}^2 = (2)$$
であるが，
$$\mathbb{Z}/3\mathbb{Z} \oplus \mathbb{Z}/2\mathbb{Z} \xrightarrow{\cong} Cl(\mathbb{Q}(\sqrt{-26}));$$
$$(m, n) \mapsto (\boldsymbol{a} \text{ の類})^m (\boldsymbol{c} \text{ の類})^n.$$
□

定理 4.21 を述べるために必要な，実素点，複素素点の定義を述べる．

定義 4.19 K を代数体とする．

(1) K の実素点とは，K から $\mathbb{R}$ への体準同型のことである．

(2) K の複素素点とは，K から $\mathbb{C}$ への体準同型 σ のうち $\sigma(K) \subset \mathbb{R}$ とならないもののことであるが，ただし，そのような σ とその複素共役

$\overline{\sigma}\colon K \to \mathbb{C};\ x \mapsto \overline{\sigma(x)}$ は同じ複素素点を定めると約束する. □

命題 4.20 代数体の実素点の個数を r_1, 複素素点の個数を r_2 とおくと,
$$[K:\mathbb{Q}] = r_1 + 2r_2.$$

［証明］ K から $\mathbb{C}$ への体準同型は，可換体の理論により $[K:\mathbb{Q}]$ 個ある．そのうち像が $\mathbb{R}$ に入るものが r_1 個, $\mathbb{R}$ に入らぬものが $2r_2$ 個ある. ■

定理 4.21 (Dirichlet の単数定理) 代数体の単数群は有限生成 Abel 群である．さらに詳しく，代数体 K の実素点の個数を r_1, 複素素点の個数を r_2, $r = r_1 + r_2 - 1$ とおくと,
$$O_K^\times \cong \mathbb{Z}^{\oplus r} \oplus (\text{有限巡回群}). \qquad \square$$

ここに「有限巡回群」の部分は, K に属する 1 のベキ根全体のなす乗法群である.

例 4.22 $K = \mathbb{Q}(\sqrt{2})$ のとき, $r_1 = 2, r_2 = 0$,
$$O_K^\times \cong \{\pm(1+\sqrt{2})^n;\ n \in \mathbb{Z}\} \cong \mathbb{Z} \oplus \mathbb{Z}/2\mathbb{Z}. \qquad \square$$

一般に K を実 2 次体 (2 次体のうち $\mathbb{Q}(\sqrt{m})$, m は正の有理数となるもの) とすると, $r_1 = 2, r_2 = 0$ であり, また K は 1 のベキ根を ± 1 しかもたないから, $O_K^\times$ の元 ε で
$$O_K^\times = \{\pm \varepsilon^n;\ n \in \mathbb{Z}\}$$
となるものが存在する．これをみたす ε を実 2 次体 K の**基本単数**(fundamental unit)という．たとえば, $1+\sqrt{2}$ は $\mathbb{Q}(\sqrt{2})$ の基本単数.

例 4.23 $K = \mathbb{Q}(\sqrt[3]{2})$ のとき, $r_1 = 1, r_2 = 1$, 本書では説明しないが,
$$O_K^\times \cong \{\pm(1-\sqrt[3]{2})^n;\ n \in \mathbb{Z}\} \cong \mathbb{Z} \oplus \mathbb{Z}/2\mathbb{Z}. \qquad \square$$

例 4.24 $r_1 + r_2 - 1 = 0$ となるのは, $K = \mathbb{Q}$ また K が虚 2 次体 ($\mathbb{Q}(\sqrt{m})$, m は負の有理数. $r_1 = 0, r_2 = 1$ となる) のときに限る．よって,
$$O_K^\times\ \text{が有限群} \iff K = \mathbb{Q}\ \text{または}\ K\ \text{が虚}2\text{次体}. \qquad \square$$

例 4.25 $K = \mathbb{Q}(\zeta_7)$ (ζ_7 は 1 の原始 7 乗根) のとき, $r_1 = 0, r_2 = 3$,
$$O_K^\times = \left\{\pm\left(\frac{1-\zeta_7^2}{1-\zeta_7}\right)^m \left(\frac{1-\zeta_7^3}{1-\zeta_7}\right)^n \cdot \zeta_7^a;\ m, n \in \mathbb{Z},\ a \in \mathbb{Z}/7\mathbb{Z}\right\}$$
$$\cong \mathbb{Z}^{\oplus 2} \oplus \mathbb{Z}/2\mathbb{Z} \oplus \mathbb{Z}/7\mathbb{Z}. \qquad \square$$

例 4.26 $K = \mathbb{Q}(\zeta_7 + \zeta_7^{-1})$ のとき, $r_1 = 3, r_2 = 0$,

$$O_K^\times = \left\{ \pm \left(\zeta_7^3 \left(\frac{1-\zeta_7^2}{1-\zeta_7} \right) \right)^m \left(\zeta_7^6 \left(\frac{1-\zeta_7^3}{1-\zeta_7} \right) \right)^n ; m,n \in \mathbb{Z} \right\}$$
$$\cong \mathbb{Z}^{\oplus 2} \oplus \mathbb{Z}/2\mathbb{Z}. \qquad \square$$

このうち例 4.22 は下に説明する.

Dirichlet の単数定理を使って,Pell 方程式 (§0.4) に関すること,とくに Fermat の命題 0.6 を証明しよう.

命題 4.27 N を平方数でない自然数とし,
$P_N = \{(x,y) \in \mathbb{Z} \times \mathbb{Z}; x^2 - Ny^2 = \pm 1\}$, $P_N' = \{(x,y) \in P_N; x \geqq 1, y \geqq 1\}$
とおく.

(1) $\mathbb{Z}[\sqrt{N}]$ の可逆元全体のなす乗法群 $\mathbb{Z}[\sqrt{N}]^\times$ と集合 P_N の間には,全単射 $\theta: P_N \to \mathbb{Z}[\sqrt{N}]^\times$;$(x,y) \mapsto x+y\sqrt{N}$ が存在する.

(2) P_N' の元のうち x 成分が最小のものを (x_0, y_0) とおくと,(x_0, y_0) は P_N' の元のうち y 成分が最小のものでもあり,

$$\mathbb{Z}[\sqrt{N}]^\times = \{\pm (x_0+y_0\sqrt{N})^n; n \in \mathbb{Z}\},$$
$$\theta(P_N') = \{(x_0+y_0\sqrt{N})^n; n \geqq 1\}. \qquad \square$$

この命題 4.27 (2) から,$\mathbb{Z}[\sqrt{2}]^\times = \{\pm(1+\sqrt{2})^n; n \in \mathbb{Z}\}$ であることがわかる.なぜなら,$(1,1) \in P_2'$ は,あきらかに x 成分,y 成分とも P_N' の元の中で最小であるから.

[命題 4.27 の証明] (1) を示す.写像

$$f: \mathbb{Z}[\sqrt{N}] \to \mathbb{Z}; \quad x+y\sqrt{N} \mapsto (x+y\sqrt{N})(x-y\sqrt{N}) = x^2 - Ny^2$$

$(x,y \in \mathbb{Z})$ は乗法を保つから,$\mathbb{Z}[\sqrt{N}]$ の可逆元を $\mathbb{Z}$ の可逆元 ± 1 にうつす.よって,$x, y \in \mathbb{Z}$ について

$$x+y\sqrt{N} \in \mathbb{Z}[\sqrt{N}]^\times \iff x^2 - Ny^2 = \pm 1.$$

(1) はこれからしたがう.

(2) の証明のために次のことに注意する.$u = x+y\sqrt{N} \in \mathbb{Z}[\sqrt{N}]^\times$ ($x,y \in \mathbb{Z}$) とすると

$$\{\pm u, \pm u^{-1}\} = \{x+y\sqrt{N}, x-y\sqrt{N}, -x+y\sqrt{N}, -x-y\sqrt{N}\}.$$

したがって，$u \neq \pm 1$ なら，$\pm u, \pm u^{-1}$ のうちのただひとつだけが $\theta(P_N')$ に属する．

(2)を Dirichlet の単数定理を使って証明する．まず，$\mathbb{Z}[\sqrt{N}]^\times$ が無限群であることを示す．$K = \mathbb{Q}(\sqrt{N})$ とおく．$\mathbb{Z}[\sqrt{N}] \subset O_K$ であるが，簡単にわかるように，$mO_K \subset \mathbb{Z}[\sqrt{N}]$ なる自然数 m が存在する．Dirichlet の単数定理により，$O_K^\times$ は位数無限の元 u をもつ．ある $n \geq 1$ について $u^n \in \mathbb{Z}[\sqrt{N}]^\times$ となることを証明する．$(O_K/mO_K)^\times$ は有限群だから，ある $n \geq 1$ について u^n の $(O_K/mO_K)^\times$ での像は 1．よって，$u^n - 1, u^{-n} - 1 \in mO_K$．よって，$u^n, u^{-n} \in \mathbb{Z}[\sqrt{N}]$ となり，$u^n \in \mathbb{Z}[\sqrt{N}]^\times$ を得る．

ゆえに $\mathbb{Z}[\sqrt{N}]^\times$ は，$O_K^\times \cong \mathbb{Z} \oplus \mathbb{Z}/2\mathbb{Z}$ の無限部分群でかつ ± 1 を含むから，$\mathbb{Z}[\sqrt{N}]^\times = \{\pm \varepsilon^n ; n \in \mathbb{Z}\}$ となる $\varepsilon \in \mathbb{Z}[\sqrt{N}]^\times$ が存在する．ε の代わりに $\pm \varepsilon, \pm \varepsilon^{-1}$ のいずれかをとることで，$\varepsilon \in \theta(P_N')$ としてよい．$\varepsilon = x_1 + y_1 \sqrt{N}$ (x_1, y_1 は自然数) とおく．すると，$n \geq 2$ に対し，

$$(x_1 + y_1 \sqrt{N})^n = x' + y' \sqrt{N}, \quad x', y' \in \mathbb{Z}, \quad x' > x_1, \ y' > y_1$$

と書けるから，この (x_1, y_1) は P_N' の元で x 成分が最小，y 成分も最小となり，$\theta(P_N') = \{(x_1 + y_1 \sqrt{N})^n ; n \geq 1\}$．■

最後に，Fermat の命題 0.6 を証明する．

[命題 0.6 の証明] 上に示した写像 f について，$\alpha \in \mathbb{Z}[\sqrt{N}]^\times$ なら，$f(\alpha^2) = f(\alpha)^2 = (\pm 1)^2 = 1$．よって，無限集合 $\{\alpha^2 ; \alpha \in \mathbb{Z}[\sqrt{N}]^\times\}$ に命題 4.27(1) の意味で対応する P_N の部分集合の元 (x, y) は，必ず $x^2 - Ny^2 = 1$ をみたす．よって，この方程式の自然数解 (x, y) は無限個存在する．■

§4.3 虚2次体の類数公式

代数体の類数を知ることは，代数体における数論を考察する上で重要である．この節では，虚2次体の類数が，第3章で考察した ζ 関数の値と関係し，その関係を用いて比較的簡単に計算されることを述べる．

K を虚2次体($\mathbb{R}$ に入らない2次体)とする．$K = \mathbb{Q}(\sqrt{m})$，ここに m は 1 以外の平方数でわりきれない整数で，$m < 0$ である．

$$N = \begin{cases} |m| & m \equiv 1 \bmod 4 \text{ のとき} \\ |4m| & m \equiv 2, 3 \bmod 4 \text{ のとき} \end{cases}$$

とおく．平方剰余の相互法則を用いて平方剰余記号 $\left(\dfrac{m}{p}\right)$ を計算すると，Dirichlet 指標

$$\chi \colon (\mathbb{Z}/N\mathbb{Z})^\times \to \{\pm 1\} \subset \mathbb{C}^\times$$

で，m をわらないすべての奇素数 p について

(4.6) $$\left(\dfrac{m}{p}\right) = \chi(p \bmod N)$$

をみたすものがただひとつ存在することがわかる（第 2 章問 4 参照）．この χ は次のように具体的にあらわされる．

N と互いに素な整数 a に対し，

$$\chi(a \bmod N) = \left(\prod_l \left(\dfrac{a}{l} \right) \right) \cdot \theta(a).$$

ここに，l は m をわりきる奇素数をわたり，$\theta(a)$ は次のものである．

（1） $m \equiv 1 \bmod 4$ の場合，$\theta(a) = 1$.
（2） $m \equiv 3 \bmod 4$ の場合，$a \equiv 1 \bmod 4$ なら $\theta(a) = 1$，$a \equiv 3 \bmod 4$ なら $\theta(a) = -1$.
（3） m が偶数の場合，$a \equiv 1, 1-m \bmod 8$ なら $\theta(a) = 1$，そうでなければ $\theta(a) = -1$.

この χ の表示はやや複雑であるが，§5.2 で説明されるように，$K \subset \mathbb{Q}(\zeta_N)$（$\zeta_N$ は 1 の原始 N 乗根）であり，Galois 理論を用いて χ を合成写像

$$(\mathbb{Z}/N\mathbb{Z})^\times \cong \mathrm{Gal}(\mathbb{Q}(\zeta_N)/\mathbb{Q}) \overset{(*)}{\to} \mathrm{Gal}(K/\mathbb{Q}) \cong \{\pm 1\} \subset \mathbb{C}^\times$$

（左の同型は §5.2 に説明，(*) は $\mathbb{Q}(\zeta_N)$ の自己同型の K への制限）として簡単に定義することもできる．

定理 4.28 K を虚 2 次体とし，m, N, χ を上のとおりとする．h_K を K の類数とし，w_K を K に含まれる 1 のベキ根の個数とする．このとき

$$h_K = \frac{w_K}{2} L(0, \chi) = \frac{w_K \sqrt{N}}{2\pi} L(1, \chi).$$

定理 4.28 の証明は §7.5 に与える.

問 4 w_K は, $K = \mathbb{Q}(\sqrt{-1})$ のとき 4, $K = \mathbb{Q}(\sqrt{-3})$ のとき 6, K がその他の虚 2 次体のとき 2 であることを示せ.

系 3.21 により,

系 4.29 K, m, N を上のとおりとするとき,

$$h_K = -\frac{w_K}{2N} \sum_{a=1}^{N} a\chi(a).$$

定理 4.28, 系 4.29 を, 虚 2 次体の**類数公式**(class number formula)という. 虚 2 次体の類数公式を用いて, いくつかの虚 2 次体の類数を計算してみよう.

例 4.30 $K = \mathbb{Q}(\sqrt{-1})$.
$w_K = 4$, $N = 4$, $\chi : (\mathbb{Z}/4\mathbb{Z})^\times \to \mathbb{C}^\times$ は $\chi(1 \bmod 4) = 1$, $\chi(3 \bmod 4) = -1$ となる. 系 4.29 により,

$$h_K = -\frac{4}{2 \times 4} \sum_{a=1}^{4} a\chi(a) = -\frac{1}{2}(1-3) = 1.$$

なお, 定理 4.28 を用いると,

$$h_K = \frac{w_K \sqrt{N}}{2\pi} L(1, \chi) = \frac{4 \times 2}{2\pi} \cdot L(1, \chi) = \frac{4}{\pi} \cdot L(1, \chi).$$

よって, Leibniz の公式

$$L(1, \chi) = 1 - \frac{1}{3} + \frac{1}{5} - \frac{1}{7} + \frac{1}{9} - \frac{1}{11} + \cdots = \frac{\pi}{4}$$

は, $h_K = 1$ であることをあらわしている.

Leibniz の公式が, $\mathbb{Q}(\sqrt{-1})$ の類数が 1 であることと関わりがあるとは, 思えばまことにふしぎな気がする. これが「ζ 関数の値の第 3 のふしぎ」への入り口である.

例 4.31 $K = \mathbb{Q}(\sqrt{-3})$.
$w_K = 6$, $N = 3$, $\chi\colon (\mathbb{Z}/3\mathbb{Z})^\times \to \mathbb{C}^\times$ は $\chi(1 \bmod 3) = 1$, $\chi(2 \bmod 3) = -1$ となる. 系 4.29 により,
$$h_K = -\frac{6}{2\times 3}\sum_{a=1}^{3} a\chi(a) = -(1-2) = 1.$$
□

また, 定理 4.28 を用いると,
$$h_K = \frac{6\times\sqrt{3}}{2\pi}\cdot L(1,\chi) = \frac{3\sqrt{3}}{\pi}\cdot L(1,\chi).$$

よって, Euler の公式 $L(1,\chi) = \dfrac{\pi}{3\sqrt{3}}$ が, $\mathbb{Q}(\sqrt{-3})$ の類数が 1 であることをあらわしている.

なお, $L(1,\chi)$ が正確に $\pi/3\sqrt{3}$ であることを知らなくても, 上の $h_K = \dfrac{3\sqrt{3}}{\pi}\cdot L(1,\chi)$ から $h_K = 1$ を得ることが可能である. なぜなら
$$L(1,\chi) = 1 - \frac{1}{2} + \frac{1}{4} - \frac{1}{5} + \cdots < 1$$
より,
$$h_K = \frac{3\sqrt{3}}{\pi}\cdot L(1,\chi) < \frac{3\sqrt{3}}{\pi} < 2.$$

h_K は自然数であるから, これから $h_K = 1$ を得る. このように, 虚 2 次体の類数公式 $h_K = \dfrac{w_K\sqrt{N}}{2\pi}L(1,\chi)$ から, $L(1,\chi)$ のある程度の近似計算をすれば(h_K は自然数であるので), h_K をもとめることができる.

例 4.32 $K = \mathbb{Q}(\sqrt{-26})$.
$w_K = 2$, $N = 4\times 26 = 104$, 104 と互いに素な整数 a について, 命題 2.8(3) の証明の中での $\left(\dfrac{a}{13}\right)$ の計算を用いると, a が $\bmod\, 104$ で,

1, 3, 5, 7, 9, 15, 17, 21, 25, 27, 31, 35, 37,
43, 45, 47, 49, 51, 63, 71, 75, 81, 85, 93

に合同なときに, そのときに限り $\chi(a) = 1$ となることがわかる. これから $\sum_{a=1}^{104} a\chi(a)$ を計算すると -624 を得,

$$h_K = -\frac{2}{2 \times 104} \times (-624) = 6.$$

　□

問 5 虚 2 次体の類数公式を用いて，$\mathbb{Q}(\sqrt{-2})$, $\mathbb{Q}(\sqrt{-5})$, $\mathbb{Q}(\sqrt{-6})$, $\mathbb{Q}(\sqrt{-10})$ の類数をもとめよ．

類数が 1 の虚 2 次体が，

$$\mathbb{Q}(\sqrt{-1}),\ \mathbb{Q}(\sqrt{-2}),\ \mathbb{Q}(\sqrt{-3}),\ \mathbb{Q}(\sqrt{-7}),\ \mathbb{Q}(\sqrt{-11}),$$
$$\mathbb{Q}(\sqrt{-19}),\ \mathbb{Q}(\sqrt{-43}),\ \mathbb{Q}(\sqrt{-67}),\ \mathbb{Q}(\sqrt{-163})$$

の 9 個だけであることが，1967 年に Baker と Stark によって証明されている．Gauss は類数 1 の実 2 次体が無限にあることを予想したが，これは正しいかどうか現在でも不明である．

§4.4　Fermat の最終定理と Kummer

Fermat の最終定理

「$n \geq 3$ ならば，$x^n + y^n = z^n$ の整数解 x, y, z は $xyz = 0$ をみたす」を一般の n について示すには，n が 4 の場合と奇素数について示せば十分である．なぜなら，m について最終定理がなりたつとし，$n = m \cdot r$ を m の倍数とすると，$x^n + y^n = z^n$ ならば，$(x^r)^m + (y^r)^m = (z^r)^m$ なので，$xyz = 0$ がえられる．

$n = 4$ のときは第 1 章で，$n = 3$ のときはこの章の §4.1 で最終定理の証明を与えたので，ここでは n が 5 以上の素数 p の場合について考える．Kummer 以来，x, y, z がどれも p でわれない場合（第 1 の場合）と，x, y, z のどれかは p でわれる場合（第 2 の場合）とに分けて考察されてきた．Kummer は，$\mathbb{Q}(\zeta_p)$ の類数が p でわれないという仮定のもとで，Fermat の最終定理の $n = p$ の場合を証明した．ここでは，第 1 の場合の Kummer の証明を紹介する．

(a) 第1の場合の証明

命題 4.33　p を 5 以上の素数とし，$\mathbb{Q}(\zeta_p)$ の類数が p でわれないと仮定する．整数 $x, y, z \in \mathbb{Z}$ が p でわれないとすると，それは方程式
$$x^p + y^p = z^p$$
をみたさない． □

§ 4.1 で $x^3 + y^3 = z^3$ を考察したときの $\mathbb{Q}(\zeta_3)$ と異なり，$\mathbb{Q}(\zeta_p)$ では素元分解の法則が不成立になることが多く（実際 p が 23 以上の素数なら $\mathbb{Q}(\zeta_p)$ の類数は 1 でないことが知られている），そこに困難がある．以下の命題 4.33 の証明では，その困難をイデアル類群や単数群の考察で克服する．イデアル類群は命題 4.33 の仮定の中に「類数」の形で登場するが，単数群も命題 4.33 の証明の中で重要な役割を演ずる（後出の補題 4.36 参照）．§ 4.1 で素元分解を用いて証明した補題 4.2 の代わりをするのは，次の補題である．

補題 4.34　K を代数体，$\boldsymbol{a}_1, \cdots, \boldsymbol{a}_r, \boldsymbol{b}$ を O_K の 0 でないイデアルとし，k を自然数とし，$\boldsymbol{a}_1 \cdots \boldsymbol{a}_r = \boldsymbol{b}^k$ とする．さらに $i \neq j$ なら，$\boldsymbol{a}_i$ と $\boldsymbol{a}_j$ は互いに素（すなわち，$\boldsymbol{a}_i$ と $\boldsymbol{a}_j$ をともにわりきる O_K の 0 でない素イデアルは存在しない）とする．このとき各 i について，O_K のある 0 でないイデアル $\boldsymbol{b}_i$ があって，$\boldsymbol{a}_i = \boldsymbol{b}_i^k$ と書ける． □

この補題は $\boldsymbol{a}_1, \cdots, \boldsymbol{a}_r, \boldsymbol{b}$ の素イデアル分解に O_K の各素イデアルが何回あらわれるかを考えれば証明できる．それは補題 1.7 が素因数分解を用いて，補題 4.2 が素元分解を用いて，証明できたのと同様である．

次の補題 4.35 の証明はここでは与えない（§ 6.3 に与える）．

補題 4.35　p を素数とし，ζ_p を ζ と書き，$\mathbb{Q}(\zeta)$ の整数環を A と書く．
(1)　$A = \mathbb{Z}[\zeta]$．
(2)　$[\mathbb{Q}(\zeta) : \mathbb{Q}] = p-1$　（左辺は体の拡大次数）．
(3)　$\mathbb{Q}(\zeta)$ に属する 1 のベキ根は，$\pm(1 の p 乗根)$ に限られる．
(4)　$(1-\zeta)$ は A の素イデアルであり，$(p) = (1-\zeta)^{p-1}$ が A における (p) の素イデアル分解である．
(5)　$1 \leq i \leq p-1$ に対し，$(1-\zeta) = (1-\zeta^i)$． □

[命題 4.33 の証明] 記号 ζ, A を補題 4.35 のとおりとする. (x, y, z) を $x^p + y^p = z^p$ の整数解で, $p \nmid xyz$ と仮定し, 矛盾を導こう. (x, y, z) の最大公約数で前もってわっておくことにより, (x, y, z) の最大公約数は 1 であるとしてよい. 方程式 $x^p + y^p = z^p$ より, x, y, z のうちの 2 つのものの共通因数は第 3 のものもわりきるから, x, y, z のうちどの 2 つも互いに素である. y^p を移項して $A = \mathbb{Z}[\zeta]$ の中で分解することにより,

$$(4.7) \qquad x^p = \prod_{i=0}^{p-1}(z - \zeta^i y)$$

が得られる. A の可逆元 u と A の元 a で

$$(4.8) \qquad z - \zeta y = u \cdot a^p$$

をみたすものが存在することを, 類数が p でわれないことを使って示す. そのためまず, (4.7) の右辺にあらわれるイデアル $(z - \zeta^i y)$ $(0 \leqq i \leqq p-1)$ がどの 2 つも互いに素であることを示す.

$0 \leqq i < j \leqq p-1$ とし, $\mathfrak{p}$ を $(z - \zeta^i y)$ と $(z - \zeta^j y)$ をともにわりきる A の 0 でない素イデアルとする. $z - \zeta^i y, z - \zeta^j y \in \mathfrak{p}$ より $(\zeta^i - \zeta^j)y, (\zeta^i - \zeta^j)z \in \mathfrak{p}$ であるから, $\zeta^i(1 - \zeta^{j-i})(y, z) \subset \mathfrak{p}$ となる. y, z は互いに素だから $(y, z) = (1)$ であり, 補題 4.35(5) により, $(1 - \zeta^{j-i}) = (1 - \zeta)$ だから, $(1 - \zeta)$ が素イデアルであること(補題 4.35(4))により, $(1 - \zeta) = \mathfrak{p}$. (4.7) より, $x^p \in \mathfrak{p}$, よって $x \in \mathfrak{p}$ となる. $\mathfrak{p} \cap \mathbb{Z} = (p)$ だから, $p | x$ となって, これは仮定 $p \nmid xyz$ に反する.

よって補題 4.34 により, イデアル $(z - \zeta^i y)$ $(0 \leqq i \leqq p-1)$ はある A のイデアル $\mathfrak{b}_i$ の p 乗となる.

$(z - \zeta y) = \mathfrak{a}^p$ とおくと, $\mathfrak{a}$ の類 $\in Cl(A)$ は, p 乗すると単位元になる. $Cl(A)$ は位数が p でわれない群であるから, $Cl(A)$ の元で p 乗して単位元になるものは, 単位元自身の他に存在しない. したがって $\mathfrak{a}$ は主イデアルである. $\mathfrak{a}$ の生成元を a とすると $(z - \zeta y) \cdot a^{-p} \in A^\times$ である. よって (4.8) が示された.

先に進む前に, $y \not\equiv -z \bmod p$ と仮定してよいことを示す. もし $y \equiv -z \bmod p$ だったとすると, $x_1 = -z, z_1 = -x$ とおきかえる. すると, $x_1^p + y^p = z_1^p$

がなりたつ. $y \not\equiv -z_1 \bmod p$ を示せばよい. もしそうでなかったとすると, $x \equiv y \equiv -z \bmod p$ だから, $x^p + y^p = z^p$ に代入して $2x^p \equiv -x^p \bmod p$ となる. $p \neq 3$ だから, $x \equiv 0 \bmod p$ となって仮定に反する.

(4.8)から矛盾を導くために, 次の補題 4.36, 4.37 を使う.

補題 4.36 p を奇素数とし, ζ, A を補題 4.35 のとおりとし, $\tau: \mathbb{Q}(\zeta) \to \mathbb{Q}(\zeta)$ を複素共役写像とし, $B = \{\alpha \in A; \tau(\alpha) = \alpha\}$ とおく. $\mu_p = \{\zeta^i; 0 \leq i \leq p-1\}$ とすると,
$$A^\times = \mu_p \times B^\times. \qquad \square$$

これは Dirichlet の単数定理を用いてあとで証明する.

補題 4.37 τ がひきおこす $\overline{A} = A/pA$ の自己同型も τ であらわし, $\overline{B} = \{\alpha \in \overline{A}; \tau(\alpha) = \alpha\}$ とおくと,
(1) $\overline{A}$ の $\mathbb{F}_p$ 上の基底は $\{\zeta^i; 1 \leq i \leq p-1\}$ で与えられる.
(2) $\overline{B}$ の $\mathbb{F}_p$ 上の基底は $\{\zeta^i + \zeta^{-i}; 1 \leq i \leq \frac{p-1}{2}\}$ で与えられる.
(3) $\overline{A}^p = \{\alpha^p \in \overline{A}; \alpha \in \overline{A}\}$ は $\mathbb{F}_p$ に一致し, $\overline{B}$ に含まれる. $\qquad \square$

補題 4.36, 4.37 を認めれば(4.8)から矛盾が導かれることを示そう. まず補題 4.36 より, $u = \zeta' v$ となる $\zeta' \in \mu_p$, $v \in B^\times$ が存在する. $v \bmod pA \in \overline{B}$ であり, 補題 4.37(3)より, $a^p \bmod pA \in \overline{B}$ であるから, $\zeta'^{-1}(z - \zeta y) \bmod pA = va^p \bmod pA \in \overline{B}$ である. ζ' で場合分けして考える. 以下 $\bmod pA$ を略す.

(ア) $\zeta' = 1$ のとき, $z - \zeta y \in \overline{B}$. $z \in \overline{B}$ だから, $y\zeta \in \overline{B}$. 補題 4.37(1), (2)により, $y \equiv 0 \bmod p$ であり, これは仮定に反する.

(イ) $\zeta' = \zeta$ のとき. $z \cdot \zeta^{-1} - y \in \overline{B}$. $y \in \overline{B}$ だから, $z \cdot \zeta^{-1} \in \overline{B}$. 補題 4.37 (1), (2)により, $z \equiv 0 \bmod p$ であり, これは仮定に反する.

(ウ) $\zeta' \neq 1, \zeta$ のとき. $z \cdot \zeta'^{-1} - y\zeta\zeta'^{-1} \in \overline{B}$. 補題 4.37(1), (2)より, $\zeta' = \zeta\zeta'^{-1}$ であり, $y \equiv -z \bmod p$. これも証明の途中で得られた仮定に反する.

よって補題 4.36, 4.37 を認めれば, 目標の命題 4.33 が証明された.

以下, 補題 4.36, 4.37 を証明する. 補題 4.37 を先に示す.

[補題 4.37 の証明] 補題 4.35(1), (2)と $1 + \zeta + \cdots + \zeta^{p-1} = 0$ により, A の $\mathbb{Z}$ 上の基底として, $\{\zeta^i; 1 \leq i \leq p-1\}$ がとれる. したがって $\overline{A} = A/pA$ の $\mathbb{F}_p$

上の基底も同じく $\{\zeta^i; 1 \leqq i \leqq p-1\}$ がとれる．よって(1)が示された．τ は ζ^i を ζ^{-i} にうつすから(2)は(1)より明らか．

(3)を示す．$\alpha = \sum_{i=1}^{p-1} a_i \zeta^i \in \overline{A}$, $a_i \in \mathbb{F}_p$ とすると，$\overline{A}$ のように p が 0 となる可換環では p 乗写像が加法，乗法を保つことにより，$\alpha^p = \sum_{i=1}^{p-1} a_i \in \mathbb{F}_p$．よって $\overline{A}^p = \mathbb{F}_p$ である．他の主張は明らか．■

[補題4.36の証明] 標準写像 $\mu_p \to A^\times / B^\times$ が同型であることをいえばよい．群準同型 $f: A^\times \to A^\times$, $f(\alpha) = \alpha/\tau(\alpha)$ を考える．これの核 $\{\alpha \in A^\times; \alpha = \tau(\alpha)\}$ は $B^\times$ に等しいから，像 $f(A^\times)$ は $A^\times/B^\times$ と同型である．一方，f の μ_p への制限は 2 乗写像 $\mu_p \to \mu_p$ で，これは μ_p の上への同型である．したがって，像 $f(A^\times)$ が $f(\mu_p) = \mu_p$ と等しいことを示せばよい．

はじめに $f(A^\times)$ は有限であることを示す．$B^\times \subset A^\times$ が指数有限であること，つまり $A^\times$ と $B^\times$ の有限生成 Abel 群としての階数($\cong \mathbb{Z}^{\oplus r} \oplus$ (有限 Abel 群) となる r を階数と呼ぶ)が等しいことをいえばよい．

$$K = \{\alpha \in \mathbb{Q}(\zeta); \tau(\alpha) = \alpha\} = \mathbb{Q}(\zeta + \zeta^{-1})$$

とおく．B は K の整数環である．$A^\times, B^\times$ の階数を Dirichlet の単数定理を用いて計算する．まず，$\mathbb{Q}(\zeta)$ は実素点がなく，複素素点が $\frac{1}{2}[\mathbb{Q}(\zeta): \mathbb{Q}] = \frac{p-1}{2}$ 個ある．よって Dirichlet の単数定理により，$A^\times$ の階数は $\frac{p-1}{2} - 1$．次に，K は複素素点がなく，実素点が $[K:\mathbb{Q}] = \frac{p-1}{2}$ 個ある．よって Dirichlet の単数定理により，$B^\times$ の階数も $\frac{p-1}{2} - 1$．よって，像 $f(A^\times) \cong A^\times/B^\times$ の有限性が示された．

したがって，像 $f(A^\times)$ は $\mathbb{Q}(\zeta_p)$ 内の 1 のベキ根からなる．補題4.35(3)により，$\mathbb{Q}(\zeta)$ に属する 1 のベキ根全体は，$\{\pm\zeta^i; 0 \leqq i \leqq p-1\}$ である．$\mu_p \subset f(A^\times)$ は既にみたので，$\mu_p = f(A^\times)$ をいうには $-1 \notin f(A^\times)$ をいえばよい．$\alpha \in A^\times$ かつ $\tau(\alpha) = -\alpha$ として矛盾を導けばよい．補題4.35(5)より，τ はイデアル $(\zeta - 1)$ を保つが，$A/(\zeta-1) \cong \mathbb{F}_p$ であるから，τ が $A/(\zeta-1)$ にもたらす作用は恒等写像である．これは $\tau(\alpha) \equiv -\alpha \mod (\zeta-1)$ に矛盾する．■

(b) Kummer の判定法

Kummer の仕事にあらわれた「p が $\mathbb{Q}(\zeta_p)$ の類数をわりきる」という仮定

は，どのような素数 p について成り立つのだろうか．Kummer はこの問題と ζ 関数の値とを関係づける，**Kummer の判定法**(Kummer's criterion)とよばれる次の定理を証明した．

「p を素数とするとき，次の(i),(ii),(iii)は同値である．

(i) p は $\mathbb{Q}(\zeta_p)$ の類数をわらない．

(ii) すべての負の奇数 m について，$\zeta(m)$ を既約分数の形にあらわしたときの分子が p でわれない．

(iii) $|m| \leq p-4$ なるすべての負の奇数 m について，$\zeta(m)$ を既約分数の形にあらわしたときの分子が p でわれない．」

§3.3 に紹介した $\zeta(m)$ と $\zeta(1-m)$ の関係により，上の(iii)は次の(iii)′と同値になる．

(iii)′ $p-3$ 以下のすべての正の偶数 r について，有理数 $\zeta(r)\pi^{-r}$ を既約分数の形にあらわしたときの分子が p でわれない．

例 3.23 で条件(iii)を確かめてみると，この定理から，17 以下の素数 p はすべて「p が $\mathbb{Q}(\zeta_p)$ の類数をわらない」という条件をみたすこと，691 は $\mathbb{Q}(\zeta_{691})$ の類数をわりきることがわかる．

この Kummer の判定法に見られる ζ 関数の値とイデアル類群の関係は，『数論 II』で解説する「岩澤理論」へと発展していった．

《要 約》

4.1 有理数体の有限次拡大体は，代数体と呼ばれる．有理数体を出て代数体にまで考察を広げるのが，「代数的整数論」と呼ばれる強力な方法である．

4.2 有理数体の中に整数環があるように，代数体 K の中に「K の整数環」と呼ばれる環 O_K が定義される．O_K においては「数のただひととおりの素元分解」が不成立であることがあるが，それに代わる「イデアルのただひととおりの素イデアル分解」が成立する．

4.3 代数体に対し，そのイデアル類群と単数群という，重要な群が定義される．これらの群は「数とイデアルのずれの大きさ」をあらわす群である．これら

の群について,「イデアル類群は有限群である」という重要な定理と,単数群の大きさについての「Dirichlet の単数定理」という重要な定理がある.

4.4 これらの群とζ関数の間には関係があり,この章では虚 2 次体のイデアル類群とζ関数の関係(虚 2 次体の類数公式)を紹介した.

──────── 演習問題 ────────

4.1 素数 p について次の(i),(ii)が同値であることを,$\mathbb{Q}(\sqrt{-7})$ の類数が 1 であることを用いて証明せよ.
 （ i ） $p = x^2 + xy + 2y^2$ となる整数 x, y が存在する.
 （ ii ） $p \equiv 1, 2, 4 \bmod 7$ または $p = 2, 7$.

4.2 n を自然数とする.次の(i),(ii)が同値であることを示せ.
 （ i ） $n = x^2 + y^2$ となる整数 x, y が存在する.
 （ ii ） 4 でわると 3 余るすべての素数 p について $\mathrm{ord}_p(n)$ が偶数.

4.3 p を 4 でわると 1 余る素数,n を自然数とすると,3 辺の長さが整数の直角 3 角形で,斜辺の長さが p^n,かつ 3 辺の長さの最大公約数が 1 であるものが,「3 角形の合同」を除いてただひとつ存在することを示せ.

4.4 $\mathbb{Q}(\sqrt{3})$ の単数群が $\{\pm(2+\sqrt{3})^n \, ; \, n \in \mathbb{Z}\}$ であることを示せ.

4.5 $\mathfrak{a}, \mathfrak{b}$ を Dedekind 環 A の分数イデアル(付録§A.2 参照)とし,
$$\mathfrak{a} = \prod_\mathfrak{p} \mathfrak{p}^{a_\mathfrak{p}}, \quad \mathfrak{b} = \prod_\mathfrak{p} \mathfrak{p}^{b_\mathfrak{p}}$$
をその素イデアル分解とする.(ここに $\mathfrak{p}$ は A のすべての 0 でない素イデアルを走り,$a_\mathfrak{p}, b_\mathfrak{p}$ は整数で,有限個の $\mathfrak{p}$ を除いて $a_\mathfrak{p} = b_\mathfrak{p} = 0$.) このとき,$A$ の分数イデアル $\mathfrak{a} \cap \mathfrak{b}$ と $\mathfrak{a} + \mathfrak{b} = \{x + y \, ; \, x \in \mathfrak{a}, y \in \mathfrak{b}\}$ は,$c_\mathfrak{p} = \max(a_\mathfrak{p}, b_\mathfrak{p})$,$d_\mathfrak{p} = \min(a_\mathfrak{p}, b_\mathfrak{p})$ とおくと
$$\mathfrak{a} \cap \mathfrak{b} = \prod_\mathfrak{p} \mathfrak{p}^{c_\mathfrak{p}}, \quad \mathfrak{a} + \mathfrak{b} = \prod_\mathfrak{p} \mathfrak{p}^{d_\mathfrak{p}}$$
という素イデアル分解をもつことを示せ(§A.2 参照).

4.6 $y^2 = x^3 - 20$ の自然数の解が $(x, y) = (6, 14)$ のみであることを,$\mathbb{Q}(\sqrt{-5})$ の類数 2 が 3 でわれないことを用いて(§4.4 において $\mathbb{Q}(\zeta_p)$ の類数が p でわれないという仮定を用いた方法と同様の方法によって)示せ.

5 類体論とは

　第 0 章に，Fermat の「4 でわると 1 余る素数は x^2+y^2 $(x,y\in\mathbb{Z})$ の形になる」などの命題を，類体論の幕あけとして紹介した．類体論は，この Fermat の命題や，Gauss の平方剰余の相互法則(§2.2 定理 2.2)を登山口とする，数論のひとつの頂きである．

　類体論は第 8 章で本格的に論ずるが，類体論がどういうものであるかを，この章で，準備があまり必要でない形で，例を中心にして述べる．

　§5.1 に，類体論が背後にあって生ずる現象の例を証明なしで紹介してゆく．そういうふしぎな現象がおきていることを，気楽に眺めていただきたい．§5.2 に，類体論のうちの円分体や 2 次体に関する部分を解説する．そして平方剰余の相互法則の，その観点に立った証明を与える．§5.3 に，類体論のだいたいの姿を述べる．

　代数体における現象には，一般の体論や環論に含まれるものとそうでないものがある．たとえば，代数体の整数環におけるただひととおりの素イデアル分解の成立などは，大切なことではあるが，一般の Dedekind 環でもおきることであり，一般の環論に含まれる．これに対し，整数環に存在する平方剰余の相互法則などは，一般の環にはないものである．類体論や，第 7 章で論ずるζ関数は，代数体に存在し，一般の体にはないものである．そういうところにこそ数論の本質があり，華がある．

§5.1 類体論的現象の例

(a) 復習

第0章に紹介したように，Fermat は次のような現象を発見した．素数 $p \neq 2$ について

$p = x^2 + y^2$ となる $x, y \in \mathbb{Z}$ が存在する $\iff p \equiv 1 \bmod 4$

$p = x^2 + 2y^2$ となる $x, y \in \mathbb{Z}$ が存在する $\iff p \equiv 1, 3 \bmod 8$

$p = x^2 - 2y^2$ となる $x, y \in \mathbb{Z}$ が存在する $\iff p \equiv 1, 7 \bmod 8$.

素数 $p \neq 3$ について

$p = x^2 + 3y^2$ となる $x, y \in \mathbb{Z}$ が存在する $\iff p \equiv 1 \bmod 3$.

これらの現象は，§4.1 に述べたように
$5 = 2^2 + 1^2 = (2 + \sqrt{-1})(2 - \sqrt{-1})$, $11 = 3^2 + 2 \times 1^2 = (3 + \sqrt{-2})(3 - \sqrt{-2})$
などと考えることにより，「2次体 $\mathbb{Q}(\sqrt{-1})$, $\mathbb{Q}(\sqrt{-2})$, $\mathbb{Q}(\sqrt{2})$, $\mathbb{Q}(\sqrt{-3})$ の整数環において素数 p が素元の積に分解する様子が，それぞれ $p \bmod 4$, $p \bmod 8$, $p \bmod 8$, $p \bmod 3$ で定まる」という現象ととらえることができた．§4.1 に証明したことから，表5.1 を得る．

表5.1 $\mathbb{Q}(\sqrt{-1})$, $\mathbb{Q}(\sqrt{-2})$, $\mathbb{Q}(\sqrt{2})$, $\mathbb{Q}(\sqrt{-3})$ での素数 p の分解

分解体	$p = \alpha\beta$, α, β は素元, $(\alpha) \neq (\beta)$, となる p	素元となる p	$p = \alpha^2 \times$ 可逆元, α は素元, となる p
$\mathbb{Q}(\sqrt{-1})$	$p \equiv 1 \bmod 4$	$p \equiv 3 \bmod 4$	$p = 2$
$\mathbb{Q}(\sqrt{-2})$	$p \equiv 1, 3 \bmod 8$	$p \equiv 5, 7 \bmod 8$	$p = 2$
$\mathbb{Q}(\sqrt{2})$	$p \equiv 1, 7 \bmod 8$	$p \equiv 3, 5 \bmod 8$	$p = 2$
$\mathbb{Q}(\sqrt{-3})$	$p \equiv 1 \bmod 3$	$p \equiv 2 \bmod 3$	$p = 3$

この表5.1 にある現象は，この章に説明するように，類体論の一部分をなす現象である．この表には $\bmod 4$, $\bmod 8$, $\bmod 3$ が登場したが，類体論には，$p \bmod 7$ や $p \bmod 20$ で素数 p の分解がきまる体など，さまざまの分解法則をもつ体が登場する（表5.2–表5.6）．また，平方剰余の相互法則（§2.2 定理2.2）も類体論の一部分をなす現象である．この §5.1 においては，この

§5.1 類体論的現象の例

ような類体論的現象の実例を見てゆく．

(b) 2次体における素数の分解

一般の2次体では，素数はどのように分解するのであろうか．項(a)に出てきた2次体 $\mathbb{Q}(\sqrt{-1})$, $\mathbb{Q}(\sqrt{-2})$, $\mathbb{Q}(\sqrt{2})$, $\mathbb{Q}(\sqrt{-3})$ はいずれも類数が1であり，それらの体の整数環は一意分解整域であり，したがって素数はその環で素元の積としてただひととおりにあらわされる．

しかし，たとえば $\mathbb{Q}(\sqrt{-5})$ や $\mathbb{Q}(\sqrt{-6})$ は類数が2であり，その整数環 $\mathbb{Z}[\sqrt{-5}]$, $\mathbb{Z}[\sqrt{-6}]$ では，素数を素元の積としてあらわすことができるとは限らない．§4.2に述べたように，代数体の整数環においては，素元分解のかわりに「ただひととおりの素イデアル分解」を考えなければならないのであった．そこでさまざまの2次体の整数環において，素数 p について，イデアル (p) の素イデアル分解を考えると，表5.2のような現象がある．

表 5.2 さまざまな2次体における素数 p の分解

体 \ 分解	$(p)=pq$, p,q は素イデアル，$p \neq q$, となる p	(p) が素イデアルとなる p	$(p)=p^2$, p は素イデアル，となる p
$\mathbb{Q}(\sqrt{3})$	$p \equiv 1, 11 \bmod 12$	$p \equiv 5, 7 \bmod 12$	2, 3
$\mathbb{Q}(\sqrt{5})$	$p \equiv 1, 4 \bmod 5$	$p \equiv 2, 3 \bmod 5$	5
$\mathbb{Q}(\sqrt{-5})$	$p \equiv 1, 3, 7, 9 \bmod 20$	$p \equiv 11, 13, 17, 19 \bmod 20$	2, 5
$\mathbb{Q}(\sqrt{6})$	$p \equiv 1, 5, 13, 19 \bmod 24$	$p \equiv 7, 11, 13, 17 \bmod 24$	2, 3
$\mathbb{Q}(\sqrt{-6})$	$p \equiv 1, 5, 7, 11 \bmod 24$	$p \equiv 13, 17, 19, 23 \bmod 24$	2, 3
$\mathbb{Q}(\sqrt{-15})$	$p \equiv 1, 2, 4, 8 \bmod 15$	$p \equiv 7, 11, 13, 14 \bmod 15$	3, 5

$\mathbb{Q}(\sqrt{-5})$ を例にとると，たとえば $41, 3, 7, 29$ はそれぞれ $\equiv 1, 3, 7, 9 \bmod 20$ となる素数であり，$\mathbb{Z}[\sqrt{-5}]$ において

$$(41) = (6+\sqrt{-5})(6-\sqrt{-5}), \quad (3) = (3, 1+\sqrt{-5})(3, 1-\sqrt{-5})$$
$$(7) = (7, 4+\sqrt{-5})(7, 4-\sqrt{-5}), \quad (29) = (3+2\sqrt{-5})(3-2\sqrt{-5})$$

と素イデアル分解される．なお，$2, 5$ は $\mathbb{Z}[\sqrt{-5}]$ において

$$(2) = (2, 1+\sqrt{-5})^2, \quad (5) = (\sqrt{-5})^2$$

と素イデアル分解される．

また $\mathbb{Q}(\sqrt{-6})$ を例にとると，$73, 5, 7, 11$ はそれぞれ $\equiv 1, 5, 7, 11 \bmod 24$ となる素数であり，$\mathbb{Z}[\sqrt{-6}]$ において

$$(73) = (7+2\sqrt{-6})(7-2\sqrt{-6}), \quad (5) = (5, 2+\sqrt{-6})(5, 2-\sqrt{-6})$$
$$(7) = (1+\sqrt{-6})(1-\sqrt{-6}), \quad (11) = (11, 4+\sqrt{-6})(11, 4-\sqrt{-6})$$

と素イデアル分解される．なお，$2, 3$ は $\mathbb{Z}[\sqrt{-6}]$ において

$$(2) = (2, \sqrt{-6})^2, \quad (3) = (3, \sqrt{-6})^2$$

と素イデアル分解される．

この表 5.2 にあらわれた現象は，あとで定理 5.15 となる．

2次体における素数の分解は，次のようなことと関係する．素数 $p \neq 2, 5$ について，$\mathbb{Z}[\sqrt{-5}]$ において (p) が相異なる2つの素イデアルの積に分解することが，$a^2 \equiv -5 \bmod p$ をみたす整数 a が存在すること，つまり p が $a^2 + 5$ (a は整数) の形の数の素因数になることと，同値となる (後の補題 5.19 による). そして，もし $a^2 \equiv -5 \bmod p$ となる整数 a があれば，その a について，

$$(p) = (p, a+\sqrt{m})(p, a-\sqrt{m})$$

が $\mathbb{Z}[\sqrt{m}]$ における (p) の素イデアル分解になる．たとえば，$1^2 \equiv -5 \bmod 3$ なので先に書いた (3) の素イデアル分解 $(3) = (3, 1+\sqrt{-5})(3, 1-\sqrt{-5})$ が生じる．

このように，素数が (a^2+5 のような) 与えられた多項式であらわされる数の素因数になるかという問 (項 (f) 参照) や，素数が x^2+y^2 という形になるかというタイプの問 (項 (g) 参照) など，一見しただけでは代数体と関係のなさそうな問が，代数体における素数の分解のしかたに関係する．そしてその分解のしかたに，表 5.1 や表 5.2 のようなふしぎな法則 (類体論) が現われるのである．

問 1 $\mathbb{Z}[\sqrt{-5}]$ のイデアルの等式 $(3) = (3, 1+\sqrt{-5})(3, 1-\sqrt{-5})$ や $\mathbb{Z}[\sqrt{-6}]$ のイデアルの等式 $(5) = (5, 2+\sqrt{-6})(5, 2-\sqrt{-6})$ を証明せよ．(ヒント：イデアル I が $\alpha_i (1 \leq i \leq m)$ で生成され，イデアル J が $\beta_j (1 \leq j \leq n)$ で生成されるとき，イデアル IJ は $\alpha_i \beta_j (1 \leq i \leq m, 1 \leq j \leq n)$ が生成するイデアルになる．こ

のことを用いよ．)

問 2 上にあらわれた $\mathbb{Z}[\sqrt{-5}]$ のイデアル $(3, 1+\sqrt{-5})$ や $\mathbb{Z}[\sqrt{-6}]$ のイデアル $(5, 2+\sqrt{-6})$ が単項イデアルでないことを，$3 = x^2 + 5y^2$ や $5 = x^2 + 6y^2$ が整数解を持たないことを使って示せ．

(c) 分岐，不分岐，完全分解

類体論は，2次体すなわち有理数体 $\mathbb{Q}$ の2次拡大ばかりでなく，いろいろな代数体のいろいろな拡大も考察の対象とする．そのための準備をおこなう．

K を代数体，L をその有限次拡大とする．今まで考察した $K = \mathbb{Q}$，L が2次体の場合を，このように一般化して考える．今までは素数が2次体でどう分解するかを考えたが，一般に K の整数環 O_K の0でない素イデアル(簡単のため，ときどき「K の素イデアル」と略称する) が L においてどう分解するか，は大切なことであり，その分解の様子についての「分岐，不分岐，完全分解」という用語をここで導入したい．

$\boldsymbol{p}$ を O_K の0でない素イデアルとし，$O_L \boldsymbol{p}$ ($\boldsymbol{p} O_L$ とも書く)を，$\boldsymbol{p}$ が生成する O_L の素イデアルとする．$O_L \boldsymbol{p}$ は

(5.1) $$O_L \boldsymbol{p} = \boldsymbol{q}_1^{e_1} \cdots \boldsymbol{q}_g^{e_g}$$

($\boldsymbol{q}_1, \cdots, \boldsymbol{q}_g$ は O_L の相異なる0でない素イデアル，$e_i \geqq 1$) の形にあらわされる．

定義 5.1 $e_1 = \cdots = e_g = 1$ であるとき，$\boldsymbol{p}$ は L において**不分岐**(unramified) であるという．不分岐でないとき，すなわちある i について $e_i \geqq 2$ であるとき，$\boldsymbol{p}$ は L において**分岐**(ramified)するという． □

たとえば $K = \mathbb{Q}$，$L = \mathbb{Q}(\sqrt{-1})$ のとき，L において分岐する $\mathbb{Z}$ の0でない素イデアルは，$2\mathbb{Z}$ のみである．

分岐を考えることの大切さを見るため，たとえば $\sqrt{5} \notin \mathbb{Q}(\sqrt[4]{2}, \sqrt[6]{3}, \sqrt[4]{7})$ であることが分岐を考えるとすぐにわかる，ということを述べる．$\sqrt{5}$ を含む体では $5\mathbb{Z}$ は分岐する．(これは，その体 L において $(\sqrt{5}) = \boldsymbol{q}_1^{n_1} \cdots \boldsymbol{q}_g^{n_g}$ とすると，$(5) = \boldsymbol{q}_1^{2n_1} \cdots \boldsymbol{q}_g^{2n_g}$ となることからあきらかだ．) しかし下の命題 5.2 により，$5\mathbb{Z}$ は $\mathbb{Q}(\sqrt[4]{2}, \sqrt[6]{3}, \sqrt[4]{7})$ においては分岐しない．

命題 5.2 K を代数体とし，$a_1, \cdots, a_m$ を O_K の元とし，$n_1, \cdots, n_m \geqq 1$ を自然数とし，$L = K(\alpha_1, \cdots, \alpha_m)$，ここに α_i は a_i の n_i 乗根，とする．$\boldsymbol{p}$ を K の素イデアルとし，$a_i \notin \boldsymbol{p}$, $n_i \notin \boldsymbol{p}$ $(1 \leqq i \leqq m)$ とすると，$\boldsymbol{p}$ は L で不分岐である． □

(上の例には，$K = \mathbb{Q}$, $L = \mathbb{Q}(\sqrt[4]{2}, \sqrt[6]{3}, \sqrt[4]{7})$，$2, 3, 7, 4, 6 \notin \boldsymbol{p} = 5\mathbb{Z}$ として適用する.)

この命題 5.2 の証明については，例 6.40 を見られたい．

次に完全分解ということについて説明する．一般に (5.1) について

$$(5.2) \qquad \sum_{i=1}^{g} e_i \leqq [L:K]$$

($[L:K]$ は体の拡大次数) であること，したがって，とくに $g \leqq [L:K]$ であることが知られている．(§6.3 に，(5.2) よりももっと精しい式 (命題 6.22) を証明する.)

定義 5.3 $O_L \boldsymbol{p}$ が，$[L:K]$ 個の O_L の相異なる 0 でない素イデアルの積となるとき，すなわち $g = [L:K]$ であるとき，$\boldsymbol{p}$ は L において**完全分解**するという． □

完全分解すれば不分岐である．

$K = \mathbb{Q}$ の場合には，素数 p について，$p\mathbb{Z}$ が L において分岐，不分岐，完全分解であることをそれぞれ，p が L において分岐，不分岐，完全分解であるという．

完全分解する素イデアルが何かを見ることも，分岐する素イデアルを考えることにおとらず大切である．

表 5.1, 5.2 から，2 次体でどんな素数が完全分解するか，分岐するかについての表 5.3 を得る．

表 5.3 から読みとれることをいくつか下の (ア), (イ), (ウ) に挙げる．

(ア) まず，分岐する素数がどの 2 次体でも有限個になっている．じつは一般に，代数体 K の有限次拡大 L について，L において分岐する O_K の 0 でない素イデアルは，高々有限個であることが知られている．このことは §6.3 で証明する (系 6.33 参照).

表 5.3

体	完全分解する素数 p	分岐する素数
$\mathbb{Q}(\sqrt{-1})$	$p \equiv 1 \bmod 4$	2
$\mathbb{Q}(\sqrt{2})$	$p \equiv 1, 7 \bmod 8$	2
$\mathbb{Q}(\sqrt{-2})$	$p \equiv 1, 3 \bmod 8$	2
$\mathbb{Q}(\sqrt{3})$	$p \equiv 1, 11 \bmod 12$	2, 3
$\mathbb{Q}(\sqrt{-3})$	$p \equiv 1 \bmod 3$	3
$\mathbb{Q}(\sqrt{5})$	$p \equiv 1, 4 \bmod 5$	5
$\mathbb{Q}(\sqrt{-5})$	$p \equiv 1, 3, 7, 9 \bmod 20$	2, 5
$\mathbb{Q}(\sqrt{6})$	$p \equiv 1, 5, 13, 19 \bmod 24$	2, 3
$\mathbb{Q}(\sqrt{-6})$	$p \equiv 1, 5, 7, 11 \bmod 24$	2, 3
$\mathbb{Q}(\sqrt{-15})$	$p \equiv 1, 2, 4, 8 \bmod 15$	3, 5

（イ） $\mathbb{Q}(\sqrt{-1})$ の欄の mod 4 の 4 が 2^2 であり, $\mathbb{Q}(\sqrt{-15})$ の欄の mod 15 の 15 が 3×5 であるように, どの 2 次体においても, 分岐する素数を(重複を許して)かけあわせてできるある自然数 N について, その 2 次体での素数 p の分解の様子が $p \bmod N$ で決まっている.

じつはこのことはどんな 2 次体でも成立する(§5.2 定理 5.15 参照). さらにこのことの類体論における一般化が, §5.3 定理 5.21(4) で与えられる.

（ウ） $\mathbb{Q}(\sqrt{-15})$ の欄に出てくる $\{1, 2, 4, 8 \bmod 15\}$ は, 乗法群 $(\mathbb{Z}/15\mathbb{Z})^\times$ $= \{1, 2, 4, 7, 8, 11, 13, 14 \bmod 15\}$ の指数 2 の部分群になっている.

よく見ると表 5.3 のどの 2 次体の欄でも, 完全分解する素数の条件「$p \equiv \cdots \bmod N$」の $\{\cdots \bmod N\}$ は, 乗法群 $(\mathbb{Z}/N\mathbb{Z})^\times$ の指数 2 の部分群である. じつはこれはどんな 2 次体でも成立する(定理 5.15 参照). さらに定理 5.7 に述べるように, 考察の対象を 2 次体だけに限らないなら, 大切なのは指数 2 の部分群だけに限らなくなる. どんな $N, d \geq 1$ についても, $(\mathbb{Z}/N\mathbb{Z})^\times$ の指数 d のどんな部分群も, $\mathbb{Q}$ のある d 次拡大において完全分解する素数を記述するものになるのである. これについての例を次の項(d)に挙げる.

(d) 2 次体以外の体における素数の分解

これまでは 2 次体における素数の分解について見てきたが, この項(d)で

は2次体以外の体における素数の分解の様子を見る．この項に述べることは，§5.2で定理5.7として整理される．

例として，$\mathbb{Q}$の4次拡大$\mathbb{Q}(\zeta_5)$（ζ_5は1の原始5乗根）を考える．そこでは表5.4のような「類体論的現象」が生ずることが知られている．

表5.4　$\mathbb{Q}(\zeta_5)$における素数pの分解

素数の分類	分解の状況
$p \equiv 1 \bmod 5$	$(p) = q_1 q_2 q_3 q_4$, $q_1, \cdots, q_4$ は相異なる素イデアル
	例　$(11) = (2+\zeta_5)(2+\zeta_5^2)(2+\zeta_5^3)(2+\zeta_5^4)$
	$(31) = (2-\zeta_5)(2-\zeta_5^2)(2-\zeta_5^3)(2-\zeta_5^4)$
$p \equiv 4 \bmod 5$	$(p) = q_1 q_2$, q_1, q_2 は相異なる素イデアル
	例　$(19) = (8+3\sqrt{5})(8-3\sqrt{5})$
$p \equiv 2, 3 \bmod 5$	(p) は素イデアル
$p = 5$	$(5) = (1-\zeta_5)^4$, $(1-\zeta_5)$ は素イデアル

表5.4からわかるように，素数pについて
$$p \equiv 1 \bmod 5 \iff p は \mathbb{Q}(\zeta_5) において完全分解$$
であるが，これは$\mathbb{Q}$の4次拡大$\mathbb{Q}(\zeta_5)$において完全分解する素数たちを$(\mathbb{Z}/5\mathbb{Z})^\times$の指数4の部分群$\{1 \bmod 5\}$が与えていることを示している．

すでに述べたように，2次体$\mathbb{Q}(\sqrt{5})$においても，素数pの分解が$p \bmod 5$で決まった．じつは$\mathbb{Q}(\sqrt{5})$は$\mathbb{Q}(\zeta_5)$に含まれる体である．§5.2の命題5.18に述べるように，$\zeta_5 - \zeta_5^2 - \zeta_5^3 + \zeta_5^4$が5の平方根になるからである．

$\mathbb{Q}(\zeta_5)$や$\mathbb{Q}(\sqrt{5})$では，$p \bmod 5$によって素数pの分解の様子が決まった．$p \bmod 7$で素数pの分解の様子が決まる体として次の表5.5のものがあり，定理5.10によれば，それらの体がすべてである．$(\mathbb{Z}/7\mathbb{Z})^\times$の部分群に
$$\{1 \bmod 7\}, \quad \{1, 6 \bmod 7\}, \quad \{1, 2, 4 \bmod 7\}, \quad (\mathbb{Z}/7\mathbb{Z})^\times 自身$$
の4つがあることに注意する．

なお，$\mathbb{Q}(\sqrt{-7})$は$\mathbb{Q}(\zeta_7)$に含まれる体である．命題5.18に述べるように，$\zeta_7 + \zeta_7^2 - \zeta_7^3 + \zeta_7^4 - \zeta_7^5 - \zeta_7^6$が$-7$の平方根になるからである．$\mathbb{Q}(\sqrt{5}) \subset \mathbb{Q}(\zeta_5)$, $\mathbb{Q}(\sqrt{-7}) \subset \mathbb{Q}(\zeta_7)$のような，2次体と体$\mathbb{Q}(\zeta_N)$（$N \geq 1$）の間の包含関係について，§5.2(d)で考察する．

表 5.5　mod 7 で素数の分解が決まるすべての体

体 L	$[L:\mathbb{Q}]$	完全分解する素数 p	分岐する素数
$\mathbb{Q}(\zeta_7)$	6	$p \equiv 1 \bmod 7$	7
$\mathbb{Q}(\zeta_7+\zeta_7^{-1})$	3	$p \equiv 1, 6 \bmod 7$	7
$\mathbb{Q}(\sqrt{-7})$	2	$p \equiv 1, 2, 4 \bmod 7$	7
$\mathbb{Q}$	1	すべての p	なし

表 5.6　mod 20 で素数の分解が決まるすべての体

体 L	$[L:\mathbb{Q}]$	完全分解する素数 p	分岐する素数
$\mathbb{Q}(\zeta_{20})$	8	$p \equiv 1 \bmod 20$	2, 5
$\mathbb{Q}(\zeta_5)$	4	$p \equiv 1 \bmod 5$	5
$\mathbb{Q}(\zeta_{20}+\zeta_{20}^{-1})$	4	$p \equiv 1, 19 \bmod 20$	2, 5
$\mathbb{Q}(\sqrt{5},\sqrt{-1})$	4	$p \equiv 1, 9 \bmod 20$	2, 5
$\mathbb{Q}(\sqrt{5})$	2	$p \equiv 1, 4 \bmod 5$	5
$\mathbb{Q}(\sqrt{-5})$	2	$p \equiv 1, 3, 7, 9 \bmod 20$	2, 5
$\mathbb{Q}(\sqrt{-1})$	2	$p \equiv 1 \bmod 4$	2
$\mathbb{Q}$	1	すべての p	なし

さらに, $p \bmod 20$ で素数 p の分解の様子が決まる体を, 表 5.6 にすべて挙げる.

(e)　代数体の拡大

ここまでは, 代数体の拡大 $K \subset L$ について, $K = \mathbb{Q}$ の場合のみを考えてきたが, ここで例として,

$$K = \mathbb{Q}(\zeta_3) = \mathbb{Q}(\sqrt{-3}), \quad L = \mathbb{Q}(\zeta_3, \sqrt[3]{2})$$

の場合をとりあげる. この拡大について表 5.7 で示される類体論的現象が生ずる.

このように $\mathbb{Q}$ と $\mathbb{Q}(\zeta_5)$ の間で生ずる現象に似たものが, $\mathbb{Q}(\zeta_3)$ と $\mathbb{Q}(\zeta_3, \sqrt[3]{2})$ の間で生じている. ($\mathbb{Q}(\zeta_5)$ のときの $\bmod 5$ の代わりに, $\bmod 6\mathbb{Z}[\zeta_3]$ があらわれている.) なおこの表に出てくる $(1-6\zeta_3)$ は, $43 = (1-6\zeta_3)(1-6\zeta_3^2)$ をみたし, 43 の $\mathbb{Q}(\zeta_3)$ における素因子である.

表 5.7　$L=\mathbb{Q}(\zeta_3,\sqrt[3]{2})$ における $\mathbb{Q}(\zeta_3)$ の素イデアル $\boldsymbol{p}$ の分解

素イデアルの分類	分解の状況
$\boldsymbol{p}=(\alpha),\ \alpha\equiv 1\bmod 6\mathbb{Z}[\zeta_3]$ となる α が存在する $\boldsymbol{p}$	$O_L\boldsymbol{p}=\boldsymbol{q}_1\boldsymbol{q}_2\boldsymbol{q}_3,\ \boldsymbol{q}_1,\boldsymbol{q}_2,\boldsymbol{q}_3$ は相異なる O_L の素イデアル 例 $(1-6\zeta_3)=\prod_{a=1}^{3}(1+2\zeta_3+\sqrt[3]{4}\zeta_3^a)$
上下の場合以外の $\boldsymbol{p}$	$O_L\boldsymbol{p}$ は O_L の素イデアル
$\boldsymbol{p}=(1-\zeta_3),(2)$	$O_L\boldsymbol{p}=\boldsymbol{q}^3,\ \boldsymbol{q}$ は O_L の素イデアル

今までに挙げてきた例を見ていると，おそらくどのような代数体の拡大 $K\subset L$ についても，K の素イデアルの L における分解について，この $K=\mathbb{Q}(\zeta_3),\ L=\mathbb{Q}(\zeta_3,\sqrt[3]{2})$ の場合のような現象が存在するのであろう，とくに $K=\mathbb{Q}$ の場合，L における素数 p の分解の様子が，ある自然数 N について $p\bmod N$ で決まるのであろう，と期待したくなる．ところが，事実はそうではなく，たとえば $\mathbb{Q}(\sqrt[3]{2})$ や $\mathbb{Q}(\zeta_3,\sqrt[3]{2})$ において素数 p が完全分解するか否かは，どのような N をもってしても，$p\bmod N$ では決まらないことがわかっている(§5.2 定理 5.10 参照)．

たとえば $K=\mathbb{Q},\ L=\mathbb{Q}(\zeta_3,\sqrt[3]{2})$ の場合，2 段階の拡大
$$K=\mathbb{Q}\subset\mathbb{Q}(\zeta_3)\subset L=\mathbb{Q}(\zeta_3,\sqrt[3]{2})$$
の各段階では，素数または素イデアルの分解の法則が表 5.1 と表 5.7 で与えられている．しかし，だからといって，それは素数 p の $\mathbb{Q}(\zeta_3,\sqrt[3]{2})$ での分解の法則を，「$p\bmod N$ で決まる」の形に与えることにならないのである．たとえば，素数 31 や 43 は $\mathbb{Q}(\zeta_3)$ の整数環 $\mathbb{Z}[\zeta_3]$ において

$$(31)=(1+6\zeta_3)(1+6\zeta_3^2),\quad (43)=(1-6\zeta_3)(1-6\zeta_3^2)$$

の形に完全分解し，$(1+6\zeta_3),(1+6\zeta_3^2),(1-6\zeta_3),(1-6\zeta_3^2)$ は $\equiv 1\bmod 6\mathbb{Z}[\zeta_3]$ となる元で生成されるから，表 5.7 により $\mathbb{Q}(\zeta_3,\sqrt[3]{2})$ で完全分解する．したがって，31 や 43 は $\mathbb{Q}(\zeta_3,\sqrt[3]{2})$ において完全分解する．しかしどのような素数 p が，この 31 や 43 のように，

$$(p)=\boldsymbol{p}\boldsymbol{q},\quad \boldsymbol{p},\boldsymbol{q}\text{ は相異なる }\mathbb{Z}[\zeta_3]\text{ の素イデアル,}$$
$$\boldsymbol{p}=(\alpha),\ \boldsymbol{q}=(\beta),\ \alpha\equiv\beta\equiv 1\bmod 6\mathbb{Z}[\zeta_3]$$

の形にあらわされるかは，どんな N をもってしても $p\bmod N$ で判定するこ

とはできないのである.

では,代数体のどのような拡大 $K \subset L$ において,これまで表 5.1–表 5.7 に挙げてきたようなタイプの「類体論的現象」が生ずるのであろうか. じつは,L が K の Abel 拡大であるとき,そのときに限り,このようなタイプの類体論的現象が生ずるのである.

Abel 拡大とは,Galois 拡大であってかつその Galois 群が Abel 群になるものである. Galois 理論については,付録の §B.1, §B.2 をごらんいただきたい.

2次体は Galois 群が Abel 群 $\mathbb{Z}/2\mathbb{Z}$ となる,$\mathbb{Q}$ の Abel 拡大である. また $\mathbb{Q}(\zeta_5)$ など表 5.1–表 5.6 に出てきた 2 次体以外の体も $\mathbb{Q}$ の Abel 拡大であることを,次の §5.2 で説明する. $\mathbb{Q}(\zeta_3, \sqrt[3]{2})$ は $\mathbb{Q}(\zeta_3)$ の Abel 拡大であるが,$\mathbb{Q}(\sqrt[3]{2})$ や $\mathbb{Q}(\zeta_3, \sqrt[3]{2})$ は $\mathbb{Q}$ の Abel 拡大ではない.

類体論は Abel 拡大の理論であり,類体論の主内容は,代数体の Abel 拡大において表 5.1–表 5.7 に挙げてきたようなタイプの現象が生ずること,逆にそれが生ずる代数体の拡大は Abel 拡大であること,代数体の Abel 拡大はその現象の様子によって定まる(たとえば,その体で完全分解する素数全体が $\{$素数 $p; p \equiv 1 \bmod 4\}$ に一致する代数体は,$\mathbb{Q}(\sqrt{-1})$ のみである)ことである.

なお,代数体の非 Abel 拡大における現象については,類体論のような完成された理論は現在できていない. しかし,非 Abel 拡大と保型形式論との関係(『数論 II』§11.4)が知られてきており,それについて最近 Wiles が大きな進展を与えそれが Fermat の最終定理の証明につながった. これについては,岩波講座『現代数学の展開』の「Fermat 予想」の巻に詳しく解説する.

(f) 多項式の素因数

ここまで,素数や素イデアルの分解の様子にあらわれる類体論的現象を見てきたが,この項(f)と(g)では少しちがう姿をした類体論的現象を眺める.

整数係数の多項式 $f(T)$ が与えられたとき,$f(n)$ $(n \in \mathbb{Z})$ の素因数になりうる素数についての「類体論的現象」を述べる.

たとえば $f(T)=T^2+6$ とすると,$n=0,1,2,3,4,\cdots$ としたとき,$f(n)$ は
$$6=2\times 3,\ 7,\ 10=2\times 5,\ 15=3\times 5,\ 22=2\times 11,\ 31,\ 42=2\times 3\times 7,$$
$$55=5\times 11,\ 70=2\times 5\times 7,\ 87=3\times 29,\ 106=2\times 53,\ \cdots$$
となるが,ここにあらわれる素数 $2,3,7,5,11,31,29,53,\cdots$ は,24 でわると $1,5,7,11$ 余る素数および $2,3$ である.なぜなら,素数 $p\neq 2,3$ について
$$p\ \text{が}\ n^2+6\,(n\in\mathbb{Z})\ \text{の形の数の素因数となる}$$
$$\iff x^2+6\equiv 0\bmod p\ \text{が整数解を持つ}$$
$$\iff \left(\frac{-6}{p}\right)=1 \iff p\equiv 1,5,7,11\bmod 24.$$
ここで最後の同値は平方剰余の相互法則とその補充法則による.

このように,整数係数の 2 次式 $f(T)$ が与えられたとき,平方剰余の相互法則とその補充法則により,素数 p について
$$p\ \text{が}\ f(n)\,(n\in\mathbb{Z})\ \text{の形の数の素因数となる}$$
$$\iff p\equiv \cdots \bmod N$$
の形の判定が得られる.

では $f(T)$ として 3 次以上の多項式をとった場合はどうなるであろうか.表 5.8 のような現象が生ずる.

表 5.8 多項式の素因数

多項式 $f(T)$	$f(x)\equiv 0\bmod p$ が整数解を持つ素数 p
T^2+6	$p\equiv 1,5,7,11\bmod 24$,または $p=2,3$
$T^4+T^3+T^2+T+1$	$p\equiv 1\bmod 5$,または $p=5$
T^3+T^2-2T-1	$p\equiv 1,6\bmod 7$,または $p=7$
T^3-2	$p\equiv\cdots\bmod\cdots$ の形の判定法がない

これは ζ_5 が $x^4+x^3+x^2+x+1=0$ の解であり,$\zeta_7+\zeta_7^{-1}$ が $x^3+x^2-2x-1=0$ の解であり,$\mathbb{Q}(\zeta_5),\mathbb{Q}(\zeta_7+\zeta_7^{-1})$ において素数 p が完全分解するための必要十分条件がそれぞれ,$p\equiv 1\bmod 5$,$p\equiv 1,6\bmod 7$ で与えられること,$\mathbb{Q}(\sqrt[3]{2})$ が $\mathbb{Q}$ の Abel 拡大でないことと深く関連する.これについて例 6.42 に論ずる.

(g) $p = x^2 + 5y^2$, $p = x^2 + 6y^2$ など

はじめに述べた「素数 p が x^2+y^2 や x^2+2y^2 などの形に書けるか」ということに関する類体論的現象に，次のようなものがある．

p を 2, 5 でない素数とするとき

$\quad p = x^2 + 5y^2$ となる $x, y \in \mathbb{Z}$ が存在する $\iff p \equiv 1, 9 \bmod 20$

p を 2, 3 でない素数とするとき

$\quad p = x^2 + 6y^2$ となる $x, y \in \mathbb{Z}$ が存在する $\iff p \equiv 1, 7 \bmod 24$.

この右側にあらわれる条件は，$\mathbb{Q}(\sqrt{-5})$ において p が完全分解するための必要十分条件 $p \equiv 1, 3, 7, 9 \bmod 20$ や，$\mathbb{Q}(\sqrt{-6})$ において p が完全分解するための必要十分条件 $p \equiv 1, 5, 7, 11 \bmod 24$ に比べて，少しずれが生じている．(x^2+y^2 や x^2+2y^2 の場合は，$\mathbb{Q}(\sqrt{-1})$ や $\mathbb{Q}(\sqrt{-2})$ において素数が完全分解するための必要十分条件 $p \equiv 1 \bmod 4$ や $p \equiv 1, 3 \bmod 8$ が，そのままあらわれた．）このずれについては，すでに Fermat も気づいていた（演習問題 5.3 参照）．

また，素数 p が x^2+26y^2 $(x, y \in \mathbb{Z})$ の形に書けるかどうかは，どんな自然数 N をもってしても $p \bmod N$ で判定することができない．このような現象は，§5.3(b) で論ずるように，類体論に関係がある．

§5.2 円分体と2次体

18 歳の Gauss は，1796 年の 3 月 30 日の起床の際に，正 17 角形がコンパスと定規によって作図できることを発見した（Gauss の日記による）．それは，$\mathbb{Q}(\zeta_{17})$ を考察したことによるものであった．

複素平面において 1 の N 乗根は単位円を N 等分したときにあらわれるので，$\mathbb{Q}(\zeta_N)$ は**円分体**（cyclotomic field）と呼ばれる．Gauss は円分体を考察し，また 2 次体の数論と円分体の関係も考察した．この §5.2 では，§5.1 の項 (a), (b), (d) にあらわれた 2 次体，円分体，円分体の部分体についての現象を，円分体を中心におくことによって整理する．円分体やその部分体にお

ける素数の分解法則(項(b)の定理5.7)と2次体における素数の分解法則(項(d)の定理5.15)を述べ,それらを第6章で証明する素イデアルについての一般論を援用して,この§5.2で証明する.そしてその観点に立って,平方剰余の相互法則を証明する(項(f)).

(a) 円分体の Galois 群

$\mathbb{Q}(\zeta_N)$ は $\mathbb{Q}$ の Galois 拡大である.これは ζ_N の共役元が 1 の N 乗根だから ζ_N のベキ乗であり,したがってすべて $\mathbb{Q}(\zeta_N)$ に属することからわかる(付録§B.2参照).群準同型

$$s_N \colon \mathrm{Gal}(\mathbb{Q}(\zeta_N)/\mathbb{Q}) \to (\mathbb{Z}/N\mathbb{Z})^\times$$

が,$\sigma \in \mathrm{Gal}(\mathbb{Q}(\zeta_N)/\mathbb{Q})$ に対して $\sigma(\zeta_N) = \zeta_N^r$ となる整数 r をとり,$s_N(\sigma) = r \bmod N$ とおくことで定義される.

s_N は単射である.なぜなら $\sigma \in \mathrm{Gal}(\mathbb{Q}(\zeta_N)/\mathbb{Q})$, $s_N(\sigma) = 1$ なら,$\sigma(\zeta_N) = \zeta_N$,よって σ は $\mathbb{Q}(\zeta_N)$ の元を動かさず,$\sigma = 1$ となるからである.したがって,$\mathrm{Gal}(\mathbb{Q}(\zeta_N)/\mathbb{Q})$ は Abel 群 $(\mathbb{Z}/N\mathbb{Z})^\times$ の部分群に同型ゆえ Abel 群であり,よって $\mathbb{Q}(\zeta_N)$ は $\mathbb{Q}$ の Abel 拡大である.

Gauss は Galois 理論を発見しなかったが,Galois 理論のことばを用いれば次のように言いあらわされる事実を発見した.

定理 5.4 s_N により

$$\mathrm{Gal}(\mathbb{Q}(\zeta_N)/\mathbb{Q}) \xrightarrow{\cong} (\mathbb{Z}/N\mathbb{Z})^\times. \qquad \square$$

この定理の証明は項(c)に与える.

正17角形がコンパスと定規で作図できるわけは,Galois 理論を用いて述べると次のとおり.複素数 α が,複素平面の点として,複素平面内の 0 と 1 から出発してコンパスと定規で作図できるための必要十分条件は,

$$\mathbb{Q} = K_0 \subset K_1 \subset K_2 \subset \cdots \subset K_n = \mathbb{Q}(\alpha)$$

となる体の列で各 $i = 1, \cdots, n$ に対し K_i が K_{i-1} の2次拡大となるものが存在することである.(このことの証明は略する.可換体論や Galois 理論の本を見られたい.)

たとえば,正5角形が作図可能であることは古代ギリシャから知られて

いたが，$\alpha = \zeta_5$ とすると体の列 $\mathbb{Q} \subset \mathbb{Q}(\sqrt{5}) \subset \mathbb{Q}(\zeta_5)$ は上の条件をみたすから ζ_5 は作図可能であり，これは正 5 角形が作図可能であることを示している．また，ζ_7 は作図可能でなく，したがって正 7 角形も作図可能でない．なぜなら複素数 α に対し上のような体の列があれば，$[\mathbb{Q}(\alpha) : \mathbb{Q}] = [K_n : K_0] = 2^n$ であるはずだが，$[\mathbb{Q}(\zeta_7) : \mathbb{Q}] = 6$ は 2 のベキでないからである．正 17 角形については，定理 5.4 により，$\mathrm{Gal}(\mathbb{Q}(\zeta_{17})/\mathbb{Q})$ を $(\mathbb{Z}/17\mathbb{Z})^\times$ と同一視すると，$(\mathbb{Z}/17\mathbb{Z})^\times$ の部分群の列

$$(\mathbb{Z}/17\mathbb{Z})^\times \supset \{\pm 1, \pm 2, \pm 4, \pm 8\} \supset \{\pm 1, \pm 4\} \supset \{\pm 1\} \supset \{1\}$$

に Galois 理論によって対応する体の列

$$\mathbb{Q} = K_0 \subset K_1 \subset K_2 \subset K_3 \subset K_4 = \mathbb{Q}(\zeta_{17})$$

がある．隣接する部分群の間の指数が 2 なので，Galois 理論により，各 $i = 1, 2, 3, 4$ に対し K_i は K_{i-1} の 2 次拡大となっている．よって ζ_{17} は作図可能であり，単位円が 17 等分され，正 17 角形が作図される．

問 3 角 40° はコンパスと定規で作図可能か．

(b) 円分体の部分体における素数の分解

Galois 理論により

$$\mathbb{Q}(\zeta_N) \text{ の部分体} \xleftrightarrow{1:1} \mathrm{Gal}(\mathbb{Q}(\zeta_N)/\mathbb{Q}) \text{ の部分群}$$

という 1 対 1 対応が成立するから，定理 5.4 により

$$\mathbb{Q}(\zeta_N) \text{ の部分体} \xleftrightarrow{1:1} (\mathbb{Z}/N\mathbb{Z})^\times \text{ の部分群}$$

という 1 対 1 対応が成立する．

例 5.5 $N=5$ のとき，上の 1 対 1 対応 $L \longleftrightarrow H$ は

$$\begin{array}{ccc} \mathbb{Q}(\zeta_5) & \longleftrightarrow & \{1\} \\ \cup & & \cap \\ \mathbb{Q}(\sqrt{5}) & \longleftrightarrow & \{1, 4\} \\ \cup & & \cap \\ \mathbb{Q} & \longleftrightarrow & (\mathbb{Z}/5\mathbb{Z})^\times = \{1, 2, 3, 4\} \end{array}$$

である．なぜなら $(\mathbb{Z}/5\mathbb{Z})^\times$ の部分群は右側に挙げたもののみであり，$\mathbb{Q}(\zeta_5)$

の部分体としてすでに $\mathbb{Q}(\zeta_5)$, $\mathbb{Q}(\sqrt{5})$, $\mathbb{Q}$ が見つかっているから，上記の対応以外にありえない． □

例 5.6 $N=7$ のとき，$\mathbb{Q}(\zeta_7)$ の部分体 L と $(\mathbb{Z}/7\mathbb{Z})^\times$ の部分群 H が Galois 理論により対応するとすれば，拡大次数 $[L:\mathbb{Q}]$ は指数 $[(\mathbb{Z}/7\mathbb{Z})^\times:H]$ に等しいので，上の1対1対応は，上述の次数と指数の関係を用いて考えると，

$$
\begin{array}{ccccccc}
 & & \mathbb{Q}(\zeta_7) & & & & \{1\} \\
 & \cup & & \cup & & \cup & \\
\mathbb{Q}(\zeta_7+\zeta_7^{-1}) & & \mathbb{Q}(\sqrt{-7}) & & \{1,6\} & & \{1,2,4\} \\
 & \cup & & \cup & & \cup & \\
 & & \mathbb{Q} & & & & (\mathbb{Z}/7\mathbb{Z})^\times
\end{array}
$$

（対応するものを対応する位置においた）であることがわかる． □

さて，これらの対応図を表 5.4, 5.5 と比較するとき，たとえば例 5.5 で $\mathbb{Q}(\sqrt{5})$ に対応する群が $\{1,4\}\subset(\mathbb{Z}/5\mathbb{Z})^\times$ であることと，表 5.4 で $\mathbb{Q}(\sqrt{5})$ において完全分解する素数全体が $\{\text{素数}\,p;\,p\equiv 1,4\bmod 5\}$ であることが，ぴったり符合していることに気づく．

このことは次の定理に一般化される．

定理 5.7 N を自然数とし，$\mathbb{Q}(\zeta_N)$ の部分体 L と $(\mathbb{Z}/N\mathbb{Z})^\times$ の部分群 H が上の意味で対応しているとする．このとき，N をわらない素数 p について次が成立する．

（1） p は L で不分岐．

（2） p が L で完全分解 $\iff p\bmod N\in H$．

（3） （これは(2)を詳しくしたもの）$p^f\bmod N\in H$ となる最小の自然数 f をとると，O_L において (p) は $\dfrac{1}{f}[L:\mathbb{Q}]$ 個の相異なる素イデアルの積となる． □

この定理の証明は項(c)に与える．

系 5.8 N を自然数とし，p は N をわりきらない素数とする．このとき，p は $\mathbb{Q}(\zeta_N)$ において不分岐であり，

$$p\text{ が }\mathbb{Q}(\zeta_N)\text{ で完全分解}\iff p\equiv 1\bmod N.$$
□

系 5.9 N,p を系 5.8 のとおりとするとき，p は $\mathbb{Q}(\zeta_N+\zeta_N^{-1})$ において不

分岐であり，
$$p \text{ が } \mathbb{Q}(\zeta_N + \zeta_N^{-1}) \text{ で完全分解} \iff p \equiv \pm 1 \bmod N. \qquad \square$$
(なお，$\mathbb{Q}(\zeta_N+\zeta_N^{-1}) = \mathbb{Q}\left(\cos\left(\dfrac{2\pi}{N}\right)\right)$ である．これは，$\cos\left(\dfrac{2\pi}{N}\right) = \dfrac{1}{2}(e^{2\pi i/N} + e^{-2\pi i/N})$ であることからしたがう．)

系 5.8, 系 5.9 は，定理 5.7 でそれぞれ $L = \mathbb{Q}(\zeta_N)$, $L = \mathbb{Q}(\zeta_N + \zeta_N^{-1})$ とおけば得られる．$\mathbb{Q}(\zeta_N + \zeta_N^{-1})$ に対応する $(\mathbb{Z}/N\mathbb{Z})^\times$ の部分群が $\{\pm 1 \bmod N\} \subset (\mathbb{Z}/N\mathbb{Z})^\times$ であることは，$\zeta_N + \zeta_N^{-1}$ が $\mathrm{Gal}(\mathbb{Q}(\zeta_N)/\mathbb{Q})$ の元 $\zeta_N \mapsto \zeta_N^{-1}$ によって動かないから $\{\pm 1 \bmod N\}$ に対応する体が $\mathbb{Q}(\zeta_N + \zeta_N^{-1})$ を含むこと，一方 ζ_N が $\mathbb{Q}(\zeta_N + \zeta_N^{-1})$ 上の 2 次方程式 $x^2 - (\zeta_N + \zeta_N^{-1})x + 1 = 0$ の解であるから $[\mathbb{Q}(\zeta_N) : \mathbb{Q}(\zeta_N + \zeta_N^{-1})] \leqq 2$ となり，よって $\mathbb{Q}(\zeta_N + \zeta_N^{-1})$ を含む $\mathbb{Q}(\zeta_N)$ の部分体が $\mathbb{Q}(\zeta_N)$ と $\mathbb{Q}(\zeta_N + \zeta_N^{-1})$ 以外にはないことからわかる．

$\mathbb{Q}(\zeta_N)$ は $\mathbb{Q}$ の Abel 拡大であるから，$\mathbb{Q}(\zeta_N)$ の部分体はすべて $\mathbb{Q}$ の Abel 拡大である．次の定理の(1)は，その「逆」を主張するものである．この定理 5.10 は §8.1(g) で証明される．

定理 5.10 L を代数体とする．

(1) (Kronecker の定理) 次の(i), (ii)は同値である．

 (i) L は $\mathbb{Q}$ の Abel 拡大である．

 (ii) $L \subset \mathbb{Q}(\zeta_N)$ となる自然数 N が存在する．

(2) N を自然数とするとき，次の(i), (ii)は同値である．

 (i) $L \subset \mathbb{Q}(\zeta_N)$.

 (ii) 素数 p が L で完全分解するか否かが $p \bmod N$ で判定される．

(3) L を $\mathbb{Q}$ の Abel 拡大とし，$L \subset \mathbb{Q}(\zeta_N)$ となる最小の自然数 N をとるとき，素数 p について
$$p \text{ が } L \text{ において分岐する} \iff p \text{ は } N \text{ をわりきる．} \qquad \square$$

(c) 定理 5.4, 定理 5.7 の証明

定理 5.4, 定理 5.7 の証明を，§6.3 に証明する事柄を使って与える．Frobenius 置換という，重要だが急には飲みこみにくいものを使ってしまうので，読みにくいときはこの項を飛ばし次の項に進んでいただきたい．

§6.3 で考察する素イデアルの分解の一般論から,次のことがわかる. K を代数体,L をその有限次 Abel 拡大,$\mathfrak{p}$ を K の素イデアルで L において不分岐であるものとすると,$\mathfrak{p}$ の Frobenius 置換と呼ばれる重要な元 $\mathrm{Frob}_{\mathfrak{p},L} \in \mathrm{Gal}(L/K)$ が定まる.$\mathrm{Frob}_{\mathfrak{p},L}$ ($\mathrm{Frob}_\mathfrak{p}$ とも略記する)は,$\mathfrak{p}$ の L における分解の様子をつかさどる元であり,「$\mathfrak{p}$ の心を持つ元」というべきものである. $\mathrm{Gal}(L/K)$ の中に,K の各々の素イデアルの心が螢火のようにともるのである.Frobenius 置換についての一般論は§6.3(a)を見ていただくことにして,ここでは $K=\mathbb{Q}$ の場合の,L において不分岐な素数 p に対する $\mathrm{Frob}_{p\mathbb{Z},L}$ ($\mathrm{Frob}_{p,L}$ と書く)について述べる.$\mathrm{Frob}_{p,L}$ は次の特徴づけおよび性質を持つ.この命題 5.11 の証明については§6.3 を見られたい.

命題 5.11 L を $\mathbb{Q}$ の有限次 Abel 拡大とし,p を L において不分岐な素数とする.

(1) $\mathrm{Gal}(L/\mathbb{Q})$ の元 $\mathrm{Frob}_{p,L}$ で,
$$\mathrm{Frob}_{p,L}(x) \equiv x^p \bmod pO_L$$
がすべての $x \in O_L$ について成立するものがただひとつ存在する.

(2) $\mathrm{Frob}_{p,L} = 1 \iff p$ は L において完全分解.
もっとくわしく,$\mathrm{Frob}_{p,L}$ の位数を f とおくと,pO_L は $\frac{1}{f}[L:\mathbb{Q}]$ 個の素イデアルの積に分解する.

(3) L' を L の部分体とすると,自然な全射 $\mathrm{Gal}(L/\mathbb{Q}) \to \mathrm{Gal}(L'/\mathbb{Q})$ による $\mathrm{Frob}_{p,L}$ の像は $\mathrm{Frob}_{p,L'}$ に一致する. □

$L=\mathbb{Q}(\zeta_N)$ のとき,N をわらない素数 p について $\mathrm{Frob}_{p,L}$ を決定する.

命題 5.12 p が N をわらない素数なら,p は $\mathbb{Q}(\zeta_N)$ において不分岐であり,$s_N: \mathrm{Gal}(\mathbb{Q}(\zeta_N)/\mathbb{Q}) \to (\mathbb{Z}/N\mathbb{Z})^\times$ は Frob_p を $p \bmod N$ にうつす. □

命題 5.12 を認めて定理 5.4, 定理 5.7 を証明する.

[定理 5.4 の証明] s_N が単射であることはすでに示してあるので,全射を示す.$(\mathbb{Z}/N\mathbb{Z})^\times$ の各元は,N と互いに素なある自然数 r についての $r \bmod N$ になる.r を素因数分解することにより,$(\mathbb{Z}/N\mathbb{Z})^\times$ が,N をわらない素数 p についての $p \bmod N$ で生成されることがわかる.命題 5.12 により,$p \bmod N = s_N(\mathrm{Frob}_p)$ であるから,s_N が全射であることがわかった. ■

[定理 5.7 の証明]　$\mathrm{Gal}(L/\mathbb{Q})$ を $(\mathbb{Z}/N\mathbb{Z})^\times/H$ と同一視するとき，$\mathrm{Frob}_{p,L}$ $\in \mathrm{Gal}(L/\mathbb{Q})$ は，命題 5.11(3) と命題 5.12 により，$p \bmod N$ の $(\mathbb{Z}/N\mathbb{Z})^\times/H$ における像に等しい．よって，定理 5.7(2), (3) は命題 5.11(2) から得られる． ∎

[命題 5.12 の証明]　$L = \mathbb{Q}(\zeta_N)$ とおく．ζ_N は 1 の N 乗根であるから，N をわらない素数 p は命題 5.2 により L において不分岐である．

命題 5.11(1) により，$\mathrm{Frob}_p(\zeta_N) \equiv \zeta_N^p \bmod pO_L$. 一方，$s_N(\mathrm{Frob}_p) = r \bmod N$ とおくと $\mathrm{Frob}_p(\zeta_N) = \zeta_N^r$. よって $\zeta_N^a \equiv \zeta_N^b \bmod pO_L$ から $a \equiv b \bmod N$ を導くことができれば，$s_N(\mathrm{Frob}_p) = p \bmod N$ が得られる．$\zeta_N^a \equiv 1 \bmod pO_L$ から $a \equiv 0 \bmod N$ を導けば十分である．$T^N - 1 = \prod_{a=1}^{N}(T - \zeta_N^a)$ の両辺を微分して $T = 1$ とおくことにより，$N = \prod_{a=1}^{N-1}(1 - \zeta_N^a)$. $N \notin pO_L$ だから，$1 \leq a \leq N-1$ について $1 - \zeta_N^a \notin pO_L$ となる． ∎

(d)　円分体と 2 次体の関係

2 次体は $\mathbb{Q}$ の Abel 拡大であるから，定理 5.10(1) によれば，ある $N \geq 1$ について円分体 $\mathbb{Q}(\zeta_N)$ に含まれるはずである．次の命題 5.13, 5.14 は，2 次体が具体的にどのように円分体に入っているかを述べるものである．応用として，円分体の部分体における素数の分解法則である定理 5.7 から，表 5.1–5.3 にあらわれた現象を説明できる 2 次体における素数の分解法則(定理 5.15)を導く．

2 次体は，1 以外の平方数でわれないある整数 $m \neq 1$ について $\mathbb{Q}(\sqrt{m})$ と書かれる．

$$N = \begin{cases} |m| & m \equiv 1 \bmod 4 \text{ のとき} \\ 4|m| & m \equiv 2, 3 \bmod 4 \text{ のとき} \end{cases}$$

とおく．

命題 5.13　m, N を上のとおりとすると，
$$\mathbb{Q}(\sqrt{m}) \subset \mathbb{Q}(\zeta_N).$$
しかも N は，$\mathbb{Q}(\sqrt{m}) \subset \mathbb{Q}(\zeta_N)$ をみたす最小の自然数である． ∎

(例) $m=5$ とおくと $N=5$. $\mathbb{Q}(\sqrt{5}) \subset \mathbb{Q}(\zeta_5)$.

$m=-7$ とおくと $N=7$. $\mathbb{Q}(\sqrt{-7}) \subset \mathbb{Q}(\zeta_7)$.

$m=7$ とおくと $N=28$. $\mathbb{Q}(\sqrt{7}) \subset \mathbb{Q}(\zeta_{28})$. しかし $\mathbb{Q}(\sqrt{7}) \not\subset \mathbb{Q}(\zeta_7)$.

m,N を上のとおりとする. §4.3 において, 2次体 $\mathbb{Q}(\sqrt{m})$ に対応する Dirichlet 指標

$$\chi_m \colon (\mathbb{Z}/N\mathbb{Z})^\times \to \{\pm 1\} \subset \mathbb{C}^\times$$

を次のように定義した. N と互いに素な整数 a に対し,

$$\chi_m(a \bmod N) = \left(\prod_{\substack{l \mid m \\ l \text{ は奇素数}}} \left(\frac{a}{l} \right) \right) \theta_m(a),$$

ここに $\theta_m(a)$ は,次のとおり.

$m \equiv 1 \bmod 4$ なら $\theta_m(a) = 1$.

$m \equiv 3 \bmod 4$ なら

$$\theta_m(a) = \begin{cases} 1 & a \equiv 1 \bmod 4 \text{ のとき} \\ -1 & \text{そうでないとき.} \end{cases}$$

m が偶数なら

$$\theta_m(a) = \begin{cases} 1 & a \equiv 1, 1-m \bmod 8 \text{ のとき} \\ -1 & \text{そうでないとき.} \end{cases}$$

命題 5.14 m, N, χ_m を上のとおりとすると,

$$\begin{array}{ccc} \mathrm{Gal}(\mathbb{Q}(\zeta_N)/\mathbb{Q}) & \xrightarrow[\cong]{s_N} & (\mathbb{Z}/N\mathbb{Z})^\times \\ \downarrow \text{制限} & & \downarrow \chi_m \\ \mathrm{Gal}(\mathbb{Q}(\sqrt{m})/\mathbb{Q}) & \cong & \{\pm 1\} \end{array}$$

は可換図式である. ここに「制限」は, $\mathbb{Q}(\zeta_N)$ の自己同型写像を $\mathbb{Q}(\sqrt{m})$ に制限することを示す. □

すなわち, χ_m の定義は複雑であったが, χ_m は命題 5.14 により, 合成写像

$$(\mathbb{Z}/N\mathbb{Z})^\times \cong \mathrm{Gal}(\mathbb{Q}(\zeta_N)/\mathbb{Q}) \xrightarrow{\text{制限}} \mathrm{Gal}(\mathbb{Q}(\sqrt{m})/\mathbb{Q}) \cong \{\pm 1\} \subset \mathbb{C}^\times$$
であるという, 簡明な定義も持つ.

命題 5.14 により, $\mathbb{Q}(\zeta_N)$ の部分体 $\mathbb{Q}(\sqrt{m})$ に対応する $(\mathbb{Z}/N\mathbb{Z})^\times$ の部分群が, $\chi_m : (\mathbb{Z}/N\mathbb{Z})^\times \to \{\pm 1\}$ の核であることがわかる. 一方, 定理 5.7 によって, $\mathbb{Q}(\zeta_N)$ の部分体における素数の分解の様子が, その体に対応する $(\mathbb{Z}/N\mathbb{Z})^\times$ の部分群を用いて記述されている. したがって次の定理の(2)が得られる.

定理 5.15 m, N を上のとおりとし, p を素数とする.
（1） p が $\mathbb{Q}(\sqrt{m})$ において分岐する $\iff p \mid N$.
（2） p が N をわらないとき, $\mathbb{Q}(\sqrt{m})$ の整数環において
$$\chi_m(p) = 1 \iff (p) \text{ は異なる2つの素イデアルの積},$$
$$\chi_m(p) = -1 \iff (p) \text{ は素イデアル}.$$
□

この定理の(1)は, 次のように証明される. p が N をわりきらなければ, p は $\mathbb{Q}(\zeta_N)$ において不分岐だから, その部分体 $\mathbb{Q}(\sqrt{m})$ においても不分岐である. p が N をわりきるとする. p が m をわりきるときは, $\mathbb{Q}(\sqrt{m})$ の整数環において $(p) = (p, \sqrt{m})^2$ であることが示せ, p は $\mathbb{Q}(\sqrt{m})$ において分岐することがわかる. p が m をわりきらずかつ N をわりきるときは, $p = 2$, $m \equiv 3 \bmod 4$ であり, この場合 $\mathbb{Q}(\sqrt{m})$ の整数環において $(2) = (2, 1 + \sqrt{m})^2$ であることが示せ, 2 が $\mathbb{Q}(\sqrt{m})$ において分岐することがわかる.

表 5.1–表 5.3 にあらわれた 2 次体における, 素数の分解の法則は, この定理 5.15 から得られる. たとえば, $m = -6$ の場合に, $\chi_m : (\mathbb{Z}/24\mathbb{Z})^\times \to \{\pm 1\}$ は, 定義から容易に確かめられるように, $1, 5, 7, 11 \bmod 24$ を 1 に, $13, 17, 19, 23 \bmod 24$ を -1 にうつすので, 表 5.2 に出てきた $\mathbb{Q}(\sqrt{-6})$ における素数の分解の法則が定理 5.15 から得られる.

問 4 表 5.2 に出てきた $\mathbb{Q}(\sqrt{-5})$ における素数の分解法則を, 定理 5.15 から導け.

(e) 円分体と2次体の関係の証明

この項では，円分体と2次体の関係についての命題 5.13 と命題 5.14 を証明する．

Dirichlet 指標 $\chi : (\mathbb{Z}/N\mathbb{Z})^{\times} \to \mathbb{C}^{\times}$ と 1 の原始 N 乗根 ζ_N に対し，Gauss 和 (Gaussian sum) $G(\chi, \zeta_N)$ を

$$G(\chi, \zeta_N) = \sum_{a=1}^{N} \chi(a) \zeta_N^a$$

と定義する．（N と互いに素でない a については，$\chi(a)=0$ と定める．）

Dirichlet 指標 $\chi : (\mathbb{Z}/N\mathbb{Z})^{\times} \to \mathbb{C}^{\times}$ は，N の約数 $d \geqq 1$ で $d < N$ なるものと Dirichlet 指標 $\chi' : (\mathbb{Z}/d\mathbb{Z})^{\times} \to \mathbb{C}^{\times}$ をどうとっても，合成写像 $(\mathbb{Z}/N\mathbb{Z})^{\times} \to (\mathbb{Z}/d\mathbb{Z})^{\times} \xrightarrow{\chi'} \mathbb{C}^{\times}$ には一致しないとき，**原始的**(primitive)であると言われる．

命題 5.16 原始的な Dirichlet 指標 $\chi : (\mathbb{Z}/N\mathbb{Z})^{\times} \to \mathbb{C}^{\times}$ について，

$$|G(\chi, \zeta_N)| = \sqrt{N}.$$

[証明] 整数 n に対し
(5.3) $$\bar{\chi}(n) G(\chi, \zeta_N) = G(\chi, \zeta_N^n)$$

であることを示す（$\bar{\chi}$ は χ の複素共役）．n と N が互いに素なら，これは，

$$右辺 = \sum_{a=1}^{N} \chi(a) \zeta_N^{an} = \bar{\chi}(n) \sum_{a=1}^{N} \chi(an) \zeta_N^{an}$$

と書きかえることでわかる．n と N が互いに素でなければ，ζ_N^n はある $d < N$ についての 1 の原始 d 乗根になる．標準写像 $(\mathbb{Z}/N\mathbb{Z})^{\times} \to (\mathbb{Z}/d\mathbb{Z})^{\times}$ の核を H とおくと，χ は原始的だから $\chi(H) \neq \{1\}$．これから $\sum_{a \in H} \chi(a) = 0$ がわかり，$G(\chi, \zeta_N^n) = 0 = 左辺$ となる．(5.3)の両辺の絶対値の 2 乗をとると，

$$|\bar{\chi}(n)|^2 |G(\chi, \zeta_N)|^2 = G(\chi, \zeta_N^n) G(\bar{\chi}, \zeta_N^{-n}) = \sum_{a,b} \chi(a) \bar{\chi}(b) \zeta_N^{(a-b)n}.$$

これを $n = 1, \cdots, N$ について加えると，$a \neq b$ なる項は消えて

$$\varphi(N) |G(\chi, \zeta_N)|^2 = \sum_{a=1}^{N} |\chi(a)|^2 \cdot N = \varphi(N) \cdot N,$$

ここに $\varphi(N) = \sharp(\mathbb{Z}/N\mathbb{Z})^{\times}$．よって，$|G(\chi, \zeta_N)| = \sqrt{N}$ となる．∎

命題 5.17 m, N を命題 5.13 におけるとおりとする.
（1） χ_m は原始的.
（2）
$$\chi_m(-1) = \begin{cases} 1 & m > 0 \text{ のとき} \\ -1 & m < 0 \text{ のとき.} \end{cases}$$

［証明］ (1)は χ_m の定義からわかる.
(2)を示す. θ_m の定義から,
$$\theta_m(-1) = \begin{cases} 1 & m \equiv 1 \bmod 4 \text{ または } m \equiv 2 \bmod 8 \text{ のとき} \\ -1 & m \equiv 3 \bmod 4 \text{ または } m \equiv 6 \bmod 8 \text{ のとき} \end{cases}$$
がわかる. よって
$$\theta_m(-1) = \begin{cases} \chi_{-1}(m) & m \text{ が奇数のとき} \\ \chi_{-1}\left(\dfrac{m}{2}\right) & m \text{ が偶数のとき.} \end{cases}$$
一方, $p_1, \cdots, p_r$ を m をわりきるすべての奇素数とすると,
$$\left(\frac{-1}{p_i}\right) = (-1)^{\frac{p_i-1}{2}} = \chi_{-1}(p_i)$$
により,
$$\prod_{i=1}^{r}\left(\frac{-1}{p_i}\right) = \prod_{i=1}^{r} \chi_{-1}(p_i) = \chi_{-1}\left(\prod_{i=1}^{r} p_i\right) = \begin{cases} \chi_{-1}(|m|) & m \text{ が奇数のとき} \\ \chi_{-1}\left(\dfrac{|m|}{2}\right) & m \text{ が偶数のとき.} \end{cases}$$
よって
$$\chi_m(-1) = \left(\prod_{i=1}^{r}\left(\frac{-1}{p_i}\right)\right)\theta_m(-1) = \chi_{-1}\left(\frac{m}{|m|}\right) = \begin{cases} 1 & m > 0 \text{ のとき} \\ -1 & m < 0 \text{ のとき.} \end{cases}$$ ■

命題 5.18
$$G(\chi_m, \zeta_N)^2 = \begin{cases} m & m \equiv 1 \bmod 4 \text{ のとき} \\ 4m & m \equiv 2, 3 \bmod 4 \text{ のとき.} \end{cases}$$

[証明] 命題 5.16 と命題 5.17(1) により,
$$G(\chi_m, \zeta_N)G(\bar{\chi}_m, \zeta_N^{-1}) = N.$$
$\bar{\chi}_m = \chi_m$ ゆえ, (5.3) により, この左辺は $\chi_m(-1)G(\chi_m, \zeta_N)^2$ に等しく, 命題 5.17(2) により命題 5.18 を得る. ∎

命題 5.18 で, たとえば $m = 5, -7$ とおくと, §5.1 でふれた
$$(\zeta_5 - \zeta_5^2 - \zeta_5^3 + \zeta_5^4)^2 = 5, \quad (\zeta_7 + \zeta_7^2 - \zeta_7^3 + \zeta_7^4 - \zeta_7^5 - \zeta_7^6)^2 = -7$$
を得る.

命題 5.18 から, $\mathbb{Q}(\sqrt{m}) \subset \mathbb{Q}(\zeta_N)$, すなわち命題 5.13 を得る. 命題 5.14 も, 命題 5.18 から次のように導かれる. $\sigma \in \mathrm{Gal}(\mathbb{Q}(\zeta_N)/\mathbb{Q})$ とし, $s_N(\sigma) = r$ とおく. 命題 5.18 により,
$$\frac{\sigma(\sqrt{m})}{\sqrt{m}} = \frac{\sigma(G(\chi_m, \zeta_N))}{G(\chi_m, \zeta_N)} = \frac{G(\chi_m, \zeta_N^r)}{G(\chi_m, \zeta_N)} = \overline{\chi}_m(r) = \chi_m(r).$$
(最後から 2 つ目の等号は (5.3) による.) これは命題 5.14 の図式が可換であることを示している.

(f) 平方剰余の相互法則の,「類体論風証明」

この項(f)では, 定理 5.15 から平方剰余の相互法則を導く.

補題 5.19 L を 2 次体とし, m を $L = \mathbb{Q}(\sqrt{m})$ となる, 1 以外の平方数でわれない整数とする. p を, m をわらない奇素数とする. このとき, $\mathbb{Q}(\sqrt{m})$ において

$$\left(\frac{m}{p}\right) = 1 \iff (p) \text{ は 2 つの相異なる素イデアルの積},$$

$$\left(\frac{m}{p}\right) = -1 \iff (p) \text{ は素イデアル}.$$

[証明] $L = \mathbb{Q}(\sqrt{m})$ とおく. 可換環論により,

p を含む O_L の素イデアル $\xleftrightarrow{1:1}$ O_L/pO_L の素イデアル

であることから, 剰余環 O_L/pO_L を考察して O_L における p の分解の様子を調べる. O_L が $\mathbb{Z}[\sqrt{m}]$ または $\mathbb{Z}\left[\dfrac{1+\sqrt{m}}{2}\right]$ であること(§4.2(a)) から, 商

群 $O_L/\mathbb{Z}[\sqrt{m}]$ は位数が 1 または 2 の群である．これと p が奇数であることから，
$$O_L/pO_L \cong \mathbb{Z}[\sqrt{m}]/p\mathbb{Z}[\sqrt{m}].$$
さらに $\mathbb{Z}[\sqrt{m}] \cong \mathbb{Z}[x]/(x^2-m)$ であることから，
$$O_L/pO_L \cong \mathbb{F}_p[x]/(x^2-m).$$
$\left(\dfrac{m}{p}\right) = -1$ の場合．$\mathbb{F}_p$ には m の平方根がないから x^2-m は $\mathbb{F}_p$ 上既約で，よって $\mathbb{F}_p[x]/(x^2-m)$ は体．したがって O_L/pO_L は体であり，pO_L は素イデアル．

$\left(\dfrac{m}{p}\right) = 1$ の場合．$a^2-m \equiv 0 \bmod p$ となる $a \in \mathbb{Z}$ をとると $\mathbb{F}_p$ 上 $x^2-m = (x-a)(x+a)$ ゆえ，$\mathbb{F}_p[x]/(x^2-m)$ は 2 つの素イデアル $(x-a)$ と $(x+a)$ を持つ．よって O_L には p を含む素イデアルが 2 つ存在する．（したがって，それらは $(p, \sqrt{m}-a)$ と $(p, \sqrt{m}+a)$ である．）これらの素イデアルを $\boldsymbol{p}, \boldsymbol{q}$ とおくと，(p) は $\boldsymbol{p}, \boldsymbol{q}$ でわりきれるから $\boldsymbol{pq} \supset (p)$．一方 $(x-a)(x+a)$ が $\mathbb{F}_p[x]/(x^2-m)$ で 0 であることにより，$\boldsymbol{pq} \subset (p)$．よって $(p) = \boldsymbol{pq}$．■

平方剰余の相互法則は，定理 5.15 から，補題 5.19 を使って次のようにして導かれる．m, N を項 (d) におけるとおりとする．p を奇素数で m をわらないものとするとき，補題 5.19 により

(5.4) $\quad p$ が $\mathbb{Q}(\sqrt{m})$ で完全分解 $\iff \left(\dfrac{m}{p}\right) = 1$．

一方，定理 5.15 は

(5.5) $\quad p$ が $\mathbb{Q}(\sqrt{m})$ で完全分解
$\iff p \bmod N$ が $\chi_m : (\mathbb{Z}/N\mathbb{Z})^\times \to \{\pm 1\}$ の核に属する

ということを言っている．(5.4), (5.5) を合わせると

(5.6) $\quad \left(\dfrac{m}{p}\right) = \chi_m(p)$

が得られる．(5.6) において m を p と異なる奇素数 q にとると，χ_q の定義により $\chi_q(p) = \left(\dfrac{p}{q}\right)\theta_q(p) = \left(\dfrac{p}{q}\right)(-1)^{\frac{p-1}{2}\cdot\frac{q-1}{2}}$ なので，平方剰余の相互法則

$$\left(\frac{q}{p}\right) = \left(\frac{p}{q}\right)(-1)^{\frac{p-1}{2}\cdot\frac{q-1}{2}}$$

が得られる。 ■

(5.4)と(5.5)を比べると，$\mathbb{Q}(\sqrt{m})$におけるpの分解が$m \bmod p$でわかるという(5.4)は，一般のDedekind環に関する§6.3の系6.41(2)に含まれてしまうもの，一方，$\mathbb{Q}(\sqrt{m})$におけるpの分解が$p \bmod N$で決まるという(5.5)は，真に数論的な性格のものなのである．この「$m \bmod p$」が「$p \bmod N$」に逆転するところに，平方剰余の相互法則のふしぎさ，類体論のふしぎさがある．

§5.3 類体論の概説

§5.2に登場した定理5.7, 定理5.10は，$\mathbb{Q}$の各Abel拡大でどんなことがおこっているか(素数がそこでどう分解するか)，$\mathbb{Q}$のAbel拡大がどんなふうに存在しているかを記述するものであった．これを一般化し，Kを代数体とするとき，Kの各Abel拡大でどんなことがおこっているか(Kの素イデアルがそこでどう分解するか)，KのAbel拡大がどんなふうに存在しているかを記述するのが，類体論である．項(a)において類体論の内容を概観し，項(b)において，類体論の「具体的な意味」のひとつを解説する．

(a) 類体論の概要

Kを代数体とする．類体論の内容を短くまとめると，次のようになる．

「$\mathbb{Q}$の拡大体$\mathbb{Q}(\zeta_N)$ $(N \geq 1)$にあたるものとして，O_Kの0でない各イデアル$\mathfrak{a}$に対して定まる，Kの拡大体$K(\mathfrak{a})$がある．$K = \mathbb{Q}$で$\mathfrak{a} = (N)$の場合，$K(\mathfrak{a}) = \mathbb{Q}(\zeta_N)$である．そして，$\mathbb{Q}$と$\mathbb{Q}(\zeta_N)$についての定理5.7, 5.10に似たことが，$K$と$K(\mathfrak{a})$について成立する．」

定義5.20 Kの元$\alpha \neq 0$が総正であるとは，Kから$\mathbb{R}$へのすべての体準同型$K \to \mathbb{R}$(すなわちKのすべての実素点)について，αの$\mathbb{R}$における像が正となることである． □

たとえば、$\mathbb{Q}(\sqrt{2})$ の元 $1+\sqrt{2}$ は総正ではない。$\mathbb{Q}(\sqrt{2}) \to \mathbb{R}$; $a+b\sqrt{2} \mapsto a-b\sqrt{2}$ $(a,b\in\mathbb{Q})$ によって、負の元 $1-\sqrt{2}$ にうつされるからである.

次の定理は §8.1(g) に証明する.

定理 5.21 $\boldsymbol{a}$ を O_K の 0 でないイデアルとする.

(1) K の有限次拡大 $K(\boldsymbol{a})$ で、次の性質を持つものが、ただひとつ存在する. $\boldsymbol{p}$ を O_K の 0 でない素イデアルで、$\boldsymbol{a}$ をわらないものとすると、$\boldsymbol{p}$ は $K(\boldsymbol{a})$ で不分岐であり、次の同値が成立する.

$\boldsymbol{p}$ が $K(\boldsymbol{a})$ において完全分解 $\iff \boldsymbol{p}=(\alpha)$, $\alpha \equiv 1 \bmod \boldsymbol{a}$ なる $\alpha \in O_K$ で、総正なものが存在する.

(2) $K(\boldsymbol{a})$ は K の Abel 拡大である. K のどんな有限次 Abel 拡大も、ある $\boldsymbol{a}$ についての $K(\boldsymbol{a})$ に含まれる.

(3) $\boldsymbol{b}$ も O_K の 0 でないイデアルで、$\boldsymbol{b} \subset \boldsymbol{a}$ なら、
$$K(\boldsymbol{b}) \supset K(\boldsymbol{a}).$$

(4) L を K の有限次 Abel 拡大とすると、$L \subset K(\boldsymbol{a})$ となる O_K の 0 でないイデアル $\boldsymbol{a}$ のうち最大のものが存在する. その $\boldsymbol{a}$ について次が成立する. $\boldsymbol{p}$ を O_K の 0 でない素イデアルとすると、

$\boldsymbol{p}$ が L において分岐する $\iff \boldsymbol{p}$ は $\boldsymbol{a}$ をわりきる. □

例 5.22 $K=\mathbb{Q}$, $\boldsymbol{a}=(N)$ (N は自然数) のとき、$K(\boldsymbol{a})=\mathbb{Q}(\zeta_N)$ であることが、定理 5.7 と定理 5.21 からわかる. 実際 $\mathbb{Z}$ の 0 でない素イデアル $\boldsymbol{p}$ の生成元は、ある素数 p についての $\pm p$ であるが、p は総正であり $-p$ は総正ではない. ($\mathbb{Q}^\times$ の元について、総正とは単に正であることである.) したがって、「$\boldsymbol{p}=(\alpha)$, $\alpha \equiv 1 \bmod (N)$ なる $\alpha \in \mathbb{Z}$ で総正なものが存在する」とは、「$\boldsymbol{p}=(p)$, p は素数, $p \equiv 1 \bmod N$ となる」ということにほかならず、定理 5.7(2) により、$\mathbb{Q}(\zeta_N)$ は定理 5.21(1) に述べた $K(\boldsymbol{a})$ の性質を持つ. 定理 5.21 に「ただひとつ存在」とあることから、$\mathbb{Q}(\zeta_N)=K(\boldsymbol{a})$ でなければならない. □

例 5.23 $K=\mathbb{Q}(\zeta_3)$, $\boldsymbol{a}=(6)$ のとき、$K(\boldsymbol{a})=\mathbb{Q}(\zeta_3, \sqrt[3]{2})$ であることが、表 5.7 からわかる. (K は実素点を持たないから、$K^\times$ のすべての元が総正である.) □

例 5.24 $K = \mathbb{Q}(\sqrt{2})$ とし,O_K のイデアル $\mathfrak{a}_i = (\sqrt{2}^i)$ $(i \geqq 0)$ を考えると,

$$K(\mathfrak{a}_0) = K(\mathfrak{a}_1) = \mathbb{Q}(\sqrt{2}), \quad K(\mathfrak{a}_2) = K(\mathfrak{a}_3) = \mathbb{Q}(\zeta_8),$$

$$K(\mathfrak{a}_4) = \mathbb{Q}\left(\zeta_8, \sqrt{1+\sqrt{2}}\right), \quad K(\mathfrak{a}_5) = \mathbb{Q}\left(\zeta_8, \sqrt{1+\sqrt{2}}, \sqrt[4]{2}\right)$$

であることを,§8.1(g)に証明する. □

今とくに,$\mathfrak{a} = O_K$ の場合を考える.定理 5.21 は,O_K の 0 でないすべての素イデアルが $K(O_K)$ で不分岐である,と言っている.$\mathbb{Q}$ の拡大については,その体においてすべての素数が不分岐となる代数体は $\mathbb{Q}$ 以外に存在しないことがわかっている.しかし次の例のように,$K(O_K) \neq K$ となることがおこりうる.

例 5.25 $K = \mathbb{Q}(\sqrt{-5})$ のとき,$K(O_K) = \mathbb{Q}(\sqrt{-5}, \sqrt{-1})$. □

例 5.26 $K = \mathbb{Q}(\sqrt{-6})$ のとき,$K(O_K) = \mathbb{Q}(\sqrt{-6}, \zeta_3)$. □

この例 5.25, 5.26 の主張は,§8.1(g)に証明する.$\mathbb{Q}(\sqrt{-5})$, $\mathbb{Q}(\sqrt{-6})$ は実素点を持たないから,すべての元 $\neq 0$ が総正である.したがって定理 5.21 と例 5.25, 5.26 の主張により,$\mathbb{Q}(\sqrt{-5})$ の拡大 $\mathbb{Q}(\sqrt{-5}, \sqrt{-1})$ や $\mathbb{Q}(\sqrt{-6})$ の拡大 $\mathbb{Q}(\sqrt{-6}, \zeta_3)$ においては,単項素イデアルは完全分解し,単項でない素イデアルは分解しない.

なお,$K = \mathbb{Q}(\sqrt{-5})$ のとき,O_K の 0 でない素イデアルがすべて $K(\sqrt{-1})$ において不分岐であることは,命題 5.2 から次のようにしてわかる.命題 5.2 により 2 を含まない O_K の素イデアルは $K(\sqrt{-1})$ において不分岐である.また $K(\sqrt{-1}) = K(\sqrt{5}) \subset K(\zeta_5)$ であるから,命題 5.2 により 5 を含まない O_K の素イデアルも $K(\sqrt{-1})$ において不分岐である.2 も 5 も含む素イデアルは存在しない.

問 5 $K = \mathbb{Q}(\sqrt{-6})$ のとき,O_K の 0 でない素イデアルがすべて $K(\zeta_3)$ で不分岐であることを,上のような方法で命題 5.2 から導け.

定理 5.21 には,$K(\mathfrak{a}) \supset L \supset K$ なる体 L における K の素イデアルの分解

の様子は記されていない．それを記して定理 5.21 を精しくすると，それはもう類体論の全容に近くなるけれども，それは第 8 章に譲ることにする．

(b)　$p = x^2 + 5y^2$, $p = x^2 + 6y^2$, … と類体論

項(a)に述べた類体論の内容はいささか抽象的なものに見えるけれども，そこの定理 5.21 から，$x^2 + 5y^2$ ($x, y \in \mathbb{Z}$) の形に書ける素数や $x^2 + 6y^2$ ($x, y \in \mathbb{Z}$) の形に書ける素数についての具体的結論をもたらす，次の命題 5.27 を導くことができる．K を 2 次体とし，σ を $\mathrm{Gal}(K/\mathbb{Q})$ の生成元とし，$N_{K/\mathbb{Q}}: K \to \mathbb{Q}$ をノルム写像 $\alpha \mapsto \alpha\sigma(\alpha)$ とする．たとえば $x, y \in \mathbb{Q}$ として
$$N_{\mathbb{Q}(\sqrt{-5})/\mathbb{Q}}(x+y\sqrt{-5}) = (x+y\sqrt{-5})(x-y\sqrt{-5}) = x^2 + 5y^2,$$
$$N_{\mathbb{Q}(\sqrt{-6})/\mathbb{Q}}(x+y\sqrt{-6}) = (x+y\sqrt{-6})(x-y\sqrt{-6}) = x^2 + 6y^2.$$

命題 5.27　K を 2 次体とし，p を素数とし，p は K で不分岐とする．このとき次の(i), (ii), (iii)は同値である．

(i)　$p = N_{K/\mathbb{Q}}(\alpha)$ となる $\alpha \in O_K$ が存在する．

(ii)　p が体 $K(O_K)$ において完全分解する．

(iii)　O_K において $(p) = \mathfrak{p}\mathfrak{q}$, $\mathfrak{p}, \mathfrak{q}$ は相異なる O_K の素イデアルとなり，かつ $\mathfrak{p}, \mathfrak{q}$ は総正な O_K の元で生成される．

[証明]　(ii) $\iff$ (iii)は定理 5.21 に述べられた K の拡大体 $K(O_K)$ の性質からしたがう．

(i) $\Longrightarrow$ (iii)を示す．$p = N_{K/\mathbb{Q}}(\alpha)$, $\alpha \in O_K$ とする．K が虚 2 次体なら α は当然総正である．K が実 2 次体なら，K は 2 つの実素点を持つが，そのひとつを $\iota: K \to \mathbb{R}$ とすると，もうひとつの実素点は $\iota \circ \sigma: K \to \mathbb{R}$ である．$\iota(\alpha) > 0$ なら $p = \alpha\sigma(\alpha)$ より $\iota \circ \sigma(\alpha) > 0$ ゆえ α は総正．$\iota(\alpha) < 0$ なら同様にして $-\alpha$ が総正で $p = N_{K/\mathbb{Q}}(-\alpha)$．よって，いずれの場合も $p = \alpha\sigma(\alpha)$ なる総正な $\alpha \in O_K$ が存在する．(p) は O_K で 2 個以下の相異なる素イデアルの積になるから，$(\alpha), (\sigma(\alpha))$ は O_K の相異なる素イデアルでなければならない．よって，(iii)が成立する．

(iii) $\Longrightarrow$ (i)を示す．$\mathfrak{p} = (\alpha)$, α は O_K の総正な元となる．$p = N_{K/\mathbb{Q}}(\alpha)$ を示す．$p = \alpha\beta$, $\beta \in O_K$ とおくと，$p^2 = \alpha\sigma(\alpha) \cdot \beta\sigma(\beta)$．$\alpha\sigma(\alpha), \beta\sigma(\beta) \in \mathbb{Z}$

であり，いずれも $\neq \pm 1$. よって $\alpha\sigma(\alpha) = \pm p$. α が総正ゆえ $\alpha\sigma(\alpha) = p$ となる. □

例 5.28 $K = \mathbb{Q}(\sqrt{-5})$, $\mathfrak{a} = O_K$ とおく．命題 5.27 により，素数 $p \neq 2, 5$ について

$$p = x^2 + 5y^2 \text{ となる } x, y \in \mathbb{Z} \text{ が存在する}$$
$$\iff p \text{ が } K(\mathfrak{a}) \text{ で完全分解する}$$
$$\iff p \text{ は } K \text{ において，相異なる 2 つの単項素イデアルの積になる．} \qquad \square$$

また，例 5.25 によれば $K(\mathfrak{a}) = \mathbb{Q}(\sqrt{-5}, \sqrt{-1})$ であるが，$\mathbb{Q}(\sqrt{-5}, \sqrt{-1})$ は $\mathbb{Q}(\zeta_{20})$ にふくまれ，$(\mathbb{Z}/20\mathbb{Z})^\times$ の部分群

$$((\mathbb{Z}/20\mathbb{Z})^\times \xrightarrow{x-5} \{\pm 1\} \text{ の核}) \cap ((\mathbb{Z}/20\mathbb{Z})^\times \to (\mathbb{Z}/4\mathbb{Z})^\times \xrightarrow{x-1} \{\pm 1\} \text{ の核})$$
$$= \{1, 3, 7, 9 \bmod 20\} \cap \{1, 9, 13, 17 \bmod 20\} = \{1, 9 \bmod 20\}$$

に対応するから，定理 5.7 により

$$p \text{ が } \mathbb{Q}(\sqrt{-5}, \sqrt{-1}) \text{ で完全分解} \iff p \equiv 1, 9 \bmod 20.$$

よって結論として

$$p = x^2 + 5y^2 \text{ となる } x, y \in \mathbb{Z} \text{ が存在} \iff p \equiv 1, 9 \bmod 20$$

を得た．また，$p \equiv 1, 3, 7, 9 \bmod 20$ なる素数 p が $\mathbb{Q}(\sqrt{-5})$ で完全分解する（表 5.2）が，そのうち，$p \equiv 1, 9 \bmod 20$ なら (p) が $\mathbb{Z}[\sqrt{-5}]$ で単項素イデアルの積となり，$p \equiv 3, 7 \bmod 20$ なら単項でない素イデアルの積となることもわかった（§5.1(b) に示した，(41), (3), (7), (29) の $\mathbb{Z}[\sqrt{-5}]$ における分解を参照）．

例 5.29 同様にして，素数 $p \neq 2, 3$ に対し

$$p = x^2 + 6y^2 \text{ となる } x, y \in \mathbb{Z} \text{ が存在} \iff p \equiv 1, 7 \bmod 24$$

であることが，$K = \mathbb{Q}(\sqrt{-6})$, $\mathfrak{a} = O_K$ ととることにより，命題 5.27 と例 5.26 および $\mathbb{Q}(\sqrt{-6}, \zeta_3)$ が $\mathbb{Q}(\zeta_{24})$ の部分体として $(\mathbb{Z}/24\mathbb{Z})^\times$ の部分群 $\{1, 7 \bmod 24\}$ に対応することを用いるとわかる．また，$p \equiv 1, 5, 7, 11 \bmod 24$ なる素数 p が $\mathbb{Q}(\sqrt{-6})$ で完全分解する（表 5.2）．そのうち，$p \equiv 1, 7 \bmod 24$ なら (p) が $\mathbb{Z}[\sqrt{-6}]$ で単項素イデアルの積となり，$p \equiv 5, 11 \bmod 24$ なら

単項でない素イデアルの積となることもわかる(§5.1(b)に示した，(73), (5), (7), (11) の $\mathbb{Z}[\sqrt{-6}]$ における分解を参照). □

命題 5.27 を少し一般化した次の命題 5.30 も，定理 5.21 から，命題 5.27 と同様にして導くことができる.

命題 5.30 K を 2 次体とし，σ を $\mathrm{Gal}(K/\mathbb{Q})$ の生成元とし，$\boldsymbol{a}$ を O_K の 0 でないイデアルで $\sigma(\boldsymbol{a}) = \boldsymbol{a}$ なるものとする．このとき次の(i),(ii)は同値である．

(i) $p = N_{K/\mathbb{Q}}(\alpha)$ となる総正な $\alpha \in O_K$ で，$\alpha \equiv 1 \bmod \boldsymbol{a}$ なるものが存在する．

(ii) p は体 $K(\boldsymbol{a})$ において完全分解する． □

例 5.31 素数 $p \neq 2$ について

$$p = x^2 - 8y^2 \text{ となる } x, y \in \mathbb{Z} \text{ が存在} \iff p \equiv 1 \bmod 8$$

が，命題 5.30 で $K = \mathbb{Q}(\sqrt{2})$, $\boldsymbol{a} = (2)$ ととることで次のようにしてわかる．$x^2 - 8y^2 = x^2 - 2(2y)^2$ であることから，

$p = x^2 - 8y^2$ となる $x, y \in \mathbb{Z}$ が存在する

$\iff p = x^2 - 2y^2$ となる奇数 x, 偶数 y が存在する

$\iff p = N_{K/\mathbb{Q}}(\alpha)$, $\alpha \equiv 1 \bmod 2\mathbb{Z}[\sqrt{2}]$ なる

$\alpha \in \mathbb{Z}[\sqrt{2}] = O_K$ が存在する．

α が総正でなければ α を $-\alpha$ でとりかえることにより，この α は総正としてもかまわない．よって命題 5.30 により

$\iff p$ が $K(\boldsymbol{a})$ で完全分解する．

例 5.24 により，$K(\boldsymbol{a}) = \mathbb{Q}(\zeta_8)$. よって系 5.8 により

$\iff p \equiv 1 \bmod 8$. □

例 5.32 $K = \mathbb{Q}(\sqrt{-26})$, $\boldsymbol{a} = O_K$ とする．このとき $K(\boldsymbol{a})$ は $\mathbb{Q}$ の Abel 拡大でないことが知られている．命題 5.27 により，素数 $p \neq 2, 13$ について

$p = x^2 + 26y^2$ となる整数 x, y が存在する

$\iff p$ が $K(\boldsymbol{a})$ で完全分解する

であるが，定理 5.10 により，どんな自然数 N をもってしても，これを

$$\iff p \equiv \cdots \bmod N$$

の形にすることはできない. □

《要約》

5.1 素数 p が x^2+6y^2 の形に書けるか, p は x^2+6 の形の数の素因数になるか, といった事がらが, 代数体における p の分解のしかたに関係する.

5.2 円分体 $\mathbb{Q}(\zeta_N)$ の部分体における素数 p の分解のしかたは, $p \bmod N$ によって定まる.

5.3 2次体は, ある円分体の部分体になる. したがって 2 次体における素数 p の分解のしかたは, ある N について, $p \bmod N$ によって定まる. 平方剰余の相互法則はこのことをあらわしていると解釈できる.

5.4 代数体 K の Abel 拡大における K の素イデアルの分解のしかたについても, 円分体の部分体における素数の分解のしかたについてと同様の法則(類体論)がある.

──────── 演習問題 ────────

5.1 $\mathbb{Q}(\zeta_8)$ の部分体をすべて挙げよ. それぞれの体において完全分解する素数は何か.

5.2 $\mathbb{Q}(\zeta_{15})$ について, 前問と同じことを問う.

5.3 Fermat は「$p \equiv 3, 7 \bmod 20$ なる素数 p は x^2+5y^2 $(x, y \in \mathbb{Z})$ の形に書けないが, そういう素数ふたつの積は x^2+5y^2 $(x, y \in \mathbb{Z})$ の形に書けるようだ. 確からしいが自分には証明できない」と言っている. これについて考察せよ.

5.4 p を素数, N を自然数とする.

(1) $\mathbb{F}_p^\times$ が位数 $p-1$ の巡回群であるという事実(付録§B.4)を用いて, $p \equiv 1 \bmod N$ であることと, $\mathbb{F}_p$ が 1 の原始 N 乗根を持つことが, 同値であることを示せ.

(2) (1)の $N=4$ の場合から, 奇素数 p について $\left(\dfrac{-1}{p}\right) = (-1)^{\frac{p-1}{2}}$ であることを導け.

6

局所と大域

　この章では，代数体と1変数代数関数体がふしぎに似ていることを観察し(§6.1)，代数体と，有限体上の1変数代数関数体を，あわせて大域体と呼び，大域体の局所体というものを考える(§6.2)．有理数体 $\mathbb{Q}$ の局所体は，実数体 $\mathbb{R}$ と，素数 p についての p 進数体 $\mathbb{Q}_p$ である．第2章で $\mathbb{Q}$ を $\mathbb{R}$ と $\mathbb{Q}_p$ にうめこんで考えたように，大域体を局所体をもとに考察するのが，現代の数論の基本姿勢である．§6.4では，第4章に示した「イデアル類群の有限性」や「Dirichlet の単数定理」を，局所体をたばねて作るアデール環，イデール群というものを用いて証明する．

§6.1　数と関数のふしぎな類似

(a)　整数と多項式の類似

　整数環 $\mathbb{Z}$ と，体 k の元を係数とする1変数多項式環

$$k[T] = \left\{ \sum_{n=0}^{m} a_n T^n;\ m \geq 0,\ a_n \in k \right\}$$

は，兄弟のように似ている点が多い．まず第一に，ともに単項イデアル整域である．したがってともに一意分解整域であって，0でも可逆元でもない元は，素元の積として，可逆元をかけることのずれを除いてただひととおりにあらわされる．

問1 k を体とする.

(1) $k[T]$ の可逆元全体は $k^{\times}$ であることを示せ.

(2) $k[T]$ の素元は既約多項式と呼ばれる. $\mathbb{C}$ が代数閉体であることを用いて, $\mathbb{C}[T]$ の元については, 既約多項式であることと 1 次式であることが同値であること, $\mathbb{R}[T]$ の元については, 既約多項式であることと, 1 次式または aT^2+bT+c $(a,b,c\in\mathbb{R},\ a\neq 0,\ b^2-4ac<0)$ の形の式であることが, 同値であることを示せ.

問2 Euclid の『原論』にでてくる「素数が無限に存在すること」の証明は,「$p_1,\cdots,p_n$ が素数のすべてであるとする. $N=p_1\cdots p_n+1$ とおくと, N の素因数は $p_1,\cdots,p_n$ のいずれとも一致しない素数となる ($p_1,\cdots,p_n$ のいずれで N をわっても 1 余ってしまうから). よって $p_1,\cdots,p_n$ の他にも素数が存在することになり, 矛盾する」というものである. 体 k に対し, $k[T]$ に最高次の係数が 1 の既約多項式が無限個存在することを, $\mathbb{Z}$ と $k[T]$ の類似をたどり Euclid の方法を用いて証明せよ. (注. k が無限体なら, $T-a\,(a\in k)$ が最高次の係数が 1 の既約式になり, 無限個存在することがわかる. しかしこの議論は k が有限体のときは使えない.)

$\mathbb{Z}$ と $k[T]$ の間の類似はしかし, ともに単項イデアル整域であることにとどまるものではない. k が有限体のときはとくに, 次の第 7 章で論ずる ζ 関数の理論や, 第 8 章で論ずる類体論など, 共通の深い理論が $\mathbb{Z}$ にも $k[T]$ にも存在する. 平方剰余の相互法則の次のような類似物 (6.1) も存在する.

p を 2 でない素数とし, $f,g\in\mathbb{F}_p[T]$ を, 最高次係数が 1 の相異なる既約多項式とすると,

$$(6.1) \qquad \left(\frac{f}{g}\right)\left(\frac{g}{f}\right) = (-1)^{\frac{p-1}{2}\deg(f)\deg(g)}.$$

ここに $\left(\dfrac{f}{g}\right)$ は f の $\mathbb{F}_p[T]/(g)$ での像が平方元であるか否かにしたがって $1,-1$ の値をとり, $\left(\dfrac{g}{f}\right)$ も同様に定義され, $\deg(f),\deg(g)$ はそれぞれ, f,g の多項式としての次数である. この (6.1) は, 類体論についての第 8 章の §8.2(d) で証明する.

そして, こういう $\mathbb{Z}$ と $k[T]$ の類似をたどることが, 以下に述べるように

(b) 素数と点の類似

$\mathbb{Z}$ と $k[T]$ を比較すると，$k[T]$ に関することは「幾何的な解釈」をすることができることが多い．たとえば，整数が

(6.2) $$18 = 2 \times 3^2$$

のように素因数分解されるのに似て，$\mathbb{C}$ 係数多項式も

(6.3) $$T^3 - 8T^2 + 16T = T(T-4)^2$$

のように素元分解されるが，素元分解(6.3)は，T を複素変数と見たとき「関数 $T^3 - 8T^2 + 16T$ が，複素平面の点 $T = 0$ で 1 位の零点を持ち，点 $T = 4$ で 2 位の零点を持ち，複素平面のその他の点では零点を持たない」ということをあらわしている．すなわち，素元分解(6.3)は，「関数 $T^3 - 8T^2 + 16T$ の，複素平面の各点における局所的な性質を見ている」という幾何的な解釈をすることができるのである．

類似をたどると，素因数分解(6.2)，すなわち

$$\mathrm{ord}_2(18) = 1, \quad \mathrm{ord}_3(18) = 2,$$
$$2, 3 \text{ 以外の素数 } p \text{ について } \mathrm{ord}_p(18) = 0$$

であることは，「18 が，素数 2 の所で 1 位の零点を持ち，素数 3 の所で 2 位の零点を持ち，その他の素数の所では零点を持たない」ということをあらわしているのだ，と感じることができる．第 2 章で何度か素数 p についての ord_p を用いて議論をしたが，これは「p の所での局所的考察」をしていたのだ，と「幾何的に」感じとることができる．

もちろんこのように素数と複素平面の点の類似をたどってみても，素数と複素平面の点の違いとして，複素平面は頭にその姿を思い浮かべることができ，また地面を複素平面と見なしながらその上を歩くこともできるのに対し，素数の場合，素数全体の姿をあざやかに思い浮かべたり素数の上を歩いたりするにはどうしたらいいのかわからない，というもどかしさが残る．しかし，それでもこの類似をたどることで，下に述べるように数論や代数幾何における考え方の進歩が生まれていった．

(c) p 進数と Laurent 級数の類似

1900 年頃に Hensel が p 進数を定義したが，それは，この素数と複素平面の点の類似をたどったものであった．$\mathbb{C}$ 係数の有理関数は，たとえば有理関数 $\dfrac{1}{T(T-1)}$ の点 $T=1$ における Laurent 展開

$$\frac{1}{T(T-1)} = \frac{1}{T-1} - 1 + (T-1) - (T-1)^2 + (T-1)^3 - \cdots$$

に見られるように，複素平面の各点 $T=\alpha\,(\alpha\in\mathbb{C})$ において $\sum\limits_{n=m}^{\infty} c_n(T-\alpha)^n$ ($m\in\mathbb{Z}$, $c_n\in\mathbb{C}$) の形に Laurent 展開される．$\mathbb{C}$ 係数の有理関数全体の体 $\mathbb{C}(T)$ はこうして，各 $\alpha\in\mathbb{C}$ について形式ベキ級数体

$$\mathbb{C}((T-\alpha)) = \Big\{\sum_{n=m}^{\infty} c_n(T-\alpha)^n\,;\ m\in\mathbb{Z},\ c_n\in\mathbb{C}\Big\}$$

にうめこまれる．有理数が，たとえば

$$\frac{1}{6} = \frac{1}{2} - 1 + 2 - 2^2 + 2^3 - \cdots$$

のように 2 進展開されて $\mathbb{Q}_2$ にうめこまれ，各素数 p について p 進展開されて，$\mathbb{Q}$ が $\mathbb{Q}_p$ にうめこまれる，ということは，数論における Laurent 展開の類似物として発見されたのであった．

(d) 無限素点と無限遠点の類似

第 2 章で見たように，$\mathbb{Q}$ を，$\mathbb{R}$ にうめこみ，またすべての素数 p について $\mathbb{Q}_p$ にうめこんで考えるのが有益であった．では，$\mathbb{Q}$ を $\mathbb{Q}_p$ にうめこんで考えるのが，$\mathbb{C}(T)$ を $\mathbb{C}((T-\alpha))\,(\alpha\in\mathbb{C})$ にうめこむことに似ているとすると，$\mathbb{Q}$ を $\mathbb{R}$ にうめこむことは，$\mathbb{C}(T)$ を何にうめこむことに似ているのであろう．

複素関数論においては，複素平面に無限遠点というものをひとつ付け加えて考え，複素平面の上を 0 からどんどん遠ざかっていくとその無限遠点に近づいていくと考えることがおこなわれる．そしてこの無限遠点において，有理関数を Laurent 展開することは，$\mathbb{C}(T)$ を $\mathbb{C}\Big(\Big(\dfrac{1}{T}\Big)\Big)$ にうめこむことにな

$$\mathbb{R} \supset \mathbb{Q} \begin{matrix} \subset \mathbb{Q}_2 \\ \subset \mathbb{Q}_3 \\ \subset \mathbb{Q}_5 \end{matrix} \qquad \mathbb{C}\left(\left(\frac{1}{T}\right)\right) \supset \mathbb{C}(T) \begin{matrix} \subset \mathbb{C}((T-1)) \\ \subset \mathbb{C}((T)) \\ \subset \mathbb{C}((T-4)) \end{matrix}$$

図 6.1

る.この $\mathbb{C}(T)$ の $\mathbb{C}\left(\left(\frac{1}{T}\right)\right)$ へのうめこみが,$\mathbb{Q}$ の $\mathbb{R}$ へのうめこみに似ていると考えられるのである(図6.1).

§4.2 で,$\mathbb{Q}$ の $\mathbb{R}$ へのうめこみを $\mathbb{Q}$ の無限素点と呼んだが,この呼び方は無限遠点との類似からきたものである.

$\mathbb{C}(T)$ の 0 でない元の,複素平面のすべての点および無限遠点における位数の総和は 0 である(ただし,m 位の零点なら位数が m,m 位の極なら位数は $-m$,零点でも極でもなければ位数は 0 と定める).たとえば,$T^3 - 8T^2 + 16T$ は,無限遠点で $\left(\frac{1}{T}\right)^{-3} - 8\left(\frac{1}{T}\right)^{-2} + 16\left(\frac{1}{T}\right)^{-1}$ という Laurent 展開を持つから,無限遠点において位数は -3 であり,位数の総和は

($T=0$ での位数) + ($T=4$ での位数) + (無限遠点の位数)
$= 1 + 2 + (-3) = 0$

である.このことの類似は,有理数 $a \neq 0$ に対し

$$\left(\prod_{p:素数} |a|_p\right) \times |a| = 1$$

($|\ |_p$ は p 進絶対値,$|\ |$ は実数の通常の絶対値)が成り立つことである.たとえば

$$\left(\prod_{p:素数} |18|_p\right) \times |18| = |18|_2 \times |18|_3 \times |18| = \frac{1}{2} \times \frac{1}{9} \times 18 = 1 .$$

(e) 代数体と 1 変数代数関数体の類似

$\mathbb{Q}$ の有限次拡大が代数体であるが,一方,体 k の拡大体で,$k(T)$ の有限次拡大と k 上同型であるものを,k 上の **1 変数代数関数体**(algebraic function field in one variable)と呼ぶ.たとえば,$k(T)$ に T^3+1 の平方根 $\sqrt{T^3+1}$ を添加した体 $k(T, \sqrt{T^3+1})$ は,$k(T)$ の 2 次拡大であるから k 上の 1 変数代

数関数体である.

$\mathbb{Z}$ と $k[T]$ が類似し,それらの分数体である $\mathbb{Q}$ と $k(T)$ が類似し,それらの有限次拡大を考えれば,代数体と k 上の1変数代数関数体が類似する.

そこで,いま仮りに $\mathbb{Q}$ の2次拡大 $\mathbb{Q}(\sqrt{-26})$ および $\mathbb{C}(T)$ の2次拡大 $\mathbb{C}(T,\sqrt{T^3+1})$ を類似物として対比させ,$\mathbb{Q}(\sqrt{-26})$ の整数環 $\mathbb{Z}[\sqrt{-26}]$,すなわち $\mathbb{Z}$ の $\mathbb{Q}(\sqrt{-26})$ における整閉包である $\mathbb{Z}[\sqrt{-26}]$ と,$\mathbb{C}[T]$ の $\mathbb{C}(T,\sqrt{T^3+1})$ における整閉包である

$$\mathbb{C}[T,\sqrt{T^3+1}] = \{f + g\sqrt{T^3+1}\,;\,f,g \in \mathbb{C}[T]\}$$

(これが整閉包であることについては §6.3 例 6.48 参照)を,類似物として対比させてみる.$\mathbb{Z}[\sqrt{-26}]$ は Dedekind 環ではあるが単項イデアル整域ではない.それに似て,$\mathbb{C}[T,\sqrt{T^3+1}]$ も Dedekind 環ではあるが単項イデアル整域ではない.$\mathbb{Z}[\sqrt{-26}]$ のような代数体の整数環においては,0 でない素イデアルが,素数の代役をする大切な対象である.以下では,この $\mathbb{Z}[\sqrt{-26}]$ の 0 でない素イデアルの類似物である,$\mathbb{C}[T,\sqrt{T^3+1}]$ の 0 でない素イデアルが,「点」としての幾何的な意味を持っていることを述べる.次の対応表を見られたい.

表 6.1 類似の対応表

$\mathbb{Z}$	$\mathbb{C}[T]$
素数	複素平面の点
$\mathbb{Z}[\sqrt{-26}]$	$\mathbb{C}[T,\sqrt{T^3+1}]$
$\mathbb{Z}[\sqrt{-26}]$ の 0 でない素イデアル	$\{(x,y)\,;\,y^2 = x^3+1\}$ の点

$\mathbb{C}[T,\sqrt{T^3+1}]$ の 0 でない素イデアルが,幾何的な対象である集合

$$U = \{(x,y) \in \mathbb{C} \times \mathbb{C}\,;\,y^2 = x^3+1\}$$

の点と 1 対 1 に対応することを説明する.このためにまず,$\mathbb{C}[T,\sqrt{T^3+1}]$ の元を,U において定義された複素数値関数と見なすことをおこなう.$\mathbb{C}[T,\sqrt{T^3+1}]$ の元 T を,U の点に対してその x 座標を与える関数 $U \to \mathbb{C}\,;\,(x,y) \mapsto x$ と見なす.すると,U の点にその y 座標を与える関数は,2 乗すると $T^3+1 : U \to \mathbb{C}\,;\,(x,y) \mapsto x^3+1 = y^2$ に一致するから,関数 T^3+

1の平方根である．そこで，$\sqrt{T^3+1}$ を関数 $U \to \mathbb{C}$; $(x,y) \mapsto y$ と見なし，$\mathbb{C}[T, \sqrt{T^3+1}]$ の元 $f+g\sqrt{T^3+1}$ ($f, g \in \mathbb{C}[T]$) を関数 $U \to \mathbb{C}$; $(x,y) \mapsto f(x)+g(x)y$ と見なすことで，$\mathbb{C}[T, \sqrt{T^3+1}]$ は U において定義された関数のなす環と見なされる．そして次の表6.2の下段のように，U の点は $\mathbb{C}[T, \sqrt{T^3+1}]$ の0でない素イデアルと1対1に対応するのである．これは，表6.2の上段にある複素平面の点が $\mathbb{C}[T]$ の0でない素イデアルと1対1に対応することの発展版である．

表 6.2

$\mathbb{C}$ の点 $\xleftrightarrow{1:1}$	$\mathbb{C}[T]$ の0でない素イデアル
点 $\alpha \in \mathbb{C}$ $\longleftrightarrow$	素イデアル $\{f \in \mathbb{C}[T]; f(\alpha)=0\} = (T-\alpha)$
U の点 $\xleftrightarrow{1:1}$	$\mathbb{C}[T, \sqrt{T^3+1}]$ の0でない素イデアル
点 $(\alpha, \beta) \in U$ $\longleftrightarrow$	素イデアル $\{f \in \mathbb{C}[T, \sqrt{T^3+1}]; f(\alpha, \beta)=0\}$ $= (T-\alpha, \sqrt{T^3+1}-\beta)$

$\mathbb{C}[T]$ の元の素元分解がその元の複素平面の各点での局所的な性質を見ることであったように，$\mathbb{C}[T, \sqrt{T^3+1}]$ の元の素イデアル分解は，その元の U の各点における局所的な性質を見ることになる．U の点 (α, β) に対応する $\mathbb{C}[T, \sqrt{T^3+1}]$ の0でない素イデアルを $\boldsymbol{p}_{\alpha,\beta}$ と書くと，たとえば，$\mathbb{C}[T, \sqrt{T^3+1}]$ の元 T の素イデアル分解は

$$(T) = \boldsymbol{p}_{0,1} \boldsymbol{p}_{0,-1}$$

となるが，この素イデアル分解は，「関数 $T: U \to \mathbb{C}$; $(x,y) \mapsto x$ が点 $(0,1) \in U$ と点 $(0,-1) \in U$ で零点を持ち，U のその他の点では零点を持たない」ということをあらわしているのである．

(ｆ) 類似をたどることの好影響

19世紀以降，代数体と1変数代数関数体の類似をたどることで，代数体が登場する数論と，1変数代数関数体が登場する代数幾何学の研究が，刺激しあって発展した．そのとくに顕著な事例を挙げてみる．

(1) 1変数代数関数論から数論への好影響

すでに述べたように，p進数体$\mathbb{Q}_p$が$\mathbb{Q}$と$\mathbb{C}(T)$の類似をたどって導入されたのは，好影響の顕著な例である．

第2章で2次曲線$ax^2+by^2=c$ $(a,b,c\in\mathbb{Q}^\times)$の$\mathbb{Q}$における解の有無について調べたとき，$\mathbb{Q}$における考察よりも容易な$\mathbb{Q}_p$や$\mathbb{R}$における解の有無の考察をまずおこない，それを統合して$\mathbb{Q}$における解の有無を考察した．これは類似を通じて幾何的な言い方に変えてみると，問題をまず各点において局所的に考察し，それを統合して大域的な結論を得たことになる．有理数体だけでなく一般の代数体においても，§6.2に紹介するように，$\mathbb{Q}_p$や$\mathbb{R}$への$\mathbb{Q}$のうめこみに似た，**局所体**と呼ばれる体たちへの代数体のうめこみが定義される．まず局所体における考察(局所的考察)をし，それを統合すること(大域的考察)で代数体における結果を得ることが，現代の数論における基本的方法になっている．局所的現象をまず理解し，それを統合して大域的現象を解明する，という幾何学的な研究姿勢が，類似をたどって数論に導入され，有効な方法になっているのである．

また，『数論II』で解説する岩澤予想には，代数体と1変数代数関数体のふしぎな類似にもとづいてたてられたものである．

代数体と1変数代数関数体を比べると，ふつう1変数代数関数体の方がやさしく，代数体における問題を考えるとき，それに対応する問題をまず1変数代数関数体の方で考えてみて参考にするということが，現在まで多くおこなわれ，たいへん有益であった．

(2) 数論から代数幾何学への好影響

先に述べたように，$U=\{(x,y)\in\mathbb{C}\times\mathbb{C}; y^2=x^3+1\}$の点は環の素イデアルと対応するが，この$U$は$\mathbb{C}$上の代数多様体の一例である．イデアル論はもともと「代数体の整数環において素元分解の理論がうまくゆかないこと」を克服するために始まった(§4.2)が，代数多様体の点を上のように環の素イデアルと対応させイデアル論を駆使することで，代数多様体の理論である代数幾何学が発展していった．これは，類似をたどることによる「数論的方法

の導入」の成功であった．

また，第7章で述べるように，数論におけるζ関数の類似物が，有限体上の1変数代数関数体でも考えられる．その類似物の研究をすることがやがて代数幾何学とζ関数をむすびつけ，Weil予想と呼ばれる予想を生んで代数幾何学に大きな変革をもたらすことになった．

このように代数体と1変数代数関数体を比較することが有益なので，本書では今後できる限り両者を平行して扱ってゆく．しかし本書の目標は代数体の方にあるので，1変数代数関数体に関する議論は，ときどき省略しがちになることもある．

§6.2 素点と局所体

(a) 素点の定義

第2章で2次曲線を調べたとき，実数の光と，各素数ごとの素数の光をあててみると，有理点の様子が浮かびあがってくることを見た．一般の代数体や，1変数代数関数体においては，これらの光にあたる「素点の光」がある．すべての素点の光で照らすことにより，代数体や1変数代数関数体の真の姿が浮かびあがってくる．

まず，代数体 K の素点を次のように定義する．

K の整数環 O_K の0でない素イデアルを，K の**有限素点**(finite place)という．§4.2(e)で，K の無限素点を K から $\mathbb{R}$ または $\mathbb{C}$ への体準同型として定義した（ただし，$\mathbb{C}$ の複素共役写像でうつりあう体準同型は，同じ無限素点と見なすのであった）．K の有限素点と無限素点をあわせて，K の**素点** (place)と呼ぶ．

「素点」という呼び名は，前節で述べた素数や素イデアルと点の類似をたどり，素数や素イデアルの「素」と「点」を混ぜてできたものである．

代数体の有限素点の定義と無限素点の定義は一見まったく異質な感じがする．しかし，$\mathbb{Q}$ の有限素点とは $\mathbb{Q}$ を $\mathbb{Q}_p$ にうめこむこと，$\mathbb{Q}$ の無限素点とは $\mathbb{Q}$ を $\mathbb{R}$ にうめこむこと，というふうに考えれば，同質なものだという感じが

してくる.（このことについて，項(d)命題6.14参照.）

次に，体 k 上の1変数代数関数体 K の素点を定義する. K は $k(T)$ の有限次拡大と k 上同型である. そのような同型をひとつ固定することにより，K を $k(T)$ の有限次拡大と見なす. 多項式環 $k[T]$ の K における整閉包を A, $k[T^{-1}]$ の K における整閉包を B とおく. A, B は Dedekind 環である（付録 §A.1）. $k[T]$ を $\mathbb{Z}$ の類似物, A を代数体の整数環の類似物と考え, $k[T^{-1}]$ の素イデアル (T^{-1}) を $\mathbb{Q}$ の無限素点の類似物と考える. そして, A の0でない素イデアル（代数体の有限素点の類似物）と, B の0でない素イデアルで T^{-1} を含むもの（代数体の無限素点の類似物）を合わせて, K の素点と呼ぶ.

しかし，この定義では, K の素点が, K を $k(T)$ の有限次拡大と見る見方によってしまう形になっている. 次の項(b)の中で，そのような見方によらない1変数代数関数体の素点の定義を与える.

(b) 離散付値と離散付値環

素数 p に対する $\mathrm{ord}_p: \mathbb{Q}^\times \to \mathbb{Z}$ や複素平面の各点 P における位数 $\mathrm{ord}_P: \mathbb{C}(T)^\times \to \mathbb{Z}$ を一般化したものとして, **離散付値**（discrete valuation）というものを考える.

定義6.1 K を体とする. K の離散付値とは, 群準同型 $\nu: K^\times \to \mathbb{Z}$ で, 全射であり, 次の条件をみたすもののことである. $\nu(0) = \infty$ とおいて, ν を K 全体で定義しておく.

　　　条件: $x, y \in K$ なら, $\nu(x+y) \geq \min(\nu(x), \nu(y))$.　　　□

例6.2 p を素数とするとき, p 進付値 $\mathrm{ord}_p: \mathbb{Q}^\times \to \mathbb{Z}$ は $\mathbb{Q}$ の離散付値である. もっと一般に, A を Dedekind 環とし, K をその分数体とし, $\boldsymbol{p}$ を A の0でない素イデアルとし, $\mathrm{ord}_{\boldsymbol{p}}: K^\times \to \mathbb{Z}$ を,
　　　　　$a \mapsto (a)$ の素イデアル分解にあらわれる $\boldsymbol{p}$ の指数
（すなわち, $(a) = \prod_q q^{e(q)}$, q は A の0でない素イデアルを走る, とあらわすとき, $\mathrm{ord}_{\boldsymbol{p}}(a) = e(\boldsymbol{p})$）と定義する. すると $\mathrm{ord}_{\boldsymbol{p}}$ は K の離散付値である. □

証明は略するが, K を代数体とすると, K の有限素点全体の集合から K

の離散付値全体の集合への全単射が $\mathfrak{p} \mapsto \mathrm{ord}_\mathfrak{p}$ によって与えられ，また，K を体 k 上の 1 変数代数関数体とすると，K の素点全体の集合から K の離散付値 ν で $\nu(k^\times) = \{0\}$ をみたすもの全体の集合への全単射が，$\mathfrak{p} \mapsto \mathrm{ord}_\mathfrak{p}$ によって与えられる．

この事実により，体 k 上の 1 変数代数関数体 K の素点を，K の離散付値 ν で $\nu(k^\times) = \{0\}$ をみたすもの，と定義しても，さしつかえがないことになる．このように定義すると，1 変数代数関数体の素点の定義は，K を $k(T)$ の有限次拡大と見る見方によらない形になる．

離散付値について基礎的な事実をまとめる．

定義 6.3 ν を体 K の離散付値とするとき，K の部分環
$$\{x \in K\,;\, \nu(x) \geqq 0\}$$
を ν の**付値環**(valuation ring)と呼ぶ． □

例 6.4 p を素数とするとき，p 進付値 $\mathrm{ord}_p \colon \mathbb{Q}^\times \to \mathbb{Z}$ の付値環は $\mathbb{Z}_{(p)} = \left\{\dfrac{m}{n}\,;\, m, n \in \mathbb{Z},\ n\text{ は }p\text{ でわれない}\right\}$ であり，p 進付値 $\mathrm{ord}_p \colon \mathbb{Q}_p^\times \to \mathbb{Z}$ の付値環は $\mathbb{Z}_p$ である． □

例 6.5 $\alpha \in \mathbb{C}$ とし，$\mathbb{C}[T]$ の素イデアル $(T-\alpha)$ についての $\mathrm{ord}_{(T-\alpha)} \colon \mathbb{C}(T)^\times \to \mathbb{Z}$，すなわち「点 α における位数」を与える離散付値を考える．この離散付値の付値環は，
$$\{f \in \mathbb{C}(T)\,;\, f \text{ は点 } \alpha \text{ において正則}\}$$
となる． □

例 6.6 k を体とし，形式ベキ級数体 $k((T))$ の T 進付値 $\nu \colon k((T))^\times \to \mathbb{Z}$ を，$f = \sum_{n=m}^\infty a_n T^n$ $(a_n \in k,\ a_m \neq 0)$ に対し $\nu(f) = m$ とおくことで定義する．このとき，ν の付値環は形式ベキ級数環 $k[[T]] = \left\{\sum_{n=0}^\infty a_n T^n\,;\, a_n \in k\right\}$ に一致し，ν は $k[[T]]$ の素イデアル (T) についての $\mathrm{ord}_{(T)}$ に一致する． □

補題 6.7

(1) ν を体 K の離散付値とし A をその付値環とする．このとき A は単項イデアル整域であり，したがって Dedekind 整域である．A の 0 でない素イデアルは，$\mathfrak{p} = \{x \in K\,;\, \nu(x) \geqq 1\}$ のみであり，ν は $\mathrm{ord}_\mathfrak{p}$ に一致する．

$\mathrm{ord}_p(\alpha) = 1$ なる元 $\alpha \in K$ をとると，$p = (\alpha)$ であり，A のすべてのイデアルは $(\alpha^n) = \{x \in K;\ \nu(x) \geqq n\}$ $(n \geqq 0)$ と 0 で与えられ，A のすべての分数イデアルは，$(\alpha^n) = \{x \in K;\ \nu(x) \geqq n\}$ $(n \in \mathbb{Z})$ で与えられる．p は A のただひとつの極大イデアルでもある．また，$A^{\times} = \{x \in K^{\times};\ \nu(x) = 0\}$.

（2） 逆に A を Dedekind 整域で，0 でない素イデアルがただ 1 個であるとすると，その素イデアルを p とするとき，A は離散付値 ord_p の付値環に一致する．

（3） 整域 A について次の(i),(ii),(iii)は同値である．

（i） A は，A の分数体のある離散付値についての付値環である．

（ii） A は単項イデアル整域であり，A の 0 でない素イデアルはただ 1 個である．

（iii） A は Dedekind 環であり，A の 0 でない素イデアルはただ 1 個である．

［証明］ （1） A を離散付値 ν の付値環とし，α を $\nu(\alpha) = 1$ となる K の元とし，$\mathfrak{a}$ を A の 0 でないイデアルとし，$n = \min\{\nu(x);\ x \in \mathfrak{a}\}$ とおくと，$\mathfrak{a} = (\alpha^n) = \{x \in K;\ \nu(x) \geqq n\}$ であることが容易にわかる．(1)の他の部分はこれから導かれる（その証明は容易なので省略する）．

(2)の証明は容易であり，(3)は(1)と(2)から得られる． ∎

定義 6.8 補題 6.7(3)の互いに同値な条件をみたす整域を，**離散付値環** (discrete valuation ring) という． □

定義 6.9 ν を体 K の離散付値とするとき，A を ν の付値環，p を A の 0 でないただひとつの素イデアルとしたときの，剰余体 A/p を，ν の剰余体（または「A の剰余体」，または ν が明らかなときは単に「K の剰余体」）という．p の生成元を「A の（または K の）素元」という． □

例 6.10 例 6.4 の p 進付値 $\mathrm{ord}_p : \mathbb{Q}^{\times} \to \mathbb{Z}$, $\mathrm{ord}_p : \mathbb{Q}_p^{\times} \to \mathbb{Z}$ の剰余体はいずれも $\mathbb{F}_p$，例 6.5 の離散付値の剰余体は $\mathbb{C}$，例 6.6 の $k((T))$ の剰余体は k である． □

注意 6.11 複素数体 $\mathbb{C}$ 上の 1 変数代数関数体にとっては，素点は次のような意味を持つ．たとえば $\mathbb{C}(T)$ は，$\mathbb{C}$ に無限遠点を加えた $\mathbb{C} \cup \{\infty\}$ 全体で定義さ

れた有理型関数の全体に一致する. この $\mathbb{C} \cup \{\infty\}$ は, $\mathbb{C}(T)$ の素点全体と同一視される. Riemann は 19 世紀中頃に, $\mathbb{C}$ 上のどんな 1 変数代数関数体 K も,「K の Riemann 面」と呼ばれるもの全体で定義された有理型関数の全体に一致することを示した. この「K の Riemann 面」は, 集合としては, K の素点全体の集合である. K の素点に対応する離散付値は, 有理型関数のその点における位数を与えるものになる.

なお, スキームの理論の見方をすれば, 一般の体 k 上の 1 変数代数関数体 K の素点も, 次のような幾何的意味を持つ. 前項(a)に登場した環 A の素イデアル全体と環 B の素イデアル全体をはりあわせて k 上の代数曲線ができ, K はこの代数曲線の「関数体」に一致し, K の素点はこの代数曲線の点と見なされる.

これらのことについては解説をしないが, この注意 6.11 では次のことを言いたかったのである. 1 変数代数関数体 K の素点全体は幾何的な解釈を持つ空間になり, §6.2 の冒頭に言った「素点の光に照らされて浮かびあがる K の真の姿」として, その幾何的な空間の上に棲息する関数たちのなす体としての, 幾何的な解釈を持つ K の姿がたちあらわれる.

問 3 体 K の離散付値 ν について, $x, y \in K$, $\nu(x) > \nu(y)$ なら, $\nu(x+y) = \nu(y)$ であることを示せ.

(c) 完 備 化

$\mathbb{Q}$ を完備化して p 進数体 $\mathbb{Q}_p$ を得たように, 体 K に離散付値 ν が与えられたとき, K を ν に関して完備化した体 K_ν を得ることができる. K_ν の構成法は, §2.4 に述べた $\mathbb{Q}_p$ の構成法と同様であるので簡単に述べる.

「ν によって定まる K の位相」を, 各元 $a \in K$ の基本近傍系 $(V_n)_{n \geq 1}$ を
$$V_n = \{x \in K \,;\, \nu(x-a) \geq n\}$$
として与えることで定義する. この位相は, $0 < c < 1$ となる実数 c をとり, K における距離 $d_{\nu, c}$ を,

$$d_{\nu, c}(x, y) = \begin{cases} c^{\nu(x-y)} & (x \neq y \text{ のとき}) \\ 0 & \end{cases}$$

と定義したときの，この距離についての位相と一致する．

距離 d_c についての Cauchy 列は，この位相で収束するとはかぎらない．Cauchy 列が収束するようにした，この距離についての K の完備化，すなわち，この距離に関する K の Cauchy 列の同値類全体のなす空間，を K の ν に関する**完備化**(completion) と呼んで K_ν と書く．K_ν は ν のみにより，c のとりかたによらない．それは，K の元の列が Cauchy 列であるか否か，2 つの Cauchy 列が同値であるか否かが，ν のみにより，c のとりかたによらないからである．

たとえば，$\mathbb{Q}$ の p 進付値 ord_p に関する完備化が $\mathbb{Q}_p$ である．

K_ν には自然に体の構造が入る．また K の離散付値 ν は K_ν に離散付値として自然に延長され，この延長も ν と書くことにする．この ν の定める K_ν の位相について，K は K_ν の中で稠密である．

$\mathbb{Q}_p$ が逆極限 $\varprojlim_n \mathbb{Z}/p^n\mathbb{Z} = \mathbb{Z}_p$ の分数体としても得られたことは，次のように一般化される．

A を Dedekind 環とし，K を A の分数体とし，$\boldsymbol{p}$ を A の 0 でない素イデアルとし，$\nu = \mathrm{ord}_p : K^\times \to \mathbb{Z}$ を考える．K_ν の付値環を $\widehat{A}$，$\widehat{A}$ のただひとつの 0 でない素イデアルを $\widehat{\boldsymbol{p}}$ と書くと，

$$A/\boldsymbol{p}^n \xrightarrow{\cong} \widehat{A}/\widehat{\boldsymbol{p}}^n, \quad \boldsymbol{p}^n\widehat{A} = \widehat{\boldsymbol{p}}^n, \quad \varprojlim_n A/\boldsymbol{p}^n \xrightarrow{\cong} \varprojlim_n \widehat{A}/\widehat{\boldsymbol{p}}^n \cong \widehat{A}$$

が成立し，K_ν はしたがって $\varprojlim_n A/\boldsymbol{p}^n$ の分数体と同一視される．K_ν の剰余体は $A/\boldsymbol{p}$ であり，完備化をしても剰余体は変わらない．

例 6.12 $A = k[T]$, $K = k(T)$, $\alpha \in k$, $\boldsymbol{p} = (T-\alpha)$ とするときに，K の ord_p に関する完備化は，形式的ベキ級数体 $k((T-\alpha))$ と同一視される．これを見るには，上に述べたことによって，$\varprojlim_n A/\boldsymbol{p}^n \cong k[[T-\alpha]]$ であることを見ればよいが，これは $k[T]/(T-\alpha)^n$ の元が，$c_0 + c_1(T-\alpha) + \cdots + c_{n-1}(T-\alpha)^{n-1}$ ($c_0, c_1, \cdots, c_{n-1} \in k$) の形にただひととおりに書けることと，$\varprojlim_n k[T]/(T-\alpha)^n$ の元を与えることとは，$c_0, c_1, \cdots$ を順次決めていくことになることからわかる． □

離散付値 ν の与えられた体 K は，Cauchy 列が必ず収束するとき，つまり

$K = K_\nu$ となるとき,ν に関して完備であるという.完備化 K_ν は ν に関して完備である.また,離散付値環 A は,A のただひとつの 0 でない素イデアルを $\mathfrak{p}$ として,自然な写像 $A \to \varprojlim_n A/\mathfrak{p}^n$ が同型写像であるとき,完備であるという.離散付値 ν の与えられた体 K について,K が ν に関して完備であることと ν の付値環が完備であることは同値である.

離散付値に関して完備な体 K は,いろいろな点で $\mathbb{Q}_p$ と似た性質を持つ.たとえば,K において無限和 $\sum_{n=1}^\infty a_n$ が収束するための必要十分条件は,$\nu(a_n) \to \infty$ となることと同値である($\mathbb{Q}_p$ の場合の補題 2.9 の一般化).また,K が標数 0 なら,指数関数,対数関数が次のように定義される.ν の剰余体の標数が 0 なら $a = 0$,ν の剰余体の標数が $p > 0$ なら $a = \dfrac{\nu(p)}{p-1}$ とおき,$U = \{x \in K ; \nu(x) > a\}$,$V = \{t \in K ; \nu(t-1) > 0\}$,$V' = \{t \in K ; \nu(t-1) > a\}$ とおくとき,

$$\exp(x) = \sum_{n=0}^\infty \frac{x^n}{n!}$$

は $x \in U$ のとき収束して,$\exp(x_1 + x_2) = \exp(x_1)\exp(x_2)$ が $x_1, x_2 \in U$ について成立し,

$$\log(t) = \sum_{n=1}^\infty \frac{(-1)^{n-1}}{n}(t-1)^n$$

は $t \in V$ のとき収束して,$\log(t_1 t_2) = \log(t_1) + \log(t_2)$ が $t_1, t_2 \in V$ について成立し,$\exp(U) = V'$,$\log(V') = U$ であり,$\log(\exp(x)) = x$,$t = \exp(\log(t))$ が $x \in U$,$t \in V'$ について成立する.これらのことは第 2 章に述べた $\mathbb{Q}_p$ の場合と同様にして証明される($\exp, \log$ の収束性の証明は,補題 2.15 を用いる $\mathbb{Q}_p$ の場合の証明と同様である).

離散付値の与えられた体 K は,K も剰余体も標数が 0 のもの,K の標数が 0 で剰余体の標数が 0 でないもの,K も剰余体も 0 でない同じ標数をもつもの,の 3 つに分けられる.K が完備で K の標数と剰余体の標数が同じとき,K は離散付値体として形式ベキ級数体 $k((T))$(例 6.6)に同型であることが知られている.しかし $\mathbb{Q}_p$ のように K の標数と剰余体の標数が異なるものは,そのような簡単な表示を持たず,それだけに難しい対象である.

(d) 大域体と局所体

今後本書では，代数体と，有限体上の1変数代数関数体とを，ひっくるめて**大域体**(global field)と呼ぶ．これらの2種類の体は，非常によく似ていて，共通の名称で呼んでいっしょに扱うことが適しているのである．

代数体の素点には有限素点と無限素点の区別があるが，大域体の素点を一括して扱うに際し，本書では便宜上，有限体上の1変数代数関数体の素点はすべて有限素点と呼ぶことにする．有限体上の1変数代数関数体の素点は，代数体の有限素点と同様，素イデアルであり離散付値に対応するからである．（項(a)で1変数代数関数体の素点を定義した際，環 A, B をもちだし，A の0でない素イデアルを代数体の有限素点の類似物，B の特別な素イデアルを代数体の無限素点の類似物と考えたが，この区別は本質的なものではない．T と T^{-1} の役割を入れかえ，T^{-1} の方を T として扱うことにすれば，A と B は入れかわり，代数体の無限素点の類似物と呼んでいたものがたちまち代数体の有限素点の類似物になってしまう．）

v を大域体 K の素点とするとき，K の v における局所体 K_v とは次のものである．

v が有限素点のとき，v は K の離散付値に対応する．この離散付値に関する K の完備化を K_v と定義する．K が代数体で v が実素点のとき，v は K の $\mathbb{R}$ への埋めこみであるが，この埋めこみ先の $\mathbb{R}$ を K_v と定義する．K が代数体で v が複素素点のとき，v は K の $\mathbb{C}$ への埋めこみであるが，この埋めこみ先の $\mathbb{C}$ を K_v と定義する．

$\mathbb{R}$ や $\mathbb{C}$ は下に述べるように「局所コンパクト体」と呼ばれるものであり，代数体 K の無限素点は K を局所コンパクト体である $\mathbb{R}$ や $\mathbb{C}$ の中に稠密な部分体として埋めこんでいる．一般に，大域体 K の素点とは，K を局所コンパクト体の中に稠密な部分体として埋めこむことだ，と見なされるのである．このことをもっと正確に述べる．まず，位相群，位相環，位相体，局所コンパクト体を説明する．

位相群(topological group)とは，位相の与えられた群 G で，$G \times G \to G$;

$(x, y) \mapsto xy$ と $G \to G; x \mapsto x^{-1}$ が連続であるものである.

位相環(topological ring)とは, 位相の与えられた環 A で, 加法について位相群になっており(つまり $A \times A \to A; (x, y) \mapsto x+y$ と $A \to A; x \mapsto -x$ が連続であり), $A \times A \to A; (x, y) \mapsto xy$ も連続であるものである.

位相体(topological field)とは, 位相の与えられた体 K で, 位相環であり, $K^\times \to K^\times; x \mapsto x^{-1}$ が K の部分空間としての $K^\times$ の位相で連続であるものである.

例 6.13 $\mathbb{R}$ や $\mathbb{C}$ は位相体である. また, 離散付値 ν の与えられた体は, ν の定める位相について位相体となる. □

本書では, コンパクト位相空間(compact topological space)と言えば, 分離的(separated)である(つまり Hausdorff 性を持つ)ものとする. 各点がコンパクトな近傍を持つ分離位相空間を**局所コンパクト空間**(locally compact space)という. たとえば $\mathbb{R}$ や $\mathbb{C}$ は, 各点 a がコンパクトな近傍 $\{x; |x-a| \leqq 1\}$ を持つから, 局所コンパクトである.

どんな体も離散位相について局所コンパクトになるが, それはおもしろい位相ではない. そこで以下では, 局所コンパクトな位相体でありかつその位相が離散位相でないものを, **局所コンパクト体**(locally compact field)と呼ぶ.

次の命題の(2),(3)は本書では証明を与えない.

命題 6.14

(1) K を大域体, v をその素点とすると, K_v の v における局所体 K_v は, 局所コンパクト体である.

(2) 逆に, どんな局所コンパクト体も, ある大域体 K のある素点 v における局所体 K_v と, 位相体として同型である.

(3) K を大域体とする. 局所コンパクト体 F と, K から F への体準同型 ι で $\iota(K)$ が F の中で稠密となるものの組 (F, ι) を考える. 組 (F, ι) と組 (F', ι') は, 位相体としての同型 $\theta: F \xrightarrow{\cong} F'$ で $\iota' = \theta \circ \iota$ をみたすものがあるとき, 同値であるということにする. すると, K の素点全体の集合と, 上のような組 (F, ι) の同値類全体の集合の間の全単射が, K の素点 v に, 組 $(K_v$,

K から K_v への自然な埋めこみ)を対応させることで与えられる. □

命題6.14(1)は次の補題6.15, 6.16(1)の帰結である.

補題6.15 有限体を剰余体とする完備離散付値体 K は, その付値の定める位相について局所コンパクトである. □

補題6.16

(1) v を大域体 K の有限素点とすると, v の剰余体は有限である. したがって, 局所体 K_v は有限体を剰余体とする完備離散付値体である.

(2) v を体 k 上の1変数代数関数体の素点とすると, v の剰余体は k の有限次拡大である. □

[補題6.15の証明] K を離散付値 ν について完備な体とし, A を ν の付値環, α を $\nu(\alpha) = 1$ となる A の元とし, 剰余体 $A/\alpha A$ が有限体であるとする. すべての $n \geq 1$ について $A/\alpha^n A$ は有限となるから, $A = \varprojlim_n A/\alpha^n A$ は有限集合の逆極限となり, よってコンパクトである. K の各元 a がコンパクトな近傍 $a + A$ を持つから, K は局所コンパクトである. ∎

補題6.16(1)を K が代数体の場合に証明する. $\mathfrak{p}$ を O_K の0でない素イデアルとして, $O_K/\mathfrak{p}$ が有限であることを示さねばならない. これは次の補題6.17からしたがう.

補題6.17 K を代数体, $\mathfrak{a}$ を O_K の0でないイデアルとすると, $O_K/\mathfrak{a}$ は有限環である.

[証明] §6.3 に証明する補題6.64により, $\mathfrak{a} \cap \mathbb{Z}$ は0でない整数 m をふくむ. O_K は有限生成 $\mathbb{Z}$ 加群である(§6.3補題6.65)から, $O_K/\mathfrak{a}$ は有限生成 $\mathbb{Z}/m\mathbb{Z}$ 加群であり, よって有限. ∎

補題6.16(1)の K が有限体上の1変数代数関数体の場合は, 補題6.16(2)に帰着し, 補題6.16(2)は上で O_K のかわりに項(a)の環 A, B をとり, $\mathbb{Z}$ のかわりに環 $k[T], k[T^{-1}]$ (k は有限体)を用いて証明できる(§6.3末の[補足]の(1)参照).

本書では単に**局所体**(local field)と言えば, $\mathbb{R}, \mathbb{C}$, または有限体を剰余体とする完備離散付値体, を意味するものとする.

(e) 不変測度と倍率

局所コンパクト体において，$\mathbb{R}$と同様，良い積分論が展開され，解析学が展開できる．その基本になるのは，局所コンパクト体において，不変測度という，大きさを測る尺度が存在することである．§2.4(c)において，実数aの絶対値$|a|$がa倍写像$\mathbb{R} \to \mathbb{R}$の「倍率」と解釈される($a$倍写像はものの大きさを$|a|$倍する)こと，$p$進数$a$の$p$進絶対値$|a|_p$も$a$倍写像$\mathbb{Q}_p \to \mathbb{Q}_p$の「倍率」と解釈されることについて簡略に述べた．このことを一般の局所コンパクト体に対し，不変測度を用いて正確に説明する．

まず局所コンパクト群の不変測度について説明する．

Xを局所コンパクト空間とするとき，Xの各コンパクト部分集合Cに0以上の実数を対応させる対応μで，次の(i)–(iv)をみたすものを，X上の測度と呼ぶことにする．

（i） $\mu(\emptyset) = 0$.

（ii） C, C'がXのコンパクト部分集合で$C \subset C'$なら，$\mu(C) \leqq \mu(C')$.

（iii） C, C'がXのコンパクト部分集合なら

$$\mu(C) + \mu(C') = \mu(C \cup C') + \mu(C \cap C').$$

とくに$C \cap C' = \emptyset$なら，(i)より$\mu(C) + \mu(C') = \mu(C \cup C')$.

（iv） $(C_\lambda)_{\lambda \in \Lambda}$が$X$のコンパクト部分集合の族なら，

$$\mu\left(\bigcap_{\lambda \in \Lambda} C_\lambda\right) = \inf_{\Lambda'} \mu\left(\bigcap_{\lambda \in \Lambda'} C_\lambda\right),$$

ここにΛ'はΛのすべての有限部分集合を走る．

測度は，「長さ」や「面積」の概念を一般化したものである．最も身近な測度は，$\mathbb{R}$上のLebesgue測度と呼ばれるもので，これは通常の「長さ」であり，すべての実数a, bで$a \leqq b$なるものに対して$\mu(\{x \in \mathbb{R}; a \leqq x \leqq b\}) = b - a$をみたすただひとつの$\mathbb{R}$上の測度である．

注意 6.18 上に定義した局所コンパクト空間上の測度は，多くの測度論の教科書で，局所コンパクト空間の Radon 測度と呼ばれているものである．簡単のためここでは単に「測度」と称した．

局所コンパクト空間 X 上の測度 μ が与えられたとき, X 上の複素数値関数(適当な条件をみたすもの)を, μ について積分することができる. この積分論については, 測度論, 積分論の教科書を見られたい.

G を局所コンパクト群とするとき, G 上の測度 $\mu \neq 0$ で, G のすべてのコンパクト部分集合 C と G のすべての元 g について $\mu(gC) = \mu(C)$ (左移動についての不変性)をみたすものを, **左不変測度**(left invariant measure)という(左 Haar 測度(left Haar measure)ともいう). ここに $gC = \{gx\,;\,x \in C\}$. gC を Cg にかえると, **右不変測度**の定義を得る.

局所コンパクト群 G は左不変測度を持つこと, また, μ, μ' を G の左不変測度とすると, $\mu' = c\mu$ となる正の実数 c が存在することが知られている. さらに, C が G のコンパクト部分集合で空でない開集合を含むものとすれば, G の左不変測度 μ について $\mu(C) > 0$ である. これらのことは右不変測度についても同様である.

G が Abel 群のときは, 左不変測度と右不変測度は同じことになり, 単に不変測度と呼ばれる. たとえば $G = \mathbb{R}$ の場合, 上に述べた $\mathbb{R}$ 上の Lebesgue 測度は不変測度である. ($\mathbb{R}$ は加法群なので, 不変性の条件は $\mu(g+C) = \mu(C)$ と書かれることに注意されたい.)

局所コンパクト体の元の「倍率」について述べる.

K を局所コンパクト体とし, $a \in K^\times$ とする. μ を加法群 K の不変測度とすると, $C \mapsto \mu(aC)$ も加法群 K の不変測度である. 実際 $g \in K$ に対し, $\mu(a(g+C)) = \mu(ag+aC) = \mu(aC)$ であるから. よって $\mu(aC) = |a|_K \mu(C)$ が K のすべてのコンパクト部分集合 C について成立する正の実数 $|a|_K$ が, ただひとつ存在する. また $|0|_K = 0$ と定義する. $|a|_K \, (a \in K)$ を a の**倍率**(module)と呼ぶ. $\mu(aC) = |a|_K \mu(C)$ は, $a = 0$ に対しても成立する. $a, b \in K$ に対し $|ab|_K = |a|_K |b|_K$ が成立する.

補題 6.19

(1) $K = \mathbb{R}$ なら, $a \in K$ に対し $|a|_K$ は a の通常の絶対値に等しい.

(2) $K = \mathbb{C}$ なら, $a \in K$ に対し $|a|_K$ は a の通常の絶対値の 2 乗に等し

い.

（3） K が有限体 $\mathbb{F}_q$ を剰余体とする完備離散付値体で，ν がその離散付値なら，$a \in K^\times$ に対し $|a|_K = q^{-\nu(a)}$ となる．とくに $K = \mathbb{Q}_p$ なら，$|a|_K$ は §2.4 で定義した a の p 進絶対値 $|a|_p$ に一致する．A を ν の付値環，$\mathfrak{p}$ を A のただひとつの 0 でない素イデアルとすると，$x \in K$ に対し，

$$|x|_K \leqq 1 \iff x \in A, \quad |x|_K < 1 \iff x \in \mathfrak{p},$$
$$|x|_K = 1 \iff x \in A^\times.$$

［証明］ (1)は，$\{ax\,;\,0 \leqq x \leqq 1\}$ の長さが $|a|$ に等しいことによる．(2)は，複素平面における「面積」が $\mathbb{C}$ の不変測度であることと，$\{ax\,;\,x \in \mathbb{C},\,|x| \leqq 1\}$ の面積が $\{x\,;\,x \in \mathbb{C},\,|x| \leqq 1\}$ の面積の $|a|^2$ 倍であることによる．

(3)を示す．$|a|_K = q^{-\nu(a)}\,(a \in K^\times)$ を示すのに，$K^\times$ の元が $ab^{-1}\,(a, b \in A,\,a \neq 0,\,b \neq 0)$ と書けることから，$a \in A$ と仮定してよい．$\nu(a) = n$ とすると，$\sharp(A/aA) = q^n$ である．これは A が，互いに交わらない $aA + b$ の形の q^n 個の集合の合併であることを示しており，よって不変測度 μ に対し，$q^n \cdot \mu(aA) = \mu(A)$．よって $|a|_K = q^{-n}$．(3)の残りの部分の証明は容易である． ■

§6.3 素点と体拡大

この §6.3 では，大域体の素点の，大域体の拡大におけるふるまいを見てゆく．ただし，第 5 章や第 8 章のテーマである類体論的現象については論じず，Dedekind 環の素イデアルが体拡大においてどうふるまうかについての一般論を紹介し，そのような一般論で説明がつく事柄をこの §6.3 では論ずる．

以下，項(a)–(c)においては，A は Dedekind 環，K は A の分数体，L は K の有限次分離拡大，B は L における A の整閉包をあらわす．(なお，K が代数体の場合，標数が 0 だから K の有限次拡大はつねに分離である．) B は Dedekind 環である (付録 §A.1)．

記述を簡潔にするため，(a)–(c)では事実や例を紹介することを優先して証明は一部与えるのみにし，証明の完成は項(e)でおこなうことにする．証明

は過度に技巧的な所もあるので，読者は(e)よりは(a)–(c)を重視されたい．

項(d)では無限素点についての補足をする．

(a) 拡大体における素イデアルの分解

A, B, K, L を上のとおりとする．

q を B の 0 でない素イデアルとし，$p = q \cap A$ とおくと，p は A の 0 でない素イデアルである(補題 6.64)．「q は p の上にある」と言い，「p は q の下にある」という．

以下，p を A の 0 でない素イデアルとし，p が生成する B のイデアル pB を，B において

$$pB = q_1^{e_1} \cdots q_g^{e_g}$$

($q_1, \cdots, q_g$ は B の 0 でない相異なる素イデアル，$e_i \geq 1$)と素イデアル分解する．$q_1, \cdots, q_g$ は，p の上にある B の素イデアル全体に一致する．

定義 6.20

(1) e_i を q_i の p に対する**分岐指数**と呼び，$e(p, q_i)$ と書く．

(2) 標準写像 $A/p \to B/q_i$ によって剰余体 B/q_i を剰余体 A/p の拡大体と見る．B が有限生成 A 加群であること(補題 6.65)により，B/q_i は A/p の有限次拡大となる．この拡大次数 $[B/q_i : A/p]$ を，q_i の p に対する**剰余次数**と呼び，$f(p, q_i)$ と書く．

(3) p が L において完全分解するとは，$g = [L : K]$ となることである．

(4) q_i が K 上**不分岐**であるとは，$e(p, q_i) = 1$ であり，かつ B/q_i が A/p の分離拡大であることをいう．また p が L において不分岐であるとは，すべての q_i ($1 \leq i \leq g$) が K 上不分岐であることをいう．(なお K が代数体で A がその整数環の場合には A/p は有限体であり，有限体の有限次拡大はすべて分離だから，上の「B/q_i が A/p の分離拡大である」という条件は自動的にみたされることになる.) 不分岐でないことを，**分岐**する，という． □

この項(a)では，この定義 6.20 にでてくる事柄の間の相互関係について述べる．また Frobenius 置換，Frobenius 共役類というものについて述べる．

証明は項(e)に与える.

例6.21 $A = \mathbb{Z}$, $K = \mathbb{Q}$, $B = \mathbb{Z}[\sqrt{-1}]$, $L = \mathbb{Q}(\sqrt{-1})$ の場合を考える. 素数が $\mathbb{Z}[\sqrt{-1}]$ において生成するイデアルの素イデアル分解

$$(2) = (1+i)^2, \quad (3) = (3), \quad (5) = (2+i)(2-i)$$

について考える(表6.3).

表6.3 分岐指数と剰余次数($\mathbb{Q}$ と $\mathbb{Q}(\sqrt{-1})$ の間で)

p	q_i	$e(p, q_i)$	$f(p, q_i)$	$\sum_{i=1}^{2} e(p, q_i) f(p, q_i)$
$2\mathbb{Z}$	$(1+i)$	2	1	$2 \times 1 = 2$
$3\mathbb{Z}$	(3)	1	2	$1 \times 2 = 2$
$5\mathbb{Z}$	$(2+i)$	1	1	$1 \times 1 + 1 \times 1 = 2$
	$(2-i)$	1	1	

ここで $p = 3\mathbb{Z}$, $q = 3\mathbb{Z}[\sqrt{-1}]$ のとき $f(p,q) = 2$ であるのは, $\mathbb{Z}[\sqrt{-1}]/(3)$ が $\mathbb{F}_3$ 上の線形空間として $1 \bmod (3)$ と $i \bmod (3)$ を基底とするからである. また $p = 5\mathbb{Z}$, $q_1 = (2+i)$ について $f(p, q_1) = 1$ となるのは, $\mathbb{Z}[\sqrt{-1}]/(2+i)$ は $\mathbb{F}_5$ 上の線形空間として $1 \bmod (2+i)$ と $i \bmod (2+i)$ で生成されるが, $i \bmod (2+i) = -2 \bmod (2+i)$ であることにより, $\mathbb{Z}[\sqrt{-1}]/(2+i) = \mathbb{F}_5 \cdot 1$ となるからである. □

表6.3の1番右の欄にあらわれているのは, 次の命題に一般化されることがらである.

命題6.22 $\quad [L:K] = \sum_{i=1}^{g} e(p, q_i) f(p, q_i)$. □

系6.23 p が L において完全分解
$\iff 1 \leq i \leq g$ について $e(p, q_i) = f(p, q_i) = 1$.

とくに, 「完全分解 $\implies$ 不分岐」である. □

L が K の Galois 拡大の場合を考える. $\sigma \in \mathrm{Gal}(L/K)$ とすると, σ によって A 上整な元は A 上整な元にうつされるから, σ は A 上の環としての同型 $B \xrightarrow{\cong} B$ をもたらす.

命題6.24 L が K の Galois 拡大とし, q, q' を p の上にある B の素イデアルとすると, $\sigma(q) = q'$ となる $\sigma \in \mathrm{Gal}(L/K)$ が存在する. □

系 6.25 L が K の Galois 拡大とすると,$e(p, q_i)$ $(1 \leq i \leq g)$ は互いに等しく,$f(p, q_i)$ $(1 \leq i \leq g)$ は互いに等しく,それらをそれぞれ e, f と書くと,
$$[L : K] = efg.$$
□

例 6.26 $A = \mathbb{Z}, K = \mathbb{Q}, B = \mathbb{Z}[\sqrt{-1}], L = \mathbb{Q}(\sqrt{-1})$ のとき,L は K の Galois 拡大であり,$p = 2\mathbb{Z}, 3\mathbb{Z}, 5\mathbb{Z}$ のそれぞれの場合に,系 6.25 の等式はそれぞれ
$$2 = 2 \times 1 \times 1, \quad 2 = 1 \times 2 \times 1, \quad 2 = 1 \times 1 \times 2$$
となる.$5\mathbb{Z}$ の上にある 2 つの素イデアル $(2+i)$ と $(2-i)$ は,複素共役写像 $\in \mathrm{Gal}(\mathbb{Q}(\sqrt{-1})/\mathbb{Q})$ によってうつりあう. □

次に「Frobenius 置換」,「Frobenius 共役類」について論ずる.

命題 6.27 L が K の Galois 拡大,p が L において不分岐であり,q が p の上にある B の素イデアルなら,B/q は A/p の Galois 拡大であり,単射である群準同型
$$\mathrm{Gal}((B/q)/(A/p)) \longrightarrow \mathrm{Gal}(L/K)$$
で次の条件をみたすものがただひとつ存在する.σ を $\mathrm{Gal}((B/q)/(A/p))$ の元とし,$\tilde{\sigma}$ をその $\mathrm{Gal}(L/K)$ における像とすると,$\tilde{\sigma}(q) = q$ であり,$\tilde{\sigma} : B \to B$ が導く $B/q \to B/q$ は σ に一致する. □

定義 6.28 命題 6.27 において,さらに A/p が有限体であると仮定する.すると $\mathrm{Gal}((B/q)/(A/p))$ は,B/q の自己同型 $B/q \to B/q$; $x \mapsto x^{\sharp(A/p)}$ を生成元とする巡回群である(付録 §B.2 参照).この生成元の $\mathrm{Gal}(L/K)$ における像を $\mathrm{Frob}_{p,q}$ と書き,p の q に関する **Frobenius 置換**(Frobenius substitution)という.それは q を保ち,かつその導く $B/q \to B/q$ が $x \mapsto x^{\sharp(A/p)}$ であるような,$\mathrm{Gal}(L/K)$ のただひとつの元である.

容易に導かれるように,$\sigma \in \mathrm{Gal}(L/K)$ に対し $\mathrm{Frob}_{p,\sigma(q)} = \sigma(\mathrm{Frob}_{p,q})\sigma^{-1}$ であり,したがって命題 6.24 により,$\mathrm{Frob}_{p,q}$ の属する $\mathrm{Gal}(L/K)$ の共役類は,p の上にある B の素イデアル q のとり方によらない.この共役類を $\mathrm{Frob}_{p,L}$(あるいは簡単に Frob_p)と書き,p の L に関する **Frobenius 共役類**(Frobenius conjugacy class)と呼ぶ.L が K の Abel 拡大なら $\mathrm{Gal}(L/K)$ の各共役類は 1 個の元からなるから,$\mathrm{Frob}_{p,L}$ は $\mathrm{Gal}(L/K)$ の元と見なされ,

それを $\mathfrak{p}$ の L に関する Frobenius 置換という. □

Frobenius 共役類は次の命題の (1), (2) のように, $\mathfrak{p}$ の L における分解の様子をつかさどる.

命題 6.29 L が K の Galois 拡大, $\mathfrak{p}$ が L において不分岐, $A/\mathfrak{p}$ が有限体であるとする.

(1) $\mathrm{Frob}_{\mathfrak{p},L} = \{1\} \iff \mathfrak{p}$ が L において完全分解する.

(2) $\mathfrak{q}$ を $\mathfrak{p}$ の上にある B の素イデアルとし, $\mathrm{Frob}_{\mathfrak{p},\mathfrak{q}} \in \mathrm{Gal}(L/K)$ の位数を f とおくと, $\mathfrak{p}$ の上にある B の素イデアルの個数は $\frac{1}{f}[L:K]$ に等しい.

(3) L が K の Abel 拡大なら, $\mathrm{Frob}_{\mathfrak{p},L}$ は, それが導く $B/\mathfrak{p}B \to B/\mathfrak{p}B$ が $x \mapsto x^{\sharp(A/\mathfrak{p})}$ となる, ただひとつの $\mathrm{Gal}(L/K)$ の元である.

(4) L' が $K \subset L' \subset L$ となる K の Galois 拡大なら, $\mathrm{Frob}_{\mathfrak{p},L} \subset \mathrm{Gal}(L/K)$ の $\mathrm{Gal}(L'/K)$ における像は $\mathrm{Frob}_{\mathfrak{p},L'}$ に一致する. □

命題 6.29 (1), (2) を系 6.25 から導く. (1) は (2) と系 6.23 からしたがうので, (2) を示す. $\mathrm{Frob}_{\mathfrak{p},\mathfrak{q}}$ の位数は $\mathrm{Gal}((B/\mathfrak{q})/(A/\mathfrak{p}))$ の位数, すなわち $[B/\mathfrak{q} : A/\mathfrak{p}]$ に等しい. 系 6.25 で $e = 1$ ($\mathfrak{p}$ は不分岐だから) であることにより, $[L:K] = fg$, つまり $g = \frac{1}{f}[L:K]$.

また, 命題 6.29 (3) は, $\mathfrak{q}_1, \cdots, \mathfrak{q}_g$ を $\mathfrak{p}$ の上にある B の素イデアル全体とすると, $B/\mathfrak{p}B = B/(\mathfrak{q}_1 \cdots \mathfrak{q}_g) \xrightarrow{\cong} \prod_{i=1}^{g} B/\mathfrak{q}_i$ (系 6.67) となることと, $\mathrm{Frob}_{\mathfrak{p},L}$ の定義からしたがう. 命題 6.29 (4) は Frobenius 共役類の定義からしたがう.

例 6.30 $A = \mathbb{Z}$, $K = \mathbb{Q}$, $B = \mathbb{Z}[\sqrt{-1}]$, $L = \mathbb{Q}(\sqrt{-1})$ の場合を考える. $\mathrm{Gal}(\mathbb{Q}(\sqrt{-1})/\mathbb{Q}) = \{1, \sigma\}$ と書く. 素数 $p \neq 2$ に対して $p\mathbb{Z}$ の Frobenius 置換 $\mathrm{Frob}_p \in \mathrm{Gal}(\mathbb{Q}(\sqrt{-1})/\mathbb{Q})$ は, $p \equiv 1 \bmod 4$ なら単位元, $p \equiv 3 \bmod 4$ なら σ である.

図 6.2 で $\mathbb{Z}[\sqrt{-1}]$ の素イデアル (7) を大きめの玉で示したのは, その剰余体が $\mathbb{F}_7$ よりも大きいからである. $\mathrm{Frob}_7 = \sigma$ は, $\mathbb{Z}[\sqrt{-1}]$ の素イデアル (7) を保つが, (7) の剰余体の元をおおいに動かすから, $\mathrm{Frob}_7 = \sigma$ は (7) をあらわす大きめの玉 ● をくるくるとまわしているようなものである. □

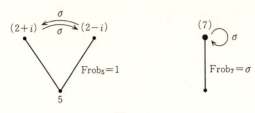

図 6.2

(b) 共役差積と分岐

共役差積と呼ばれる B のイデアル $D(B/A)$ が定義され，それを用いて，B の 0 でない素イデアルのうちどれが K 上分岐しているのかを判定できる，ということを述べる．また次のような事項も，共役差積と関係するので，ここで述べる．

(ア) 代数体の判別式，

(イ) §5.1(f) でふれた，「多項式の素因数」と「代数体における素数の分解」の関係，

(ウ) $\mathbb{Q}(\sqrt[3]{2})$ の整数環が $\mathbb{Z}[\sqrt[3]{2}]$ であることや，$\mathbb{Q}(\zeta_N)$ の整数環が $\mathbb{Z}[\zeta_N]$ であることを知る方法．

証明は項 (e) に与える．

まず共役差積を定義する．$\mathrm{Tr}_{L/K}: L \to K$ をトレース写像 (§B.3) とし，
$$\{\alpha \in L;\ \mathrm{Tr}_{L/K}(\alpha B) \subset A\}$$
を $D(B/A)^{-1}$ と書くことにする．補題 6.63 に示すように，$\mathrm{Tr}_{L/K}(B) \subset A$ であり，よって $B \subset D(B/A)^{-1}$ である．項 (e) で示すように，$D(B/A)^{-1}$ は B の分数イデアル (付録 §A.2) である．B の A に対する**共役差積** (different) $D(B/A)$ を，$D(B/A)^{-1}$ の逆イデアル (B の分数イデアルのなす乗法群における $D(B/A)^{-1}$ の逆元) と定義する．$B \subset D(B/A)^{-1}$ だから $D(B/A) \subset B$ となり，よって $D(B/A)$ は B の 0 でないイデアルである．

例 6.31 $A = \mathbb{Z},\ K = \mathbb{Q},\ B = \mathbb{Z}[\sqrt{-1}],\ L = \mathbb{Q}(\sqrt{-1})$ の場合を考える．$a, b \in \mathbb{Q}$ に対し，

$$a+bi \in D(B/A)^{-1} \iff \mathrm{Tr}_{L/K}(a+bi),\ \mathrm{Tr}_{L/K}((a+bi)i) \in \mathbb{Z}$$
$$\iff 2a,\ -2b \in \mathbb{Z} \iff a, b \in \frac{1}{2}\mathbb{Z}.$$

よって $D(B/A)^{-1} = \frac{1}{2}\mathbb{Z}[\sqrt{-1}]$ となり，$D(\mathbb{Z}[\sqrt{-1}]/\mathbb{Z}) = (2)$. □

この例で，$D(\mathbb{Z}[\sqrt{-1}]/\mathbb{Z}) = (2)$ をわりきる $\mathbb{Z}[\sqrt{-1}]$ のただひとつの素イデアル $(1+i)$ が，$\mathbb{Q}$ 上分岐する $\mathbb{Z}[\sqrt{-1}]$ のただひとつの素イデアルであることに注意されたい．このことは，分岐する素イデアルが共役差積を用いて判定できるという，次の命題に一般化される．

命題 6.32 q を B の 0 でない素イデアルとするとき，q が K 上分岐することと，q が $D(B/A)$ をわりきることは，同値である． □

0 でないひとつのイデアルをわりきる B の 0 でない素イデアルは高々有限個だから，次の系を得る．

系 6.33 B の 0 でない素イデアルで K 上分岐するものは高々有限個である．また A の 0 でない素イデアルで L において分岐するものは高々有限個である． □

共役差積と密接に関係するものに，代数体の判別式がある．

定義 6.34 F を代数体とし，F の整数環 O_F の $\mathbb{Z}$ 加群としての基底 $\alpha_1, \cdots, \alpha_n$ $(n=[F:\mathbb{Q}])$ をとる．(i,j) 成分が $\mathrm{Tr}_{F/\mathbb{Q}}(\alpha_i\alpha_j)$ である n 次正方行列の行列式を，F の**判別式**と呼び，D_F と書く．
$$D_F = \det((\mathrm{Tr}_{F/\mathbb{Q}}(\alpha_i\alpha_j))_{i,j}).$$
□

命題 6.35

(1) D_F は整数であり，O_F の $\mathbb{Z}$ 加群としての基底 $\alpha_1, \cdots, \alpha_n$ のとり方によらない．

(2) D_F の絶対値 $|D_F|$ は，指数 $[O_F : D(O_F/\mathbb{Z})]$ に等しい．

(3) 素数 p が F において分岐するための必要十分条件は，p が D_F をわりきることである．

(4) $\sigma_1, \cdots, \sigma_n : F \to \overline{\mathbb{Q}}$ $(n=[F:\mathbb{Q}])$ を F から $\mathbb{Q}$ の代数閉包 $\overline{\mathbb{Q}}$ へのすべての体準同型とする (§B.3 参照) とき，
$$D_F = \det((\sigma_i(\alpha_j))_{i,j})^2.$$
□

例 6.36 2次体の判別式をもとめる. F を 2 次体とし, m を 1 以外の平方数でわれない, 1 でない整数で, $F=\mathbb{Q}(\sqrt{m})$ となるものとする.

$$D_F = \begin{cases} m & m \equiv 1 \bmod 4 \text{ のとき} \\ 4m & m \equiv 2, 3 \bmod 4 \text{ のとき} \end{cases}$$

であることを示す. $m \equiv 1 \bmod 4$ のとき, O_F は $\mathbb{Z}$ 加群として $1, \dfrac{1+\sqrt{m}}{2}$ を基底とするから, 命題 6.35(4) により,

$$D_F = \begin{vmatrix} 1 & \dfrac{1+\sqrt{m}}{2} \\ 1 & \dfrac{1-\sqrt{m}}{2} \end{vmatrix}^2 = (-\sqrt{m})^2 = m.$$

$m \equiv 2, 3 \bmod 4$ のとき, O_F は $\mathbb{Z}$ 加群として $1, \sqrt{m}$ を基底とするから,

$$D_F = \begin{vmatrix} 1 & \sqrt{m} \\ 1 & -\sqrt{m} \end{vmatrix}^2 = (-2\sqrt{m})^2 = 4m. \qquad \Box$$

「共役差積」という名称の由来は次のことにある.

命題 6.37 $\alpha \in B$ とし, $B = A[\alpha]$ と仮定し, $f(T)$ を, $f(\alpha) = 0$ となる K 係数既約多項式で最高次の係数が 1 のものとすると,

$$\boldsymbol{D}(B/A) = (f'(\alpha)).$$

ここに f' は f の微分をあらわす. $\qquad \Box$

$\alpha_1, \cdots, \alpha_n$ を α のすべての K 上の共役元, $\alpha_1 = \alpha$ とすると, $f(T) = \prod_{i=1}^{n}(T-\alpha_i)$ だから, $f'(\alpha) = \prod_{i=2}^{n}(\alpha - \alpha_i)$. このように $f'(\alpha)$ は「共役元に関する差の積」である. (なお, 補題 6.63 に示すように, 命題 6.37 の $f(T)$ は, 必ず A 係数多項式となる.)

例 6.38 2 次体 F について $\boldsymbol{D}(O_F/\mathbb{Z})$ をもとめる. ($F = \mathbb{Q}(\sqrt{-1})$ の場合はすでに例 6.31 でもとめたが, 今回は命題 6.37 を用いて考える.) $F = \mathbb{Q}(\sqrt{m})$, m は例 6.36 のとおりとする.

$$\boldsymbol{D}(O_F/\mathbb{Z}) = \begin{cases} (\sqrt{m}) & m \equiv 1 \bmod 4 \text{ のとき} \\ (2\sqrt{m}) & m \equiv 2, 3 \bmod 4 \text{ のとき} \end{cases}$$

であることを示す．$m \equiv 1 \bmod 4$ のとき，命題 6.37 において $\alpha = \dfrac{1+\sqrt{m}}{2}$
ととれ，$f(T) = T^2 - T - \dfrac{m-1}{4}$，$f'(\alpha) = 2\alpha - 1 = \sqrt{m}$ となる．$m \equiv 2, 3 \bmod 4$ のときは，命題 6.37 において $\alpha = \sqrt{m}$ ととれ，$f(T) = T^2 - m$，$f'(\alpha) = 2\alpha = 2\sqrt{m}$ となる． □

$\alpha \in B$ が $B = A[\alpha]$ をみたさなくても，$L = K(\alpha)$ をみたすとき，命題 6.37 に近い形をもつ次の命題が成立する．

命題 6.39 $\alpha \in B$ とし，$L = K(\alpha)$ と仮定し，$f(T)$ を，$f(\alpha) = 0$ となる A 係数多項式とすると，
$$D(B/A)^{-1} \subset f'(\alpha)^{-1} A[\alpha].$$
とくに，$f'(\alpha) B \subset D(B/A)$ であり，したがって（命題 6.32 により）$f'(\alpha) \notin \mathbf{q}$ となる B の素イデアル $\mathbf{q}$ は K 上不分岐である． □

例 6.40 $a_1, \cdots, a_r \in A$，$n_1, \cdots, n_r \geq 1$，$L = K(\alpha_1, \cdots, \alpha_r)$，$\alpha_i^{n_i} = a_i$ ($1 \leq i \leq r$) となっているとする．このとき，A の 0 でない素イデアル $\mathbf{p}$ で $a_i \notin \mathbf{p}$，$n_i \notin \mathbf{p}$ ($1 \leq i \leq r$) をみたすものは，L において不分岐である． □

このことを示すには，r についての帰納法により，$r = 1$ としてよい．そこで $a \in A$，$n \geq 1$，$L = K(\alpha)$，$\alpha^n = a$，$a \notin \mathbf{p}$，$n \notin \mathbf{p}$ とする．$f(T) = T^n - a$ とおくと，$f(\alpha) = 0$ であり，$\mathbf{p}$ の上にある B の素イデアルは $f'(\alpha) = n\alpha^{n-1}$ を含まないから，$\mathbf{p}$ は L において不分岐である．

たとえば，$2, 3$ 以外の素数は $\mathbb{Q}(\sqrt[3]{2})$ において不分岐である．

次の命題は，A の 0 でない素イデアルの B における分解の形を実際にもとめるために大変有効である．

命題 6.41 $\alpha \in B$，$L = K(\alpha)$ とし，$f(T)$ を，$f(\alpha) = 0$ となる K 係数既約多項式で最高次の係数が 1 であるものとする（すでに注意したように $f(T)$ は A 係数である）．$\mathbf{p}$ を A の 0 でない素イデアルとし，$\mathbf{q}_1, \cdots, \mathbf{q}_g$ を $\mathbf{p}$ の上にある B のすべての相異なる素イデアルとし，$i = 1, \cdots, g$ に対し $f'(\alpha) \notin \mathbf{q}_i$ とする．（したがって命題 6.39 により，$\mathbf{p}$ は L において不分岐である．）このとき:

(1) $f \bmod \mathbf{p} \in (A/\mathbf{p})[T]$ を $A/\mathbf{p}$ 係数の既約多項式の積 $\prod_{i=1}^{h} (f_i \bmod \mathbf{p})$ ($f_i(T) \in A[T]$) に分解する．すると $g = h$ であり，$f_1, \cdots, f_g$ の順番を適

当に決めなおせば, $1 \leq i \leq g$ について, q_i は p と $f_i(\alpha)$ で生成される B のイデアルに一致し,
$$(A/p)[T]/(f_i \bmod p) \xrightarrow{\cong} B/q_i\,;\ T \mapsto \alpha \bmod q_i$$
であり, q_i の p に対する剰余次数は A/p 上の多項式 $f_i \bmod p$ の次数に等しい.

(2) L が K の Galois 拡大とするとき,
p が L において完全分解する $\iff$ $f \bmod p$ が A/p に根を持つ. □

問4 命題6.41(2)で $A = \mathbb{Z}$, $K = \mathbb{Q}$, m を平方数でない整数, $L = \mathbb{Q}(\sqrt{m})$ ととることにより, m をわらない奇素数 p について
$$p\text{ が }\mathbb{Q}(\sqrt{m})\text{ において完全分解する} \iff \left(\frac{m}{p}\right) = 1$$
(補題5.19)を導け.

例6.42 $A = \mathbb{Z}$, $K = \mathbb{Q}$, $L = \mathbb{Q}(\zeta_5)$, $\alpha = \zeta_5$ とするとき, $f(T) = T^4 + T^3 + T^2 + T + 1$ であり, 命題6.41(2)は素数 $p \neq 5$ について
p が $\mathbb{Q}(\zeta_5)$ において完全分解 $\iff$ $T^4 + T^3 + T^2 + T + 1$ が $\mathbb{F}_p$ に根を持つ
を示している. また, $A = \mathbb{Z}$, $K = \mathbb{Q}$, $L = \mathbb{Q}(\zeta_7 + \zeta_7^{-1})$, $\alpha = \zeta_7 + \zeta_7^{-1}$ とするとき, $f(T) = T^3 + T^2 - 2T - 1$ であり, 命題6.41 は素数 $p \neq 7$ について
p が $\mathbb{Q}(\zeta_7 + \zeta_7^{-1})$ において完全分解 $\iff$ $T^3 + T^2 - 2T - 1$ が $\mathbb{F}_p$ に根を持つ
を示している. (「多項式の素因数」に関する§5.1(f)参照.) □

最後に, 命題6.39 から導かれる
(6.4) $\qquad B \subset f'(\alpha)^{-1} A[\alpha]$
($\alpha \in B$, $L = K(\alpha)$, $f(T) \in A[T]$, $f(\alpha) = 0$ とする)をもとにして, A の整閉包 B を具体的にもとめることをいくつかの例についてやってみたい. 次の補題を使う.

補題6.43 B' を B の部分環で A を含むものとし, 次の(i), (ii)をみたすものとする.
(i) K 上の線形空間として, L は B' で生成される.

(ii) A のすべての 0 でない素イデアル $\boldsymbol{p}$ に対し, $B'+\boldsymbol{p}B=B$.

このとき, $B'=B$. □

今 B' を B の部分環で A を含み上の条件(i)をみたすものとする. $B'=B$ を証明したかったとする. $\alpha \in B'$, $L=K(\alpha)$, $f(T) \in A[T]$, $f(\alpha)=0$ とすると, $A \cap f'(\alpha)B' \not\subset \boldsymbol{p}$ となる A の 0 でない素イデアル $\boldsymbol{p}$ については $B'+\boldsymbol{p}B=B$ (上の条件(ii))が成立する. なぜなら, $A \cap f'(\alpha)B'$ は $\boldsymbol{p}$ にふくまれない A のイデアルとなるから, $(A \cap f'(\alpha)B')+\boldsymbol{p}=A$. よって $1 \in f'(\alpha)B+\boldsymbol{p}B$ となり, したがって $B=f'(\alpha)B+\boldsymbol{p}B$. (6.4)により $f'(\alpha)B \subset B'$ だから, $B'+\boldsymbol{p}B=B$ を得る. このような $\boldsymbol{p}$ は L において不分岐であるが, L において分岐する $\boldsymbol{p}$ について, $B'+\boldsymbol{p}B=B$ を示すには, 次の「Eisenstein 多項式」の考えが有効である.

定義 6.44 $\boldsymbol{p}$ を A の 0 でない素イデアルとするとき, $\boldsymbol{p}$ についての **Eisenstein 多項式** とは,
$$T^n+a_1T^{n-1}+\cdots+a_n \quad (n \geq 1,\ a_1,\cdots,a_n \in \boldsymbol{p},\ a_n \notin \boldsymbol{p}^2)$$
の形の多項式のことである. □

補題 6.45 $\alpha \in B$, $L=K(\alpha)$ とし, $\boldsymbol{p}$ を A の 0 でない素イデアルとし, $\boldsymbol{p}$ についての Eisenstein 多項式 $f(T)$ で $f(\alpha)=0$ となるものがあるとする. このとき:

(1) $\boldsymbol{p}$ の上にある B の素イデアルはただひとつであり, それを $\boldsymbol{q}$ とおくと, $e(\boldsymbol{p},\boldsymbol{q})=[L:K]$, $\mathrm{ord}_{\boldsymbol{q}}(\alpha)=1$. もし $\boldsymbol{p}=(a_n)$ なら, $\boldsymbol{q}=(\alpha)$.

(2) $A[\alpha]+\boldsymbol{p}B=B$. □

補題 6.43 とそのあとの説明, および補題 6.45 により, 次の命題を得る.

命題 6.46 B' を B の部分環で A を含み, K 上の線形空間としての L を生成するものとする. A の 0 でない各素イデアル $\boldsymbol{p}$ に対し, $\alpha \in B'$ と $f(T) \in A[T]$ で, $L=K(\alpha)$, $f(\alpha)=0$ をみたし, さらに次の条件(∗)をみたすものが存在するとする.

(∗) $A \cap f'(\alpha)B' \not\subset \boldsymbol{p}$ であるか, または $f(T)$ が $\boldsymbol{p}$ についての Eisenstein 多項式であるかの, いずれかが成り立つ.

このとき, $B'=B$. □

命題 6.46 を用いて，いくつかの場合に整閉包 B をもとめる．

例 6.47 $\mathbb{Q}(\sqrt[3]{2})$ の整数環が $\mathbb{Z}[\sqrt[3]{2}]$ であることを示す．$A=\mathbb{Z}$, $K=\mathbb{Q}$, $L=\mathbb{Q}(\sqrt[3]{2})$, $B'=\mathbb{Z}[\sqrt[3]{2}]$ とおく．p を素数とする．$p\neq 3$ なら $\alpha=\sqrt[3]{2}$, $f(T)=T^3-2$ とおく．$f(\alpha)=0$, $f'(\alpha)=3\sqrt[3]{2}^2$ であり，よって $p\neq 2,3$ なら $p\mathbb{Z}\not\ni 3\cdot 2\in\mathbb{Z}\cap f'(\alpha)B'$. $p=2$ なら T^3-2 は $p\mathbb{Z}$ についての Eisenstein 多項式．$p=3$ なら $\alpha=\sqrt[3]{2}+1$, $f(T)=(T-1)^3-2$ ととると，$f(T)=T^3-3T^2+3T-3$ であり，これは $3\mathbb{Z}$ についての Eisenstein 多項式．よって命題 6.46 により $B'=B$. □

問 5 $\mathbb{Q}(\sqrt[3]{3})$ の整数環が $\mathbb{Z}[\sqrt[3]{3}]$ であることを示せ．

例 6.48 $A=\mathbb{C}[T]$, $K=\mathbb{C}(T)$, $L=K(\sqrt{T^3+1})$ なら，$B=\mathbb{C}[T,\sqrt{T^3+1}]$ であることを示す．$B'=\mathbb{C}[T,\sqrt{T^3+1}]$ とおき $\alpha=\sqrt{T^3+1}\in B'$, $f(x)=x^2-(T^3+1)\in A[x]$ とおくと，$f(\alpha)=0$, $f'(\alpha)=2\sqrt{T^3+1}$ であり，$T^3+1\notin \mathfrak{p}$ なら $\mathfrak{p}\not\ni T^3+1\in A\cap f'(\alpha)B'$. $T^3+1\in\mathfrak{p}$ なら $f(x)$ は $\mathfrak{p}$ についての Eisenstein 多項式．よって命題 6.46 により $B'=B$. □

例 6.49 $\mathbb{Q}(\zeta_N)$ の整数環が $\mathbb{Z}[\zeta_N]$ であることを示す．N の素因数の個数についての帰納法により，$N=p^n m$, p は素数，$n\geq 1$, m は p でわれない自然数で，$\mathbb{Q}(\zeta_m)$ の整数環が $\mathbb{Z}[\zeta_m]$ であることは既知としてよい．$A=\mathbb{Z}[\zeta_m]$, $K=\mathbb{Q}(\zeta_m)$, $L=\mathbb{Q}(\zeta_N)=K(\zeta_{p^n})$, $B'=\mathbb{Z}[\zeta_N]$ とおいて命題 6.46 を適用する．A の 0 でない素イデアル $\mathfrak{p}$ に対し，$p\notin\mathfrak{p}$ なら $\alpha=\zeta_{p^n}$, $f(T)=T^{p^n}-1$ とる．$f'(\alpha)=p^n\zeta_{p^n}^{-1}$ ゆえ，$\mathfrak{p}\not\ni p^n\in A\cap f'(\alpha)B'$. $p\in\mathfrak{p}$ なら $\alpha=\zeta_{p^n}-1$, $f(T)=\sum_{i=0}^{p-1}(T+1)^{p^{n-1}\cdot i}$ とおくと，$f(\alpha)=0$. $f(T)=((T+1)^{p^n}-1)((T+1)^{p^{n-1}}-1)^{-1}\equiv\{(T^{p^n}+1)-1\}\{(T^{p^{n-1}}+1)-1\}^{-1}\equiv T^{p^n-p^{n-1}}\bmod p$ となること，$f(T)$ の定数項が p であること，p が $\mathbb{Q}(\zeta_m)$ において不分岐であること（例 6.40）により，$f(T)$ が $\mathfrak{p}$ についての Eisenstein 多項式であることがわかる． □

この例 6.49 は，§4.4 で「証明は §6.3 にまわす」と述べた補題 4.35 の (1) の証明である．補題 4.35 の残りの部分の証明を項 (e) に与える．

(c) 完備化から見た素イデアルの分解

$\mathbb{Q}_5$ には -1 の平方根が存在する($\S 2.5$ 問 10). すなわち, -1 の平方根を添加することが, $\mathbb{Q}$ にとっては $\mathbb{Q}(\sqrt{-1})$ という 2 次拡大をもたらすが, $\mathbb{Q}_5$ には何の拡大ももたらさない. このことと, 素数 5 が $\mathbb{Q}(\sqrt{-1})$ において完全分解するという事実の間には密接な関係がある.

A の 0 でない素イデアル $\mathfrak{p}$ に対し, 離散付値 $\operatorname{ord}_\mathfrak{p}$ に関する K の完備化を $K_\mathfrak{p}$ と書き, $K_\mathfrak{p}$ の付値環を $O_\mathfrak{p}$ と書く.

雑に言うと,

$\mathfrak{p}$ が L において完全分解する

$\iff$ K の拡大 L が $K_\mathfrak{p}$ には何の拡大ももたらさない

という同値が成立するのである(正確なことは系 6.51 に述べる). このように, $K_\mathfrak{p}$ から眺めると, 項(a)に論じた $\mathfrak{p}$ の B におけるふるまいに密接に関係する著しい事態が生じている. この「$K_\mathfrak{p}$ から眺めた風景」を述べるのがこの項(c)の目的であり, 証明は項(e)に与える.

$\mathfrak{p}$ を A の 0 でない素イデアル, $\mathfrak{q}$ を $\mathfrak{p}$ の上にある B の素イデアルとするとき, $K_\mathfrak{p}$ と $L_\mathfrak{q}$ の作り方から, 自然な連続な体準同型 $K_\mathfrak{p} \to L_\mathfrak{q}$ が得られ, $O_\mathfrak{p}$ を $O_\mathfrak{q}$ の中にうつす.

たとえば $A=\mathbb{Z}$, $K=\mathbb{Q}$, $B=\mathbb{Z}[\sqrt{-1}]$, $L=\mathbb{Q}(\sqrt{-1})$ の場合, 次のようなことがおきる. $\mathfrak{p}=2\mathbb{Z}$, $\mathfrak{q}=(1+i)$ や, $\mathfrak{p}=3\mathbb{Z}$, $\mathfrak{q}=(3)$ の場合は, $L_\mathfrak{q}$ は $K_\mathfrak{p}$ の 2 次拡大となる. ところが, 完全分解する素数 5 の場合に, $\mathfrak{p}=5\mathbb{Z}$, $\mathfrak{q}_1=(2+i)$, $\mathfrak{q}_2=(2-i)$ とおくと, $K_\mathfrak{p} \to L_{\mathfrak{q}_i}$ ($i=1,2$) はともに同型写像となり, そのため

$$\sqrt{-1} \in \mathbb{Q}(\sqrt{-1}) = L \subset L_{\mathfrak{q}_i} \cong K_\mathfrak{p} = \mathbb{Q}_5$$

となって $\sqrt{-1}$ が $\mathbb{Q}_5$ に属することになるのである. このことについて一般的な結果は次のとおりである.

命題 6.50 $\mathfrak{p}$ を A の 0 でない素イデアル, $\mathfrak{q}_1, \ldots, \mathfrak{q}_g$ を $\mathfrak{p}$ の上にある B のすべての素イデアルとする. $L=K(\alpha)$ となる α(そういう α は命題 B.11 により存在する)をとり, $f(T)$ を, $f(\alpha)=0$ となる K 係数既約多項式とす

る．f を K_p 係数既約多項式の積 $\prod_{i=1}^{h} f_i$ に分解する．このとき $g=h$ であり，$f_1,\cdots,f_g$ の順番を適当に決めなおせば，K_p 上の体として
$$K_p[T]/(f_i(T)) \xrightarrow{\cong} L_{q_i}; \quad T \mapsto \alpha \qquad (1 \leqq i \leqq g).\qquad \square$$
したがって
$$[L:K] = f\text{の次数} = \sum_{i=1}^{g}(f_i\text{の次数}) = \sum_{i=1}^{g}[L_{q_i}:K_p]$$
となり，次の系が得られる．

系 6.51 $p, q_1, \cdots, q_g, f$ を命題 6.50 のとおりとする．
（1） $[L:K] = \sum_{i=1}^{g}[L_{q_i}:K_p]$.
（2） 次の (i)–(iii) は互いに同値である．
　　（i）　p が L において完全分解する．
　　（ii）　すべての $i=1,\cdots,g$ について $K_p \xrightarrow{\cong} L_{q_i}$.
　　（iii）　f が K_p 係数の 1 次式の積に分解される． $\qquad \square$

たとえば $A=\mathbb{Z}$, $K=\mathbb{Q}$, $B=\mathbb{Z}[\sqrt{-1}]$, $L=\mathbb{Q}(\sqrt{-1})$ の場合，$\alpha=i$ ととると $f(T)=T^2+1$ であり，系 6.51(2) の同値 (i) $\Longleftrightarrow$ (iii) は，素数 p について，p が $\mathbb{Q}(\sqrt{-1})$ で完全分解することと，T^2+1 が $\mathbb{Q}_p$ 係数の 1 次式の積になること，すなわち $\mathbb{Q}_p$ に -1 の平方根が存在することが，同値であることを言っている．

命題 6.50 は命題 6.41 に似ているが，命題 6.41 には $f'(\alpha)$ についての条件がついていたため L において不分岐な p のみに適用されたのに対し，命題 6.50 はどんな p に対しても（分岐する p にも）適用されることに注意されたい．

素イデアルの分岐，不分岐や，分岐指数，剰余次数などは，次のように K_p に話を持って行って局所的に考えることができる．

命題 6.52 p を A の 0 でない素イデアルとし，q を p の上にある B の素イデアルとする．
（1） L_q の付値環 O_q は K_p の付値環 O_p の L_q における整閉包に一致する．

（2） O_q の素イデアル qO_q の O_p の素イデアル pO_p に対する分岐指数，剰余次数は
$$e(pO_p, qO_q) = e(p, q), \quad f(pO_p, qO_q) = f(p, q)$$
となる．

（3） q が K 上不分岐 $\iff qO_q$ が K_p 上不分岐． □

そこで完備体 K_p に考察を集中することにし，O_p を A としてとって（したがって $K = K_p$ として）考える．

命題 6.53 A が完備離散付値環であるとすると，B も完備離散付値環となり，したがって A のただひとつの 0 でない素イデアルの上にある B の素イデアルはただひとつである． □

[証明] この命題は命題 6.50 と命題 6.52 から導かれる．何となれば，仮定により $K = K_p$ であるから，命題 6.50 の多項式 f は K_p 係数多項式として既約であり，命題 6.50 により p の上にある B の素イデアルはただひとつである．それを q とおくと，命題 6.50 により $K_p[T]/(f) \xrightarrow{\cong} L_q; T \mapsto \alpha$．一方，$K[T]/(f) \xrightarrow{\cong} L; T \mapsto \alpha$ であり $K = K_p$ だから，$L = L_q$ を得る．よって B は L_q における $A = O_p$ の整閉包であり，命題 6.52(1) により $B = O_q$．よって B は完備離散付値環である． ∎

こうして，A が完備離散付値環であるとき，K と同様 L も完備離散付値体となる．L の付値環 B のただひとつの 0 でない素イデアルが K 上不分岐なとき，L は K の**不分岐拡大**という．

すでに見たように，「完全分解」は K_p に何の拡大ももたらさなかった．「不分岐」もまた，剰余体の拡大のみに依存して決まる K_p の大変簡単な拡大をもたらしていること（表 6.4）を，次の命題 6.54 に述べる．

命題 6.54 K を完備離散付値体とし，F をその剰余体とする．

表 6.4 K_p から眺めた「完全分解」と「不分岐」

	完備体 K_p にとっては
完全分解	拡大がおこらない
不分岐	大変簡単な拡大しかおこらない

(1) 1対1対応
$$\{K \text{ の有限次不分岐拡大}\} \underset{1:1}{\longleftrightarrow} \{F \text{ の有限次分離拡大}\}$$
(左側は K 上の同型を除いて，右側は F 上の同型を除いて考える)が，K の有限次不分岐拡大 L にその剰余体 E を対応させることで与えられる．この対応で $L \leftrightarrow E$ のとき，$[L:K]=[E:F]$ であり，L が K の Galois 拡大であれば，E も F の Galois 拡大となり，Galois 群の同型 $\mathrm{Gal}(L/K) \cong \mathrm{Gal}(E/F)$ が，各 $\sigma \in \mathrm{Gal}(L/K)$ に，σ が導く L の付値環の自己同型によってもたらされる $\mathrm{Gal}(E/F)$ の元を対応させることで得られる．

(2) F の有限次分離拡大 E に対し，E を剰余体とする(K 上の同型を除いてただひとつの) K の有限次不分岐拡大は次のようにして得られる．$E=F(\beta)$ となる $\beta \in E$ をとり，$h(T)$ を $h(\beta)=0$ となる F 係数既約多項式で最高次の係数が 1 であるものとし，$f(T)$ を最高次の係数が 1 の A 係数多項式で $f \bmod \mathfrak{p}=h$ となるものとすると，K に $f(T)$ の 1 根を添加した体 L は，K の有限次不分岐拡大であり，L の剰余体と E は F 上同型である．

(3) L を K の有限次分離拡大，E をその剰余体とすると，L にふくまれる K の不分岐拡大全体の集合と，E にふくまれる F の分離拡大の集合との間に，不分岐拡大にその剰余体を対応させることで全単射が生じる． □

系 6.55 K が有限体を剰余体とする完備離散付値体なら，各 $n \geqq 1$ に対し K の不分岐 n 次拡大がただひとつ存在する．それは K の n 次巡回拡大 (Galois 拡大で，Galois 群が巡回群であるもの)である．

[証明] これは命題 6.54 により，有限体 F の n 次分離拡大が各 $n \geqq 1$ ごとに 1 個ずつあること，それらが巡回拡大であること(付録§B.4)からしたがう． ∎

例 6.56 $\mathbb{Q}_3$ のただひとつの不分岐 2 次拡大は $\mathbb{Q}_3(\sqrt{-1})$ である．この体 $\mathbb{Q}_3(\sqrt{-1})$ は，$=\mathbb{Q}_3(\sqrt{2})=\mathbb{Q}_3(\sqrt{5})=\mathbb{Q}_3(\sqrt{8})=\mathbb{Q}_3(\sqrt{11})=\cdots$ でもある．

[証明] これは命題 6.54(2)と，$\mathbb{F}_3$ のただひとつの 2 次拡大が $\mathbb{F}_3(\sqrt{-1})$

であり，$= \mathbb{F}_3(\sqrt{2}) = \mathbb{F}_3(\sqrt{5}) = \mathbb{F}_3(\sqrt{8}) = \mathbb{F}_3(\sqrt{11}) = \cdots$ であることからわかる． ∎

なお，この $\mathbb{Q}_3$ は3つの2次拡大を持ち，それらは $\mathbb{Q}_3(\sqrt{-1})$, $\mathbb{Q}_3(\sqrt{3})$, $\mathbb{Q}_3(\sqrt{-3})$ であるが，あとの2つは分岐している．

例 6.57 形式ベキ級数体 $F((T))$ の場合，剰余体 F の有限次分離拡大 E に対応する有限次不分岐拡大は，$E((T))$ である． ∎

命題 6.27 の準同型は，
$$\mathrm{Gal}((B/q)/(A/p)) \cong \mathrm{Gal}(L_q/K_p) \to \mathrm{Gal}(L/K)$$
として得られる．ここに初めの同型は命題 6.54(1) の同型，あとの写像は L_q の自己同型を L に制限することによって得られるものである．

K を完備離散付値体とする．K の分離閉包 K^{sep} を考え，K^{sep} にふくまれる K の有限次不分岐拡大すべての合併を，K の**最大不分岐拡大**と呼び，K^{ur} と書く．これは K の(有限次と限らない) Galois 拡大(付録 §B.5 参照)であり，K^{sep} にふくまれる K の有限次不分岐 Galois 拡大すべての合併でもある．命題 6.54 により，
$$\mathrm{Gal}(K^{\mathrm{ur}}/K) \cong \mathrm{Gal}(F^{\mathrm{sep}}/F)$$
(F^{sep} は F の分離閉包)である．

例 6.58 K が標数 p の有限体を剰余体とする完備離散付値体なら，K^{ur} は，p と互いに素な位数の 1 のベキ根をすべて K に添加して得られる体である．

これは標数 p の有限体 F の分離閉包が，p と互いに素な位数の 1 のベキ根をすべて F に添加して得られることと，p と互いに素な位数の 1 のベキ根を K に添加する拡大が K の不分岐拡大であること(例 6.40)から，命題 6.54 により得られる． ∎

(d) 無限素点についての補足

ここまで述べてきた拡大体における素イデアルのふるまいについての話は，大域体の有限素点に適用されるが，代数体の無限素点についても，類似の話がいくつか成立するということを述べる．

K を代数体とし,L を K の有限次拡大とする.w を L の無限素点とするとき,合成写像 $K \to L \to L_w$ は,K の像が $\mathbb{R} \subset L_w$ に入るときは K の実素点を,入らないときは K の複素素点を与える.これを w の下にある K の無限素点といい,K の無限素点 v が L の無限素点 w の下にあるときに,w は v の上にあるという.K の無限素点 v の上にある L の無限素点の個数が $[L:K]$ に等しいとき,v は L において**完全分解**するという.

命題 6.59(命題 6.50 の類似) K を代数体,L を K の有限次拡大とする.v を K の無限素点,$w_1, \cdots, w_g$ を v の上にある L のすべての相異なる無限素点とする.$L = K(\alpha)$ となる α をとり,$f(T)$ を,$f(\alpha) = 0$ となる K 係数既約多項式とする.f を K_v 係数既約多項式の積 $\prod_{i=1}^{h} f_i$ に分解する.このとき $h = g$ であり,$f_1, \cdots, f_g$ の順番を適当に決めなおせば,K_v 上の体として
$$K_v[T]/(f_i(T)) \xrightarrow{\cong} L_{w_i}; \quad T \mapsto \alpha \quad (1 \leq i \leq g).$$ □

系 6.60(系 6.51 の類似) $v, w_1, \cdots, w_g, f$ を命題 6.59 のとおりとする.

(1) $[L:K] = \sum_{i=1}^{g} [L_{w_i} : K_v]$.

(2) 次の (i)–(iii) は互いに同値である.

(i) v が L において完全分解する.

(ii) すべての $i = 1, \cdots, g$ について $K_v \xrightarrow{\cong} L_{w_i}$.

(iii) f が K_v 係数の 1 次式の積に分解される. □

例 6.61 $K = \mathbb{Q}$,$L = \mathbb{Q}(\sqrt{2})$,v を $\mathbb{Q}$ のただひとつの無限素点とし,$\alpha = \sqrt{2}$,$f(T) = T^2 - 2$ ととると,$\mathbb{R}$ において $T^2 - 2 = (T - \sqrt{2})(T + \sqrt{2})$ と分解する.v は L において完全分解し,w_1, w_2 を $\mathbb{Q}(\sqrt{2})$ の 2 つの無限素点とすると,$\mathbb{R} \xrightarrow{\cong} \mathbb{Q}(\sqrt{2})_{w_i}$. □

[命題 6.59 の証明] 代数体の無限素点は,代数体から $\mathbb{C}$ への体準同型を,$\mathbb{C}$ の複素共役写像でうつりあうものは同一視して考えたものである.$K[T]/(f) \cong L$ だから,L の無限素点は $K[T]/(f)$ から $\mathbb{C}$ への体準同型と考えられ,したがって L の無限素点で v の上にあるものは,$K_v[T]/(f)$ から $\mathbb{C}$ への体準同型と考えられる.命題 6.59 はこのことからしたがう. ■

命題 6.62(命題 6.24 の類似) K を代数体,L を K の有限次 Galois 拡大とし,v を K の無限素点,w, w' を v の上にある L の無限素点とするとき,

§6.3 素点と体拡大 —— 209

$\sigma(w) = w'$ となる $\sigma \in \mathrm{Gal}(L/K)$ が存在する. □

ここに，L の無限素点全体の集合への $\mathrm{Gal}(L/K)$ の作用は，$\sigma \in \mathrm{Gal}(L/K)$ が体準同型 $\lambda: L \to \mathbb{C}$ を $\lambda \circ \sigma^{-1}: L \to \mathbb{C}$ にうつすとして定義されるものである.

たとえば $\mathbb{Q}(\sqrt{2})$ の2つの無限素点は $\mathrm{Gal}(\mathbb{Q}(\sqrt{2})/\mathbb{Q})$ の作用でうつりあう.

[命題 6.62 の証明] これは，K から $\mathbb{C}$ への体準同型を固定するとき，K 上の体準同型 $\lambda, \lambda': L \to \mathbb{C}$ に対し，$\lambda = \lambda' \circ \sigma$ となる $\sigma \in \mathrm{Gal}(L/K)$ が存在することに帰着される. ∎

(e) 証 明

すでに項 (a)–(c) に証明なしに述べたことの証明を，この項に与える. ここでは，A, K, B, L を，§6.3 の冒頭に述べたとおりのものとする. 証明は，完備化 $K_\mathfrak{p}$ をまず考察することから始めるのが有効であり，以下では基礎的な補題をいくつか用意したあとで，まず完備化に関する項 (c) の命題 6.50, 6.52 を証明し，そのあと項 (a)–(c) に述べた順に沿って証明をしてゆく.

まず，いくつかの補題を用意する.

補題 6.63 $\alpha \in B$ とする.
(1) $\mathrm{Tr}_{L/K}(\alpha) \in A$.
(2) $N_{L/K}(\alpha) \in A \cap \alpha B$. ここに $N_{L/K}: L \to K$ はノルム写像 (§B.3).
(3) $f(T)$ を，$f(\alpha) = 0$ となる K 係数既約多項式で最高次の係数が 1 であるものとすると，f の係数はすべて A に属する.

[証明] (3) を示すには，L を $K(\alpha)$ でとりかえてよく，$L = K(\alpha)$ としてよいのでそう仮定する. K の有限次 Galois 拡大 L' で L を含むものをとり，B' を L' における A の整閉包とする. $\sigma_i: L \to L'$ $(i = 1, \cdots, n, \ n = [L:K])$ を L から L' へのすべての K 上の体準同型とする (§B.2 参照).

$$\mathrm{Tr}_{L/K}(\alpha) = \sum_{i=1}^n \sigma_i(\alpha), \quad N_{L/K}(\alpha) = \prod_{i=1}^n \sigma_i(\alpha), \quad f(T) = \prod_{i=1}^n (T - \sigma_i(\alpha)).$$

σ_i は B を B' の中にうつす (これは「A 上整」ということの定義にしたが

う)から,$\sigma_i(\alpha) \in B'$ $(1 \leqq i \leqq n)$. よって $\sum_{i=1}^{n} \sigma_i(\alpha)$, $\prod_{i=1}^{n} \sigma_i(\alpha)$, $f(T)$ の係数(それは $\sigma_1(\alpha), \cdots, \sigma_n(\alpha)$ の整数係数の多項式で書ける)は,$K \cap B' = A$ に属する.

$N_{L/K}(\alpha) \in \alpha B$ というには,$\alpha \neq 0$ としてよく,L の元 $\alpha^{-1} N_{L/K}(\alpha)$ が B に属することを示せばよい. $\sigma_1, \cdots, \sigma_n$ のうち σ_1 を包含写像 $L \to L'$ とすると,$\alpha^{-1} N_{L/K}(\alpha) = \prod_{i=2}^{n} \sigma_i(\alpha) \in B' \cap L = B$. ∎

補題 6.64 I を B の 0 でないイデアルとすると,$A \cap I$ は A の 0 でないイデアルである. I を B の 0 でない素イデアルとすると,$A \cap I$ は A の 0 でない素イデアルである.

[証明] I を B の 0 でないイデアルとする. $A \cap I \neq 0$ を示す(補題 6.64 の他の部分は易しい). $\alpha \in I$, $\alpha \neq 0$ とすると,補題 6.63(2) により,$0 \neq N_{L/K}(\alpha) \in A \cap \alpha B \subset A \cap I$. ∎

補題 6.65 B は A 加群として有限生成である. ∎

補題 6.65 を証明する前に記号を導入する.

L の部分集合 X に対し,
$$X^{\vee} = \{\alpha \in L ; \text{すべての } x \in X \text{ に対し } \mathrm{Tr}_{L/K}(\alpha x) \in A\}$$
とおく. $X \subset Y$ なら $Y^{\vee} \subset X^{\vee}$ であることが容易にわかる. また,補題 6.63(1) により $B \subset B^{\vee} (= \boldsymbol{D}(B/A)^{-1})$.

$\alpha_1, \cdots, \alpha_n$ $(n = [L:K])$ を L の K 上の線形空間としての基底とし,$\alpha_1^*, \cdots, \alpha_n^*$ を
$$\mathrm{Tr}_{L/K}(\alpha_i \alpha_j^*) = \begin{cases} 1 & i = j \text{ のとき} \\ 0 & i \neq j \text{ のとき} \end{cases}$$
をみたす L の K 上の線形空間としての基底(命題 B.16)とすると,
$$\left(\sum_{i=1}^{n} A\alpha_i\right)^{\vee} = \sum_{i=1}^{n} A\alpha_i^*$$
であることが容易にわかる.

[補題 6.65 の証明] L の K 上の線形空間としての基底 $\alpha_1, \cdots, \alpha_n$ を B の元からとることができる(かってな基底をとり,分母をはらえばよい). する

と，$A\alpha_1 + \cdots + A\alpha_n \subset B$ だから
$$B \subset B^{\vee} \subset (A\alpha_1 + \cdots + A\alpha_n)^{\vee} = A\alpha_1^* + \cdots + A\alpha_n^*.$$
したがって B は有限生成 A 加群 $A\alpha_1^* + \cdots + A\alpha_n^*$ の部分 A 加群である．A は Noether 環だから，有限生成 A 加群の部分 A 加群は有限生成 A 加群であり，よって B は有限生成 A 加群である． ∎

次の補題 6.66 と系 6.67 は，「中国式剰余定理」(§2.2 命題 2.1(4)) の一般化である．

補題 6.66 R を可換環とし，I, J を R のイデアルで $I + J = R$ となるものとするとき，$IJ = I \cap J$ であり，自然な写像 $R/IJ \to R/I \times R/J$ は全単射である．

[証明] $a + b = 1$, $a \in I$, $b \in J$ となる a, b をとる．$IJ \subset I \cap J$ はあきらかで，逆に $x \in I \cap J$ なら，$xa, xb \in IJ$ ゆえ，$x = xa + xb \in IJ$．$IJ = I \cap J$ により $R/IJ \to R/I \times R/J$ は単射である．全射は，$x, y \in R$ に対し $z = bx + ay$ とおくとき，$z \equiv x \bmod I$, $z \equiv y \bmod J$ となることからわかる． ∎

系 6.67 R を Dedekind 環 $\mathfrak{q}_1, \cdots, \mathfrak{q}_g$ を R の相異なる 0 でない素イデアル，$n_1, \cdots, n_g \geq 1$ とするとき，
$$R/(\mathfrak{q}_1^{n_1} \cdots \mathfrak{q}_g^{n_g}) \xrightarrow{\cong} \prod_{i=1}^g R/\mathfrak{q}_i^{n_i}.$$
∎

系 6.68 $\mathfrak{p}$ を A の 0 でない素イデアルとし，$\mathfrak{q}_1, \cdots, \mathfrak{q}_g$ を $\mathfrak{p}$ の上にある B のすべての相異なる素イデアルとすると，
$$\varprojlim_n B/\mathfrak{p}^n B \xrightarrow{\cong} \prod_{i=1}^g O_{\mathfrak{q}_i}.$$

[証明] $\mathfrak{p}B = \mathfrak{q}_1^{e_1} \cdots \mathfrak{q}_g^{e_g}$ ($e_i \geq 1$) とおくと，系 6.67 により，
$$B/\mathfrak{p}^n B = B/(\mathfrak{q}_1^{e_1 n} \cdots \mathfrak{q}_g^{e_g n}) \xrightarrow{\cong} \prod_{i=1}^g B/\mathfrak{q}_i^{e_i n}.$$
$\varprojlim_n$ をとって系 6.68 を得る． ∎

次に，項 (c) に述べた，完備化に関する命題 6.50, 6.52 を証明する．

次の補題 6.69 は命題 6.50 の証明にとって本質的である．

補題 6.69 $\alpha_1, \cdots, \alpha_n$ を L の K 上の線形空間としての基底とすると，$K_\mathfrak{p}$

上の線形空間として $\prod_{i=1}^{g} L_{q_i}$ は，$\alpha_1,\cdots,\alpha_n$ を基底として持つ．ただし各 α_i は，対角的うめこみ $L \hookrightarrow \prod_{i=1}^{g} L_{q_i}; y \mapsto (y_i)_{1 \leqq i \leqq g}$ により，$\prod_{i=1}^{g} L_{q_i}$ の元と見る． □

注意 6.70 補題 6.69 はテンソル積の記号を使うと，$K_p \otimes_K L \xrightarrow{\cong} \prod_{i=1}^{g} L_{q_i}$ という簡明な形に書かれる．

[補題 6.69 の証明] B は有限生成 A 加群だから，A の 0 でない元 a をとって $aB \subset A\alpha_1 + \cdots + A\alpha_n$ とすることができる．また，A の 0 でない元 b をとって，$b(A\alpha_1 + \cdots + A\alpha_n) \subset B$ とできる．$\iota: A^{\oplus n} \xrightarrow{\cong} A\alpha_1 + \cdots + A\alpha_n$ を $(x_i)_{1 \leqq i \leqq n} \mapsto \sum_{i=1}^{n} x_i \alpha_i$ と定義し，$s: B \to A^{\oplus n}$, $t: A^{\oplus n} \to B$ を，$s = \iota^{-1} \circ $「$a$ 倍写像」，$t = $「$b$ 倍写像」$\circ \iota$ と定義する．$s \circ t$, $t \circ s$ はいずれも ab 倍写像に一致する．系 6.68 により，s, t は，$\varprojlim_n (\quad)/p^n(\quad)$ をとると，O_p 加群の準同型

$$\hat{s}: \prod_{i=1}^{g} O_{q_i} \to O_p^{\oplus n}, \quad \hat{t}: (O_p)^{\oplus n} \to \prod_{i=1}^{g} O_{q_i}$$

を導き，$\hat{s} \circ \hat{t}$, $\hat{t} \circ \hat{s}$ はいずれも ab 倍写像に一致する．
$K_p^{\oplus n} \to \prod_{i=1}^{g} L_{q_i}; (x_1,\cdots,x_n) \mapsto \sum_{i=1}^{n} x_i \alpha_i$ は，$b^{-1}\hat{t}$ に一致し，その逆写像が $a^{-1}\hat{s}$ で与えられるから，これは同型写像である． ■

[命題 6.50 の証明] 補題 6.69 で $\alpha_i = \alpha^{i-1} (1 \leqq i \leqq n)$ ととることにより，K_p 上の環の同型

$$K_p[T]/(f) \xrightarrow{\cong} \prod_{i=1}^{g} L_{q_i}; \quad T \mapsto \alpha$$

が得られる．一方，補題 6.67 を $R = K_p[T]$, $q_i = (f_i)$, $n_i = 1$ の場合に適用して，K_p 上の環の同型

$$K_p[T]/(f) \xrightarrow{\cong} \prod_{i=1}^{h} K_p[T]/(f_i)$$

を得る．命題 6.50 はこの 2 つの同型を比較して得られる． ■

[命題 6.52 の証明] (1)を示す((2), (3)の証明は易しいので略する)．まず O_{q_i} が O_p 加群として有限生成であることを示す．補題 6.69 の証明の中に出てきた O_p 加群の準同型 $\hat{s}: \prod_{i=1}^{g} O_{q_i} \to O_p^{\oplus n}$ は，$\hat{t} \circ \hat{s} = $「$ab$ 倍」が $\prod_{i=1}^{g} O_{q_i}$ において単射だから，単射である．よって O_{q_i} は $O_p^{\oplus n}$ の部分 O_p 加群と同型に

なるから，O_p 加群として有限生成である．可換環論でよく知られている「整元 $\iff$ 加群として有限生成である環に属する元」という整元の解釈により，このことは O_{q_i} の元がすべて O_p 上整であることを示している．一方，O_{q_i} は整閉だから，これは O_{q_i} が O_p の L_{q_i} における整閉包であることを示している． ∎

次に，項(a)に証明なしに述べた命題の証明を与えていく．

[命題 6.22 の証明] 命題 6.50 により，
$$[L:K] = \prod_{i=1}^{g}[L_{q_i}:K_p].$$
よって $[L_{q_i}:K_p] = e(\boldsymbol{p},\boldsymbol{q}_i)f(\boldsymbol{p},\boldsymbol{q}_i)$ を証明すればよい．命題 6.52 により，これは A が完備離散付値環の場合に帰着される．

そこで A が完備離散付値環とし，$\boldsymbol{p}$ を A のただひとつの 0 でない素イデアル，$\boldsymbol{q}$ を B のただひとつの 0 でない素イデアル(命題 6.53)とし，$\boldsymbol{q}$ の $\boldsymbol{p}$ に対する分岐指数を e，剰余次数を f とおく．離散付値環は単項イデアル整域であるから，「単項イデアル整域上のねじれのない有限生成加群は自由加群である」という定理を A 加群 B に適用することができ，B が A 加群として $A^{\oplus n}$ ($n=[L:K]$) と同型であることがわかる．よって $\dim_{A/\boldsymbol{p}}(B/\boldsymbol{p}B) = n$． $\boldsymbol{q}$ の生成元 α をとると，
$$n = \dim_{A/\boldsymbol{p}}(B/\boldsymbol{p}B) = \dim_{A/\boldsymbol{p}}(B/\alpha^e B)$$
$$= \sum_{i=0}^{e-1}\dim_{A/\boldsymbol{p}}(\alpha^i B/\alpha^{i+1}B) = \sum_{i=0}^{e-1} f = ef.$$
ここに終わりから 2 つ目の等式は，$B/\alpha B \xrightarrow{\cong} \alpha^i B/\alpha^{i+1}B$; $x \mapsto \alpha^i x$ であることと $B/\alpha B = B/\boldsymbol{q}$ が $A/\boldsymbol{p}$ 上 f 次元であることによる． ∎

命題 6.24 を証明するために準備をする．

定義 6.71 L が K の Galois 拡大であるとき，B の素イデアル $\boldsymbol{q}$ に対し，
$$D_{\boldsymbol{q}} = \{\sigma \in \mathrm{Gal}(L/K);\, \sigma(\boldsymbol{q}) = \boldsymbol{q}\}$$
とおく．$D_{\boldsymbol{q}}$ は $\mathrm{Gal}(L/K)$ の部分群であって，$\boldsymbol{q}$ の**分解群**(decomposition group)と呼ばれる． ∎

補題 6.72 L が K の Galois 拡大であるとし，$\boldsymbol{p}$ を A の 0 でない素イデ

アル，q を p の上にある B の素イデアルとするとき，L_q は K_p の Galois 拡大であり，群の同型
$$\mathrm{Gal}(L_q/K_p) \xrightarrow{\cong} D_q$$
が，L_q の K_p 上の自己同型を L に制限することで与えられる．

[証明] L_q が K_p の Galois 拡大であることは，L の K 上の生成元 α をとると，L_q が K_p 上 α で生成されること（命題 6.50），α の K 上のすべての共役元が L にあり，したがって L_q にあることからわかる．自然な写像 $\mathrm{Gal}(L_q/K_p) \to \mathrm{Gal}(L/K)$ の像は容易にわかるように D_q にはいる．$\mathrm{Gal}(L_q/K_p) \to D_q$ が同型であることは，D_q の元が連続性により，L_q の K_p 上の自己同型に延長されることで，逆写像 $D_q \to \mathrm{Gal}(L_q/K_p)$ が与えられることからわかる． ∎

[命題 6.24 の証明] X を p の上にある B の素イデアル全体の集合とし，$q_1 \in X$ を固定し，$Y = \{\sigma(q_1); \sigma \in \mathrm{Gal}(L/K)\} \subset X$ とおく．次のように $\sum_{q \in Y}[L_q : K_p] = \sum_{q \in X}[L_q : K_p]$ が得られるので $X = Y$ がわかる：
$$\sum_{q \in Y}[L_q : K_p] = \sharp(Y) \cdot [L_{q_1} : K_p] = \sharp(Y) \cdot \sharp(D_{q_1})$$
$$= [L : K] = \sum_{q \in X}[L_q : K_p].$$

ここに第 1 の等式は $\sigma \in \mathrm{Gal}(L/K)$ が K_p 上の同型 $L_{q_1} \xrightarrow{\cong} L_{\sigma(q_1)}$ を導くことによる．第 2 の等式は補題 6.72 による．第 3 の等式は写像 $\mathrm{Gal}(L/K) \to Y$；$\sigma \mapsto \sigma(q_1)$ が $\mathrm{Gal}(L/K)/D_{q_1}$ から Y への全単射を導くことによる．第 4 の等式は命題 6.50 による． ∎

[命題 6.27 の証明] これは項(c)の中で命題 6.54 に帰着させておいた．命題 6.54 はあとで証明する． ∎

次に，項(b)に証明なしで述べた事柄の証明をしていく．

まず $D(B/A)^{-1}$ が B の分数イデアルであることは，補題 6.65 の証明にでてきた式 $B^\vee \subset A\alpha_1^* + \cdots + A\alpha_n^*$ から $D(B/A)^{-1} = B^\vee$ が有限生成 A 加群，よって有限生成 B 加群となることでわかる．

[命題 6.32 の証明] まず A が完備離散付値環である場合を示す（あとで，

一般の場合をこの場合に帰着する).

A が完備離散付値環であるとし,A のただひとつの 0 でない素イデアルを p,B のただひとつの 0 でない素イデアルを q とおく.

$\mathrm{Tr}_{L/K}(B) \subset A$ ゆえ,$\mathrm{Tr}_{L/K}$ は A 加群の準同型 $B \to A$ を与え,よって A/p 加群の準同型 $T: B/pB \to A/p$ を導く.$\beta \in B$ に対し,$\mathrm{Tr}_{L/K}(\beta) \in A$ は,B の A 加群としての基底 $\alpha_1, \cdots, \alpha_n$ $(n=[L:K])$ をとり,β 倍写像 $B \to B$ を基底 $\alpha_1, \cdots, \alpha_n$ についての A 係数の n 次正方行列によってあらわしたときの,その行列のトレースに他ならない.したがって $\beta \in B/pB$ に対し $T(\beta)$ は,β 倍写像 $B/pB \to B/pB$ を,B/pB の A/p 加群としての基底 $(\alpha_i \bmod pB)_{1 \leq i \leq n}$ についての A/p 係数の n 次正方行列によってあらわしたときの,その行列のトレースに一致する.

e を分岐指数 $e(L/K) = e(p, q)$ とする.まず q^{e-1} が $D(B/A)$ をわりきることを示す.$q^e = p$ だから,B/pB の中で,q/pB の元は e 乗すると 0 になる.何乗かして 0 になる行列のトレースは 0 だから,$T(q/pB) = 0$.これは $\mathrm{Tr}_{L/K}(q) \subset p$ を示している.これから $\mathrm{Tr}_{L/K}(p^{-1}q) \subset A$,すなわち $\mathrm{Tr}_{L/K}(q^{1-e}) \subset A$ を得る.これは,q^{e-1} が $D(B/A)$ をわりきることを示している.

もし $e \geq 2$ なら,q は q^{e-1} をわりきり,よって $D(B/A)$ をわりきることがわかる.

そこで $e = 1$ の場合を考える.この場合 $q = pB$ であるから,B/pB は A/p の有限次拡大であり,T は B/pB から A/p へのトレース写像に他ならない.したがって,この場合

$\quad q$ が K 上分岐 $\iff B/pB$ が A/p の非分離拡大
$\qquad \iff T(B/pB) = 0$ (命題 B.16)
$\qquad \iff \mathrm{Tr}_{L/K}(B) \subset p$
$\qquad \iff \mathrm{Tr}_{L/K}(q^{-1}) = \mathrm{Tr}_{L/K}(p^{-1}B)$ が A に含まれる
$\qquad \iff q$ が $D(B/A)$ をわりきる.

次に,一般の場合は,次の補題 6.73 によって,A が完備離散付値環である場合に帰着される.したがって補題 6.73 を示せば,命題 6.32 の証明は終

わる.

補題 6.73 q を B の 0 でない素イデアルとし, p を q の下にある A の 0 でない素イデアルとし, $d \geqq 0$ を整数とするとき, q^d が $D(B/A)$ をわることと, $q^d O_q$ が $D(O_q/O_p)$ をわることは同値である.

この補題の証明のため, 次の補題を用いる.

補題 6.74 $\alpha \in L$ に対し,
$$\mathrm{Tr}_{L/K}(\alpha) = \sum_{i=1}^{g} \mathrm{Tr}_{L_{q_i}/K_p}(\alpha), \quad N_{L/K}(\alpha) = \prod_{i=1}^{g} N_{L_{q_i}/K_p}(\alpha).$$

[証明] これは補題 6.69 からしたがう.

[補題 6.73 の証明] $a \in q^d$, $a \neq 0$ なる $a \in A$ をとる (補題 6.64 により, とれる).

系 6.67 (Dedekind 環の中国式剰余定理) により, 補題 6.74 から次の可換図式を得る.

$$\begin{array}{ccccc}
q^{-d}/B & \subset & a^{-1}B/B & \longrightarrow & a^{-1}A/A \\
\cong \downarrow & & \cong \downarrow & & \cong \downarrow \\
q^{-d}O_q/O_q & \subset & \prod_{q'} a^{-1}O_{q'}/O_{q'} & \longrightarrow & \prod_{p'} a^{-1}O_{p'}/O_{p'}
\end{array}$$

ここに q' は B の 0 でない素イデアルを走り, p' は A の 0 でない素イデアルを走り, 上の横矢は $\mathrm{Tr}_{L/K}$ が導くもの, 下の横矢は, 各 p' の上にある q' についての $\mathrm{Tr}_{L_{q'}/K_{p'}}$ から導かれるものである. 図より,

q^d が $D(B/A)$ をわる $\iff$ 上の横矢が q^{-d}/B を零化する
$\iff$ 下の横矢が $q^{-d}O_q/O_q$ を零化する
$\iff$ $q^d O_q$ が $D(O_q/O_p)$ をわる.

[命題 6.35 の証明] (1) (i,j) 成分が $\mathrm{Tr}_{F/\mathbb{Q}}(\alpha_i \alpha_j)$ である n 次正方行列を $D(\alpha_1, \cdots, \alpha_n)$ と書くことにする. $\beta_1, \cdots, \beta_n$ を O_F の $\mathbb{Z}$ 加群としての別の基底とし,

$$\beta_i = \sum_{j=1}^{n} x_{ij} \alpha_j \quad (1 \leqq i \leqq n,\ x_{ij} \in \mathbb{Z})$$

とおき, (i,j) 成分が x_{ij} 成分である n 次正方行列を X と書く.

$$\mathrm{Tr}_{F/\mathbb{Q}}(\beta_i\beta_j) = \sum_{k=1}^{n}\sum_{l=1}^{n} x_{ik}\mathrm{Tr}_{F/\mathbb{Q}}(\alpha_k\alpha_l)x_{jl}$$

であるから,

$$D(\beta_1,\cdots,\beta_n) = XD(\alpha_1,\cdots,\alpha_n){}^tX$$

(^tX は X の転置行列). X は整数を成分とする逆行列を持つから, $\det(X) = \pm 1$. 以上のことから,

$$\det(D(\beta_1,\cdots,\beta_n)) = \det(X)^2 \cdot \det(D(\alpha_1,\cdots,\alpha_n)) = \det(D(\alpha_1,\cdots,\alpha_n)).$$

(2) F の元 $\alpha_1^*,\cdots,\alpha_n^*$ を, $\mathrm{Tr}_{F/\mathbb{Q}}(\alpha_i\alpha_j^*)$ が, $i=j$ なら 1, $i\neq j$ なら 0 となるようにとる. $\mathbb{Z}\alpha_1^*+\cdots+\mathbb{Z}\alpha_n^*$ は, $\boldsymbol{D}(O_F/\mathbb{Z})$ の逆イデアル $\boldsymbol{D}(O_F/\mathbb{Z})^{-1}$ に一致する. $\alpha_i = \sum_{k=1}^{n} c_{ik}\alpha_k^*$, $c_{ik}\in\mathbb{Z}$ とおいてみると, この両辺に α_j をかけて $\mathrm{Tr}_{F/\mathbb{Q}}$ をとってみればわかるように, $c_{ij} = \mathrm{Tr}_{F/\mathbb{Q}}(\alpha_i\alpha_j)$. よって下の補題 6.75(2) を $M = \boldsymbol{D}(O_F/\mathbb{Z})^{-1}$, $M' = O_F$, $e_i = \alpha_i^*$, $e_i' = \alpha_i$ として適用することにより,

$$|D_F| = [\boldsymbol{D}(O_F/\mathbb{Z})^{-1} : O_F] = [O_F : \boldsymbol{D}(O_F/\mathbb{Z})]\quad (演習問題6.4).$$

(3) (2)により,「p が D_F をわる」$\iff$「$\boldsymbol{D}(O_F/\mathbb{Z})$ をわる O_F の 0 でない素イデアル $\mathfrak{q}$ で, $\sharp(O_F/\mathfrak{q})$ が p の倍数であるものが存在する」$\iff$「$\boldsymbol{D}(O_F/\mathbb{Z})$ をわる O_F の 0 でない素イデアル $\mathfrak{q}$ で, $p\mathbb{Z}$ の上にあるものが存在する」. この最後の条件は, 命題 6.32 により, p が F において分岐することと同値である.

(4) (i,j) 成分が $\sigma_i(\alpha_j)$ である n 次正方行列を S とおくとき, $\mathrm{Tr}_{F/\mathbb{Q}}(\alpha_i\alpha_j) = \sum_{k=1}^{n}\sigma_k(\alpha_i)\sigma_k(\alpha_j)$ であることから, $D(\alpha_1,\cdots,\alpha_n) = {}^tS\cdot S$ を得る. この両辺の行列式をとることにより, $D_F = \det(S)^2$. ∎

補題 6.75 M を階数 n の自由 $\mathbb{Z}$ 加群, M' を M の部分 $\mathbb{Z}$ 加群で, やはり階数 n の自由 $\mathbb{Z}$ 加群であるものとする.

(1) M の基底 $e_1,\cdots,e_n$, M' の基底 $e_1',\cdots,e_n'$ で, $e_i' \in \mathbb{Z}e_i$ ($1\leq i\leq n$) となるものが存在する.

(2) 指数 $[M:M']$ は有限であり, $e_1,\cdots,e_n$ を M の基底, $e_1',\cdots,e_n'$ を M' の基底とし, $e_i' = \sum_{i=1}^{n} c_{ij}e_j$ ($1\leq i\leq n$, $c_{ij}\in\mathbb{Z}$) と書くとき,
$$[M:M'] = |\det((c_{ij})_{i,j})|.$$

[証明] (1) は $\mathbb{Z}$ 加群の一般論(あるいは単項イデアル整域上の加群の一

般論)で知られていることである. 証明を略する.

(2)を示す. 問題の等式の右辺は, M, M' の基底をとりかえても変化しない. そこで(1)により, $e_i' = a_i e_i$ $(1 \leq i \leq n, a_i \in \mathbb{Z}, a_i \neq 0)$ としてよい. その場合には, 右辺は $|a_1 \cdots a_n|$ であり, 一方 $M/M' \cong \bigoplus_{i=1}^{n} \mathbb{Z}/a_i \mathbb{Z}$ ゆえ $[M:M'] = |a_1 \cdots a_n|$. ∎

以後の議論において, 次の補題が重要である.

補題 6.76 $\alpha \in B$, $L = K(\alpha)$ とし, $f(T)$ を, $f(\alpha) = 0$ となる K 係数既約多項式で最高次の係数が 1 のものとすると,

$$A[\alpha]^{\vee} = \frac{1}{f'(\alpha)} A[\alpha].$$

[証明] $A[\alpha]$ は $1, \cdots, \alpha^{n-1}$ $(n = [L:K])$ を基底とし, $\frac{1}{f'(\alpha)} A[\alpha]$ は $\frac{1}{f'(\alpha)}, \cdots, \frac{\alpha^{n-1}}{f'(\alpha)}$ を基底とする. よって行列 $\left(\mathrm{Tr}_{L/K} \left(\alpha^i \frac{\alpha^j}{f'(\alpha)} \right) \right)_{0 \leq i < n, \, 0 \leq j < n}$ が可逆行列の群 $GL_n(A)$ に属することを示せばよい. $i+j \geq n$ のとき α^{i+j} が $1, \cdots, \alpha^{n-1}$ の A 係数の線形結合になることから, 下の補題 6.77 により, この行列の (i,j) 成分 $(0 \leq i < n, 0 \leq j < n)$ はすべて A に属し, しかも $i+j = n-1$ なら 1, $i+j < n-1$ なら 0 である. そのような行列が $GL_n(A)$ に属することは容易にわかる. ∎

補題 6.77 α および f を補題 6.76 のとおりとし, $n = [L:K]$ とおくとき, $\mathrm{Tr}_{L/K}\left(\frac{\alpha^m}{f'(\alpha)} \right)$ は $0 \leq m < n-1$ のとき 0, $m = n-1$ のとき 1.

[証明] $\alpha_1, \cdots, \alpha_n$ を K の代数閉包の中における α のすべての K 上の共役元とすると,

$$\mathrm{Tr}_{L/K}\left(\frac{\alpha^m}{f'(\alpha)} \right) = \sum_{i=1}^{n} \frac{\alpha_i^m}{f'(\alpha_i)} = \sum_{i=1}^{n} \frac{\alpha_i^m}{\prod_{j \neq i}(\alpha_i - \alpha_j)}.$$

ところが, $0 \leq m \leq n-1$ のとき等式

$$\sum_{i=1}^{n} \alpha_i^m \prod_{j \neq i} \frac{x - \alpha_j}{\alpha_i - \alpha_j} = x^m$$

が成立する. この等式は, 両辺が $n-1$ 次以下の多項式であることと, 両辺

が $x = \alpha_k$ ($1 \leq k \leq n$) のとき同じ値 α_k^m をとることからしたがう．この等式の両辺の $n-1$ 次の項を比べれば，補題 6.77 が得られる． ∎

［命題 6.37 の証明］ これは補題 6.76 からただちに得られる． ∎

［命題 6.39 の証明］ $g(T)$ を，$g(\alpha) = 0$ となる K 係数既約多項式で最高次の係数が 1 であるものとする．$h(T) = \dfrac{f(T)}{g(T)} \in K[T]$ とおく，$h(T) \in A[T]$ であることが，$g(T)$ を $\prod_{i=1}^{n}(T - \alpha_i) = T^n \prod_{i=1}^{n}(1 - \alpha_i T^{-1})$ ($n = [L:K]$, $\alpha_1, \cdots, \alpha_n$ は α の K 上の共役元全体) とおいて $\dfrac{f(T)}{g(T)}$ を $K((T^{-1}))$ の中で展開してみると，係数がすべて A 上整であり，よって A に属することからわかる．よって，$f'(\alpha) = g'(\alpha)h(\alpha) + g(\alpha)h'(\alpha) = g'(\alpha)h(\alpha)$ は $g'(\alpha)A[\alpha]$ に属する．一方，$A[\alpha] \subset B$ により

$$D(B/A)^{-1} = B^\vee \subset A[\alpha]^\vee = \dfrac{1}{g'(\alpha)} A[\alpha] \text{ (補題 6.76)} \subset \dfrac{1}{f'(\alpha)} A[\alpha].$$ ∎

［命題 6.41 の証明］ (1) は，

$$(A/\boldsymbol{p})[T]/(f \bmod \boldsymbol{p}) \xrightarrow{\cong} B/\boldsymbol{p}B \cong \prod_{i=1}^{g} B/\boldsymbol{q}_i; \quad T \mapsto \alpha$$

を示せば，それと

$$(A/\boldsymbol{p})[T]/(f \bmod \boldsymbol{p}) \xrightarrow{\cong} \prod_{i=1}^{h}(A/\boldsymbol{p})[T]/(f_i \bmod \boldsymbol{p})$$

を比較することで得られる．$(A/\boldsymbol{p})[T]/(f \bmod \boldsymbol{p})$ は $A/\boldsymbol{p}$ 上の次元が $[L:K]$ であり，$\prod_{i=1}^{g} B/\boldsymbol{q}_i$ も $A/\boldsymbol{p}$ 上の次元が $\sum_{i=1}^{g} f(\boldsymbol{p}, \boldsymbol{q}_i) = [L:K]$ であるから，$(A/\boldsymbol{p})[T]/(f \bmod \boldsymbol{p}) \to B/\boldsymbol{p}B$ が全射であることを示せば十分である．すなわち，$A[\alpha] + \boldsymbol{p}B = B$ であることを示せばよい．これは，命題 6.39 により $f'(\alpha)B \subset A[\alpha]$ であることと，$f'(\alpha) \notin \boldsymbol{q}_i$ ($1 \leq i \leq g$) という仮定から $f'(\alpha)B + \boldsymbol{p}B = B$ であることによってしたがう．

(2) を示す．L が K の Galois 拡大なら，命題 6.24 により $[B/\boldsymbol{q}_i : A/\boldsymbol{p}]$ は i によらない．よって

$f \bmod \boldsymbol{p}$ が $A/\boldsymbol{p}$ に根をもつ

$\iff$ ある i について $f_i \bmod \boldsymbol{p}$ の次数が 1

$\iff$ ある i について $[B/q_i : A/p] = 1$

$\iff$ すべての i について $[B/q_i : A/p] = 1$

$\iff$ p は L において完全分解する. ∎

[補題 6.43 の証明] 条件(i)により, $aB \subset B' \subset B$ となる A の 0 でない元 a が存在する. したがって, A のすべての 0 でないイデアル $\mathfrak{a}$ に対して $B = B' + \mathfrak{a}B$ であることを示せば, $\mathfrak{a} = (a)$ ととることにより $B = B'$ が得られる. $B = B' + \mathfrak{a}B$ を示すには, $\mathfrak{a}$ を素イデアルの積としてあらわすときに現れる素イデアルの, 重複もこめた個数による帰納法により, 次を示せばよい.「$\mathfrak{a}$ が A の 0 でないイデアル, p が A の 0 でない素イデアルであり, $B = B' + \mathfrak{a}B$ であれば, $B = B' + \mathfrak{a}pB$」. $B = B' + \mathfrak{a}B$ とすると, 条件(ii)により,
$$B = B' + \mathfrak{a}B = B' + \mathfrak{a}(B' + pB) = B' + \mathfrak{a}pB.$$
∎

[補題 6.45 の証明] (1) $f(T) = T^n + a_1 T^{n-1} + \cdots + a_n$, $n = [L:K]$, $a_i \in p$ $(1 \leqq i \leqq n)$, $a_n \notin p^2$ と書く.

(6.5) $\qquad \alpha^n = -(a_1 \alpha^{n-1} + \cdots + a_n)$

である. q を p の上にある B の素イデアルとし, $e = e(p, q)$ とおく. (6.5)により, $\alpha^n \in pB \subset q$. よって $\alpha \in q$. また, $\mathrm{ord}_q(a_n) = e\,\mathrm{ord}_p(a_n) = e$ であり, $1 \leqq i < n$ に対し, もし $a_i \neq 0$ なら $\mathrm{ord}_q(a_i \alpha^{n-i}) = e\,\mathrm{ord}_p(a_i) + \mathrm{ord}_q(\alpha^{n-i}) > e$ であるから, (6.5)の右辺の ord_q は e に等しい (§6.2(b), 問 3). よって (6.5) により, $\mathrm{ord}_q(\alpha^n) = e$. よって $n\,\mathrm{ord}_q(\alpha) = e$. 命題 6.22 により, $n \geqq e$ であるから, $n = e$, $\mathrm{ord}_q(\alpha) = 1$ となる. $n = e$ であるから, 命題 6.22 により p の上にある B の素イデアルは q ただひとつである.

もし $p = (a_n)$ であれば, $a_n \in (\alpha)$ であることから $(\alpha) \ni (a_n) = p = q^e$ をわりきり, $\mathrm{ord}_q(\alpha) = 1$ ゆえ $q = (\alpha)$.

(2) $e(p, q) = [L:K]$ および命題 6.22 により $A/p \xrightarrow{\sim} B/q$. このことと $\mathrm{ord}_q(\alpha) = 1$ であることを用いれば, 各 $i \geqq 0$ に対し 1 次元 A/p 加群 q^i/q^{i+1} が α^i の像で生成される. (2)はこれから得られる. ∎

[補題 4.35 の証明] (1)はすでに例 6.49 で証明した.

(2)は $[\mathbb{Q}(\zeta_N) : \mathbb{Q}] \mathrel{|} \sharp((\mathbb{Z}/N\mathbb{Z})^\times)$ (定理 5.4 の結論)に含まれることである.

(3)は次のことに含まれることである.「$m, n \geq 1$ とし, $\zeta_m \in \mathbb{Q}(\zeta_n)$ とすれば, m は n の約数であるか, または n が奇数で m は $2n$ の約数である.」これを証明するには, $\mathbb{Q}(\zeta_{mn})$ の中で $\mathbb{Q}(\zeta_m) \subset \mathbb{Q}(\zeta_n)$ となることを Galois 理論によって Galois 群の部分群の問題にうつすことにより,「$(\mathbb{Z}/mn\mathbb{Z})^\times \to (\mathbb{Z}/n\mathbb{Z})^\times$ の核が $(\mathbb{Z}/mn\mathbb{Z})^\times \to (\mathbb{Z}/m\mathbb{Z})^\times$ の核に含まれれば, m は n の約数であるか, または n が奇数で m は $2n$ の約数である」を証明することに帰着される. これは中国式剰余定理によって m, n が素数のベキである場合に帰着されて証明される.

(4)は次のことに含まれることである.「p を素数, $n \geq 1$ とし, $e = [\mathbb{Q}(\zeta_{p^n}) : \mathbb{Q}] = p^{n-1}(p-1)$ とおくと, $\mathbb{Z}[\zeta_{p^n}]$ において (p) の素イデアル分解は $(p) = (1-\zeta_{p^n})^e$ となる.」これは補題 6.45 において $K = \mathbb{Q}$, $L = \mathbb{Q}(\zeta_{p^n})$, $\alpha = \zeta_{p^n} - 1$, $\mathfrak{p} = p\mathbb{Z}$ とおくと, 例 6.48 で見たように α は定数項が p となる $p\mathbb{Z}$ についての e 次 Eisenstein 多項式の根になり, よって補題 6.45 により $(p) = (\alpha)^e$, (α) は素イデアルとなる.

(5)は(4)の結果に $\mathrm{Gal}(\mathbb{Q}(\zeta_p)/\mathbb{Q})$ を作用させれば得られる. ∎

次に, 項(c)に述べた命題 6.54 を証明する.

[命題 6.54 の証明] (3)の証明は, (1), (2)の証明と同じような方法でできるので, ここでは(1), (2)の証明のみ与える.

まず E, β, h, f を(2)のようにとるとき, f の 1 根 α を K に添加した体 L が K の不分岐拡大であって, L の剰余体が E と F 上同型であることを示す. L の剰余体において, $f'(\alpha)$ は 0 でないから, 命題 6.39 により, L は K の不分岐拡大であり L の付値環は $A[\alpha]$ に一致する. よって L の剰余体は F に h の 1 根を添加した体となり, E と F 上同型になる.

なお, f は K 係数多項式として既約である. これは $[L:K] = [E:F] = f$ の次数からわかる.

次に L を K の有限次不分岐拡大とし, その剰余体を E とし, β, h, f を(2)のようにとるとき, L が f の 1 根を K に添加した体であることを示す. f を最高次の係数が 1 の L 係数既約多項式の積 $\prod_{i=1}^{r} f_i$ に分解する. f_i の根はすべて K の付値環 A 上整だから, f_i の係数はすべて A 上整であり(補

題6.63(3)の証明と同様, L の付値環 B に属する. E において $0 = f(\beta) = \prod_{i=1}^{r} f_i(\beta)$ だから, ある i について E において $f_i(\beta)=0$. そこでこの i をとり, f_i の1つの根 α を L に添加する. $L(\alpha)$ の剰余体において $f_i'(\alpha)$ は 0 でないから, 命題 6.41 により $L(\alpha)$ は L の不分岐拡大であり, $L(\alpha)$ の剰余体は $\cong E[T]/(f_i)$. しかし f_i は E に根 β を持つから, $L(\alpha)$ の剰余体は E であり, L の剰余体と一致する. よって $L(\alpha)$ と L の間では分岐指数も剰余次数も1であり, ゆえに $L(\alpha)=L$. よって $L \supset K(\alpha)$. $K(\alpha)$ の剰余体は h の根を持つから, $[K(\alpha):K] \geqq [E:F]=[L:K]$. よって $L=K(\alpha)$ である.

f は K 係数多項式として既約だから, K に f の1根を添加した体は, 根のとり方によらず K 上同型. こうして剰余体が F 上同型となる K の有限次不分岐拡大は, 互いに K 上同型であることがわかった.

次に L が K の Galois 拡大であるとする. β, h, f を上のとおりとするとき, $f(T) = \prod_{i=1}^{n}(T-\alpha_i)$, $n=[L:K]$, α_i は L の付値環の元となる. よって L の剰余体において, $h(T) = \prod_{i=1}^{n}(T-\beta_i)$, β_i は α_i の像, となる. これから, E は F の Galois 拡大であることがわかる. $h(T)$ は分離多項式であるから, $\beta_1, \cdots, \beta_n$ は互いに異なり, 自然な写像 $\{\alpha_1, \cdots, \alpha_n\} \to \{\beta_1, \cdots, \beta_n\}$ はよって単射である. $\mathrm{Gal}(L/K)$ は集合 $\{\alpha_1, \cdots, \alpha_n\}$ の上の置換全体の群の部分群と見なされ, $\mathrm{Gal}(E/F)$ は集合 $\{\beta_1, \cdots, \beta_n\}$ の上の置換全体の群の部分群と見なされるから, 上の単射性より, 自然な準同型 $\mathrm{Gal}(L/K) \to \mathrm{Gal}(E/F)$ は単射である. $[L:K]=[E:F]$ であるから, 位数を比べることにより, $\mathrm{Gal}(L/K) \xrightarrow{\cong} \mathrm{Gal}(E/F)$. ∎

[補足] この §6.3 では, Dedekind 環 A の分数体 K の, 有限次分離拡大 L を考察した. 標数 $p>0$ の大域体は非分離な拡大を持っている(付録の例 B.10)ので, (われわれの主たる興味は代数体にあるが)非分離拡大についての補足をしておく. 証明は略す.

A が次の(i), (ii)のいずれかをみたすとする.

(i) A はある体上(環として)有限生成な環である. (たとえば, k を体として $A=k[T]$.)

(ii) A は完備離散付値環.

これらの場合，分離拡大とは限らない K の有限次拡大 L についても，この§6.3に述べたことの多くの部分が成立する．とくに次が成立する．

（1） L における A の整閉包 B は，有限生成 A 加群．
（2） $[L:K] = \sum_{i=1}^{g} e(\boldsymbol{p}, \boldsymbol{q}_i) f(\boldsymbol{p}, \boldsymbol{q}_i)$.

ここに $\boldsymbol{p}$ は A の 0 でない素イデアル，$\boldsymbol{q}_1, \cdots, \boldsymbol{q}_g$ は $\boldsymbol{p}$ の上にある B の相異なる素イデアル全体．

A が完備離散付値環の場合は，さらにここで $g=1$（つまり $\boldsymbol{p}$ の上にある B の素イデアルはただひとつ）であり，B も完備離散付値環になる．

§6.4 アデール環とイデール群

§6.3に拡大体における素点の分解に関して述べたことは，素点ごとの局所的な考察で事足りるものであった．これに対し，同じく拡大体における素点の分解に関係するものであっても，平方剰余の相互法則は，素点の間の相互関係を与える大域的な性質のものであり，平方剰余の相互法則を含む代数体の類体論もまた，大域的な理論である．

素点ごとの局所的な結果を集めて大域的な結果を導き出すことは，一般にあまり容易なことではない．大域体において，局所的な結果を統合して大域的な結果を導こうとするとき，局所体をたばねて構成されるアデール環，イデール群というものを用いることが現代の数論において用いられる有効な方法である．イデール群は，類体論を局所と大域の関係がよくわかる形(§8.1(d)に述べる類体論の主定理の形)に表現するために，1940年頃Chevalleyによって導入された．

この§6.4では，アデール環，イデール群について解説する．項(a)でアデール環，イデール群の定義を述べ，(b), (c)でそれぞれ，アデール環，イデール群に関係する重要な事実を証明なしで述べ，それらの事実の証明を(g), (h)に与える．応用として，第4章に「代数的整数論の2大定理」と呼んで紹介した「Dirichletの単数定理」と「イデアル類群の有限性」を，それぞれ(d), (e)で証明する．

また，この§6.4では，項(f), (h)を除いて，K は大域体(§6.2(d))とする．K の有限素点 v における K_v の付値環を O_v と書き，剰余体を $\mathbb{F}_v$ と書き，$\mathbb{F}_v$ の位数を $N(v)$ と書く．

(a) アデール環，イデール群の定義

K のアデール環 $\mathbb{A}_K$ を，直積環 $\prod_v K_v$ (v は K の素点全体を走る)の部分環として，また K のイデール群 $\mathbb{A}_K^\times$ を直積群 $\prod_v K_v^\times$ (v は K の素点全体を走る)の部分群として，次のように定義する．

$\mathbb{A}_K = \left\{ (a_v)_v \in \prod_v K_v \,;\, \text{ほとんどすべての} K \text{の有限素点} v \text{について} a \in O_v \right\}$,

$\mathbb{A}_K^\times = \left\{ (a_v)_v \in \prod_v K_v^\times \,;\, \text{ほとんどすべての} K \text{の有限素点} v \text{について} a \in O_v^\times \right\}$.

「ほとんどすべて」というのは，「高々有限個の例外を除けば」という意味である．また $O_v^\times$ は $(O_v)^\times$ のことである．

$\mathbb{A}_K^\times$ は $\mathbb{A}_K$ の可逆元全体に一致することが確かめられる．

$\mathbb{A}_K$ の元はアデール(adele)と呼ばれ，$\mathbb{A}_K^\times$ の元はイデール(idele)と呼ばれる．

a を K の元とすると，ほとんどすべての有限素点 v について $a \in O_v$ であり，a を $K^\times$ の元とすると，ほとんどすべての有限素点 v について $a \in O_v^\times$ である．そこで K の元 a をすべての素点 v について v 成分が a であるアデールと同一視し，$K^\times$ の元 a をすべての素点 v について v 成分が a であるイデールと同一視することにより，K は $\mathbb{A}_K$ の部分環と見なされ，$K^\times$ は $\mathbb{A}_K^\times$ の部分群と見なされる．

$\mathbb{A}_K$ の元のうち K に属するものを**主アデール**(principal adele)と呼び，$\mathbb{A}_K^\times$ の元のうち $K^\times$ に属するものを**主イデール**(principal idele)と呼ぶ．

$$C_K = \mathbb{A}_K^\times / K^\times$$

とおき，これを K の**イデール類群**(idele class group)と呼ぶ．イデール類群は，ζ 関数の理論(§7.5参照)や類体論(第8章参照)で，たいへん重要な役割を演ずる．

アデール環 $\mathbb{A}_K$ やイデール群 $\mathbb{A}_K^\times$ は，ただ局所的なものを寄せ集めて作っ

たものに見え，このようなものがなぜ重要かと不審に思われるかもしれない．たしかに $\mathbb{A}_K$ や $\mathbb{A}_K^\times$ 自体はそのような性格のものであるが，$\mathbb{A}_K$ の中に K が入っている様子，$\mathbb{A}_K^\times$ の中に $K^\times$ が入っている様子が大切である．局所的なものを並べた $\mathbb{A}_K$ や $\mathbb{A}_K^\times$ の中に，大域的な K や $K^\times$ が入っている様子が，項(b)の命題 6.78 や項(c)の定理 6.82 に述べられているような見事なものであるため，局所的な結果から大域的な結果を得ることができるのである．

アデール環，イデール群に次のような位相を入れる．

一般に局所コンパクト群の族 $(G_\lambda)_{\lambda \in \Lambda}$ が与えられ，Λ の有限部分集合 S があって，各 $\lambda \in \Lambda - S$ に対しては G_λ のコンパクトな開部分群 U_λ が指定されているとする．このとき，直積群 $\prod_{\lambda \in \Lambda} G_\lambda$ の部分群

$$\left\{ (x_\lambda)_{\lambda \in \Lambda} \in \prod_{\lambda \in \Lambda} G_\lambda \,;\, \text{ほとんどすべての } \lambda \in \Lambda - S \text{ について } x_\lambda \in U_\lambda \right\}$$

を，$(G_\lambda)_{\lambda \in \Lambda}$ の $(U_\lambda)_{\lambda \in \Lambda - S}$ に関する**制限直積**(restricted direct product)と呼ぶ．制限直積を($(U_\lambda)_{\lambda \in \Lambda - S}$ を表記することを略して)，$\prod_{\lambda \in \Lambda}' G_\lambda$ と書くことが多い．たとえば Λ を K の素点全体の集合，S を K の無限素点全体の集合とするとき，$G_\lambda = K_\lambda$，$U_\lambda = O_\lambda$ ととると $\prod_{\lambda \in \Lambda}' G_\lambda = \mathbb{A}_K$ であり，$G_\lambda = K_\lambda^\times$，$U_\lambda = O_\lambda^\times$ ととると $\prod_{\lambda \in \Lambda}' G_\lambda = \mathbb{A}_K^\times$ である．

一般に制限直積 $\prod_{\lambda \in \Lambda}' G_\lambda$ の位相を次のように定義する．Λ の有限部分集合 T で S を含むものに対し，$\prod_{\lambda \in \Lambda}' G_\lambda$ の部分群 $G(T) = \prod_{\lambda \in T} G_\lambda \times \prod_{\lambda \in \Lambda - T} U_\lambda$ を考える．$\prod_{\lambda \in \Lambda}' G_\lambda = \bigcup_T G(T)$ である．各 $G(T)$ に直積位相を入れる．そして $\prod_{\lambda \in \Lambda}' G_\lambda$ の部分集合 V について，V が開集合であることを，すべての T に対し $G(T)$ のその位相について，$V \cap G(T)$ が $G(T)$ の開集合であること，と定義する．

$\prod_{\lambda \in \Lambda}' G_\lambda$ はこの位相により，局所コンパクトな位相群になる．こうして $\mathbb{A}_K$ (加法群と見る)，$\mathbb{A}_K^\times$ は，局所コンパクトな位相群になる．また $\mathbb{A}_K$ が位相環になることも確かめられる．

(b) アデール環と主アデールの関係

$\mathbb{Z}$ は $\mathbb{R}$ の中で離散であり，$\mathbb{R}/\mathbb{Z}$ はコンパクトである．一方 $\mathbb{Q}$ は $\mathbb{R}$ の中で離散ではなく稠密である．しかし $\mathbb{Q}$ を $\mathbb{R}$ にうめこむのでなく，すべての素

点を用いて定義される $\mathbb{A}_\mathbb{Q}$ の中に $\mathbb{Q}$ をうめこむと，ちょうど $\mathbb{Z}$ を $\mathbb{R}$ にうめこんだときのようになる，というのが次の命題である．

命題 6.78 K は $\mathbb{A}_K$ の中で離散であり，$\mathbb{A}_K/K$ はコンパクトである． □

この命題の証明は項(g)に与える．

命題 6.78 では，K のすべての素点を用いて定義される $\mathbb{A}_K$ の中に K をうめこんだが，素点を1個でも欠くと，この命題に述べたことは成り立たなくなり，それどころかうめこみ先の中で K が稠密になる，というのが次の命題である．

命題 6.79 S を K の素点からなる集合とし，S は K の素点全体には一致しないとする．このとき $K \to \prod_{v \in S} K_v$ の像は稠密である．ここに制限直積 $\prod_v$ は，O_v ($v \in S$, v は有限素点)に関してとる． □

この命題の証明は項(h)に与える．

これらの命題に密接に関係する，もっと実感の湧きやすい事柄として，次のようなものがある．

上述のように，$\mathbb{Z}$ は $\mathbb{R}$ の中で離散だが，$\mathbb{Z}[\sqrt{2}]$ は $\mathbb{R}$ の中で稠密である．しかし $\mathbb{Z}[\sqrt{2}]$ を $\mathbb{R} \times \mathbb{R}$ の中に，$\mathbb{Q}(\sqrt{2})$ の2つの実素点を用いて $x+y\sqrt{2} \mapsto (x+y\sqrt{2}, x-y\sqrt{2})$ ($x, y \in \mathbb{Z}$) によってうめこむと，$\mathbb{Z}[\sqrt{2}]$ は $\mathbb{R} \times \mathbb{R}$ の中で離散になり，$(\mathbb{R} \times \mathbb{R})/(\mathbb{Z}[\sqrt{2}]$ の像) はコンパクトになる．また，p を素数とすると，$\mathbb{Z}\left[\dfrac{1}{p}\right] = \left\{\dfrac{m}{p^n}; m \in \mathbb{Z}, n \geq 0\right\}$ は $\mathbb{R}$ の中で稠密だが，$\mathbb{Z}\left[\dfrac{1}{p}\right]$ を $\mathbb{R} \times \mathbb{Q}_p$ の中に $x \mapsto (x, x)$ によってうめこむと，$\mathbb{Z}\left[\dfrac{1}{p}\right]$ は $\mathbb{R} \times \mathbb{Q}_p$ の中で離散になり，$(\mathbb{R} \times \mathbb{Q}_p) / \left(\mathbb{Z}\left[\dfrac{1}{p}\right]\right.$ の像$\left.\right)$ はコンパクトになる．

これらのことは次の命題 6.80 に一般化される．

命題 6.80 S を K の素点からなる有限集合で，K の無限素点をすべてふくむものとし，
$$O_S = \{x \in K;\ v\ \text{が}\ K\ \text{の素点で}\ v \notin S\ \text{なら},\ K_v\ \text{において}\ x \in O_v\}$$
とおく．

(1) $O_S \to \prod_{v \in S} K_v$ の像は離散であり，$\left(\prod_{v \in S} K_v\right)/(O_S\ \text{の像})$ はコンパク

トである.

(2) S' を S の部分集合とし, $S' \neq S$ とすると, $O_S \to \prod_{v \in S'} K_v$ の像は稠密である. □

たとえば, K が代数体で S が K の無限素点全体なら, $O_S = O_K$ である. $K = \mathbb{Q}$, $S = \{\infty, p\}$ なら, $O_S = \mathbb{Z}\left[\dfrac{1}{p}\right]$ である. また, $\mathbb{F}_q$ を有限体とし, $K = \mathbb{F}_q(T)$, v を $\mathbb{F}_q[T^{-1}]$ の素イデアル (T^{-1}) とし, $S = \{v\}$ とすると, $O_S = \mathbb{F}_q[T]$ である. この場合, 命題 6.80(1) は, $\mathbb{F}_q[T]$ が $K_v = \mathbb{F}_q((T^{-1}))$ の中で離散であり, $\mathbb{F}_q((T^{-1}))/\mathbb{F}_q[T]$ がコンパクトであることを言っており, これは $\mathbb{Z}$ が $\mathbb{R}$ の中で離散であり, $\mathbb{R}/\mathbb{Z}$ がコンパクトであることの類似である.

命題 6.80(1) は項(g)において命題 6.78 から, 命題 6.80(2) は項(h)において命題 6.79 から, 導きだされる.

(c) イデール群と主イデールの関係

アデール環と主アデールの関係についての命題 6.78 に似た事実が, イデール群と主イデールの間にも存在することを述べる(定理 6.82). この定理 6.82 は重要で, それから Dirichlet の単数定理やイデアル類群の有限性が導きだされる.

$\mathbb{A}_K/K$ はコンパクトであったけれども, イデール類群 $C_K = \mathbb{A}_K^\times/K^\times$ はコンパクトではない. C_K を少しちぢめた, 次のように定義される C_K^1 が, 定理 6.82 に言うようにコンパクトになるのである.

$a = (a_v)_v \in \mathbb{A}_K$ に対し,

$$|a| = \prod_v |a_v|_{K_v} \quad (v \text{ は } K \text{ のすべての素点を走る})$$

と定義する. ここに $|\ |_{K_v}$ は K_v における倍率(§6.2(e))である. ほとんどすべての有限素点 v について $a_v \in O_v$ つまり $|a_v|_{K_v} \leq 1$ であるから, この無限積は収束する. とくに a が $\mathbb{A}_K^\times$ に属すれば, ほとんどすべての有限素点 v について $a_v \in O_v^\times$ つまり $|a_v|_{K_v} = 1$ になるから, 上の積は実際には有限積になる. 簡単にわかるように, $a, b \in \mathbb{A}_K$ に対し

$$|ab| = |a| \cdot |b|.$$

命題 6.81 $a \in K^\times$ なら $|a| = 1$. □

命題 6.81 は §6.1(d) 末尾に述べた $K = \mathbb{Q}$ の場合の積公式の一般化である．命題 6.81 はまた，§6.1(d) に述べた $\mathbb{C}(T)$ における「零点の位数の和 $= 0$」という公式にも関係し，その公式の一般化である後出の命題 6.92 から，K が有限体上の 1 変数代数関数体の場合の命題 6.80 を導きだすことができる（項 (f) 参照）．

命題 6.81 の証明は項 (g) に与える．
$$\mathbb{A}_K^1 = \{a \in \mathbb{A}_K^\times \,;\, |a| = 1\}$$
とおく．命題 6.81 により，$K^\times \subset \mathbb{A}_K^1$ である．

定理 6.82 $K^\times$ は $\mathbb{A}_K^1$ の中で離散であり，$\mathbb{A}_K^1 / K^\times$ はコンパクトである．□
$$C_K^1 = \mathbb{A}_K^1 / K^\times$$
とおく．

定理 6.82 の証明は項 (g) に与える．この定理 6.82 に密接に関係する，もっと実感の湧きやすい事柄(命題 6.78 に対する命題 6.80(1) にあたるもの)を，次の命題 6.83 に述べる．S, O_S を命題 6.80 のとおりとし，準同型
$$R_S : O_S^\times \to \prod_{v \in S} \mathbb{R} \,;\, x \mapsto (\log(|x|_{K_v}))_{v \in S}$$
を考える．$a \in O_S^\times$ なら S に属さない素点 v については $|a|_{K_v} = 1$ だから，命題 6.81 により R_S の像は
$$\left(\prod_{v \in S} \mathbb{R}\right)^0 = \left\{(c_v)_{v \in S} \in \prod_{v \in S} \mathbb{R} \,;\, \sum_{v \in S} c_v = 0\right\}$$
に含まれる．

命題 6.83 S, O_S を命題 6.80 のとおりとし，R_S を上のように定義するとき，$R_S(O_S^\times)$ は $\left(\prod_{v \in S} \mathbb{R}\right)^0$ で離散，$\left(\prod_{v \in S} \mathbb{R}\right)^0 / R_S(O_S^\times)$ はコンパクト，R_S の核は有限群である． □

この命題 6.83 は項 (g) において定理 6.82 から導く．

命題 6.83 のような S について，

R_S の核 $= K$ に属する 1 のベキ根全体

となる．実際，左辺⊃右辺は 1 のベキ根が $O_S^\times$ に入ることと $\prod_{v \in S} \mathbb{R}$ が 0 以外に位数有限の元をもたないことからわかり，左辺⊂右辺は R_S の核の有限性(命題 6.83)からしたがう．よって命題 6.83 により,

系 6.84 K に属する 1 のベキ根は有限個である． □

注意 6.85 ここまでに §6.4 で述べた諸事実および Dirichlet の単数定理，イデアル類群の有限性の証明は，次のような流れでおこなわれる．

命題 6.78((g)で証明) $\implies$ 命題 6.80(1)((g)で証明)
$\Downarrow$
定理 6.82((g)で証明) $\implies$ 命題 6.83((g)で証明) $\implies$ 単数定理((d)で証明)
$\Downarrow$
イデアル類群の有限性((e)で証明)
$\Downarrow$
命題 6.79((h)で証明) $\implies$ 命題 6.80(2)((h)で証明)．

つまり，単数定理とイデアル類群の有限性が，ここまでに述べた諸事実から導かれることを，(d), (e) で早目に示すのである．

(d) 単数定理

Dirichlet の単数定理(定理 4.21)を少し一般化した形(次の定理 6.86)にした上で，それを項(c)の命題 6.83 から導く．

定理 6.86 S を K の素点からなる有限集合で，K の無限素点をすべて含むものとする．S が空集合でないとき，$r = \sharp(S) - 1$ とおき，S が空集合のとき $r = 0$ とおくと，Abel 群として
$$O_S^\times \cong \mathbb{Z}^{\oplus r} \oplus \text{有限 Abel 群}. \qquad \square$$

例 6.87

(1) K を代数体，S を K の無限素点全体とすると，$O_S = O_K$ だから，定理 6.86 は Dirichlet の単数定理に他ならない．

(2) $K = \mathbb{Q}$, $S = \{\infty, p\}$ (p は素数)とすると，$O_S = \mathbb{Z}\left[\dfrac{1}{p}\right]$, $\sharp(S) - 1 = 1$, $O_S^\times = \{\pm p^n ; n \in \mathbb{Z}\} \cong \mathbb{Z} \oplus \mathbb{Z}/2\mathbb{Z}$.

(3) $\mathbb{F}_q$ を有限体，$K = \mathbb{F}_q(T)$, v_1 を $\mathbb{F}_q[T^{-1}]$ の素イデアル (T^{-1}), v_2 を $\mathbb{F}_q[T]$ の素イデアル (T), v_3 を $\mathbb{F}_q[T]$ の素イデアル $(T-1)$ とし，$S =$

$\{v_1, v_2, v_3\}$ とすると, $O_S = \mathbb{F}_q\left[T, \dfrac{1}{T}, \dfrac{1}{T-1}\right]$, $\sharp(S)-1=2$,
$$O_S^\times = \mathbb{F}_q^\times \cdot \{T^m(T-1)^n \,;\, m, n \in \mathbb{Z}\} \cong \mathbb{Z}^{\oplus 2} \oplus \mathbb{F}_q^\times.$$
□

定理 6.86 を命題 6.83 から導くのに, 次の補題を用いる.

補題 6.88 V を $\mathbb{R}$ 上の n 次元線形空間とし, Γ を V の離散な部分群で V/Γ がコンパクトなものであるとすると, Abel 群として $\Gamma \cong \mathbb{Z}^{\oplus n}$. □

この補題の証明は, 項 (e) の末尾に与える.

命題 6.83 を使って定理 6.86 を証明する. S が空の場合には, 命題 6.83 により $O_S^\times = \mathrm{Ker}(R_S)$ は有限群. S が空でないとき, $r = \sharp(S)-1$ とおき, $V = \left(\bigoplus_{v \in S} \mathbb{R}\right)^0$, $\Gamma = R_S(O_S^\times)$ とおくと, 命題 6.83 により Γ は離散, V/Γ はコンパクト, V は r 次元だから, 補題 6.88 により $R_S(O_S^\times) \cong \mathbb{Z}^{\oplus r}$. 一方, R_S の核は命題 6.83 により有限だから, よって $O_S^\times \cong \mathbb{Z}^{\oplus r} \oplus$ 有限 Abel 群, が得られる.

(e) イデール類群の商としてのイデアル類群

この項 (e) では, K を代数体とし, K のイデアル類群 $Cl(K)$ が K のイデール類群 C_K の商群と見なせることを示し, 定理 6.82 に述べたイデール類群の性質から, $Cl(K)$ が有限群であることを導く.
$$Cl(K) = \mathrm{Coker}(K^\times \to K \text{ の分数イデアル群}\,;\, a \mapsto (a))$$
である. (Coker は余核を意味する.) P を K の有限素点全体の集合とするとき, K の分数イデアル群は, 直和 $\bigoplus_{v \in P} \mathbb{Z} = \{(n_v)_{v \in P}\,;\, n_v \in \mathbb{Z}$, ほとんどすべての $v \in P$ について $n_v = 0\}$ と同型である (付録の定理 A.2(2)) から,
$$Cl(K) = \mathrm{Coker}\left(K^\times \to \bigoplus_{v \in P} \mathbb{Z}\,;\, a \mapsto (\mathrm{ord}_v(a))_{v \in P}\right).$$

一方, S を K の無限素点全体の集合とし, $\mathbb{A}_K^\times$ の部分群 U を
$$U = \left(\prod_{v \in S} K_v^\times\right) \times \left(\prod_{v \in P} O_v^\times\right) \subset \prod_{v \in S \cup P} K_v^\times = \mathbb{A}_K^\times$$
と定義すると,

$$\mathbb{A}_K^\times/U = \bigoplus_{v\in P} K_v^\times/O_v^\times \cong \bigoplus_{v\in P} \mathbb{Z}$$

($K_v^\times/O_v^\times \cong \mathbb{Z}$ は ord_v による). よって

$$\mathrm{Coker}(K^\times \to \mathbb{A}_K^\times/U) \cong \mathrm{Coker}\left(K^\times \to \bigoplus_{v\in P} \mathbb{Z};\ a \mapsto (\mathrm{ord}_v(a))_{v\in P}\right).$$

したがって, U の C_K における像を $\overline{U}$ とおくと,

$$Cl(K) \cong \mathrm{Coker}(K^\times \to \mathbb{A}_K^\times/U) = C_K/\overline{U}$$

となる.

こうして, $Cl(K)$ が C_K の商群としてあらわせることがわかった.

この C_K の商としての $Cl(K)$ の表示を使って, 定理 6.82 から $Cl(K)$ が有限であることを導くために, 補題 6.89〜6.91 を準備する.

補題 6.89 離散かつコンパクトな位相空間は, 有限集合である. □

補題 6.90 $f: X \to Y$ を位相空間の間の全射である連続写像とし, X がコンパクト, Y が分離(=Hausdorff)である, とする. このとき Y もコンパクトである. □

問 6 補題 6.89, 6.90 を証明せよ.

補題 6.91 G を位相群, H を G の部分群とし, G/H に商空間としての位相を入れるとき,

$$H\ \text{が開} \iff G/H\ \text{が離散},$$

$$H\ \text{が閉} \iff G/H\ \text{が分離}.$$

□

この補題の証明については, 位相群についての本を見られたい. すぐ下で使う「H が開 $\Longrightarrow$ G/H が離散」の証明は簡単で, H が開なら, G/H の各点の G における逆像は aH $(a\in G)$ の形の集合だから開となり, 商空間の位相の定義から G/H は各点が開となり離散空間となる.

[イデアル類群の有限性の証明] $U \subset \mathbb{A}_K^\times$, $\overline{U} \subset C_K$ を上のとおりとする. U は $\mathbb{A}_K^\times$ の開部分群である. したがって $\overline{U}$ は $\mathbb{A}_K^\times$ の商群 C_K の開部分群である. よって補題 6.91 により, $C_K/\overline{U}$ は商群としての位相で離散である.

標準写像 $f\colon C_K^1 \to C_K/\overline{U}$ が全射であることが言えれば，補題 6.90 を $X = C_K^1$, $Y = C_K/\overline{U}$, f をこの標準写像として適用することにより，$C_K/\overline{U}$ がコンパクトであることがわかり，$C_K/\overline{U}$ は離散かつコンパクトだから補題 6.89 により有限，よって $Cl(K)$ は有限ということがわかる．

そこで f が全射であることを示す．標準写像 $\mathbb{A}_K^1 \to \mathbb{A}_K^\times/U$ が全射であること，つまり $\mathbb{A}_K^\times$ が $\mathbb{A}_K^1$ と U で生成されることを言えばよい．K の無限素点 v をひとつとる．$a \in \mathbb{A}_K^\times$ に対し，$|b|_{K_v} = |a|$ となる $b \in K_v^\times$ をとり，b を $K_v^\times = (\mathbb{A}_K^\times \text{の } v \text{ 成分}) \subset \mathbb{A}_K^\times$ により $\mathbb{A}_K^\times$ の元とみると，$|b| = |a|$, $b \in U$ だから，
$$a = (ab^{-1})b, \quad ab^{-1} \in \mathbb{A}_K^1, \quad b \in U. \qquad \blacksquare$$

[補題 6.88 の証明] まず Γ が V のある $\mathbb{R}$ 上の基底を含むことを証明する．Γ が生成する V の $\mathbb{R}$ 上の部分線形空間を V' とおく．連続全射 $V/\Gamma \to V/V'$ があり V/Γ はコンパクトだから，V/V' はコンパクト（補題 6.90）．しかし V/V' は $\mathbb{R}$ 上の有限次線形空間なのだから，$V/V' = 0$．つまり $V' = V$ であり，したがって Γ は V のある $\mathbb{R}$ 上の基底 $(e_i)_{1 \leq i \leq n}$ を含む．
$\Gamma' = \bigoplus_{i=1}^n \mathbb{Z}e_i \cong \mathbb{Z}^{\oplus n}$ とおく．$V = \bigoplus_{i=1}^n \mathbb{R}e_i$ ゆえ，V/Γ' は位相群として $\mathbb{R}/\mathbb{Z}$ の n 個の直積と同型となりコンパクトである．よって $\Gamma/\Gamma' = \mathrm{Ker}(V/\Gamma' \to V/\Gamma)$ は，コンパクト空間 V/Γ' の閉集合となり，コンパクト．よって Γ/Γ' はコンパクトかつ離散なので有限である（補題 6.89）．その位数を m とすると，$\Gamma' \subset \Gamma \subset \dfrac{1}{m}\Gamma'$ となるので，よって $\Gamma \cong \mathbb{Z}^{\oplus n}$. $\qquad \blacksquare$

(f) 因子類群

この項(f)では，K を体 k 上の 1 変数代数関数体とする．

代数体のイデアル類群の類似物である，K の因子類群 $Cl(K)$ について考察する．

P を K の素点全体とする．$\bigoplus_{v \in P} \mathbb{Z}$ を K の**因子群**と呼び，その元を**因子**（divisor）と呼ぶ．準同型
$$K^\times \to \bigoplus_{v \in P} \mathbb{Z} \ ; \ a \mapsto (\mathrm{ord}_v(a))_{v \in P}$$

の像を K の**主因子群**と呼び，主因子群に属する因子を**主因子**（principal

divisor) と呼ぶ. 因子は代数体の分数イデアルの類似物, 主因子は単項分数イデアルの類似物である.

$$Cl(K) = (K の因子群)/(K の主因子群)$$
$$= \mathrm{Coker}\left(K^\times \to \bigoplus_{v \in P} \mathbb{Z} \ ; \ a \mapsto (\mathrm{ord}_v(a))_{v \in P}\right)$$

と定義する.

各 $v \in P$ に対し v の剰余体を $\kappa(v)$ と書くとき, §6.1(d) に出した「$\mathbb{C}(T)^\times$ の元の零点の位数の和 $= 0$」という公式の一般化として, 次のことが知られている.

命題 6.92 $a \in K^\times$ なら,

$$\sum_{v \in P} [\kappa(v) : k] \mathrm{ord}_v(a) = 0.$$

(§6.1(d) のように $k = \mathbb{C}$ の場合には, すべての $v \in P$ について $[\kappa(v) : k] = 1$ だから, この式は $\sum_{v \in P} \mathrm{ord}_v(a) = 0$ になる.) □

命題 6.92 により, 準同型

$$\deg : \bigoplus_{v \in P} \mathbb{Z} \to \mathbb{Z} \ ; \ (n_v)_{v \in P} \mapsto \sum_{v \in P} [\kappa(v) : k] n_v$$

は主因子群を 0 にうつし, したがって

$$\deg : Cl(K) \to \mathbb{Z}$$

を導く. $Cl(K)$ の部分群 $Cl^0(K)$ を,

$$Cl^0(K) = \mathrm{Ker}(Cl(K) \to \mathbb{Z})$$

と定義する. 次の命題は, 代数体のイデアル類群が有限であることの類似である.

命題 6.93 k が有限体なら, $Cl^0(K)$ は有限群である. □

この命題も, イデアル類群の有限性と同様にして, 定理 6.82 から次のように導かれる.

[命題 6.93 の証明] まず $Cl(K)$ をイデール類群 C_K の商群と見なせることを示す.

$$U = \prod_{v \in P} O_v^\times \subset \mathbb{A}_K^\times$$

とおく．

$$\mathbb{A}_K^\times / U = \bigoplus_{v \in P} K_v^\times / O_v^\times \cong \bigoplus_{v \in P} \mathbb{Z}.$$

よって，U の C_K における像を $\overline{U}$ とおくと，

$$C_K / \overline{U} = \mathrm{Coker}(K^\times \to \mathbb{A}_K^\times / U) \cong \mathrm{Coker}\left(K^\times \to \bigoplus_{v \in P} \mathbb{Z}\right) = Cl(K).$$

次の補題 6.94 により，この同型は

$$C_K^1 / \overline{U} \cong Cl^0(K)$$

を導く．U は $\mathbb{A}_K^1$ の開部分群だから，$\overline{U}$ は $\mathbb{A}_K^1$ の商群 C_K^1 の開部分群であり，よって $C_K^1/\overline{U}$ は離散(補題 6.91)．一方，C_K^1 はコンパクト(定理 6.82)だから，$C_K^1/\overline{U}$ もコンパクト(補題 6.90)であり，よって $C_K^1/\overline{U}$ は離散かつコンパクトだから有限(補題 6.89)である．したがって $Cl^0(K)$ は有限群．■

補題 6.94 k が有限体であるとし，準同型

$$\deg : \mathbb{A}_K^\times \to \mathbb{Z} \ ; \ (a_v)_{v \in P} \mapsto \sum_{v \in P} [\kappa(v) : k] \, \mathrm{ord}_v(a_v)$$

を考える．すべての $a \in \mathbb{A}_K^\times$ に対し

$$|a| = \sharp(k)^{-\deg(a)}.$$

[証明] $a = (a_v)_{v \in P} \in \mathbb{A}_K^\times$ に対し，補題 6.19(3) により

$$|a| = \prod_{v \in P} |a_v|_{K_v} = \prod_{v \in P} \sharp(N(v))^{-\mathrm{ord}_v(a_v)} = \prod_{v \in P} \sharp(k)^{-[\kappa(v):k]\mathrm{ord}_v(a_v)}$$
$$= \sharp(k)^{-\deg(a)}.$$
■

注意 6.95 補題 6.94 により，有限体上の 1 変数代数関数体 K にとっては，積公式(命題 6.81)と和公式(命題 6.92)は同値であることがわかる．

注意 6.96 代数体の理論でイデアル類群が重要であるように，1 変数代数関数論において，$Cl^0(K)$ は「Jacobi 多様体」という解釈を持つ，重要な対象である．

(g) 離散部分とコンパクト商に関する事実の証明

この項(g)で, 命題 6.78, 6.80(1), 6.81, 6.83 と定理 6.82 を証明する.

まず, アデール環やイデール群についての命題 6.78, 定理 6.82 から, O_S についての命題 6.80(1), 命題 6.83 が出てくることを示したい. そのためには,「コンパクト群を無視すれば同型」という概念を導入すると便利である.

定義 6.97 $f: G_1 \to G_2$ を位相 Abel 群の間の連続準同型とする. f が「コンパクト群を無視すれば同型」であるとは次の(i), (ii)がみたされることをいう.

(i) 核 $\mathrm{Ker}(f)$, 余核 $\mathrm{Coker}(f)$ がともにコンパクトである.

(ii) $G_1/\mathrm{Ker}(f) \to \mathrm{Image}(f)$; $x \bmod \mathrm{Ker}(f) \mapsto f(x)$ $\quad (x \in G_1)$
が位相同型である.

(ただし, $\mathrm{Ker}(f)$ には G_1 の部分空間としての位相, $G_1/\mathrm{Ker}(f)$ には G_1 の商空間としての位相, $\mathrm{Image}(f)$ には G_2 の部分空間としての位相, $\mathrm{Coker}(f)$ には G_2 の商空間としての位相, を入れる.) □

f が位相 Abel 群の同型であるとは, (ii)および((i)の代わりに)「$\mathrm{Ker}(f)$, $\mathrm{Coker}(f)$ が単位群である」がみたされることなので, 性質(i), (ii)がみたされることは,「コンパクト群を単位群のようなものと思えば, f は同型のようなものと思える」という感じのことであると考え, 定義 6.97 の用語法を採用した.

たとえば, 包含写像 $\mathbb{Z} \to \mathbb{R}$ は「コンパクト群を無視すれば同型」である. 命題 6.78, 6.80(1), 6.83, 定理 6.82 は, 次のように言い換えられる (S は命題 6.80 の仮定のとおりとする).

命題 6.78: K を離散群と見るとき, $K \to \mathbb{A}_K$ は「コンパクト群を無視すれば同型」である.

命題 6.80(1): O_S を離散群と見るとき, $O_S \to \prod_{v \in S} K_v$ は「コンパクト群を無視すれば同型」である.

定理 6.82: $K^\times$ を離散群と見るとき, $K^\times \to \mathbb{A}_K^1$ は「コンパクト群を無視すれば同型」である.

命題 6.83: O_S を離散群と見るとき，$R_S\colon O_S^\times \to \left(\prod_{v\in S}\mathbb{R}\right)^0$ は「コンパクト群を無視すれば同型」である.

次の補題 6.98, 6.99 は証明を省く.（難しくないが，長い証明になるし，数論よりも位相群論に属することだからである.）

補題 6.98 G_1, G_2, G_3 を位相 Abel 群とし，$f\colon G_1 \to G_2$, $g\colon G_2 \to G_3$ を連続準同型とする．f, g が「コンパクト群を無視すれば同型」なら，$g\circ f\colon G_1 \to G_3$ も「コンパクト群を無視すれば同型」である． □

補題 6.99 G_1, G_2 を位相 Abel 群とし，$f\colon G_1 \to G_2$ を連続準同型とし，H を G_2 の開部分群とする．f が「コンパクト群を無視すれば同型」なら，
$$f^{-1}(H) \to H;\ x \mapsto f(x)$$
も「コンパクト群を無視すれば同型」である． □

命題 6.78 から命題 6.80(1) を導く．補題 6.99 を
$$G_1 = K,\quad G_2 = \mathbb{A}_K,\quad H = \prod_{v\in S} K_v \times \prod_{v\notin S} O_v$$
として適用する．命題 6.78 により $G_1 \to G_2$ は「コンパクト群を無視すれば同型」であり，H の G_1 における逆像は O_S なので，補題 6.99 により $O_S \to \prod_{v\in S} K_v \times \prod_{v\notin S} O_v$ は「コンパクト群を無視すれば同型」である．次に補題 6.98 を $G_1 = O_S$, $G_2 = \prod_{v\in S} K_v \times \prod_{v\notin S} O_v$, $G_3 = \prod_{v\in S} K_v$ として適用する．$\prod_{v\notin S} O_v$ はコンパクト群 O_v の直積なのでコンパクト，よって $G_2 \to G_3$ は「コンパクト群を無視すれば同型」．したがって，$O_S = G_1 \to \prod_{v\in S} K_v = G_3$ は「コンパクト群を無視すれば同型」である． ■

定理 6.82 から命題 6.83 を導く．補題 6.98 を
$$G_1 = K^\times,\quad G_2 = \mathbb{A}_K^1,\quad H = \left(\prod_{v\in S} K_v^\times\right)^1 \times \prod_{v\notin S} O_v^\times$$
ここに，$\left(\prod_{v\in S} K_v^\times\right)^1 = \left\{(a_v)_{v\in S} \in \prod_{v\in S} K_v^\times\ ;\ \prod_{v\in S}|a_v|_{K_v} = 1\right\}$ として適用する．定理 6.82 により $G_1 \to G_2$ は「コンパクト群を無視すれば同型」であり，H の G_1 における逆像は $O_S^\times$ なので，補題 6.99 により $O_S^\times \to \left(\prod_{v\in S} K_v^\times\right)^1 \times$

§6.4 アデール環とイデール群 ―― 237

$\prod_{v \notin S} O_v^\times$ は「コンパクト群を無視すれば同型」である.次に補題 6.98 を

$$G_1 = O_S^\times, \quad G_2 = \left(\prod_{v \in S} K_v^\times\right)^1 \times \prod_{v \notin S} O_v^\times, \quad G_3 = \left(\prod_{v \in S} \mathbb{R}\right)^0,$$

また $G_2 \to G_3$ は $((a_v)_{v \in S}, (b_v)_{v \notin S}) \mapsto (\log(|a_v|_{K_v}))_{v \in S}$ として適用することにより,$R_S : O_S^\times = G_1 \to \left(\prod_{v \in S} \mathbb{R}\right)^0 = G_3$ が「コンパクト群を無視すれば同型」であることがわかる. ∎

命題 6.78 の証明をまず $K = \mathbb{Q}$ の場合に与えるために,次の補題を証明しよう.

補題 6.100 $I = \left\{x \in \mathbb{R} ; -\frac{1}{2} < x < \frac{1}{2}\right\}$, $J = \left\{x \in \mathbb{R} ; -\frac{1}{2} \leqq x \leqq \frac{1}{2}\right\}$ とおくと,$\mathbb{A}_\mathbb{Q}$ の中において,次が成り立つ.

(1) $\left(I \times \prod_{p : 素数} \mathbb{Z}_p\right) \cap \mathbb{Q} = \{0\}$.

(2) $\left(J \times \prod_{p : 素数} \mathbb{Z}_p\right) + \mathbb{Q} = \mathbb{A}_\mathbb{Q}$.

[証明] (1)は,$\{x \in \mathbb{Q}$; すべての素数 p について,$\mathbb{Q}_p$ の中において $x \in \mathbb{Z}_p\} = \mathbb{Z}$ であることと,$\mathbb{R}$ において $I \cap \mathbb{Z} = \{0\}$ であることに帰着する.

(2)を示す.

$$\mathbb{Q}/\mathbb{Z} = \bigoplus_{p : 素数} \mathbb{Z}\left[\frac{1}{p}\right]/\mathbb{Z} \xrightarrow{\cong} \bigoplus_{p : 素数} \mathbb{Q}_p/\mathbb{Z}_p = \mathbb{A}_\mathbb{Q} / \left(\mathbb{R} \times \prod_{p : 素数} \mathbb{Z}_p\right)$$

であることから,$\left(\mathbb{R} \times \prod_{p : 素数} \mathbb{Z}_p\right) + \mathbb{Q} = \mathbb{A}_\mathbb{Q}$. $x \in \mathbb{R}, y \in \prod_{p : 素数} \mathbb{Z}_p$ とすると,ある $n \in \mathbb{Z}$ について $x - n \in J$ となり,$(x, y) = (x - n, y - n) + n \in \left(J \times \prod_{p : 素数} \mathbb{Z}_p\right) + \mathbb{Q}$. ∎

[命題 6.78 の証明] $K = \mathbb{Q}$ の場合をまず示す.I, J を補題 6.100 のとおりとする.$I \times \prod_{p : 素数} \mathbb{Z}_p$ は $\mathbb{A}_\mathbb{Q}$ の開集合だから,補題 6.100(1) により,$\mathbb{A}_\mathbb{Q}$ の部分集合としての位相で $\mathbb{Q}$ の中で $\{0\}$ は開集合になり,よって,その位相で $\mathbb{Q}$ は離散群.

一般に分離位相群の離散部分群は閉である.よって $\mathbb{Q}$ は $\mathbb{A}_\mathbb{Q}$ の中で閉.よって補題 6.91 により $\mathbb{A}_\mathbb{Q}/\mathbb{Q}$ は分離.J はコンパクトで,補題 6.100(2) により,$J \to \mathbb{A}_\mathbb{Q}/\mathbb{Q}$ は全射だから,補題 6.90 により $\mathbb{A}_\mathbb{Q}/\mathbb{Q}$ はコンパクトである.

次に K が代数体の場合を示す．下の補題 6.101 の K, L としてそれぞれ $\mathbb{Q}, K$ をとって補題 6.101 を用いると，$n = [K : \mathbb{Q}]$ とするとき，位相 Abel 群としての同型 $\mathbb{A}_K \cong (\mathbb{A}_\mathbb{Q})^n$ で K を $\mathbb{Q}^n$ にうつすもの（それはしたがって位相 Abel 群の同型 $\mathbb{A}_K/K \cong (\mathbb{A}_\mathbb{Q}/\mathbb{Q})^n$ を導く）が存在する．よって，$K = \mathbb{Q}$ の場合に帰着された．

K が有限体上の 1 変数代数関数体の場合も，同様にして $K = \mathbb{F}_q(T)$（$\mathbb{F}_q$ は有限体）の場合に帰着され，$K = \mathbb{F}_q(T)$ の場合は，$K = \mathbb{Q}$ の場合と同様にして，$\mathbb{Z}$ のかわりに $\mathbb{F}_q[T]$ を，$I, J \subset \mathbb{R}$ のかわりに $T^{-1}\mathbb{F}_q[[T^{-1}]] \subset \mathbb{F}_q((T^{-1}))$ を用いて証明される． ∎

補題 6.101 K を大域体，L を K の有限次拡大とする．$\mathbb{A}_K \to \mathbb{A}_L$；$(a_v)_v \mapsto (b_w)_w$ を，w の K への制限が v のとき $b_w = a_v$ として定義し，$\mathbb{A}_K$ を $\mathbb{A}_L$ の部分環と見なす．このとき，L の K 線形空間としての基底を $\alpha_1, \dots, \alpha_n$ $(n = [L : K])$ とすると，位相 Abel 群の同型 $(\mathbb{A}_K)^n \xrightarrow{\cong} \mathbb{A}_L$；$(x_i)_{1 \leq i \leq n} \mapsto \sum_{i=1}^n x_i \alpha_i$ が得られる．

[証明] v を K の素点とし，$v_1, \dots, v_g$ を v の上にある L のすべての素イデアルとするとき，位相 Abel 群として

$$(K_v)^n \xrightarrow{\cong} \prod_{i=1}^g L_{w_i}; \quad (x_i)_{1 \leq i \leq n} \mapsto \sum_{i=1}^n x_i \alpha_i$$

であること，ほとんどすべての有限素点 v について，この同型による $(O_v)^n$ の像が $\prod_{i=1}^n O_{w_i}$ であることを示せばよい．このうち有限素点に関する部分は，K が代数体のときは補題 6.69 ($A = O_K$ ととって適用する）とその証明から従う．（補題 6.69 の証明にでてくる $a, b \in A = O_K$ に関し，$a, b \in O_v^\times$ となる有限素点 v については $(O_v)^n$ の像が $\prod_{i=1}^n O_{w_i}$ に一致する．）K が有限体上の 1 変数代数関数体の場合の証明も同様であるが，説明を略する．無限素点に関する部分は命題 6.59（それは補題 6.69 と同様，$K_v \otimes_K L \xrightarrow{\cong} \prod_{i=1}^g L_{w_i}$ であることを示している）から従う． ∎

注意 6.102 上の $(\mathbb{A}_K)^n \to \mathbb{A}_L$ が全単射であることは，$L \otimes_K \mathbb{A}_K \xrightarrow{\cong} \mathbb{A}_L$ とも言い換えられる．

§6.4 アデール環とイデール群 —— 239

命題 6.81 と定理 6.82 の証明のために，$|a|$ $(a \in \mathbb{A}_K^\times)$ の，「倍率」としての解釈が肝要である．

補題 6.103 $a \in \mathbb{A}_K^\times$ について，$|a|$ は，a 倍写像 $\mathbb{A}_K \xrightarrow{\cong} \mathbb{A}_K$; $x \mapsto ax$ の倍率に一致する． □

つまり，a 倍写像 $(x_v)_v \mapsto (a_v x_v)_v$ の倍率が，K_v における a_v 倍写像の倍率 $|a_v|_{K_v}$ の積 $\prod_v |a_v|_{K_v} = |a|$ に等しい，ということであり，ごく自然なことである．

[補題 6.103 の証明] 一般に，制限直積の不変測度について次のことが成立する．$(G_\lambda)_{\lambda \in \Lambda}$, $(U_\lambda)_{\lambda \in \Lambda}$ を項(a)のとおりとする．各 G_λ に不変測度 μ_λ が与えられ，ほとんどすべての $\lambda \in \Lambda - S$ について $\mu_\lambda(U_\lambda) = 1$ であるとき，$\prod_\lambda G_\lambda$ の不変測度 μ で次をみたすものがただひとつ存在する．各 $\lambda \in \Lambda$ に対し C_λ を G_λ のコンパクト部分集合とし，ほとんどすべての $\lambda \in \Lambda - S$ について $C_\lambda \subset U_\lambda$ とすると，$\mu\left(\prod_\lambda C_\lambda\right) = \prod_\lambda \mu(C_\lambda)$. この μ を $(\mu_\lambda)_{\lambda \in \Lambda}$ の**積測度**と呼び，$\prod_\lambda \mu_\lambda$ と書く．

各 $\lambda \in \Lambda$ に対し位相 Abel 群の同型 $\alpha_\lambda: G_\lambda \xrightarrow{\cong} G_\lambda$ が与えられ，ほとんどすべての $\lambda \in \Lambda - S$ について α_λ が位相 Abel 群の同型 $U_\lambda \xrightarrow{\cong} U_\lambda$ をもたらすとき，$\prod_\lambda G_\lambda \to \prod_\lambda G_\lambda$; $(x_\lambda)_\lambda \mapsto (\alpha_\lambda(x_\lambda))_\lambda$ の倍率が $\prod_\lambda |\alpha_\lambda|_{G_\lambda}$ に等しいことが，上のような $\mu = \prod_\lambda \mu_\lambda$ と $(C_\lambda)_{\lambda \in \Lambda}$ について

$$\mu\left(\prod_\lambda \alpha_\lambda(C_\lambda)\right) = \prod_\lambda \mu_\lambda(\alpha_\lambda(C_\lambda)) = \prod_\lambda (|\alpha_\lambda|_{G_\lambda} \cdot \mu_\lambda(C_\lambda))$$
$$= \left(\prod_\lambda |\alpha_\lambda|_{G_\lambda}\right) \mu\left(\prod_\lambda C_\lambda\right)$$

となることからわかる．補題 6.103 は，このことからしたがう． ■

命題 6.81 の証明のため，次の補題 6.104, 6.105 を用いる．

補題 6.104 G を局所コンパクト Abel 群とし，H をその閉部分群とする．（このとき，H および G/H は局所コンパクトになる．）$\alpha: G \xrightarrow{\cong} G$ を位相 Abel 群としての同型写像とし，α は同型 $H \xrightarrow{\cong} H$ をもたらすとする．このとき $\alpha: G \xrightarrow{\cong} G$ の倍率 $|\alpha|_G$, $\alpha: H \xrightarrow{\cong} H$ の倍率 $|\alpha|_H$, $\alpha: G/H \xrightarrow{\cong} G/H$ の倍率 $|\alpha|_{G/H}$ の間に，等式

$$|\alpha|_G = |\alpha|_H \cdot |\alpha|_{G/H}$$
が成立する. □

この補題の証明はたとえば Bourbaki「積分論」の「Haar 測度」の章などを見られたい.

補題 6.105 G を離散 Abel 群またはコンパクト Abel 群とし, $\alpha: G \xrightarrow{\cong} G$ を位相 Abel 群としての同型とすると, $|\alpha|_G = 1$.

［証明］ G が離散のとき, e を G の単位元とすると,
$$|\alpha|_G \mu(\{e\}) = \mu(\alpha(\{e\})) = \mu(\{e\}).$$
よって $|\alpha|_G = 1$.

G がコンパクトのとき
$$|\alpha|_G \mu(G) = \mu(\alpha(G)) = \mu(G).$$
よって $|\alpha|_G = 1$. ∎

［命題 6.81 の証明］ $a \in K^\times$ なら, a 倍写像 $\mathbb{A}_K \xrightarrow{\cong} \mathbb{A}_K$ は, $K \xrightarrow{\cong} K$ をもたらす. よって補題 6.103, 6.104, 6.105 により,
$$|a| = |a|_{\mathbb{A}_K} = |a|_K \cdot |a|_{\mathbb{A}_K/K} = 1 \times 1 = 1. \qquad \blacksquare$$

積公式(命題 6.81)の別の証明法(代数体の場合)について, 演習問題 6.3 を見られたい.

定理 6.82 の証明にうつる.

$K^\times$ が $\mathbb{A}_K^1$ の中で離散であること, つまり $K^\times$ が $\mathbb{A}_K^\times$ の中で離散であることは, K が $\mathbb{A}_K$ の中で離散であることから, 包含写像 $\mathbb{A}_K^\times \to \mathbb{A}_K$ が連続であることにより容易にしたがう.

$\mathbb{A}_K^1/K^\times$ がコンパクトであることを, $\mathbb{A}_K/K$ がコンパクトであること(命題 6.78)から導くために, 不変測度についての準備をし, また, 補題 6.106 を述べる.

　［準備1］ G をコンパクトでない局所コンパクト Abel 群, μ を G の不変測度, c を実数とすると, G のコンパクト部分集合 C で, $\mu(C) > c$ となるものが存在する.

　［準備2］ G を局所コンパクト Abel 群, Γ を G の離散部分群とし, μ を G の不変測度とすると, G/Γ の不変測度 μ' で次の条件をみたすものが

§6.4 アデール環とイデール群 ―― 241

ただひとつ存在する：C を G のコンパクト部分集合とし，C' を C の G/Γ における像とするとき，もし $C \to C'$ が単射なら $\mu(C) = \mu'(C')$．

この μ' を，μ の G/Γ における像という．

準備1，2に述べた事実の証明については，たとえば上記の Bourbaki の章などを見られたい．

補題 6.106 $c \in \mathbb{R}$, $c > 0$ とする．

(1) $\{x \in \mathbb{A}_K^\times ; |x| \geq c\}$ は $\mathbb{A}_K$ の閉集合．

(2) $b \in \mathbb{R}$, $b \geq c$ なら，$\{x \in \mathbb{A}_K^\times ; b \geq |x| \geq c\}$ は $\mathbb{A}_K$ の閉集合．

(3) $\{x \in \mathbb{A}_K^\times ; |x| \geq c\}$ においては，$\mathbb{A}_K$ の部分集合としての位相と，$\mathbb{A}_K^\times$ の部分集合としての位相は一致する． □

補題 6.106 の証明はあとで与える．

注意 6.107 $\mathbb{A}_K^\times$ の位相は，$\mathbb{A}_K$ の部分集合としての位相に一致しない（下の問7参照）．これまで $\mathbb{A}_K^1$ には $\mathbb{A}_K^\times$ の部分集合としての位相を入れてきたのだが，命題 6.106(3) により，$\mathbb{A}_K^1$ については，$\mathbb{A}_K^\times$ の部分集合としての位相と $\mathbb{A}_K$ の部分集合の位相が一致することがわかる．

問 7 $n \geq 1$ に対し $a_n \in \mathbb{A}_\mathbb{Q}^\times$ を，$\mathbb{R}$ 成分が 1，すべての素数 p について $\mathbb{Q}_p$ 成分が $n! + 1$ である元とする．

(1) $\mathbb{A}_\mathbb{Q}$ の中で a_n は 1 に収束する．

(2) $\mathbb{A}_\mathbb{Q}^\times$ の中では a_n は収束しない．

[$\mathbb{A}_K^1/K^\times$ がコンパクトであることの証明] $\mathbb{A}_K^1$ のコンパクト部分集合 C で，$\mathbb{A}_K^1 = CK^\times$ をみたすものを見つければ，$C \to \mathbb{A}_K^1/K^\times$ が全射となり，補題 6.90 により，$\mathbb{A}_K^1/K^\times$ がコンパクトであることがわかる．C を次のようにして見つける．

μ を $\mathbb{A}_K$ の不変測度とし，μ の $\mathbb{A}_K/K$ における像（準備2）を μ' と書く．$\mathbb{A}_K/K$ はコンパクト（命題 6.78）だから，$\mu'(\mathbb{A}_K/K) < \infty$．一方，$\mathbb{A}_K$ はコンパクトでないので，準備1により，$\mathbb{A}_K$ のコンパクト部分集合 C_0 で，$\mu(C_0) > \mu'(\mathbb{A}_K/K)$ となるものが存在する．

$$C_1 = \{y - z ; y, z \in C_0\} \subset \mathbb{A}_K, \quad C = C_1 \cap \mathbb{A}_K^1$$

とおく．C が $\mathbb{A}_K^1 = CK^\times$ をみたす $\mathbb{A}_K^1$ のコンパクト部分集合であることを証明する．

まず，$\mathbb{A}_K^1 = CK^\times$ を示す．$x \in \mathbb{A}_K^1$ とする．すると，
$$\mu(x^{-1}C_0) = |x^{-1}|\mu(C_0) = \mu(C_0) > \mu'(\mathbb{A}_K/K).$$
$x^{-1}C_0$ の $\mathbb{A}_K/K$ における像を Y とおくと，もしも $x^{-1}C_0 \to Y$ が単射なら $\mu(x^{-1}C_0) = \mu'(Y) \leqq \mu'(\mathbb{A}_K/K)$ ($Y \subset \mathbb{A}_K/K$ だから) となって矛盾するから，$x^{-1}C_0 \to Y$ は単射でない．よって，$y, z \in C_0$ で，$u = x^{-1}y - x^{-1}z$ とおくと $u \in K$, $u \neq 0$ となるものが存在する．$xu = y - z \in C_1$. また $u \in \mathbb{A}_K^1$ (命題 6.81) だから $xu \in \mathbb{A}_K^1$. よって $xu \in C_1 \cap \mathbb{A}_K^1 = C$. よって $x \in CK^\times$.

次に C がコンパクトであることを示す．C_1 はコンパクト空間から分離空間への連続写像 $C_0 \times C_0 \to \mathbb{A}_K$; $(y, z) \mapsto y - z$ の像だから，補題 6.90 により C_1 が $\mathbb{A}_K$ のコンパクト部分集合であることがわかる．$\mathbb{A}_K^1$ は補題 6.106(2) ($b = c = 1$ とおく) により $\mathbb{A}_K$ の閉集合だから，$C = C_1 \cap \mathbb{A}_K^1$ はコンパクト集合 C_1 の閉集合ゆえ，$\mathbb{A}_K$ の部分集合としての位相でコンパクト．よって補題 6.106(3) により，$\mathbb{A}_K^1$ の部分集合としての位相でコンパクトである． ∎

[補題 6.106 の証明] $\mathbb{A}_K^\times \to \mathbb{R}^\times$; $x \mapsto |x|$ や各素点 v についての $\mathbb{A}_K \to \mathbb{R}$; $x \mapsto |x_v|_{K_v}$ は連続であるが，$\mathbb{A}_K \to \mathbb{R}$; $x \mapsto |x|$ は連続でない (たとえば問 7 の $a_n \in \mathbb{A}_\mathbb{Q}$ について，a_n は $\mathbb{A}_\mathbb{Q}$ の中で 1 に収束するが，$|a_n| = (n!+1)^{-1}$ であり，これは $|1| = 1$ に収束せず 0 に収束する) ので，注意を要する．

(2) が (1) と (3) から導かれることを示す．$\mathbb{A}_K^\times \to \mathbb{R}^\times$; $x \mapsto |x|$ は連続だから，$\{x \in \mathbb{A}_K^\times; b \geqq |x| \geqq c\}$ は $\mathbb{A}_K^\times$ の閉集合である．よって (1) と (3) により，この集合は $\mathbb{A}_K$ でも閉集合である．

(1) を示す．補集合を考えることにより，$\{x \in \mathbb{A}_K; |x| < c\}$ が $\mathbb{A}_K$ の開集合であることを示せばよい．$a = (a_v)_v \in \mathbb{A}_K$, $|a| < c$ とする．a のある近傍 U について，「$x \in U$ なら $|x| < c$」が成り立つことを示せばよい．

K の素点からなる有限集合 S を十分大きくとると，$\prod_{v \in S} |a_v|_{K_v} < c$ および「v が K の素点で $v \notin S$ なら，v は有限素点で $a_v \in O_v$」が成立する．有限積 $\mathbb{A}_K \to \mathbb{R}$; $x \mapsto \prod_{v \in S} |x_v|_{K_v}$ は連続だから，a の近傍 U を十分小さくとると，「$x \in U$ なら，$\prod_{v \in S} |x_v|_{K_v} < c$ であり，すべての $v \notin S$ について $x_v \in O_v$」が成

立する．この U について，$x \in U$ なら
$$|x| \leq \prod_{v \in S} |x_v|_{K_v} < c.$$

(3)を示す．K の素点からなる有限集合 S で K の無限素点をすべて含むものに対し，$G(S) = \prod_{v \in S} K_v^\times \times \prod_{v \notin S} O_v^\times$ においては，$\mathbb{A}_K$ の部分集合としての位相も $\mathbb{A}_K^\times$ の部分集合としての位相も直積位相であり，一致する．よって，$a \in \mathbb{A}_K^\times$，$|a| \geq c$ なる a に対し，そのような S と a の $\mathbb{A}_K$ における近傍 U で，
$$\{x \in \mathbb{A}_K;\ |x| \geq c\} \cap U \subset G(S)$$
となるものが存在することを示せばよい．

K の素点からなる有限集合 S' を十分大きくとると，「v が K の素点で $v \notin S'$ なら，v は有限素点で $a_v \in O_v$」が成立する．$r > \prod_{v \in S'} |a_v|_{K_v}$ となる実数 r をとる．a の近傍 U を十分小さくとると，「$x \in U$ なら，$\prod_{v \in S'} |x_v|_{K_v} < r$ であり，すべての $v \notin S'$ について $x_v \in O_v$」が成立する．
$$S = S' \cup \{v\colon K \text{ の有限素点},\ N(v) < rc^{-1}\}$$
とおく．S は有限集合である．（これは K が代数体なら，v の下にある素数を p とするとき $p \leq N(v)$ であること，与えられた数より小さい素数はあきらかに有限個であることからわかる．K が有限体 $\mathbb{F}_q$ 上の 1 変数代数関数体のときは，$\mathbb{F}_q(T) \subset K$ と考え，v の下にある $\mathbb{F}_q(T)$ の素点を考えることで同様に証明される．）

$\{x \in \mathbb{A}_K;\ |x| \geq c\} \cap U$ の任意の元 x が，$G(S)$ に属することを示す．$v \notin S$ とすると，
$$c \leq |x| \leq |x_v|_{K_v} \cdot \prod_{v' \in S'} |x_{v'}|_{K_{v'}} < |x_v|_{K_v} \cdot r.$$

よって
$$1 \geq |x_v|_{K_v} > cr^{-1} \geq N(v)^{-1}.$$
よって $0 \leq \mathrm{ord}_v(x_v) < 1$ だから，$\mathrm{ord}_v(x_v) = 0$，すなわち $x_v \in O_v^\times$． ∎

(h) 双対性と稠密性

局所コンパクト Abel 群の指標に関する Pontrjagin の双対定理を紹介し，それをもとに命題 6.79, 命題 6.80(2) を証明する．

G を局所コンパクト Abel 群とするとき，G から絶対値 1 の複素数全体の乗法群 $\mathbb{C}_1^\times$ への連続な準同型を，G の**指標**(character) と呼ぶ．G の指標全体 G^* は，$\chi, \chi' \in G^*$ に対し，その積 $\chi\chi'$ を $(\chi\chi')(g) = \chi(g)\chi'(g)$ と定義することにより，群になる．さらに G^* はその位相を，G のコンパクト部分集合 C と $\mathbb{C}_1^\times$ の開集合 U に対する $V(C, U) = \{\chi \in G^*; \chi(C) \subset U\}$ 全体を開基底として定義することにより（つまり，$V(C, U)$ の形の集合の合併となるものを開集合と定義することにより），局所コンパクト Abel 群となることがわかっている．

G^* を G の**指標群**(character group) と呼び，「G の**双対**(dual)」とも呼ぶ．

以下，指標群に関することがらを証明なしで紹介してゆくので，詳しいことを知りたいかたは位相群に関する本を参照いただきたい．

たとえば，$G = \mathbb{Z}$ のとき $G^* = \mathbb{C}_1^\times$ ($u \in \mathbb{C}_1^\times$ に，G^* の元 $\mathbb{Z} \to \mathbb{C}_1^\times; n \mapsto u^n$ を対応させる)，逆に $G = \mathbb{C}_1^\times$ のとき $G^* = \mathbb{Z}$ ($n \in \mathbb{Z}$ に，G^* の元 $\mathbb{C}_1^\times \to \mathbb{C}_1^\times; u \mapsto u^n$ を対応させる）となる．一般に，G が離散のとき G^* はコンパクトになり，G^* がコンパクトのとき G は離散になる．また $G = \mathbb{R}$ のとき，G^* は $a \in \mathbb{R}$ に対する $\mathbb{R} \to \mathbb{C}_1^\times; x \mapsto e^{axi}$ 全体になる．

局所コンパクト Abel 群の指標については，次の定理が最も重要である．

定理 6.108（Pontrjagin の双対定理）　G を局所コンパクト Abel 群とするとき，
$$G \to (G^*)^*; \ g \mapsto (G^* \to \mathbb{C}_1^\times; \chi \mapsto \chi(g))$$
は，位相 Abel 群としての同型写像である． □

とくに，G が単位群（単位元のみからなる群）であることと G^* が単位群であることは，同値である．

数論への応用においては，次の命題が大切である．この命題 6.109 の (1) は，先ほどの $\mathbb{R}$ の指標群の記述の一般の局所体への一般化である．また，(2)

の中で $\mathbb{A}_\mathbb{Q}/\mathbb{Q}$ の指標群が $\mathbb{Q}$ と同型であることを言っているが，これは $\mathbb{R}/\mathbb{Z}$ の指標群が ($\mathbb{R}/\mathbb{Z}$ は $\mathbb{C}_1^\times$ と同型だから先ほど述べたとおり) $\mathbb{Z}$ と同型であることに似ている．

命題 6.109

（1） K を局所体とする．K^* の元で単位元でないもの χ をひとつとると，位相 Abel 群としての同型
$$K \xrightarrow{\cong} K^*;\ x \mapsto (K \to \mathbb{C}_1^\times;\ y \mapsto \chi(xy))$$
が与えられる．

（2） K を大域体とする．$(\mathbb{A}_K/K)^*$ の元で単位元でないもの χ をひとつとると，位相 Abel 群としての同型
$$K \xrightarrow{\cong} (\mathbb{A}_K/K)^*;\ x \mapsto (\mathbb{A}_K/K \to \mathbb{C}_1^\times;\ y \mapsto \chi(xy)),$$
$$\mathbb{A}_K \xrightarrow{\cong} (\mathbb{A}_K)^*;\ x \mapsto (\mathbb{A}_K \to \mathbb{C}_1^\times;\ y \mapsto \chi(xy))$$
が与えられる． □

(1) の証明は難しくなく，(2) の証明は命題 6.78 の証明同様 $K = \mathbb{Q}$ の場合と $K = \mathbb{F}_q(T)$ の場合に帰着しておこなえるが，省略する．

命題 6.79, 6.80(2) の証明にうつるために補題を準備する．

補題 6.110 局所コンパクト Abel 群の間の準同型 $f: G_1 \to G_2$ について，$G_2^* \to G_1^*;\ \chi \mapsto \chi \circ f$ が単射であることと，$f(G_1)$ が G_2 において稠密であることは，同値である．

[証明] H を $f(G_1)$ の G_2 における閉包とすると，H は G_2 の閉部分群であり，よって G_2/H は局所コンパクト Abel 群である．
$$\mathrm{Ker}(G_2^* \to G_1^*;\ \chi \mapsto \chi \circ f) = \{\chi \in G_2^*;\ \chi(f(G_1)) = \{1\}\}$$
$$= \{\chi \in G_2^*;\ \chi(H) = \{1\}\} \cong (G_2/H)^*.$$
よって，$G_2^* \to G_1^*$ が単射 $\iff (G_2/H)^* = \{1\} \iff G_2/H = \{1\} \iff H = G_2$ $\iff f(G_1)$ が G_2 で稠密． ∎

[命題 6.79 の証明] K の素点 w について，S が K の素点全体の集合から w を除いた場合を証明すれば，十分である．補題 6.110 により，$\left(\prod_{v \neq w} K_v\right)^* \to$

K^* が単射であることを言えばよい．命題 6.109 により $\left(\prod_{v\neq w} K_v\right)^*$ は $\prod_{v\neq w} K_v$ と，K^* は $\mathbb{A}_K/K$ と同型になり，問題は標準写像 $\prod_{v\neq w} K_v \to \mathbb{A}_K/K$ が単射であることに帰着される．しかしこれが単射であることは容易にわかる．∎

[命題 6.80(2) の証明] $\prod_{v\in S'} K_v$ の空でない開集合 U に対し，$O_S \to \prod_{v\in S'} K_v$ の像が U と交わることを言えばよい．K の素点全体の集合における S の補集合を S'' とおき，$S' \cup S''$ を命題 6.79 の S としてとることにより命題 6.79 を適用すると，$K \to \prod_{v\in S'\cup S''} K_v$ の像は稠密である．$\prod_{v\in S'\cup S''} K_v$ の開集合 $\widetilde{U}$ を，$\widetilde{U} = U \times \prod_{v\in S''} O_v$ と定義すると，$\widetilde{U}$ は空でないから，稠密性により，$a \in K$ でその $\prod_{v\in S'\cup S''} K_v$ での像が $\widetilde{U}$ に属するものがある．すると，a は O_S に属し，その $\prod_{v\in S'} K_v$ での像は U に属する．∎

問 8 $\iota_\infty \in \mathbb{R}^*$ を $\iota_\infty(x) = \exp(2\pi i x)$ と定義し，各素数 p に対し $\iota_p \in (\mathbb{Q}_p)^*$ を合成写像 $\mathbb{Q}_p \to \mathbb{Q}_p/\mathbb{Z}_p \xleftarrow{\cong} \mathbb{Z}\left[\frac{1}{p}\right]/\mathbb{Z} \to \mathbb{C}_1^\times$，ここに最後の写像は $x \bmod \mathbb{Z} \mapsto \exp(2\pi i x)$ と定義する．そして $\iota: \mathbb{A}_\mathbb{Q} \to \mathbb{C}_1^\times$ を $(x_v)_v \mapsto \iota_\infty(x_\infty) \cdot \prod_{p:\text{素数}} \iota_p(x_p)^{-1}$ と定義するとき，ι が主アデールを 1 にうつすこと，すなわち $\iota \in (\mathbb{A}_\mathbb{Q}/\mathbb{Q})^*$ であることを示せ．

(i) イデアル類群の精密化

この項 (i) では K は代数体とする．

項 (e) に述べたように，イデアル類群 $Cl(K)$ はイデール類群 C_K の商群と見なすことができた．C_K の商群には，イデアル類群を少し精密にした感じのする，O_K の 0 でないイデアル $\boldsymbol{a}$ ごとに定義される $Cl(K,\boldsymbol{a})$ というものがある．（この記号 $Cl(K,\boldsymbol{a})$ は本書以外では通用しないから注意されたい．）群 $Cl(K,\boldsymbol{a})$ は，後に類体論で重要な役割を演ずる (§8.1 参照)．

項 (e) に述べたように，
$$Cl(K) = \mathrm{Coker}(K^\times \to \mathbb{A}_K^\times/U) = C_K/(U \text{ の } C_K \text{ での像}),$$
$$U = \prod_{v:\text{無限素点}} K_v^\times \times \prod_{v:\text{有限素点}} O_v^\times$$

であった. $Cl(K, \boldsymbol{a})$ はこれに似て，下に定義する $\mathbb{A}_K^\times$ の開部分群 $U(\boldsymbol{a})$ を用いて

$$Cl(K, \boldsymbol{a}) = \operatorname{Coker}(K^\times \to \mathbb{A}_K^\times / U(\boldsymbol{a})) = C_K / (U(\boldsymbol{a}) \text{ の } C_K \text{ での像})$$

と定義される. $U(\boldsymbol{a})$ の定義を述べる. K の各素点 v に対し，$K_v^\times$ の部分群 $U_v(\boldsymbol{a})$ を，v が有限素点なら

$$U_v(\boldsymbol{a}) = \operatorname{Ker}(O_v^\times \to (O_v/\boldsymbol{a}O_v)^\times) \subset O_v^\times.$$

(v が $\boldsymbol{a}$ をわらない有限素点なら，$\boldsymbol{a}O_v = O_v$，よって $U_v(\boldsymbol{a}) = O_v^\times$ となる.) v が複素素点なら $U_v(\boldsymbol{a}) = K_v^\times$，$v$ が実素点なら $U_v(\boldsymbol{a}) = \{K_v^\times \text{ の正の元}\}$，と定義し，

$$U(\boldsymbol{a}) = \prod_v U_v(\boldsymbol{a})$$

とおく. $U(\boldsymbol{a}) \subset U$ であるから，標準全射

$$Cl(K, \boldsymbol{a}) \to Cl(K)$$

が得られる. $Cl(K)$ の有限性を証明した項(e)の議論と同様にして，

命題 6.111 $Cl(K, \boldsymbol{a})$ は有限群である. □

O_K の 0 でないイデアル $\boldsymbol{a}, \boldsymbol{b}$ が $\boldsymbol{a} \subset \boldsymbol{b}$ をみたせば，$U(\boldsymbol{a}) \subset U(\boldsymbol{b})$ であるから，標準全射 $Cl(K, \boldsymbol{a}) \to Cl(K, \boldsymbol{b})$ が得られる. 次の命題はあとで証明する.

命題 6.112

（1） $\mathbb{A}_K^\times$ の部分群が，開部分群であるための必要十分条件は，O_K のある 0 でないイデアル $\boldsymbol{a}$ について $U(\boldsymbol{a})$ を含むことである.

（2） C_K の部分群が，開部分群であるための必要十分条件は，O_K のある 0 でないイデアル $\boldsymbol{a}$ について $U(\boldsymbol{a})$ の C_K での像を含むことである. □

したがって，C_K の商群で離散なもの(つまり，$C_K/(開部分群)$)は，$\boldsymbol{a}$ を十分小さくとれば，$Cl(K, \boldsymbol{a})$ の商群として得られる.

$Cl(K, \boldsymbol{a})$ と $Cl(K)$ の関係をもう少し詳しく調べる.

$$Cl(K) = (分数イデアル群)/(単項分数イデアル群)$$

であったが，$Cl(K, \boldsymbol{a})$ もそれに似た表示

$$Cl(K, \boldsymbol{a}) = I(\boldsymbol{a})/P(\boldsymbol{a})$$

を持つ. ここに，

$$I(\mathfrak{a}) = \{K \text{ の分数イデアルで，} \mathfrak{a} \text{ と互いに素な } O_K \text{ の } 0 \text{ でないイデアル}$$
$$\mathfrak{b}, \mathfrak{c} \text{ を用いて } \mathfrak{b}\mathfrak{c}^{-1} \text{ と書けるもの}\},$$
$$P(\mathfrak{a}) = \{(\alpha);\ \alpha \in K^\times,\ \alpha \text{ は総正で，} \mathfrak{a} \text{ と互いに素な } O_K \text{ の } 0 \text{ でない元}$$
$$\mathfrak{b}, \mathfrak{c} \text{ で } b \equiv c \bmod \mathfrak{a} \text{ なるものを用いて，} \alpha = bc^{-1} \text{ と書ける}\}.$$

(互いに素とは，共通の素イデアルでわれないことをいう．) この表示は，次のようにして得られる．

$$S = \{K \text{ の無限素点}\} \cup \{\mathfrak{a} \text{ をわりきる } K \text{ の有限素点}\}$$

とおく．S は有限集合である．K の素点 $v \notin S$ については $U_v(\mathfrak{a}) = O_v^\times$ であったから，

$$I(\mathfrak{a}) \cong \bigoplus_{v \notin S} \mathbb{Z} \cong \bigoplus_{v \notin S} K_v^\times / U_v(\mathfrak{a}) \subset \mathbb{A}_K^\times / U(\mathfrak{a}).$$

命題 6.113 上の包含から導かれる準同型 $I(\mathfrak{a}) \to Cl(K, \mathfrak{a})$ は，$I(\mathfrak{a})/P(\mathfrak{a}) \xrightarrow{\cong} Cl(K, \mathfrak{a})$ を導く． □

$I(\mathfrak{a})$ の元 $\mathfrak{b}$ に対し，その $Cl(K, \mathfrak{a})$ での像を(とくに $\mathfrak{a}$ を明示する必要がないとき)単に $[\mathfrak{b}]$ と書くことにする．

$Cl(K, \mathfrak{a})$ と $Cl(K)$ のちがいは，次のようにあらわされる．

命題 6.114 同型

$$\mathrm{Ker}(Cl(K, \mathfrak{a}) \to Cl(K)) \cong \left(\left(\bigoplus_{v:\text{実素点}} \mathbb{R}^\times / \mathbb{R}_{>0}^\times \right) \oplus (O_K/\mathfrak{a})^\times \right) / (O_K^\times \text{ の像})$$

で，$\mathfrak{a}$ と互いに素な O_K の 0 でない元 b に対して，$[(b)] \in \mathrm{Ker}(Cl(K, \mathfrak{a}) \to Cl(K))$ を右辺における b の像にうつすものが，ただひとつ存在する． □

例 6.115 $K = \mathbb{Q},\ \mathfrak{a} = N\mathbb{Z}$ (N は自然数)のとき，$Cl(\mathbb{Q})$ は単位群で $O_K^\times = \{\pm 1\}$ だから，命題 6.114 により，

$$Cl(\mathbb{Q}, N\mathbb{Z}) \cong (\mathbb{Z}/N\mathbb{Z})^\times.$$
□

命題 6.112, 6.113, 6.114 を証明する．

[命題 6.112 の証明] (1) $U(\mathfrak{a})$ は開部分群だから十分なことは明らかである．必要なことを示す．H を C_K の開部分群とし，O_K の 0 でないあるイデアル $\mathfrak{a}$ で $U(\mathfrak{a}) \subset H$ をみたすものが存在することを示せばよい．H は開

集合だから, K の無限素点をすべて含む K の素点の有限集合 S と 1 の開近傍 $U_v \subset K_v^\times$ ($v \in S$) の族で, $\prod_{v \in S} U_v \times \prod_{v \notin S} O_v^\times \subset H$ となるものが存在する. H は部分群だから, v が実素点なら U_v を $K_v^\times$ の正の元全体, v が複素素点なら $U_v = K_v^\times$ としてよい. O_K の 0 でないイデアルを十分小さくとれば, すべての有限素点 $v \in S$ について, $U_v(\boldsymbol{a}) \subset U_v$ となる. この $\boldsymbol{a}$ について $U(\boldsymbol{a}) \subset H$.

(2) $\mathbb{A}_K^\times$ における逆像を見ることにより, (1) から従う. ∎

[命題 6.113 の証明] S を命題 6.113 の直前のようにとると, 命題 6.79 により $K^\times \to \bigoplus_{v \in S} K_v^\times / U_v(\boldsymbol{a})$ は全射である. これから $I(\boldsymbol{a}) \to Cl(K, \boldsymbol{a})$ が全射であることがわかる. また

$$\mathrm{Ker}(I(\boldsymbol{a}) \to Cl(K, \boldsymbol{a})) = \left\{(\alpha); \; \alpha \in \mathrm{Ker}\left(K^\times \to \bigoplus_{v \in S} K_v^\times / U_v(\boldsymbol{a})\right)\right\}$$
$$= P(\boldsymbol{a}).$$
∎

[命題 6.114 の証明]
$\mathrm{Ker}(I(\boldsymbol{a}) \to Cl(K)) = \{(bc^{-1}); \; b, c \in O_K - \{0\}, \; b, c \text{ は } \boldsymbol{a} \text{ と互いに素}\}$
なので, 準同型

$$\mathrm{Ker}(Cl(K, \boldsymbol{a}) \to Cl(K)) \to \left(\left(\bigoplus_{v: 実素点} \mathbb{R}^\times / \mathbb{R}_{>0}^\times\right) \oplus (O_K / \boldsymbol{a})^\times\right) \Big/ (O_K^\times \text{ の像})$$

で上のような (bc^{-1}) を $(b \text{ の像})(c \text{ の像})^{-1}$ にうつすものがただひとつ存在する. この準同型が全射であることは命題 6.79 (S を上のようにとって適用) からわかり, この準同型の核はあきらかに $P(\boldsymbol{a})$ である. ∎

《要約》

6.1 代数体と 1 変数代数関数体(とくに有限体上の 1 変数代数関数体)の間では, 多くの平行な理論が成立する.

6.2 有理数体 $\mathbb{Q}$ が, 各素数 p ごとに $\mathbb{Q}_p$ にうめこまれ, また, $\mathbb{R}$ にもうめこまれたことは, 代数体 K や有限体上の 1 変数代数関数体(両者をまとめて大域体と呼ぶ)K が, K の各素点 v ごとに局所コンパクト体 K_v (K の v における局所体)にうめこまれることに一般化される. 大域体 K を解明するには, 各局所体 K_v

についての考察を統合することが大切である.

6.3 大域体 K の局所体を寄せ集めて定義される，K のアデール環，イデール群を考察することは，局所と大域を結びつける良い方法である．§6.4 では，イデール群を考察することで，Dirichlet の単数定理や「類数の有限性」を証明した．

──────── 演習問題 ────────

6.1 Fibonacci 数列 $(u_n)_{n \geqq 0}$ は，
$u_0 = 0,\ u_1 = 1,\ u_2 = 1,\ u_3 = 2,\ u_4 = 3,\ u_5 = 5,\ u_6 = 8,$
$u_7 = 13,\ u_8 = 21,\ u_9 = 34,\ u_{10} = 55,\ u_{11} = 89,\ u_{12} = 144,\ u_{13} = 233,\ \cdots$
$u_{n+2} = u_{n+1} + u_n\ (n \geqq 0)$
と定義されるもので，
$$u_n = \frac{1}{\sqrt{5}}\left(\left(\frac{1+\sqrt{5}}{2}\right)^n - \left(\frac{1-\sqrt{5}}{2}\right)^n\right)$$
という表示を持つ. $\mathbb{Q}(\sqrt{5})$ における素数の分解を考えることにより，次を証明せよ．

(1) p を 5 でない素数とすると，
$$m \equiv n \bmod (p^2 - 1) \quad \text{なら} \quad u_m \equiv u_n \bmod p.$$
（たとえば $p=3$ の場合, $u_8 = 21 \equiv 0 = u_0,\ u_9 = 34 \equiv 1 = u_1 \bmod 3$.）

(2) $p \equiv \pm 1 \bmod 5$ となる素数 p について，
$$m \equiv n \bmod (p-1) \quad \text{なら} \quad u_m \equiv u_n \bmod p.$$
（たとえば $p=11$ の場合, $u_{10} = 55 \equiv 0 = u_0,\ u_{11} = 89 \equiv 1 = u_1 \bmod 11$.）

6.2 K を完備離散付値体，L をその有限次分離拡大とするとき，ノルム写像について次を示せ.

(1) ν_K を K の離散付値，ν_L を L の離散付値とし，f を L の K 上の剰余次数とすると，$x \in L^\times$ に対し
$$\nu_K(N_{L/K}(x)) = f \cdot \nu_L(x).$$

(2) K の剰余体が有限体なら，$x \in L^\times$ に対し
$$|N_{L/K}(x)|_K = |x|_L.$$

6.3 K を代数体とする．$a \in K^\times$ に対する積公式 $\prod_v |a|_{K_v} = 1$ を，ノルム写像 $N_{K/\mathbb{Q}} : K^\times \to \mathbb{Q}^\times$ を使って $K = \mathbb{Q}$ の場合の $a \in \mathbb{Q}^\times$ に対する積公式 $\left(\prod_{p:\text{素数}} |a|_p\right) \times$

$|a|=1$ に帰着して証明せよ.

6.4 K を代数体とする. K の分数イデアル a に対し, 正の有理数 $N(a)$ を次のように定義する. $a = \prod_p p^{e(p)}$ ($e(p) \in \mathbb{Z}$) を素イデアル分解とするとき,

$$N(a) = \prod_p N(p)^{e(p)}.$$

ここに $N(p) = \sharp(O_K/p)$. このとき次のことを示せ.

(1) $N(ab) = N(a)N(b)$, $N(a^{-1}) = N(a)^{-1}$.

(2) $a \subset O_K$ のとき $N(a) = \sharp(O_K/a)$.

(3) $a \subset b$ のとき $[b:a] = N(a)N(b)^{-1}$.

6.5 K を標数 0 の局所体とする. K の指数関数を用いて乗法の話を加法の話になおすことにより, 次を証明せよ.

(1) $n \geq 1$ のとき, $(K^\times)^n$ は $K^\times$ の指数有限開部分群である.

(2) $K^\times$ の指数有限部分群は, すべて開部分群である.

7

ζ (II)

すでに見たように(第3章)，ζは関数を超えた何ものかであり生きている．本章では，ζの複素関数としての性質を中心に扱う．解析接続，関数等式，特殊値の表示，零点の分布などが主な点であり，素数の分布に関する素数定理を導く．ζは，さらに，p進関数としても生きている．これは『数論II』の岩澤理論の章で明らかにされる．

とくに大切な点は，ζが局所と大域をつないでいることである．ζは

$$\zeta(s) = \prod_{p:\text{素数}} (1-p^{-s})^{-1} = \sum_{n=1}^{\infty} n^{-s}$$

のように，素数ごとの局所的情報をまとめあげたものなのであるが，不思議なことに大域的情報たとえば類数その他を予想以上に体現しているのである．(これは本章や第8章，また『数論II』でも確認されるであろう．) 第6章で局所と大域を結びつけたアデールやイデールも，大域体のζの研究に活躍する．

本章ではζの積分表示が主に用いられる．これはガンマ関数(これからはζの仲間と思ってほしい)に対するEulerの積分表示

$$\Gamma(s) = \int_0^{\infty} x^{s-1} e^{-x} dx \qquad (\text{Re}(s) > 0)$$

に起源をもっている．

§7.1 ζの出現

1350年頃, 中世ヨーロッパの Oresme(オレーム)が

$$1 + \frac{1}{2} + \frac{1}{3} + \frac{1}{4} + \cdots$$

は無限大であることを発見した. 今から振り返ってみると, これが地上にζが出現した最初と思われる. 彼の証明は

$$\begin{aligned}
& 1 + \frac{1}{2} + \frac{1}{3} + \frac{1}{4} + \frac{1}{5} + \frac{1}{6} + \frac{1}{7} + \frac{1}{8} + \cdots \\
&= 1 + \frac{1}{2} + \left(\frac{1}{3} + \frac{1}{4}\right) + \left(\frac{1}{5} + \frac{1}{6} + \frac{1}{7} + \frac{1}{8}\right) + \cdots \\
&\geqq 1 + \frac{1}{2} + \left(\frac{1}{4} + \frac{1}{4}\right) + \left(\frac{1}{8} + \frac{1}{8} + \frac{1}{8} + \frac{1}{8}\right) + \cdots \\
&= 1 + \frac{1}{2} + \frac{1}{2} + \frac{1}{2} + \cdots \\
&= \infty
\end{aligned}$$

とするものであった.

ζは, その後, 第3章に述べたように

$$1 - \frac{1}{3} + \frac{1}{5} - \frac{1}{7} + \cdots = \frac{\pi}{4}$$

の形で現われた(Madhava–Gregory–Leibniz の公式). これは L 関数の特殊値のはじまりであり, Gauss の数体 $\mathbb{Q}(\sqrt{-1})$ の類数が1であることを示していたことは後でわかった(Dirichlet の類数公式).

しばしの沈黙を破って, ζがついに明確な姿を現わしはじめたのは1700年代の Euler の前にだった. Euler は上の公式に刺激されて

$$1 + \frac{1}{4} + \frac{1}{9} + \frac{1}{16} + \frac{1}{25} + \cdots$$

を 1.6449340668482264364 … と必死に追究し, ついに $\frac{\pi^2}{6}$ という解答にたどりついた(1735年). さらに, Euler は

§7.1 ζの出現

$$\boxed{\text{自然数全体についての和}} = \boxed{\text{素数全体についての積}}$$

という Euler 積

$$\sum_{n=1}^{\infty} \frac{1}{n^s} = \prod_{p:\text{素数}} \left(1 - \frac{1}{p^s}\right)^{-1}$$

を発見した(1737 年). これは素因数分解の一意性を絶妙に表現したものであった. Euler 積を見るには

$$(1-2^{-s})^{-1} \times (1-3^{-s})^{-1} \times (1-5^{-s})^{-1} \times \cdots$$
$$= (1+2^{-s}+4^{-s}+\cdots)(1+3^{-s}+9^{-s}+\cdots)(1+5^{-s}+\cdots) \times \cdots$$
$$= 1+2^{-s}+3^{-s}+4^{-s}+5^{-s}+6^{-s}+\cdots$$

とすればよい. Euler は $s=1$ とおくことにより

$$\prod_p \left(1-\frac{1}{p}\right)^{-1} = 1 + \frac{1}{2} + \frac{1}{3} + \cdots = \log \infty$$

を得, 対数をとることで

$$\sum_p \frac{1}{p} = \log \log \infty$$

が得られる(Euler の表示のまま)ことを注意している. これは, 現在知られている

$$\sum_{p<x} \frac{1}{p} \sim \log \log x$$

(〜 は両辺の比が 1 に収束すること)という事実を意味していたのであろう. Euler の得た, 素数の逆数の和 $\sum_p \frac{1}{p}$ が無限大に発散するという結果は, 素数が無限個あるという定性的な古代ギリシャ数学の成果(紀元前 500 年頃, 多分 Pythagoras 学派による)をはじめて超えた画期的なものであった. これが定量的な素数分布論のはじまりである.

Euler は 1749 年に発散級数を大胆に計算することにより

$$1+2+3+4+5+\cdots = -\frac{1}{12}$$
$$1^2+2^2+3^2+4^2+5^2+\cdots = 0$$

$$1^3+2^3+3^3+4^3+5^3+\cdots=\frac{1}{120}$$

など($\zeta(-1),\zeta(-2),\zeta(-3),\cdots$ の値)をみいだし，美しい対称性

$$\sum_n\frac{1}{n^s}\longleftrightarrow\sum_n\frac{1}{n^{1-s}}$$

を発見した．(なお，上記のような発散級数の値を自然が零点振動・真空エネルギーとして計算していることが最近確認されている：Lamoreaux, *Physical Review Letters*, 1997年1月．)

　Euler が見つけ出したこれらのものをしっかりした岩盤にのせたのが Riemann であった(1859年)．Riemann は

$$\zeta(s)=\prod_p(1-p^{-s})^{-1}=\sum_{n=1}^\infty n^{-s}$$

と名付け(Euler は，ζ を関数記号を用いず，つねに級数の形で書いていた)，複素関数として考えられることを示した．Oresme や Euler がとくに注目していた $s=1$ は $\zeta(s)$ の(唯一の)極なのであった．

　Riemann は Euler の発見した関数等式

$$\zeta(1-s)=\zeta(s)\,2(2\pi)^{-s}\Gamma(s)\cos\left(\frac{\pi s}{2}\right)$$

を正確に証明し，この関数等式は完備化された ζ を

$$\widehat{\zeta}(s)=\pi^{-\frac{s}{2}}\Gamma\left(\frac{s}{2}\right)\zeta(s)$$

によって，より対称性の高い形

$$\widehat{\zeta}(s)=\widehat{\zeta}(1-s)$$

に書けることに注意し，それが一目でわかる積分表示を与えた．この表示法がその後 Riemann ζ 以外の ζ にも使われている．さらに Riemann は

$$(7.1)\quad\prod_p(1-p^{-s})^{-1}=\zeta(s)$$

$$=\exp\left(\frac{\gamma+\log\pi}{2}s-\log 2\right)\frac{1}{s-1}\prod_\rho\left(1-\frac{s}{\rho}\right)\prod_{n=1}^\infty\left(1+\frac{s}{2n}\right)e^{-\frac{s}{2n}}$$

を基本とする双対性

$$\boxed{素数全体} \underset{双対}{\longleftrightarrow} \boxed{零点(と極)全体}$$

を発見した.($\gamma = 0.577\cdots$ は Euler 定数であり,ρ は $\zeta(s)$ の虚の零点全体を動く.)とくに,x 以下の素数の個数 $\pi(x)$ に対する **Riemann の明示公式**(explicit formula)

$$\pi(x) = \sum_{m=1}^{\infty} \frac{\mu(m)}{m} \Pi\left(x^{\frac{1}{m}}\right),$$

$$\Pi(x) = \mathrm{Li}(x) - \sum_{\rho} \mathrm{Li}(x^{\rho}) + \int_{x}^{\infty} \frac{du}{u(u^2-1)\log u} - \log 2$$

を証明した.ただし,$\mu(m)$ は Möbius の関数,

$$\mathrm{Li}(x) = \int_{0}^{x} \frac{du}{\log u} = \lim_{\varepsilon \downarrow 0} \left(\int_{0}^{1-\varepsilon} \frac{du}{\log u} + \int_{1+\varepsilon}^{x} \frac{du}{\log u} \right)$$

は対数積分をあらわす.この明示公式から,美しい予想

$$\boxed{\text{Riemann 予想}: \zeta(s) \text{ の虚の零点の実部はすべて } \frac{1}{2}}$$

に至ったのであった.

Riemann 予想は

$$\pi(x) = \mathrm{Li}(x) + O\left(x^{\frac{1}{2}} \log x\right)$$

と同値であり,通常の**素数定理**(prime number theorem, 1896 年)

$$\pi(x) \sim \mathrm{Li}(x) \sim \frac{x}{\log x}$$

は $\mathrm{Re}(\rho) < 1$ という,Riemann 予想よりはるかに弱い結果から得られるのである.

Riemann 予想は未解決の難問であるが,その解決へのさまざまの試みが,数学を発展させる原動力になっている.

§7.2 Riemann ζ と Dirichlet L

(a) Riemann ζ の関数等式

Riemann の発見した第2の積分表示法を用いて説明しよう．これは対称な関数等式が一目でわかる点がすぐれている．（第1の積分表示法は第3章で用いたものであり，特殊値の計算に便利であった．）

定理 7.1 完備 Riemann ζ を
$$\widehat{\zeta}(s) = \pi^{-\frac{s}{2}} \Gamma\left(\frac{s}{2}\right) \zeta(s)$$
とおく．このとき，$\widehat{\zeta}(s)$ は $s=1, 0$ に1位の極を持つ以外は全複素平面で正則な関数であり，関数等式
$$\widehat{\zeta}(s) = \widehat{\zeta}(1-s)$$
をみたす．

[証明] $x > 0$ に対して
$$\psi(x) = \sum_{n=1}^{\infty} e^{-\pi n^2 x}$$
とおこう．ガンマ関数の定義式
$$\Gamma(s) = \int_0^{\infty} e^{-x} x^{s-1} dx \qquad (\mathrm{Re}(s) > 0)$$
より
$$\widehat{\zeta}(s) = \int_0^{\infty} \psi(x) x^{\frac{s}{2}-1} dx$$
となることがわかる($\mathrm{Re}(s) > 1$)．これが「第2の積分表示」である．積分を $x=1$ のところで分割して
$$\widehat{\zeta}(s) = \int_0^1 \psi(x) x^{\frac{s}{2}-1} dx + \int_1^{\infty} \psi(x) x^{\frac{s}{2}-1} dx$$
となる．ここで，前の積分は $x \to \dfrac{1}{x}$ の変数変換により

§7.2 Riemann ζ と Dirichlet L —— 259

$$\int_0^1 \psi(x) x^{\frac{s}{2}-1} dx = \int_1^\infty \psi\left(\frac{1}{x}\right) x^{-\frac{s}{2}-1} dx$$

と書ける．そこで，Jacobi による等式（これは保型形式の変換公式の 1 例であり，Poisson 和公式の 1 例でもある）

$$2\psi\left(\frac{1}{x}\right) + 1 = x^{\frac{1}{2}} (2\psi(x)+1)$$

を使うと

$$\hat{\zeta}(s) = \int_1^\infty \psi(x) \left(x^{\frac{s}{2}} + x^{\frac{1-s}{2}} \right) \frac{dx}{x} + \frac{1}{2} \int_1^\infty \left(x^{\frac{1}{2}} - 1 \right) x^{-\frac{s}{2}-1} dx$$

$$= \int_1^\infty \psi(x) \left(x^{\frac{s}{2}} + x^{\frac{1-s}{2}} \right) \frac{dx}{x} + \frac{1}{s(s-1)}$$

となって証明された．∎

この関数等式は，素朴な形で Euler が 1749 年に発見し，Riemann が 1859 年に上記の形で定式化し証明した．ちなみに Euler の原論文では

☉　$1^m - 2^m + 3^m - 4^m + 5^m - 6^m + 7^m - 8^m + \text{etc}$

と

☽　$\dfrac{1}{1^n} - \dfrac{1}{2^n} + \dfrac{1}{3^n} - \dfrac{1}{4^n} + \dfrac{1}{5^n} - \dfrac{1}{6^n} + \dfrac{1}{7^n} - \dfrac{1}{8^n} + \text{etc}$

の 2 つが $n = m+1$ のときに実質的に等しくなるという太陽と月の双対性の形で述べられていて，Euler は

$$\frac{☉}{☽} = -\frac{1 \cdot 2 \cdot 3 \cdots (n-1)}{(2^{n-1}-1)\pi^n} (2^n - 1) \cos\left(\frac{n\pi}{2}\right)$$

となることを $n = m+1 = 2, 3, 4, \cdots$ のときに（発散級数を「うまく処理」することにより）証明している．☉ と ☽ は，つかさどる世界が昼と夜に分かれている太陽と月のように収束域を異にしているにもかかわらず，関数等式により結び合っているのである．読者は

$$\sum_{n=1}^\infty (-1)^{n-1} n^{-s} = (1 - 2^{1-s}) \zeta(s)$$

に注意して，Euler の主張を確かめていただきたい（演習問題 7.7 参照）．

(b) Dirichlet L 関数の関数等式

$$L(s,\chi) = \sum_{n=1}^{\infty} \chi(n) n^{-s} = \prod_{p} (1-\chi(p) p^{-s})^{-1}$$

を mod N の原始指標 χ に付随する Dirichlet L 関数(§3.1,「原始指標」の意味は§5.2(e)参照)とする. 指標は $\chi(-1)=1$ のときの偶指標と $\chi(-1)=-1$ のときの奇指標に分かれる ($\chi(-1)^2 = \chi((-1)^2) = \chi(1) = 1$ だから $\chi(-1) = \pm 1$). それに応じて

$$\varepsilon(\chi) = \begin{cases} 0 & \chi : \text{偶指標} \\ 1 & \chi : \text{奇指標} \end{cases}$$

とおく. さらに, $\Gamma_{\mathbb{R}}(s) = \pi^{-\frac{s}{2}} \Gamma\left(\frac{s}{2}\right)$ によって完備 Dirichlet L 関数

$$\widehat{L}(s,\chi) = N^{\frac{s}{2}} \Gamma_{\mathbb{R}}(s+\varepsilon(\chi)) L(s,\chi)$$

を定める. $e(x) = e^{2\pi i x}$ と書き, Gauss 和 $G(\chi)$ を

$$G(\chi) = \sum_{k=0}^{N-1} \chi(k) e\left(\frac{k}{N}\right)$$

とおく.

定理 7.2 $\chi \neq 1_N$ (自明な指標)のとき, $L(s,\chi)$ は全複素平面で正則な関数に解析接続され, 関数等式

$$\widehat{L}(s,\chi) = W(\chi) \widehat{L}(1-s, \overline{\chi})$$

をみたす. ここで

$$W(\chi) = \frac{G(\chi)}{i^{\varepsilon(\chi)} \sqrt{N}}$$

は絶対値 1 の複素数である.

[証明] Gauss 和について§5.2(e)で証明したように,

(7.2) $$\chi(n) G(\overline{\chi}) = \sum_{k=1}^{N-1} \overline{\chi}(k) e\left(\frac{kn}{N}\right)$$

(式(5.3))であり,

$$|G(\overline{\chi})| = \sqrt{N}$$

(命題5.16)である.

(1) $\chi(-1) = 1$ のとき:

$$\psi_\chi(x) = \frac{1}{2} \sum_{m=-\infty}^{\infty} \chi(m) e^{-\pi x m^2/N} = \sum_{m=1}^{\infty} \chi(m) e^{-\pi x m^2/N}$$

とおく. (7.2)より

$$G(\overline{\chi})\psi_\chi(x) = \frac{1}{2} \sum_{k=1}^{N-1} \overline{\chi}(k) \sum_{n=-\infty}^{\infty} e^{-\pi x n^2/N + 2\pi i k n/N}$$

$$= \frac{1}{2} \sum_{k=1}^{N-1} \overline{\chi}(k) \left(\frac{N}{x}\right)^{\frac{1}{2}} \sum_{n=-\infty}^{\infty} e^{-\left(n+\frac{k}{N}\right)^2 \pi N/x}$$

$$= \frac{1}{2} \left(\frac{N}{x}\right)^{\frac{1}{2}} \sum_{k=1}^{N-1} \overline{\chi}(k) \sum_{n=-\infty}^{\infty} e^{-(nN+k)^2 \pi/xN}$$

$$= \frac{1}{2} \left(\frac{N}{x}\right)^{\frac{1}{2}} \sum_{m=-\infty}^{\infty} \overline{\chi}(m) e^{-m^2 \pi/xN}$$

$$= \left(\frac{N}{x}\right)^{\frac{1}{2}} \psi_{\overline{\chi}}\left(\frac{1}{x}\right)$$

となる. (ここで, Fourier 変換と Poisson 和公式を用いた.) ガンマ関数の公式より

$$\widehat{L}(s, \chi) = \int_0^\infty \psi_\chi(x) x^{\frac{s}{2}-1} dx$$

であるから

$$\widehat{L}(s,\chi) = \int_0^1 \psi_\chi(x) x^{\frac{s}{2}-1} dx + \int_1^\infty \psi_\chi(x) x^{\frac{s}{2}-1} dx$$

$$= \int_1^\infty \psi_\chi\left(\frac{1}{x}\right) x^{-\frac{s}{2}-1} dx + \int_1^\infty \psi_\chi(x) x^{\frac{s}{2}-1} dx$$

$$= \int_1^\infty \psi_\chi(x) x^{\frac{s}{2}} \frac{dx}{x} + \frac{N^{\frac{1}{2}}}{G(\overline{\chi})} \int_1^\infty \psi_{\overline{\chi}}(x) x^{\frac{1-s}{2}} \frac{dx}{x}$$

となる. したがって

$$\widehat{L}(s,\chi) = \frac{G(\chi)}{\sqrt{N}} \widehat{L}(1-s,\overline{\chi})$$

を得る.

(2) $\chi(-1) = -1$ のとき:

$$\varphi_\chi(x) = \frac{1}{2} \sum_{m=-\infty}^{\infty} m\chi(m) e^{-\pi x m^2/N} = \sum_{m=1}^{\infty} m\chi(m) e^{-\pi x m^2/N}$$

とおく. (1)と同様にして

$$G(\overline{\chi})\varphi_\chi(x) = \frac{\sqrt{-1} N^{\frac{1}{2}}}{x^{\frac{3}{2}}} \varphi_{\overline{\chi}}\left(\frac{1}{x}\right)$$

を得る. さらに

$$N^{\frac{1}{2}} \widehat{L}(s,\chi) = \int_0^\infty \varphi_\chi(x) x^{\frac{s-1}{2}} dx$$

$$= \int_1^\infty \varphi_\chi(x) x^{\frac{s-1}{2}} dx + \frac{\sqrt{-1} N^{\frac{1}{2}}}{G(\overline{\chi})} \int_1^\infty \varphi_{\overline{\chi}}(x) x^{-\frac{s}{2}} dx$$

となって

$$\widehat{L}(s,\chi) = \frac{G(\chi)}{\sqrt{-1}\sqrt{N}} \widehat{L}(1-s,\overline{\chi})$$

が成り立つ.

(i) $|W(\chi)| = 1$ は関数等式の結果からもわかる:

$$\widehat{L}(s,\chi) = W(\chi) \widehat{L}(1-s,\chi)$$

および

$$\widehat{L}(1-s,\overline{\chi}) = \overline{\widehat{L}(1-\overline{s},\chi)} = \overline{W(\chi)\widehat{L}(\overline{s},\overline{\chi})} = \overline{W(\chi)} \widehat{L}(s,\chi)$$

から $W(\chi)\overline{W(\chi)} = 1$ が出る. これは $|G(\chi)| = \sqrt{N}$ の別証にもなっている. 同様にして, $W(\overline{\chi}) = \overline{W(\chi)} = W(\chi)^{-1}$ もわかる.

(ii) χ が実指標 ($\chi^2 = 1$)のとき $W(\chi) = 1$ となる. これは Gauss の結果

$$G(\chi) = \begin{cases} \sqrt{N} & \chi: \text{偶指標} \\ i\sqrt{N} & \chi: \text{奇指標} \end{cases}$$

と同値であるし，χ に付随する 2 次体の Dedekind ζ の関数等式を用いてもわかる（演習問題 7.2 参照）．

（iii） 関数等式から $L(s,\chi)$ の $\text{Re}(s)<0$ における零点は

χ: 偶指標のとき　$s=-2,-4,-6,\cdots$

χ: 奇指標のとき　$s=-1,-3,-5,\cdots$

における 1 位の零点のみであることがわかる．

§7.3　素数定理

(a) 零点の非存在

素数定理の証明において基本となるのは次の事実である．

定理 7.3　$\text{Re}(s) \geqq 1$ に対して
$$\zeta(s) \neq 0.$$

［証明］ $\text{Re}(s)>1$ に零点がないことは Euler 積表示からわかる．$\text{Re}(s)=1$ において零点がないことは次のようにして証明される．$\sigma>1$ と実数 t に対して Euler 積から得られる

$$\log|\zeta(\sigma+it)| = \sum_{p:\text{素数}} \sum_{m=1}^{\infty} \frac{p^{-m\sigma}}{m} \cos(mt \log p)$$

に注意する．（なお $\text{Re}(s)>1$ に零点がないことはこの表示からもわかる.）いま $\zeta(1+it)=0$ と仮定し矛盾を出そう（$t\neq 0$）．まず，$\sigma>1$ のとき

$$\log|\zeta(\sigma)^3 \zeta(\sigma+it)^4 \zeta(\sigma+2it)|$$
$$= \sum_p \sum_m \frac{p^{-m\sigma}}{m} \{3+4\cos(mt\log p)+\cos(2mt\log p)\}$$
$$= 2\sum_p \sum_m \frac{p^{-m\sigma}}{m}(1+\cos(mt\log p))^2 \geqq 0.$$

よって

$$|\zeta(\sigma)^3\zeta(\sigma+it)^4\zeta(\sigma+2it)| \geqq 1.$$

一方,$\sigma \downarrow 1$ のとき

$$\zeta(\sigma)^3 \sim \frac{1}{(\sigma-1)^3},$$
$$\zeta(\sigma+it)^4 = O((\sigma-1)^4),$$
$$\zeta(\sigma+2it) = O(1)$$

だから

$$\lim_{\sigma \downarrow 1} \zeta(\sigma)^3 \zeta(\sigma+it)^4 \zeta(\sigma+2it) = 0.$$

これは矛盾である. ∎

(b) Riemann の明示公式

Riemann は素数分布を研究し,明示公式を得た.

定理 7.4 (Riemann の明示公式, 1859 年) $x>1$ に対して

$$\sum_{m=1}^{\infty} \frac{1}{m} \pi\left(x^{\frac{1}{m}}\right) = \mathrm{Li}(x) - \sum_{\rho} \mathrm{Li}(x^\rho) + \int_x^{\infty} \frac{dt}{t(t^2-1)\log t} - \log 2$$

が成り立つ.ただし,$\mathrm{Li}(x)$ は対数積分であり,ρ は $\zeta(s)$ の $0<\mathrm{Re}(\rho)<1$ となる零点(これは $\zeta(s)$ の虚の零点と同じことであり,**非自明零点あるいは本質的零点**と呼ばれる)全体を動き,ρ についての和は ρ と $1-\rho$ とを組み合わせて加えるものとする.

[証明]

$$\Pi(x) = \sum_{m=1}^{\infty} \frac{1}{m} \pi\left(x^{\frac{1}{m}}\right) = \sum_{p^m \leqq x} \frac{1}{m}$$

とおく.まず

$$\frac{\log \zeta(s)}{s} = \int_1^{\infty} \Pi(x) x^{-s-1} dx = \int_0^{\infty} \Pi(x) x^{-s-1} dx$$

が成立する.実際

$$右辺 = \sum_{m=1}^{\infty} \frac{1}{m} \int_1^{\infty} \pi\left(x^{\frac{1}{m}}\right) x^{-s-1} dx = \sum_{m=1}^{\infty} \frac{1}{m} \sum_p \int_{p^m}^{\infty} x^{-s-1} dx$$

$$= \sum_{m=1}^{\infty} \frac{1}{m} \sum_{p} \frac{1}{s} p^{-ms} = \frac{\log \zeta(s)}{s}.$$

すると Fourier 変換(Mellin 逆変換)により，$c>1$ に対して

$$\Pi(x) = \frac{1}{2\pi i} \int_{c-i\infty}^{c+i\infty} \frac{\log \zeta(s)}{s} x^s ds$$

$$= -\frac{1}{2\pi i} \frac{1}{\log x} \int_{c-i\infty}^{c+i\infty} \frac{d}{ds} \left[\frac{\log \zeta(s)}{s} \right] x^s ds$$

となる．ここで $\zeta(s)$ を因子に分解して(正確な形は §7.1 の式(7.1))

$$\zeta(s) \cong \frac{1}{s-1} \prod_{\rho} (s-\rho) \prod_{m=1}^{\infty} (s+2m)$$

を代入すると

$$\Pi(x) = \mathrm{Li}(x) - \sum_{\rho} \mathrm{Li}(x^\rho) + \int_x^{\infty} \frac{dt}{t(t^2-1)\log t} - \log 2$$

と計算できる(演習問題 7.3 参照)．ここで，右辺の第 1 項は $s=1$ (極)の寄与，第 2 項は虚の零点 $s=\rho$ からの寄与，第 3 項は自明な零点 $s=-2m$ ($m=1,2,3,\cdots$) からの寄与である． ∎

(c) 素数定理

定理 7.5 (素数定理: Hadamard, de la Vallée-Poussin, 1896 年)

$$\pi(x) \sim \frac{x}{\log x} \quad (x \to \infty).$$

[証明] 定理 7.4 より

$$\pi(x) - \mathrm{Li}(x) = -\sum_{m=2}^{\infty} \frac{1}{m} \pi\left(x^{\frac{1}{m}}\right) - \sum_{\rho} \mathrm{Li}(x^\rho) + \int_x^{\infty} \frac{dt}{t(t^2-1)\log t} - \log 2.$$

ここで，定理 7.3 より $\mathrm{Re}(\rho)<1$ なので $\dfrac{\mathrm{Li}(x^\rho)}{(x/\log(x))} \to 0$ となることを用いると，和 $\sum_{\rho}$ をとることと極限をとることが交換可能であるならば，

$$\lim_{x \to \infty} \frac{\pi(x) - \mathrm{Li}(x)}{(x/\log x)} = 0$$

がわかる.

ただし,このままでは,項別極限をとる際に微妙な点がある.これを処理するために,通常は,直接 $\pi(x)$ を扱うことはせず,

$$\psi(x) = \sum_{p^m \leq x} \log p$$

を考える.Riemann の明示公式(定理7.4)の代わりに,それと同じようにして得られる次の(1)–(4)などの公式を用いる.((1),(2)は Riemann の 1859 年頃の手稿にある.)

(1)
$$\psi(x) = x - \sum_\rho \frac{x^\rho}{\rho} + \sum_{m=1}^\infty \frac{x^{-2m}}{2m} + \log(2\pi)$$
$$= x - \sum_\rho \frac{x^\rho}{\rho} + \frac{1}{2}\log\left(\frac{x^2}{x^2-1}\right) + \log(2\pi).$$

(von Mangoldt が 1895 年に Crelle J. **114** で証明した.)

(2)
$$\int_0^x \psi(t)dt = \frac{x^2}{2} - \sum_\rho \frac{x^{\rho+1}}{\rho(\rho+1)} - \sum_{m=1}^\infty \frac{x^{-2m+1}}{2m(2m-1)} + \log(2\pi) \cdot x + (\text{const.}).$$

(3)
$$\int_0^x \frac{\psi(t)}{t}dt = x - \sum_\rho \frac{x^\rho}{\rho^2} - \sum_{m=1}^\infty \frac{x^{-2m}}{(2m)^2} + (\log 2\pi) \cdot \log x + (\text{const.}).$$

(Hadamard が用いた形である.)

(4)
$$\int_0^x \frac{\psi(t)}{t^2}dt = \log x - \sum_\rho \frac{x^{\rho-1}}{\rho(\rho-1)} - \sum_{m=1}^\infty \frac{x^{-2m-1}}{2m(2m+1)} - (\log 2\pi) \cdot \frac{1}{x} + (\text{const.}).$$

(de la Vallée-Poussin が用いた形である.)

たとえば,(2)からは

$$\int_0^x \psi(t)dt \sim \frac{x^2}{2} \implies \psi(x) \sim x \implies \pi(x) \sim \frac{x}{\log x}$$

と出る.

§7.3 素数定理

なお，(1)–(4) に現われている $\log(2\pi)$ はもともと $-\dfrac{\zeta'(0)}{\zeta(0)}$ として出てきたものである． □

次の同値がある．

$$\text{Riemann 予想} \underset{\text{von Koch, 1901 年}}{\Longleftrightarrow} \pi(x) = \text{Li}(x) + O\left(x^{\frac{1}{2}} \log x\right)$$

$$\Longleftrightarrow \quad \pi(x) = \text{Li}(x) + O\left(x^{\frac{1}{2}+\varepsilon}\right) \quad (\varepsilon > 0).$$

これは Riemann の明示公式から理解できる．さらに，この右辺において $\dfrac{1}{2}$ をより小さい数に改良できないことが証明されている．この意味で，Riemann 予想は究極的な素数分布定理を導く．

このようにして，$\pi(x)$ の評価は $\dfrac{x}{\log x}$，$\text{Li}(x)$ とより近づいてきたのであるが，$\pi(x) - \text{Li}(x)$ の精密な研究は，これからの課題である．たとえば，Riemann(1859) が注意していることであるが，

$$\pi(x) < \text{Li}(x)$$

が Gauss などの計算により，$x \leqq 10^5$ では成り立っていて，一般の x でもそうではないかと思われていた．これは Riemann の明示公式から

$$\pi(x) = \text{Li}(x) - \frac{1}{2}\text{Li}(x^{\frac{1}{2}}) - \sum_{\rho}\text{Li}(x^\rho) + \cdots$$

(Riemann 予想を仮定すれば $\text{Re}(\rho) = \dfrac{1}{2}$) となっているため，理論的にもそう考えられていたのであった．しかしながら，Littlewood(1914) は，上記の表示(とくに ρ についての和の項)を詳しく分析することにより

$$\pi(x) - \text{Li}(x)$$

は $x \to \infty$ のとき無限回符号が変わることを証明し，それまでの予想を打ちくだいた．これは計算と理論との違いを明確に示す例である．なお，$\pi(x) > \text{Li}(x)$ となる最初の x の範囲は

Skews(1955) の限界	$x \leqq \exp\exp\exp\exp(7.705)$
Lehman(1960) の限界	$x \leqq 1.65 \times 10^{1165}$
te Riele(1987) の限界	$x \leqq 6.69 \times 10^{370}$

と次第に改良されてはきている(その計算で重要なのは ρ の数値計算である)が,x の実例は現在まで知られていない.

(d) Riemann の ζ 研究

Riemann の ζ 研究の全容は,未発表の内容を抱えたまま Riemann が早世したこともあり不明な部分が多い.自ら発表したものは 1859 年の報告のみであり,そこには次のことがらが述べられている:

(1) 第 1 の積分表示
(2) 第 2 の積分表示
(3) 素数の明示公式
(4) Riemann 予想

(1)は第 3 章で用いた,

$$\zeta(s) = \frac{1}{\Gamma(s)} \int_0^\infty \frac{x^{s-1}}{e^x - 1} dx$$

という表示であり,第 3 章で見たように,s が 0 以下の整数のときの値を求めるのに適している.また,この表示から出発し,積分路を動かすことによって,全平面への解析接続と関数等式(演習問題 7.7 にある等式.定理 7.1 の関数等式と同値だが,こちらは非対称な形)を得ることができる.

(2)は定理 7.1 の証明に使った積分表示であり,左辺と右辺が完全に対称な関数等式(定理 7.1)を明快に示している.この方法は保型形式の ζ など,広範囲の ζ に拡張されている.

(3)は定理 7.4 である.

(4)の Riemann 予想はとりわけ秘密にみちた記述になっている.

さて,Riemann の研究がどの程度のものであったか,は遺稿(手稿)の調査から次第に明らかになってきた.たとえば,次のようなことをおこなっていたことがわかっている:

(5) 第 3 の積分表示と Riemann–Siegel の公式
(6) 零点の計算
(7) 素数定理

(5)は Siegel が 1932 年に解読した内容であり，零点の計算に威力を発揮している．$\zeta(s)$ の 30 億個の虚の零点は Riemann 予想をみたすことが知られているが，それも(5)のおかげである．

(6)の計算では，Riemann は $0 < \mathrm{Im}(\rho) < 100$ 程度の零点 ρ の位置を(5)を用いて詳しく求め(手計算)，たとえば，最初の零点に対して
$$\rho = 0.5 + i(14.14\cdots)$$
という結果を得ている．これは，現在の詳しい計算結果
$$\rho = 0.5 + i(14.13472514\cdots)$$
とくらべてみても見劣りしない．さらに，その途中で

$$\sum_{\rho} \frac{1}{\rho} = \sum_{\mathrm{Im}(\rho)>0} \left(\frac{1}{\rho} + \frac{1}{1-\rho}\right) = \frac{\gamma}{2} + \frac{\log \pi}{2} + 1 - \frac{\zeta'}{\zeta}(0)$$
$$= \frac{\gamma}{2} + \frac{\log \pi}{2} + 1 - \log(2\pi)$$
$$= \frac{\gamma}{2} - \frac{\log \pi}{2} - \log 2 + 1$$

を示し，
$$\sum_{\rho} \frac{1}{\rho} = 0.023095708966121033\underline{81}\cdots$$
と手計算している．ここに，Riemann の零点研究の一端がのぞかれる．

(7)では $\psi(x) = \sum_{p^m \leqq x} \log p$ の研究をおこなって，明示公式(項(c)の(1)，(2))を得ている．これは，おそらく，収束性の問題(定理 7.5 の証明参照)からであったろう．

このように，Riemann の ζ 研究は知られているだけでも，想像以上に深い．

(e) Dirichlet の素数定理

定理 7.6(Dirichlet の素数定理，1837 年) 互いに素な自然数 N, a に対して，$\mathrm{mod}\, N$ で a と合同となる素数は無限個存在する．すなわち，
$$\pi_{N,a}(x) = \sharp\{p \leqq x \text{ 素数} \mid p \equiv a \,\mathrm{mod}\, N\}$$

とおくと
$$\lim_{x \to \infty} \pi_{N,a}(x) = +\infty.$$

[証明] 指標の直交関係式(たとえば，岩波講座『現代数学の基礎』「群論」(寺田至・原田耕一郎著，1997)定理 2.45 など参照)を群 $(\mathbb{Z}/N\mathbb{Z})^\times$ について考えることにより

$$\frac{1}{\varphi(N)} \sum_{\chi:\bmod N \text{の指標}} \overline{\chi}(a) \log L(s,\chi) = \sum_{\substack{p \\ p^m \equiv a \bmod N}} \sum_m \frac{1}{m} p^{-ms}$$

となる($\varphi(N)$ は $(\mathbb{Z}/N\mathbb{Z})^\times$ の位数). したがって

$$\sum_{p \equiv a \bmod N} p^{-s} - \frac{1}{\varphi(N)} \log L(s, \mathbf{1}_N)$$
$$= \frac{1}{\varphi(N)} \sum_{\chi \neq \mathbf{1}_N} \overline{\chi}(a) \log L(s,\chi) - \sum_{\substack{p \\ p^m \equiv a \bmod N}} \sum_{m \geq 2} \frac{1}{m} p^{-ms}$$

となり，$\chi \neq \mathbf{1}_N$(単位指標)のとき $L(1,\chi) \neq 0$ がわかれば，右辺は $s \downarrow 1$ のとき有限となって定理が得られる．$L(1,\chi) \neq 0$ の証明は χ を虚と実の場合にわける．

① χ が虚($\chi \neq \overline{\chi}$)のとき:
$$F(s) = \prod_{\omega:\bmod N \text{の指標}} L(s,\omega)$$

を考える．$s > 1$ のとき

$$\log F(s) = \varphi(N) \sum_{\substack{p \\ p^m \equiv 1 \bmod N}} \sum_m \frac{1}{m} p^{-ms} > 0$$

より $F(s) \geq 1$. とくに $s \downarrow 1$ として $F(1) \geq 1$.

一方，$L(1,\chi) = 0$ とすると $L(1,\overline{\chi}) = \overline{L(1,\chi)} = 0$ でもあるから
$$F(s) = L(s, \mathbf{1}_N) \times L(s,\chi) \times L(s,\overline{\chi}) \times (正則関数)$$
は $s = 1$ で 1 位以上の零点をもつ．したがって，$F(1) = 0$. これは矛盾．

② χ が実($\chi = \overline{\chi}$)のとき：2つの方法がある．
$$\begin{cases} \text{Dirichlet の類数公式を用いる, Dirichlet の最初の方法(1837 年)} \\ \text{解析的に示す, de la Vallée-Poussin の方法(1896 年)} \end{cases}$$

1番目の方法は $L(1,\chi)$ を χ に対応する2次体の類数と結びつけるものである.対応する2次体が虚2次体の場合には,第3章により,$L(1,\chi)$ は(虚2次体の類数)×(0でない簡単な数)であるから $L(1,\chi)\neq 0$. 実2次体の場合も,Dirichlet は虚2次体と同様の類数公式を示した(§7.5 の式(7.3)).

2番目の方法は次のようにする.いま,$L(1,\chi)=0$ と仮定する.
$$G(s) = \frac{L(s,\chi)L(s,\mathbf{1}_N)}{L(2s,\mathbf{1}_N)} = \prod_{\chi(p)=1}\frac{1+p^{-s}}{1-p^{-s}} = \sum_{n=1}^{\infty}a_n n^{-s}$$
とおく.これは $\mathrm{Re}(s)>\frac{1}{2}$ で正則で $s\to\frac{1}{2}$ のとき $G(s)\to 0$. また $a_n\geqq 0$ である($a_1=1$). $G(s)$ は $|s-2|<\frac{3}{2}$ において正則だから
$$G(s) = \sum_{m=0}^{\infty}\frac{G^{(m)}(2)}{m!}(s-2)^m$$
と Taylor 展開できる.ここで
$$G^{(m)}(2) = (-1)^m\sum_{n=1}^{\infty}a_n(\log n)^m n^{-2}$$
だから
$$G(s) = \sum_{m=0}^{\infty}\frac{1}{m!}\left(\sum_{n=1}^{\infty}\frac{a_n(\log n)^m}{n^2}\right)(2-s)^m$$
が $\frac{1}{2}<s<2$ において成り立つ.とくに,$\frac{1}{2}<s<2$ のとき
$$G(s) \geqq G(2) = \sum_{n=1}^{\infty}\frac{a_n}{n^2} \geqq \frac{a_1}{1^2} = 1.$$
よって $s\downarrow\frac{1}{2}$ とすることで矛盾が出る. ∎

上記の形は Dirichlet のもとの結果である(1837年).証明を改良すると
$$\pi_{N,a}(x) \sim \frac{1}{\varphi(N)}\frac{x}{\log x} \quad (x\to\infty)$$
が得られる(de la Vallée-Poussin, 1896 年).

たとえば,$N=4$ のときを考えると
$$\pi_{4,1}(x) \sim \frac{1}{2}\frac{x}{\log x},$$

となり
$$\pi_{4,3}(x) \sim \frac{1}{2}\frac{x}{\log x}$$

$$\lim_{x\to\infty}\frac{\pi_{4,1}(x)}{\pi_{4,3}(x)} = 1$$

がわかる. ところが,

x	10	20	30	40	50	100	150	200	⋯
$\pi_{4,1}(x)$	1	3	4	5	6	10	16	21	⋯
$\pi_{4,3}(x)$	2	4	5	6	8	13	18	24	⋯

と計算してみると, どうも $\pi_{4,1}(x) \leqq \pi_{4,3}(x)$ となっているように見える. このことは Tschebycheff(1853) が着目し, 一般の x で成立すると予想した. しかし, Littlewood(1914) が $\pi_{4,1}(x)-\pi_{4,3}(x)$ は無限回符号が変わることを証明し, Tschebycheff の予想は成り立たないことが判明した. なお, $\pi_{4,1}(x) > \pi_{4,3}(x)$ となる最初の x は 26861 であり, そのとき $\pi_{4,1}(x)=1473$, $\pi_{4,3}(x)=1472$ である (Leech, 1957).

§7.4　$\mathbb{F}_p[T]$ の場合

有理整数環 $\mathbb{Z}$ と多項式環 $\mathbb{F}_p[T]$ およびそれらの商体 $\mathbb{Q}$ と $\mathbb{F}_p(T)$ は §6.1 で述べたようによく似ている. さらに, 代数体($\mathbb{Q}$ の有限次拡大体)と関数体($\mathbb{F}_p(T)$ の有限次拡大体)は類似の性質をもっていて数論の導きの糸となっている.

ここでは, ζ を見てみよう. この研究は, 20代になったばかりのドイツの青年 Kornblum(1890-1914) が第1次世界大戦にて戦死する前に書き遺した論文にはじまった. (その論文は Landau の手で Kornblum の死後の 1919 年に出版された.)

Kornblum は次の対応関係を考えた:
$$\mathbb{F}_p[T] \longleftrightarrow \mathbb{Z}$$

最高次係数1の多項式 ⟷ 自然数
最高次係数1の既約多項式 h ⟷ 素数 p
ノルム $N(h) = p^{\deg(h)}$ ⟷ $N(p) = |p|$
$\zeta_{\mathbb{F}_p[T]}(s) = \prod_{h:\text{既約モニック}} (1-N(h)^{-s})^{-1}$ ⟷ $\zeta_{\mathbb{Z}}(s) = \prod_{p:\text{素数}} (1-p^{-s})^{-1} = \zeta(s)$

Kornblum は次の結果を証明した.

定理 7.7(Kornblum)
(1) $\zeta_{\mathbb{F}_p[T]}(s) = (1-p^{1-s})^{-1}$.
(2)(Dirichlet の素数定理の類似) $a(T), b(T) \in \mathbb{F}_p[T]$ が互いに素な 0 でない多項式のとき
$$h(T) \equiv b(T) \bmod a(T)$$
となる最高次係数1の既約多項式 $h(T)$ が無限個存在する.

[証明] (1) $\mathbb{F}_p[T]$ が単項イデアル整域(したがって，一意分解整域)であることを使うと
$$\zeta_{\mathbb{F}_p[T]}(s) = \sum_{\substack{f(T) \in \mathbb{F}_p[T] \\ \text{モニック}}} N(f)^{-s}$$
となる. ただし，$N(f) = p^{\deg(f)}$. (これは $\zeta(s)$ のときに
$$\prod_{p:\text{素数}} (1-p^{-s})^{-1} = \sum_{n=1}^{\infty} n^{-s}$$
となることの対応物である.) ここで，k 次の最高次係数1の多項式は
$$a_0 + a_1 T + \cdots + a_{k-1}T^{k-1} + T^k \quad (a_0, \cdots, a_{k-1} \in \mathbb{F}_p)$$
の形であり p^k 個存在する. したがって，
$$\zeta_{\mathbb{F}_p[T]}(s) = \sum_{k=0}^{\infty} p^k \cdot p^{-ks} = (1-p^{1-s})^{-1}.$$

(2) Dirichlet の証明(§7.3(e))にならって，指標
$$\chi: (\mathbb{F}_p[T]/(a(T)))^{\times} \to \mathbb{C}^{\times}$$
に対して L 関数
$$L_{\mathbb{F}_p[T]}(s, \chi) = \prod_h (1 - \chi(h)N(h)^{-s})^{-1}$$

を考える.ここに h は最高次係数 1 の既約多項式で $a(T)$ をわらないものを走る.このとき,$\chi \neq 1$ ならば $L_{\mathbb{F}_p[T]}(1,\chi) \neq 0$ であることが Dirichlet L 関数の場合と同様に証明される.(さらに,$L_{\mathbb{F}_p[T]}(s,\chi)$ は $\chi \neq 1$ のとき p^{-s} の多項式となることもわかる.)これから (2) が従う.

この Kornblum の研究が出発点となって,$\mathbb{F}_p[T]$ の有限次拡大環の ζ の研究(Artin,とくに 2 次拡大環の場合)がなされ,そこにおける Riemann 予想の類似が成り立つこと(Artin が予想し,Hasse が一部を証明したのち,Weil が証明した)もわかった.(その証明は岩波講座『現代数学の展開』「Weil 予想とエタールコホモロジー」で解説される.)なお,$\zeta_{\mathbb{Z}}(s)$ や $\zeta_{\mathbb{F}_p[T]}(s)$ の一般化は次の形の環(より広くは,スキーム)の Hasse ζ となることを注意しておこう.

$\mathbb{Z}$ 上有限生成の可換環 A に対して

$$\zeta_A^{\text{Hasse}}(s) = \prod_{\substack{m \subset A \\ \text{極大イデアル}}} (1 - N(m)^{-s})^{-1}.$$

ここで,m は A の極大イデアル全体を動き,$N(m) = \sharp(A/m)$ である.たとえば,$\zeta_{\mathbb{Z}}^{\text{Hasse}}(s) = \zeta(s)$,$\zeta_{\mathbb{F}_p[T]}^{\text{Hasse}}(s) = \zeta_{\mathbb{F}_p[T]}(s)$ となることは,$\mathbb{Z}$ や $\mathbb{F}_p[T]$ が単項イデアル整域であることからすぐわかる.

§7.5 Dedekind ζ と Hecke L

この項では,Riemann ζ の代数体への一般化である Dedekind ζ と,Dirichlet L 関数の代数体への一般化である Hecke L 関数について論ずる.そして,Dedekind ζ と代数体のイデアル類群,単数群を結びつける「代数体の類数公式」を証明し,それから §4.3 に述べた「虚 2 次体の類数公式」を導く.

代数体 K の Dedekind ζ は

$$\zeta_K(s) = \prod_p (1 - N(p)^{-s})^{-1} = \sum_a N(a)^{-s}$$

である.ここで,p は O_K の極大イデアル(0 でない素イデアル)を動き,a

§7.5 Dedekind ζ と Hecke L ——275

は O_K の零でないイデアルを動き,$N(\mathfrak{a}) = \sharp(O_K/\mathfrak{a})$,$\zeta_K(s)$ は $\mathrm{Re}(s) > 1$ のとき絶対収束する.これは $\zeta_K(s)$ の $\prod_\mathfrak{p}$ の形の定義と,$\zeta(s) = \prod_{p:素数}(1-p^{-s})^{-1}$ が $\mathrm{Re}(s) > 1$ のとき絶対収束することからわかる.各素数 p の上にある $\mathfrak{p}$ の個数は $[L:K]$ 個以下であり,$N(\mathfrak{p}) \geqq p$ が成立するからである.代数体の完備 Dedekind ζ を

$$\widehat{\zeta}_K(s) = |D_K|^{\frac{s}{2}} \Gamma_\mathbb{R}(s)^{r_1} \Gamma_\mathbb{C}(s)^{r_2} \zeta_K(s)$$

とおく.ここで,$D_K = D(K/\mathbb{Q})$ は判別式,$\Gamma_\mathbb{R}(s) = \pi^{-\frac{s}{2}} \Gamma\left(\frac{s}{2}\right)$,$\Gamma_\mathbb{C}(s) = 2(2\pi)^{-s}\Gamma(s)$,$r_1$ は K の実素点の個数,r_2 は K の複素素点の個数である.

なお,§7.4 の記号では

$$\zeta_K(s) = \zeta_{O_K}^{\mathrm{Hasse}}(s)$$

である.したがって,$\zeta_\mathbb{Q}(s) = \zeta_\mathbb{Z}^{\mathrm{Hasse}}(s) = \zeta(s)$ であり,

$$\widehat{\zeta}_\mathbb{Q}(s) = \Gamma_\mathbb{R}(s)\zeta(s)$$

となる.また,たとえば,虚 2 次体 $\mathbb{Q}(\sqrt{-1})$ のときには,各素数 p の上にある素イデアル $\mathfrak{p}$ についての $1 - N(\mathfrak{p})^{-s}$ の積が,$p = 2$, $p \equiv 1 \bmod 4$, $p \equiv 3 \bmod 4$ のそれぞれの場合に $(1-2^{-s}), (1-p^{-s})^2, 1-p^{-2s}$ であるから(表 6.3 参照),

$$\zeta_{\mathbb{Q}(\sqrt{-1})}(s) = (1-2^{-s})^{-1} \prod_{p \equiv 1(4)} (1-p^{-s})^{-2} \prod_{p \equiv 3(4)} (1-p^{-2s})^{-1}$$

となる.よって

$$\zeta_{\mathbb{Q}(\sqrt{-1})}(s) = \zeta(s)L(s),$$

$$L(s) = L(s, \chi_{-1}) = \prod_{p:奇素数}\left(1 - (-1)^{\frac{p-1}{2}} p^{-s}\right)^{-1}$$

と分解することがわかる.さらに

$$\zeta_{\mathbb{Q}(\sqrt{-1})}(s) = \sum_\mathfrak{a} N(\mathfrak{a})^{-s} = \sum_{n=1}^\infty r(n) n^{-s}$$

($\mathfrak{a}$ は $\mathbb{Z}[\sqrt{-1}]$ の 0 でないイデアルを走る)と展開しておくと,$\mathfrak{a} = (x + y\sqrt{-1})$ $(x, y \in \mathbb{Z})$ のとき $N(\mathfrak{a}) = x^2 + y^2$ となることから

$$r(n) = \sum_{N(a)=n} 1 = \frac{1}{4} \cdot \sharp\{(m_1, m_2) \in \mathbb{Z} \times \mathbb{Z} \mid m_1^2 + m_2^2 = n\}$$

となる.したがって,$\zeta_{\mathbb{Q}(\sqrt{-1})}(s) = \zeta(s)L(s)$ の分解を用いると

$$r(n) = \sum_{\substack{d \mid n \\ d: 奇数}} \chi_{-1}(d) = \sum_{\substack{d \mid n \\ d: 奇数}} (-1)^{\frac{d-1}{2}}$$

となることがわかる.(なお,この $r(n)$ の表示は Fermat が最初に発見したもので,n が素数の場合には「素数が $m_1^2+m_2^2$ の形に書けるか否か」が「素数 mod 4」で判定できるという Fermat の結果の一般化になっている.)この場合には,完備 ζ も

$$\widehat{\zeta}_{\mathbb{Q}(\sqrt{-1})}(s) = 2^s \Gamma_{\mathbb{C}}(s) \zeta_{\mathbb{Q}(\sqrt{-1})}(s)$$
$$= \widehat{\zeta}(s)\widehat{L}(s)$$

と完備 ζ の積に分解する.ただし,

$$\widehat{\zeta}(s) = \Gamma_{\mathbb{R}}(s)\zeta(s),$$
$$\widehat{L}(s) = 2^s \Gamma_{\mathbb{R}}(s+1)L(s)$$

であり,関係式 $\Gamma_{\mathbb{C}}(s) = \Gamma_{\mathbb{R}}(s)\Gamma_{\mathbb{R}}(s+1)$(これはガンマ関数の"2倍角の公式"である)を用いている.

一般の2次体についても,定理 5.15(2次体における素数の分解法則)を用いると,上と同様にして次の命題が得られる.

命題 7.8 K を2次体とし,$K = \mathbb{Q}(\sqrt{m})$,m は1以外の平方数でわれない整数,と書くとき,

$$\zeta_K(s) = \zeta(s)L(s, \chi_m), \quad \widehat{\zeta}_K(s) = \widehat{\zeta}(s)\widehat{L}(s, \chi_m). \qquad \square$$

(第8章の定理 8.15 に,この命題の類体論を用いた一般化について述べる.)

代数的整数論において,代数体のイデアル類群が最も重要な群であり,単数群が2番目に大切な群だ,というふうに第4章に述べた.これらの重要な群が,次の定理 7.10(3),(4)により,Dedekind ζ と関係する.定理を述べる前に,代数体 K に対し,K の単数基準と呼ばれる正の実数を,K の単数群

$O_K^\times$ に関する量として定義する. たとえば $K=\mathbb{Q}(\sqrt{2})$ の場合, $O_K^\times = \{\pm(1+\sqrt{2})^n \,;\, n \in \mathbb{Z}\}$ であるが, K の単数基準は $\log(1+\sqrt{2})$ になる.

定義 7.9 K を代数体とする. S を K の無限素点全体とし,

$$\left(\prod_{v \in S} \mathbb{R}\right)^0 = \left\{(c_v)_{v \in S} \in \prod_{v \in S} \mathbb{R} \,;\, \sum_{v \in S} c_v = 0\right\},$$

$$\left(\prod_{v \in S} \mathbb{Z}\right)^0 = \left\{(c_v)_{v \in S} \in \prod_{v \in S} \mathbb{Z} \,;\, \sum_{v \in S} c_v = 0\right\}$$

とおき

$$R_S : O_K^\times \to \left(\prod_{v \in S} \mathbb{R}\right)^0 \,;\, x \mapsto (\log(|x|_{K_v}))_{v \in S}$$

を考える (命題 6.83). $R_S(O_K^\times)$ は階数 $\sharp(S)-1$ の自由 $\mathbb{Z}$ 加群である. この $\mathbb{Z}$ 加群 $R_S(O_K^\times)$ の基底を, $\mathbb{Z}$ 加群 $\left(\prod_{v \in S} \mathbb{Z}\right)^0$ の基底を用いて実数係数の線形結合としてあらわすときにできる $\sharp(S)-1$ 次の正方行列の, 行列式の絶対値を, K の単数基準という (これは基底のとり方によらない). □

$R_S(O_K^\times)$ の基底は $\mathbb{R}$ 上 1 次独立であるから, K の単数基準は 0 でない.

簡単な考察により, 単数基準は次のもの(1), (2) のいずれにも等しい.

(1) $\{v_1, \cdots, v_r\}$ $(r = \sharp(S)-1)$ を S から 1 個の素点を除いた集合とし, $\varepsilon_1, \cdots, \varepsilon_r$ を $O_K^\times$ の元で, $O_K^\times/(K$ 内の 1 のベキ根の群$)$ における像がこの $\mathbb{Z}$ 加群の基底となるものとするときの, 行列 $(\log(|\varepsilon_i|_{K_{v_j}}))_{i,j}$ の行列式の絶対値. (したがって K が実 2 次体のとき, $O_K^\times = \{\pm \varepsilon^n \,;\, n \in \mathbb{Z}\}$, $\varepsilon > 1$ となる ε をとると, K の単数基準は $\log(\varepsilon)$ に等しい.)

(2) $\left(\prod_{v \in S} \mathbb{R}\right)^0$ の不変測度 μ をとるときの比

$$\mu\left(\left(\prod_{v \in S} \mathbb{R}\right)^0 \Big/ R_S(O_K^\times)\right) \div \mu\left(\left(\prod_{v \in S} \mathbb{R}\right)^0 \Big/ \left(\prod_{v \in S} \mathbb{Z}\right)^0\right).$$

ここに, $\left(\prod_{v \in S} \mathbb{R}\right)^0$ の離散部分群 Γ で商 $\left(\prod_{v \in S} \mathbb{R}\right)^0 \Big/ \Gamma$ がコンパクトであるものに対して, μ の $\left(\prod_{v \in S} \mathbb{R}\right)^0 \Big/ \Gamma$ における像 (§6.4(g)) も μ と書いて, $\mu\left(\left(\prod_{v \in S} \mathbb{R}\right)^0 \Big/ \Gamma\right)$ を定義した.

定理 7.10 K を代数体とし，K の類数を h，単数基準を R，K 内の 1 の
ベキ根の個数を w，K の実素点の個数を r_1，複素素点の個数を r_2 とおく．
  (1) $\zeta_K(s)$ は全複素平面に有理型関数として解析接続され，$s=1$ におけ
   る 1 位の極を除いて正則である．
  (2) $\widehat{\zeta}_K(s) = \widehat{\zeta}_K(1-s)$.
  (3) $\displaystyle\lim_{s \to 1}(s-1)\zeta_K(s) = \frac{2^{r_1}(2\pi)^{r_2}hR}{w|D_K|^{\frac{1}{2}}}$.
  (4) $\displaystyle\lim_{s \to 0} s^{-r_1-r_2+1}\zeta_K(s) = -\frac{hR}{w}$. □

定理 7.10(3),(4) は**代数体の類数公式**と呼ばれる．§4.3 に述べた虚 2 次
体の類数公式(定理 4.28)が，この公式(3),(4)から得られることを説明す
る．

K を 2 次体とし，$K = \mathbb{Q}(\sqrt{m})$，m は 1 以外の平方数でわれない整数，と
書く．$\zeta_K(s) = \zeta(s)L(s, \chi_m)$ (命題 7.8) と定理 7.10(3),(4)，$\displaystyle\lim_{s \to 1}(s-1)\zeta(s) = 1$，$\zeta(0) = -\frac{1}{2}$ により

$$L(1, \chi_m) = \frac{2^{r_1}(2\pi)^{r_2}hR}{w|D_K|^{\frac{1}{2}}}, \quad \lim_{s \to 0}s^{-r_1-r_2+1}L(s, \chi_m) = \frac{2hR}{w}.$$

実 2 次体なら $w=2$，虚 2 次体なら $R=1$ であるから，これから

(7.3) $h = |D_K|^{\frac{1}{2}}\dfrac{L(1, \chi_m)}{2R} = \dfrac{L'(0, \chi_m)}{R}$ $\qquad (m > 0$ のとき$)$

(7.4) $h = \dfrac{w}{2\pi}|D_K|^{\frac{1}{2}}L(1, \chi_m) = \dfrac{w}{2}L(0, \chi_m)$ $\qquad (m < 0$ のとき$)$．

D_K は，例 6.36 で計算したように，$m \equiv 1 \bmod 4$ なら m，$m \equiv 2, 3 \bmod 4$ な
ら $4m$ に等しいから，(7.4)は定理 4.28 に他ならない．

実 2 次体の類数も，(7.3)を用いて計算することができる．たとえば $K = \mathbb{Q}(\sqrt{2})$ のとき，$L(1, \chi_2) = \dfrac{1}{\sqrt{2}}\log(1+\sqrt{2})$ (§3.1(3.6))，$R = \log(1+\sqrt{2})$，
$D_K = 8$ であるから，(7.3)より $h=1$ が得られる．すなわち $\mathbb{Q}(\sqrt{2})$ の類数
は 1 である．

定理 7.10 を証明する．解析接続と関数等式の証明は，$\zeta(s)$ の場合(定理

§7.5 Dedekind ζ と Hecke L —— 279

7.1)の証明の方法に似たものであり,第2の積分表示

$$\widehat{\zeta}(s) = \int_0^\infty \psi(x) x^{\frac{s}{2}-1} dx, \quad \psi(x) = \sum_{n=1}^\infty e^{-\pi n^2 x}$$

に似た, $\widehat{\zeta}_K(s)$ のイデール類群 C_K 上の積分としての表示(系 7.12)を用いるものである. イデール類群は, §6.4 に述べたようにイデアル類群や単数群と深く関係するから, $\widehat{\zeta}_K(s)$ がイデール類群上の積分として表わされることから定理 7.10(3),(4) にある $\zeta_K(s)$ とイデアル類群, 単数群の間の関係が得られることになる.

K の素点 v に対し, 連続写像 $\varphi_v : K_v \to \mathbb{C}$ を次のように定義する.

$$\varphi_v(x) = \begin{cases} x \in O_v \text{ なら } 1, \ x \notin O_v \text{ なら } 0 & (v \text{ が有限素点のとき}) \\ \exp(-\pi x^2) & (v \text{ が実素点のとき}) \\ \exp(-2\pi x \bar{x}) & (v \text{ が複素素点のとき}). \end{cases}$$

連続写像 $\varphi : \mathbb{A}_K \to \mathbb{C}$ を

$$\varphi(x) = \prod_v \varphi_v(x_v) \quad (x = (x_v)_v \in \mathbb{A}_K)$$

と定義する.

乗法群 $K_v^\times$ の不変測度 μ_v を次のようにとる. v が有限素点なら $\mu_v(O_v^\times) = 1$ となるものをとる. v が無限素点なら, $0 < a < b$ となる実数 a, b に対し

$$\mu_v(\{x \in K_v^\times ;\ a \leqq |x|_{K_v} \leqq b\}) = 2(\log(b) - \log(a))$$

となるものをとる. (v が実素点なら, これは $\mu_v(\{x \in \mathbb{R}^\times ; a < x < b\}) = \log(b) - \log(a)$ となるもので, その測度についての関数 f の積分が $\int_{\mathbb{R}^\times} f(t) \frac{dt}{t}$ となるものである.) $\mathbb{A}_K^\times$ 上の積測度 $\mu = \prod_v \mu_v$ (§6.4(g))を考える. μ の $C_K = \mathbb{A}_K^\times / K^\times$ における像(§6.4(g))も μ と書く. 測度 μ_v や μ についての関数 f の積分を, $\int f(x) d^\times x$ のように書く(加法群 K_v や $\mathbb{A}_K$ の不変測度による積分 $\int f(x) dx$ と区別するために).

命題 7.11 (Matchett, 1946 年)

(1) v を K の素点とするとき, $\mathrm{Re}(s) > 0$ において

280 ──── 第7章 ζ(II)

$$\int_{K_v^\times} \varphi_v(x)|x|_{K_v}^s d^\times x = \begin{cases} (1-N(v)^{-s})^{-1} & (v \text{ が有限素点のとき}) \\ \Gamma_{K_v}(s) & (v \text{ が無限素点のとき}). \end{cases}$$

(2) $\mathrm{Re}(s) > 1$ において

$$\widehat{\zeta}_K(s) = |D_K|^{\frac{s}{2}} \int_{\mathbb{A}_K^\times} \varphi(x)|x|^s d^\times x.$$

[証明] (2)は(1)から得られる．(1)を示す．v を有限素点とする．各 $m \in \mathbb{Z}$ に対し，$C_m = \{x \in K_v^\times ; \nu_{K_v}(x) = m\}$ (ν_{K_v} は K_v の離散付値) とおくと，C_m はコンパクトで $\mu_v(C_m) = 1$，また $x \in C_m$ に対し $\varphi_v(x)$ は $m \geq 0$ なら 1，$m < 0$ なら 0 であり，$|x|_{K_v} = N(v)^{-m}$．よって

$$\int_{K_v^\times} \varphi_v(x)|x|_{K_v}^s d^\times x = \sum_{m=0}^\infty N(v)^{-ms} = (1-N(v)^{-s})^{-1}.$$

v が実素点のとき

$$\int_{K_v^\times} \varphi_v(x)|x|_{K_v}^s d^\times x = 2\int_0^\infty \exp(-\pi x^2) x^s \frac{dx}{x} = \int_0^\infty \exp(-y)\left(\frac{y}{\pi}\right)^{\frac{s}{2}} \frac{dy}{y}$$
$$= \Gamma_\mathbb{R}(s).$$

v が複素素点のときは，実素点のときと同様に証明される． ■

$y \in C_K$ に対し，

$$\theta(y) = \sum_{a \in K} \varphi(\widetilde{y}a) = 1 + \sum_{a \in K^\times} \varphi(\widetilde{y}a).$$

ここに y の $\mathbb{A}_K^\times$ における代表を $\widetilde{y}$ とおいた．($\theta(y)$ は代表 $\widetilde{y}$ のとりかたによらない．) 命題 7.11 により，

系 7.12 $\mathrm{Re}(s) > 1$ において

$$\widehat{\zeta}_K(s) = \int_{C_K} (\theta(y)-1)|D_K|^{\frac{s}{2}}|y|^s d^\times y.$$
□

Riemann ζ の場合，積分表示 $\widehat{\zeta}(s) = \int_0^\infty \psi(x) x^{\frac{s}{2}-1} dx$，$\psi(x) = \sum_{n=1}^\infty e^{-\pi n^2 x}$ に Jacobi の等式 $2\psi\left(\frac{1}{x}\right) + 1 = x^{\frac{1}{2}}(2\psi(x)+1)$ を適用することで解析接続と関数等式を得た．$\widehat{\zeta}_K(s)$ については，Jacobi の等式にあたるものとして次の命題 7.13(1) を用いる．

§7.5 Dedekind ζ と Hecke L

命題 7.13 $\mathbb{A}_K^\times$ の元 $\delta = (\delta_v)_v$ を，無限素点 v については $\delta_v = 1$ となり，有限素点 v については，v の下にある素数を p とするとき，共役差積 $\boldsymbol{D}(O_v/\mathbb{Z}_p)$（§6.3(b)）が $\delta_v O_v$ に一致するようにとる．このとき，

(1) $\theta(\delta y^{-1}) = |D_K|^{\frac{1}{2}} |y| \theta(y)$．

(2) $|\delta| = |D_K|^{-1}$. □

(1) の証明は，アデール環 $\mathbb{A}_K$ とその離散部分群 K に関する「Poisson の和公式」を用いるものである．これについては『数論 II』§11.2 で論ずる．
(2) は

$$|\delta|^{-1} = \prod_{v:\text{有限素点}} \sharp(O_v/\boldsymbol{D}(O_v/\mathbb{Z}_p)) = \sharp(O_K/\boldsymbol{D}(O_K/\mathbb{Z})) = |D_K|$$

（最後の等式は命題 6.35(2) による）からわかる．

命題 7.13 を用いて定理 7.10 を証明する（岩澤–Tate の方法）．

[定理 7.10 の証明] Riemann ζ の場合の証明と同様，系 7.12 の積分を 2 つの部分にわける：

$$\widehat{\zeta}_K(s) = \int_I (\theta(y)-1)|D_K|^{\frac{s}{2}} |y|^s d^\times y + \int_J (\theta(y)-1)|D_K|^{\frac{s}{2}} |y|^s d^\times y,$$

$$I = \{y \in C_K ; |D_K|^{\frac{1}{2}} |y| \leqq 1\}, \quad J = \{y \in C_K ; |D_K|^{\frac{1}{2}} |y| \geqq 1\}.$$

あとの積分 $\int_J$ はすべての $s \in \mathbb{C}$ に対して絶対収束して s の正則関数となる．これは，この積分が各 $c > 1$ に対して $\mathrm{Re}(s) \geqq c$ で一様絶対収束することと，$y \in J$ のときは，$s, s' \in \mathbb{C}$, $\mathrm{Re}(s) \leqq \mathrm{Re}(s')$ なら

$(\theta(y)-1)|D_K|^{\frac{s}{2}}|y|^s$ の絶対値 $\leqq (\theta(y)-1)|D_K|^{\frac{s'}{2}}|y|^{s'}$ の絶対値

となることによる．前の積分は，$I = \{\delta y^{-1} ; y \in J\}$ であることから，命題 7.13 を用いて次のように書き変えられる．

$$\int_I (\theta(y)-1)|D_K|^{\frac{s}{2}} |y|^s d^\times y = \int_J (\theta(\delta y^{-1})-1)|D_K|^{\frac{s}{2}} |\delta y^{-1}|^s d^\times y$$

$$= \int_J (|D_K|^{\frac{1}{2}}|y|\theta(y)-1)|D_K|^{\frac{s}{2}} |\delta y^{-1}|^s d^\times y$$

$$= \int_J (\theta(y)-1)|D_K|^{\frac{1-s}{2}} |y|^{1-s} d^\times y$$

$$+ \int_J (|D_K|^{\frac{1-s}{2}} |y|^{1-s} - |D_K|^{-\frac{s}{2}} |y|^{-s}) d^\times y.$$

C_K^1 はコンパクトだから,$0<a<b$ なる実数 a,b に対し,$\{x \in C_K; a \leq |x| \leq b\}$ はコンパクトであり,$\mu(\{x \in C_K; a \leq |x| \leq b\}) = c(\log(b) - \log(a))$ が $0<a<b$ なるすべての実数 a,b について成立する正の実数 c が存在する.

$$\int_J (|D_K|^{\frac{1-s}{2}} |y|^{1-s} - |D_K|^{-\frac{s}{2}} |y|^{-s}) d^\times y = c \int_1^\infty (t^{1-s} - t^{-s}) \frac{dt}{t} = -\frac{c}{1-s} - \frac{c}{s}.$$

よって,$f(s) = \int_J (\theta(y) - 1) |D_K|^{\frac{s}{2}} |y|^s d^\times y$ とおくと,

(7.5) $\qquad \widehat{\zeta}_K(s) = f(s) + f(1-s) - \dfrac{c}{1-s} - \dfrac{c}{s}.$

先に述べたように,$f(s)$ は複素平面全体で正則となる.定理 7.10(1), (2) は (7.5) からしたがう.

次に定理 7.10(3), (4) を証明する.(7.5) により,

$$\lim_{s \to 1}(s-1)\widehat{\zeta}_K(s) = c, \quad \lim_{s \to 0} s\widehat{\zeta}_K(s) = -c.$$

これと $\Gamma_{\mathbb{R}}(1) = \dfrac{1}{2},\ \Gamma_{\mathbb{C}}(1) = \dfrac{1}{\pi},\ \lim_{s \to 0} s\Gamma_{\mathbb{R}}(s) = \lim_{s \to 0} s\Gamma_{\mathbb{C}}(s) = 2$ により,定理 7.10 (3), (4) を証明するには $c = (2^{r_1+r_2}hR)/w$ を示せば十分である.$U = \mathrm{Ker}(C_K \to Cl(K))$ とおく.$\mu(\{x \in U; a \leq |x| \leq b\}) = \dfrac{c}{c}(\log(b) - \log(a))$ である.また,$U = \left(\prod_{v \in S} K_v^\times \times \prod_{v \notin S} O_v^\times\right) \bigg/ O_K^\times$ であることから,

$$\mu(\{x \in U; a \leq |x| \leq b\}) = \frac{2^{r_1+r_2}R}{w}(\log(b) - \log(a)).$$

よって $c = \dfrac{2^{r_1+r_2}hR}{w}$. ∎

上の $\zeta_K(s)$ の解析接続と関数等式の証明の中で,C_K^1 がコンパクトであることを用いた形になったが,よく注意してみると,じつは C_K^1 のコンパクト性が,逆に上の証明の中で自然に得られるのである.というのは,C_K^1 の全測度 c が有限であることが,C_K^1 のコンパクト性を用いなくても上の議論から自然に導かれ($\mathrm{Re}(s) > 1$ のとき $c\left(\dfrac{1}{s-1} - \dfrac{1}{s}\right) \leq \int_I < \infty$ であることが上の議論の中で得られている),全測度が有限な局所コンパクト Abel 群はコンパ

クト($§6.4(g)$の[準備1])なので,これは第6章で示したC_K^1のコンパクト性の別証になっている.第6章で見たように,C_K^1がコンパクトであることからイデアル類群が有限であるという定理や Dirichlet の単数定理を導くことができるから,ζ 関数についての上の議論は,これらの定理の別証も与えていることになる.

有限体上の1変数代数関数体 K についても,K の ζ 関数 $\zeta_K(s)$ が,代数体の Dedekind ζ に似た形に,

$$\zeta_K(s) = \prod_v (1-N(v)^{-s})^{-1}.$$

ここに,v は K の素点全体を走る,と定義される.これはすべての素点にわたる積であるから,代数体の場合で言えば,有限素点 v についての $(1-N(v)^{-s})^{-1}$ と,実素点ごとの $\Gamma_{\mathbb{R}}(s)$ と,複素素点ごとの $\Gamma_{\mathbb{C}}(s)$ をすべてかけあわせたもの(つまり代数体 K の $|D_K|^{-\frac{s}{2}}\widehat{\zeta}_K(s)$)にあたるものである.

たとえば $K=\mathbb{F}_p(T)$ なら,$§7.4$ の結果から,

$$\zeta_K(s) = (1-p^{-s})^{-1}\zeta_{\mathbb{F}_p[T]}(s) = (1-p^{-s})^{-1}(1-p^{1-s})^{-1}.$$

ここに,$(1-p^{-s})^{-1}$ は $\mathbb{F}_p[T^{-1}]$ の素イデアル (T^{-1}) の寄与であり,それは有理数体の場合の $\Gamma_{\mathbb{R}}(s)$ にあたるものである.

代数体に関する定理 7.10 の証明と同様にして,$\zeta_K(s)$ が複素平面全体に有理型関数として解析接続されることが証明できる.さらに,$\mathbb{F}_p(T)$ の ζ 関数が上のような姿になることの一般化として,次の著しい事実が成立する.

(1) $\zeta_K(s)$ は q^{-s} の有理数係数の有理関数である.さらに,$(1-q^{-s})(1-q^{1-s})\zeta_K(s)$ は q^{-s} の整数係数の多項式であり,$\zeta_K(s)$ の極全体は $(1-q^{-s})(1-q^{1-s})$ の零点全体に一致する.

(2) K の種数(下に説明)を g とし

$$\widehat{\zeta}_K(s) = q^{(g-1)s}\zeta_K(s)$$

とおくと,

$$\widehat{\zeta}_K(s) = \widehat{\zeta}_K(1-s).$$

「種数」は1変数代数関数論において大切な概念である.種数についての詳しいことはその方面の書物を見られたい.K の種数の定義のひとつの述べ

方は，標準写像 $K \to \bigoplus_v K_v/O_v$ (v は K のすべての素点を走る)の余核(それは，$\mathbb{A}_K/K$ のコンパクト性から，コンパクトかつ離散となり，有限となる)の，$\mathbb{F}_q$ 上の線形空間としての次元が，K の種数であるというものである．

この(1), (2)の証明も，定理 5.10 の証明と同様の方法でできる．有限体上の 1 変数代数関数体のζ関数については，岩波講座『現代数学の展開』の「Weil 予想とエタールコホモロジー」の巻を見られたい．

次に，Dirichlet 指標の一般化である Hecke 指標と，Dirichlet L 関数の一般化である Hecke L 関数について述べる．

K を大域体とするとき，イデール類群 C_K の指標を，K の **Hecke 指標** (Hecke character)と呼ぶ．χ を K の Hecke 指標とするとき，**Hecke L 関数** (Hecke L function) $L(s, \chi)$ が，K の有限素点をわたる積

$$L(s, \chi) = \prod_{v:\text{有限素点}} (1 - \chi(v) N(v)^{-s})^{-1}$$

として定義される．ここに $\chi(v)$ は次のとおり．合成写像 $K_v^\times \to C_K \xrightarrow{\chi} \mathbb{C}_1^\times$ が $\chi(O_v^\times) = \{1\}$ をみたすとき，K_v の素元 π_v に対する $\chi(\pi_v)$ は，素元 π_v のとりかたによらない．この $\chi(\pi_v)$ を $\chi(v)$ と定義する．上の合成写像が $\chi(O_v^\times) = \{1\}$ をみたさないときは，$\chi(v) = 0$ と定義する．

Dirichlet 指標 $\chi: (\mathbb{Z}/N\mathbb{Z})^\times \to \mathbb{C}_1^\times$ は，$(\mathbb{Z}/N\mathbb{Z})^\times$ を $\mathbb{Q}$ のイデール類群 $C_\mathbb{Q}$ の商群 $Cl(\mathbb{Q}, N\mathbb{Z})$ (§6.4 例 6.115) と同一視することにより，$\mathbb{Q}$ の Hecke 指標 $C_\mathbb{Q} \to \mathbb{C}_1^\times$ を導く．そして，χ が原始指標(§5.2(e))なら，Dirichlet L 関数 $L(s, \chi)$ は χ が導く $\mathbb{Q}$ の Hecke 指標の Hecke L 関数に等しくなる．

Hecke 指標 χ の完備 L 関数 $\widehat{L}(s, \chi)$ を次のように定義する．まず，K の各有限素点 v に対し，自然数 f_v を，$\chi(O_v^\times) = \{1\}$ のときは $f_v = 1$ と定義し，$\chi(O_v^\times) \neq \{1\}$ のときは，$\mathfrak{p}_v$ を O_v の極大イデアルとし，$\chi(1 + \mathfrak{p}_v^n) = \{1\}$ となる最小の整数 $n \geq 1$ をとって $f_v = N(v)^n = \sharp(O_v/\mathfrak{p}_v^n)$ と定義する．次に，K が代数体のときは，K の各無限素点 v に対し関数 $\Gamma_v(s, \chi)$ を次のように定める．v が実素点のとき，合成写像

$$\mathbb{R}^\times = K_v^\times \to C_K \xrightarrow{\chi} \mathbb{C}_1^\times$$

が $r > 0$ を r^c にうつし -1 を $(-1)^e$ にうつす，純虚数 c と $e \in \{0, 1\}$ が，そ

れぞれただひとつ存在する．$\Gamma_v(s,\chi)=\Gamma_{\mathbb{R}}(s+c+e)$ と定める．v が複素素点のとき，合成写像

$$\mathbb{C}^{\times}=K_v^{\times}\to C_K\xrightarrow{\chi}\mathbb{C}_1^{\times}$$

が $r>0$ を r^c にうつし $z\in\mathbb{C}_1^{\times}$ を z^n にうつす，純虚数 c と $n\in\mathbb{Z}$ が，それぞれただひとつ存在する．$\Gamma_v(s,\chi)=\Gamma_{\mathbb{C}}\left(s+\dfrac{c+|n|}{2}\right)$ と定める．K が代数体のとき

$$\widehat{L}(s,\chi)=|D_K|^{\frac{s}{2}}\cdot\prod_v f_v^{\frac{s}{2}}\cdot\prod_w \Gamma_w(s,\chi)\cdot L(s,\chi).$$

ここに，v は K の有限素点を走り，w は K の無限素点を走る，と定義し，K が有限体上の 1 変数代数関数体のとき，K の定数体 $\mathbb{F}_q$ と K の種数 g を先ほどのとおりとして，

$$\widehat{L}(s,\chi)=q^{(g-1)s}\cdot\prod_v f_v^{\frac{s}{2}}\cdot L(s,\chi).$$

ここに，v は K の素点を走る，と定義する．

定理 7.14
(1) $L(s,\chi)$ は全複素平面に有理型関数として解析接続される．$L(s,\chi)$ が極をもつのは $\chi|_{\mathbb{A}_K^1/K^{\times}}=1$ のときのみであり，このとき，$L(s,\chi)$ は $\zeta_K(s+t)$（t は純虚数）の形になる．
(2) $\widehat{L}(s,\chi)=W(\chi)\widehat{L}(1-s,\overline{\chi})$．ここで $|W(\chi)|=1$．
(3) $\mathrm{Re}(s)=1$ に対して，$L(s,\chi)\neq 0$． □

この定理は，$\widehat{L}(s,\chi)$ を K のイデール群上の積分として表わすことにより，定理 7.10 の証明と同じようにして証明できる．

§7.6 素数定理の一般的定式化

一般的な素数定理を概観しておこう．P を可算無限集合とし，P の各元の大きさ（ノルム）をはかる関数

$$N: P \to \mathbb{R}_{>1} = \{x \in \mathbb{R} \mid x>1\}$$

が決まっているものとする．次を仮定する：

$$d(P) = \inf\{s \in \mathbb{R} \mid \sum_{p \in P} N(p)^{-s} < \infty\} \text{ は有限.}$$

このとき

$$\zeta_P(s) = \prod_{p \in P}(1 - N(p)^{-s})^{-1}$$

を P の ζ と呼ぶ（$\mathrm{Re}(s) > d(P)$ において絶対収束する）．

$$\pi_P(x) = \sharp\{p \in P \mid N(p) \leqq x\}$$

の増大度を考える．

定理 7.15 次の(I)を仮定する．

(I)　$\zeta_P(s)$ は $\mathrm{Re}(s) \geqq d(P)$ に有理型に解析接続され零点なし．極は $s = d(P)$ における 1 位の極のみ．

このとき

$$\pi_P(x) \sim \frac{x^{d(P)}}{\log(x^{d(P)})} \qquad (x \to \infty)$$

が成り立つ． □

証明については，定理 7.18 を参照．なお，(I)の条件がなくても Dirichlet 級数の一般的な理論から

$$d(P) = \limsup_{x \to \infty} \frac{\log \pi_P(x)}{\log x}$$

となることがわかる．

定理 7.16（素イデアル定理）　代数体 K に対して
$$\pi_K(x) = \sharp\{\boldsymbol{p}: K \text{ の素イデアル} \mid N(\boldsymbol{p}) \leqq x\}$$
とおくと

$$\pi_K(x) \sim \frac{x}{\log x} \qquad (x \to \infty)$$

が成り立つ．

[証明] 定理 7.15 を，O_K の 0 でない素イデアル全体を P として Dedekind ζ

関数 $\zeta_K(s)$ に対して用いればよい.

例 7.17 $K = \mathbb{Q}(\sqrt{-1})$ のとき
$$\pi_{\mathbb{Q}(\sqrt{-1})}(x) \sim \frac{x}{\log x} \qquad (x \to \infty).$$
この結果は, $\mathbb{Q}(\sqrt{-1})$ の素イデアルの分類(分解 $\zeta_{\mathbb{Q}(\sqrt{-1})}(s) = \zeta(s) L(s, \chi_{-1})$ と同じ内容)により, $x \geqq 2$ に対して
$$\pi_{\mathbb{Q}(\sqrt{-1})}(x) = 2\pi_{4,1}(x) + \pi_{4,3}(\sqrt{x}) + 1$$
となることに注意すると, Dirichlet の素数定理
$$\pi_{4,1}(x) \sim \frac{x}{2 \log x} \qquad (x \to \infty)$$
と結びついている. □

さて, Dirichlet の素数定理の一般化を考えよう. P からコンパクト位相群 G の共役類全体 $\mathrm{Conj}(G)$ への写像 φ が与えられているものとする. このとき, G の有限次元(連続)ユニタリ表現
$$\rho: G \to U(n) \subset GL_n(\mathbb{C})$$
に対して
$$\zeta_P(s, \rho) = \prod_{p \in P} \det(1 - \rho(\varphi(p)) N(p)^{-s})^{-1}$$
が L 関数と呼ばれる (これも $\mathrm{Re}(s) > d(P)$ で絶対収束する).

考えたいのは $U \subset \mathrm{Conj}(G)$ に対する
$$\pi_P(x, U) = \sharp\{p \in P \mid N(p) \leqq x, \varphi(p) \in U\}$$
の増大度の様子である. $\mathrm{Conj}(G)$ は G の商空間としての位相でコンパクトである. G には $\mu(G) = 1$ となる不変測度 μ をとり, $\mathrm{Conj}(G)$ への誘導測度も μ と書く. (すなわち, $\mathrm{Conj}(G)$ のコンパクト部分集合 C に対し, $\mu(C$ の G における逆像$)$ を $\mu(C)$ と定義する.) さらに G の有限次元既約ユニタリ表現の同値類全体を G^* によって表わすことにし, $1 \in G^*$ を自明な表現とする.

定理 7.18 次の(I), (II)を仮定する.

(I) $\zeta_P(s)$ は $\mathrm{Re}(s) \geqq d(P)$ に有理型に解析接続され零点なし. 極は $s = d(P)$ における 1 位の極のみ.

（II） $\rho \in G^* - \{\mathbf{1}\}$ に対して，$\zeta_P(s, \rho)$ は $\mathrm{Re}(s) \geqq d(P)$ に正則に解析接続され零点なし．

このとき次が成り立つ．

（1）
$$\pi_P(x) \sim \frac{x^{d(P)}}{\log(x^{d(P)})} \quad (x \to \infty).$$

（2） $\mathrm{Conj}(G)$ の部分集合 U が $\mu(\partial U) = 0$ をみたす（∂U は U の境界，すなわち U の閉包と U の補集合の閉包の共通部分を表わす）ならば
$$\pi_P(x, U) \sim \mu(U) \frac{x^{d(P)}}{\log(x^{d(P)})} \quad (x \to \infty). \qquad \square$$

(1)は，(2)において $U = \mathrm{Conj}(G)$ とした場合になっている．定理の証明は Serre, "Abelian l-adic Representations and Elliptic Curves"(Benjamin, 1968)の Chap. I–Appendix を参照せよ．（後に少し弱い結果とその証明をスケッチする．）

例 7.19（Dirichlet の素数定理の精密な形） $(a, N) = 1$ に対して
$$\pi_{N,a}(x) = \sharp\{p \leqq x \text{ 素数} \mid p \equiv a \bmod N\} \sim \frac{1}{\varphi(N)} \frac{x}{\log x}.$$

証明は，$P = \{p: \text{素数} \mid (p, N) = 1\}$ に対して，
$$\begin{array}{ccc} \varphi: & P & \longrightarrow & (\mathbb{Z}/N\mathbb{Z})^{\times} = G \\ & \cup & & \cup \\ & p & \longmapsto & p \bmod N \end{array}$$
$$U = \{a \bmod N\} \subset G$$

とおけばよい．$\rho: G \to \mathbb{C}_1^{\times}$ に対し $\zeta_P(s, \rho) = L(s, \rho)$ が Dirichlet L となる． $\square$

例 7.20（Gauss 素数の偏角分布の一様性） Gauss 素数に対する通常の素数定理は
$$\pi(x, \mathbb{Z}[\sqrt{-1}]) = \sharp\left\{\alpha \in \mathbb{Z}[\sqrt{-1}] \text{ 素元} \,\middle|\, \begin{array}{l} N(\alpha) \leqq x \\ 0 \leqq \arg(\alpha) < \frac{\pi}{2} \end{array}\right\} \sim \frac{x}{\log x}$$
である．ただし，$N(\alpha) = |\alpha|^2$．さらに偏角についての一様分布性が成立す

§7.6 素数定理の一般的定式化 —— 289

る.すなわち,$0 \leqq \theta_1 < \theta_2 < \dfrac{\pi}{2}$ に対して

$$\pi(x, \mathbb{Z}[\sqrt{-1}\,]; \theta_1, \theta_2) = \sharp\left\{\alpha \in \mathbb{Z}[\sqrt{-1}\,] \text{ 素元} \,\bigg|\, \begin{array}{l} N(\alpha) \leqq x \\ \theta_1 \leqq \arg(\alpha) \leqq \theta_2 \end{array}\right\}$$

$$\sim \dfrac{2}{\pi}(\theta_2 - \theta_1) \dfrac{x}{\log x}$$

となる.このことの証明は

$$P = \left\{\alpha \in \mathbb{Z}[\sqrt{-1}\,] \text{ 素元} \,\bigg|\, 0 \leqq \arg(\alpha) < \dfrac{\pi}{2}\right\},$$

$$G = \left[0, \dfrac{\pi}{2}\right) = \mathbb{R}\bigg/\dfrac{\pi}{2}\mathbb{Z},$$

$$\varphi(\alpha) = \arg(\alpha)$$

とおき,$K = \mathbb{Q}(\sqrt{-1})$ とし,$\theta: C_K \to G$ を次の連続準同型とするとき,$\zeta_P(s, \rho) = L(s, \rho \circ \theta)$ となることを使えばよい.ここで θ は次のように定義されるものである.K の素イデアル $\boldsymbol{p}$ に対し,$\theta_{\boldsymbol{p}}: K_{\boldsymbol{p}}^\times \to G$ を,$O_{\boldsymbol{p}}^\times$ を $\{1\}$ にうつし,$\boldsymbol{p} = (\alpha)$ となる $\alpha \in O_K$ を $\arg(\alpha) \in G$ にうつす準同型と定義する.また K の唯一の無限素点を ∞ と書くとき,$\theta_\infty: K_\infty^\times = \mathbb{C}^\times \to G$ を,$z \mapsto -\arg(z)$ と定義する.このとき $\mathbb{A}_K^\times \to G; (a_v)_v \mapsto \prod_v \theta_v(a_v)$ は,$K^\times$ の元を素元分解してみればわかるように,$K^\times$ を $\{1\}$ にうつし,よって,$\theta: C_K = \mathbb{A}_K^\times/K^\times \to G$ を導く. □

定理 7.18 より少し弱い結果(仮定・結論ともに)は次のとおり.

定理 7.21 次の(I'), (II')を仮定する.

(I') $\zeta_P(s)$ は $s = d(P)$ に 1 位の極をもつ.

($s \downarrow d(P)$ のとき $\zeta_P(s) \sim \dfrac{a(1)}{s - d(P)}$, $a(1) \neq 0$, だけでよい.)

(II') $\rho \in G^* - \{\boldsymbol{1}\}$ に対して,$\zeta_P(s, \rho)$ は $s = d(P)$ で正則であり零でない.

($s \downarrow d(P)$ のとき $\zeta_P(s, \rho) \to a(\rho)$, $a(\rho) \neq 0$, だけでよい.)

このとき次の式が成り立つ.

(1) $$\lim_{s \downarrow d(P)} \dfrac{\sum_{p \in P} N(p)^{-s}}{\log\left(\dfrac{1}{s - d(P)}\right)} = 1.$$

(2) $U \subset \mathrm{Conj}(G)$, $\mu(\partial U) = 0$ に対して

$$\lim_{s \downarrow d(P)} \frac{\sum_{\varphi(p) \in U} N(p)^{-s}}{\log\left(\dfrac{1}{s-d(P)}\right)} = \mu(U).$$

[証明] §7.3(e)で Dirichlet L 関数に対しておこなった議論(そこでは G は有限群 $(\mathbb{Z}/N\mathbb{Z})^\times$ であった)を,次のように一般化して証明できる.$\mathrm{Conj}(G)$ 上の複素数値連続関数全体の空間 $C(\mathrm{Conj}(G))$ の中で部分空間 $\langle \mathrm{tr}(\rho) \mid \rho \in G^* \rangle_{\mathbb{C}}$ は稠密だから,U の特性関数 χ_U は $\chi_U = \sum_\rho c(\rho)\, \mathrm{tr}(\rho)$ と展開できるとしてよい($\mu(\partial U) = 0$ を使っている).ここで

$$c(\mathbf{1}) = \int_G \Bigl(\sum_\rho c(\rho)\, \mathrm{tr}(\rho(x))\Bigr) d\mu(x) = \int_G \chi_U(x) d\mu(x) = \mu(U).$$

いま

$$\log \zeta_P(s,\rho) = \sum_p \sum_{m=1}^\infty \frac{\mathrm{tr}\,\rho(\varphi(p)^m)}{m} N(p)^{-ms}$$
$$= \sum_p \mathrm{tr}\,\rho(\varphi(p)) N(p)^{-s} + R(s,\rho)$$

とおくと

$$R(s,\rho) = \sum_p \sum_{m=2}^\infty \frac{\mathrm{tr}\,\rho(\varphi(p)^m)}{m} N(p)^{-ms}$$

は $\mathrm{Re}(s) > \dfrac{d(P)}{2}$ において絶対収束する.ところで

$$\sum_\rho c(\rho) \log \zeta_P(s,\rho) = \sum_\rho c(\rho) \Bigl(\sum_p \mathrm{tr}\,\rho(\varphi(p)) N(p)^{-s}\Bigr) + \sum_\rho c(\rho) R(s,\rho)$$
$$= \sum_p \chi_U(\varphi(p)) N(p)^{-s} + \sum_\rho c(\rho) R(s,\rho)$$
$$= \sum_{\varphi(p) \in U} N(p)^{-s} + \sum_\rho c(\rho) R(s,\rho).$$

したがって,(I′),(II′)からわかる

$$\lim_{s \downarrow d(P)} \frac{\log \zeta_P(s,\rho)}{\log\left(\dfrac{1}{s-d(P)}\right)} = \begin{cases} 1 & \rho = \mathbf{1} \\ 0 & \rho \neq \mathbf{1} \end{cases}$$

§7.6 素数定理の一般的定式化 —— 291

を用いると

$$\lim_{s \downarrow d(P)} \frac{\sum_{\varphi(p) \in U} N(p)^{-s}}{\log\left(\frac{1}{s-d(P)}\right)} = \lim_{s \downarrow d(P)} \sum_{\rho} c(\rho) \frac{\log \zeta_P(s,\rho)}{\log\left(\frac{1}{s-d(P)}\right)}$$

$$- \lim_{s \downarrow d(P)} \sum_{\rho} c(\rho) \frac{R(s,\rho)}{\log\left(\frac{1}{s-d(P)}\right)}$$

$$= c(\mathbf{1})$$

$$= \mu(U).\qquad\blacksquare$$

K を大域体, S を K の有限素点全体の集合の部分集合とする. 極限

$$\lim_{s \downarrow 1} \left(\sum_{v \in S} \frac{1}{N(v)^s} \right) \left(\log\left(\frac{1}{s-1}\right) \right)^{-1}$$

が存在して値 c になるとき, S は Kronecker 密度 c を持つという. たとえば K の有限素点全体は, Kronecker 密度 1 を持つ.(したがって Kronecker 密度 c は, $0 \leq c \leq 1$ の範囲に入る.)S が Kronecker 密度 c を持つことは, 感覚的に言うと, $\zeta_K(s)$ が $s=1$ において持つ 1 位の極のうちの「c 位」ぶんが, S の貢献によるものだ, ということである.

定理 7.22 K を大域体, $C_K = \mathbb{A}_K^\times / K^\times$ をイデール類群とし, H を C_K の指数有限開部分群とする. このとき, 任意の $\alpha \in C_K/H$ に対し, K の有限素点 v で $O_v^\times$ の C_K/H における像が $\{1\}$ となりかつ K_v の素元の C_K/H における像が α となるもの全体の集合は, Kronecker 密度 $[C_K : H]^{-1}$ を持つ.

[証明] $G = C_K/H$ は有限 Abel 群である. したがって, 定理 7.21 を適用するためには, $L(1, \chi) \neq 0$ が成り立つことをすべての $\chi \in G^* - \{1\}$ に対して示せばよい. その証明は Dirichlet L 関数の場合に与えた証明(「2 番目の方法」)がそのまま使える. ∎

《要約》

7.1 ζ は Riemann の方法で積分表示され,解析接続と関数等式が得られる.

7.2 素数全体と ζ の零点全体とは Fourier 変換で互いを規定しており,素数分布は ζ の零点の分布と等価になる(Riemann の明示公式).とくに,素数定理は実部が 1 の零点がないということから従い,Riemann 予想からは究極的な素数分布がわかる.

7.3 ζ はイデアル類群や単数群と,類数公式によって関係する.

7.4 ζ は局所と大域をつないでいる.

演習問題

7.1 $\zeta(2) = \prod_{p:\text{素数}} (1-p^{-2})^{-1} = \dfrac{\pi^2}{6}$ が無理数であることを用いて,素数が無限にあることを証明せよ.

7.2 原始的実指標 χ に対して,$W(\chi) = 1$ となることを証明せよ.

7.3 $x, c > 1$ のとき,次を証明せよ.

(1) $\mathrm{Li}(x) = \dfrac{1}{2\pi i} \dfrac{1}{\log x} \int_{c-i\infty}^{c+i\infty} \dfrac{d}{ds}\left[\dfrac{\log(s-1)}{s}\right] x^s ds.$

(2) $\mathrm{Im}(\rho) > 0$ のとき
$$\mathrm{Li}(x^\rho) + \mathrm{Li}(x^{1-\rho})$$
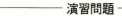
$$= \dfrac{1}{2\pi i} \dfrac{1}{\log x} \int_{c-i\infty}^{c+i\infty} \dfrac{d}{ds}\left[\dfrac{\log\left(1-\dfrac{s}{\rho}\right) + \log\left(1-\dfrac{s}{1-\rho}\right)}{s}\right] x^s ds.$$

(3) $\displaystyle\int_x^\infty \dfrac{du}{u(u^2-1)\log u}$
$$= -\dfrac{1}{2\pi i}\dfrac{1}{\log x}\sum_{m=1}^{\infty}\int_{c-i\infty}^{c+i\infty}\dfrac{d}{ds}\left[\dfrac{\log\left(1+\dfrac{s}{2m}\right) - \dfrac{s}{2m}}{s}\right] x^s ds.$$

7.4 代数体 K に対して,$\zeta_K(s)$ の $s=0$ における零点の位数は $r_1 + r_2 - 1$ であり,その Taylor 展開の初項は $-\dfrac{hR}{w} s^{r_1+r_2-1}$ となることを示せ.

7.5
$$\zeta(s) = \exp\left(\frac{\gamma+\log\pi}{2}s - \log 2\right)\frac{1}{s-1}\prod_{\rho}\left(1-\frac{s}{\rho}\right)\prod_{n=1}^{\infty}\left(1+\frac{s}{2n}\right)e^{-\frac{s}{2n}}$$
を用いて，$\sum_{\rho}\frac{1}{\rho}$ と $\sum_{\rho}\frac{1}{\rho^2}$ を計算せよ．

7.6
$$\zeta(3) = \frac{2}{7}\pi^2\log 2 + \frac{16}{7}\int_0^{\frac{\pi}{2}} x\log(\sin x)dx$$
を証明せよ(Euler, 1772年).

7.7 $\zeta(s)$ に対する Euler の関数等式(§7.2(a))は $s = n = 2, 3, 4, \cdots$ に対して
$$\zeta(1-s) = \Gamma_{\mathbf{C}}(s)\cos\left(\frac{\pi s}{2}\right)\zeta(s)$$
と書けることに注意して，Riemann の関数等式(定理7.1)と同値であることを証明せよ．

類体論（II）

本章では，第5章でその大意を述べた類体論について，詳しく論ずる．

類体論は，大域体や局所体の Abel 拡大のありさまを記述する理論である．たとえば，有理数体 $\mathbb{Q}$ の Abel 拡大 $\mathbb{Q}(\sqrt{-1})$ では，4 でわった余りが 1 である素数が 2 つの素イデアルの積に分解し，4 でわった余りが 3 の素数は素元のままであり，逆にこの性質をもつ $\mathbb{Q}$ の Abel 拡大は，$\mathbb{Q}(\sqrt{-1})$ だだひとつである．$\mathbb{Q}$ に限らず，大域体 K について，K の Abel 拡大で各素点に何がおきるのか，逆に各素点のふるまいを指定すると K の Abel 拡大がどのくらい存在するのか，を類体論により知ることができる．

以下で解説してゆくように，局所体 K については，乗法群 $K^\times$ に K の Abel 拡大のありさまが映し出される．大域体 K の場合には，第 6 章に登場したイデール類群 C_K に，K の Abel 拡大のありさまが映し出される．おとぎ話の魔法の鏡の中に屋外の遠くの景色が映し出されるように，局所体あるいは大域体 K の Abel 拡大がどれくらいあるか，またその Abel 拡大で何がおきるかという「K の屋外の景色」が，K の乗法群あるいはイデール類群という「K の屋内の鏡」に映しだされてよくわかるようになる，というのが類体論の主な内容である．

イデール類群は局所体の乗法群をたばねることから得られるものであった．類体論においてもこういう局所と大域の関係は色濃くあらわれ，大域体についての類体論（大域類体論）は，局所体についての類体論（局所類体論）をたば

ねた形に述べられる.

§8.1 では類体論の主定理やその意味するところについて解説し, §8.2 で, 類体論と, 局所体や代数体上の斜体の理論や第 2 章の 2 次曲線の理論の間に, 密接な関係があることを述べる. §8.3 で, §8.2 に述べる理論を用いて類体論の主定理を証明する.

§8.1 類体論の内容

(a) 「わかりやすい群」と Galois 群

まず円分体のことを考える.

ζ_N を 1 の原始 N 乗根とするとき, 自然な同型

(8.1) $\qquad (\mathbb{Z}/N\mathbb{Z})^\times \cong \mathrm{Gal}(\mathbb{Q}(\zeta_N)/\mathbb{Q})$

が存在した. そして, N をわらない素数 p について, その同型 (8.1) は, $p \bmod N \in (\mathbb{Z}/N\mathbb{Z})^\times$ を, $\mathrm{Gal}(\mathbb{Q}(\zeta_N)/\mathbb{Q})$ の中に現われて $\mathbb{Q}(\zeta_N)$ における p の分解の様子をあらわす元である, p の Frobenius 置換 $\mathrm{Frob}_p \in \mathrm{Gal}(\mathbb{Q}(\zeta_N)/\mathbb{Q})$ にうつすのであった (§5.2(c)).

表 8.1 有理数体の Abel 拡大の場合

わかりやすい側	Galois 側
$(\mathbb{Z}/N\mathbb{Z})^\times$	$\mathrm{Gal}(\mathbb{Q}(\zeta_N)/\mathbb{Q})$
$p \bmod N$	p の Frobenius 置換

そしてこの事実が, N をわらない素数 p について

(8.2) $\qquad p \equiv 1 \bmod N \iff p$ は $\mathbb{Q}(\zeta_N)$ において完全分解する.

たとえば $N = 4$ ととれば

$\qquad p \equiv 1 \bmod 4 \iff p$ は $\mathbb{Q}(\sqrt{-1})$ において完全分解する

という, 素数の分解についての見事な判定条件をもたらすのであった. これは, 有理数体の Abel 拡大である円分体でおきる現象である.

類体論は, これと同様の現象が, 代数体 K の Abel 拡大においておきることを主張するものである.

K を代数体とする.O_K の 0 でないイデアル a に対し,K の有限次 Abel 拡大で $K(a)$ と書かれるものが存在することを §5.3 において紹介し,イデアル類群 $Cl(K)$ に似た定義をもつ有限群 $Cl(K, a)$ を §6.4(i) において定義した.本章で説明していくように,表 8.1 は次の表 8.2 に一般化される.

表 8.2　代数体の Abel 拡大の場合

わかりやすい側	Galois 側
$Cl(K, a)$	$\mathrm{Gal}(K(a)/K)$
$[p] \in Cl(K, a)$	p の Frobenius 置換

$K = \mathbb{Q}$ で $a = N\mathbb{Z}$ の場合,$K(a) = \mathbb{Q}(\zeta_N)$ であり $Cl(K, a) = (\mathbb{Z}/N\mathbb{Z})^\times$ であった(例 6.115).本章で解説する類体論によれば,同型 (8.1) は,代数体 K についての,同型

(8.3) $\qquad Cl(K, a) \cong \mathrm{Gal}(K(a)/K)$

に一般化される.そして,a をわらない K の素イデアル p について,この同型 (8.3) は,p の類 $[p] \in Cl(K, a)$ (§6.4(i)) を,「$\mathrm{Gal}(K(a)/K)$ の中に現われる p の心」である,p の Frobenius 置換 $\mathrm{Frob}_p \in \mathrm{Gal}(K(a)/K)$ にうつすのである.

Frobenius 置換の大切な性質として,

(8.4)　　　　Frob_p が $\mathrm{Gal}(K(a)/K)$ の単位元になる
　　　　$\iff p$ が $K(a)$ において完全分解する

というものがあった(命題 6.29(1)).一方,$Cl(K, a) = I(a)/P(a)$ で,ここに $I(a)$ は a と互いに素な K の分数イデアルの群,$P(a)$ は(少し雑に書くと)$\{(\alpha); \alpha$ は総正,$\alpha \equiv 1 \bmod a\}$ であったから,

(8.5)　　　$[p]$ が $Cl(K, a)$ の単位元になる
　　　　$\iff p = (\alpha),\ \alpha \equiv 1 \bmod a$ なる $\alpha \in O_K$ で,
　　　　総正なものが存在する.

(8.4) と (8.5) により,a をわらない K の素イデアル p について

(8.6)　　$p = (\alpha),\ \alpha \equiv 1 \bmod a$ なる $\alpha \in O_K$ で,総正なものが存在する
　　　　$\iff p$ が $K(a)$ において完全分解する

という，素イデアルの分解についての見事な判定条件(§5.3 参照)がもたらされることになる．これが先の有理数体の場合の判定条件(8.2)の一般化である．

ここで考えてみると，$(\mathbb{Z}/N\mathbb{Z})^\times$ は，$\mathrm{Gal}(\mathbb{Q}(\zeta_N)/\mathbb{Q})$ と異なって，もともと Galois 理論とも拡大体 $\mathbb{Q}(\zeta_N)$ とも関係のない群である．ところがふしぎなことに，この群 $(\mathbb{Z}/N\mathbb{Z})^\times$ に，Abel 拡大 $\mathbb{Q}(\zeta_N)$ における素数の分解の様子が，「同型(8.1)によって，$\mathrm{Frob}_p \in \mathrm{Gal}(\mathbb{Q}(\zeta_N)/\mathbb{Q})$ と $p \bmod N \in (\mathbb{Z}/N\mathbb{Z})^\times$ が対応する」という形で映しだされる．このように，$(\mathbb{Z}/N\mathbb{Z})^\times$ という鏡に，$\mathbb{Q}$ の外にある $\mathbb{Q}(\zeta_N)$ における素数の分解の様子が映しだされるのである．

同様に，$Cl(K,\boldsymbol{a})$ は，$\mathrm{Gal}(K(\boldsymbol{a})/K)$ と異なり，もともと Golois 理論とも拡大体 $K(\boldsymbol{a})$ とも関係のない群である．ところがふしぎなことに，この群 $Cl(K,\boldsymbol{a})$ に，Abel 拡大 $K(\boldsymbol{a})$ における K の素イデアルの分解の様子が，「同型(8.3)によって，$\mathrm{Frob}_p \in \mathrm{Gal}(K(\boldsymbol{a})/K)$ と $[\boldsymbol{p}] \in Cl(K,\boldsymbol{a})$ が対応する」という形で映しだされる．このように，$Cl(K,\boldsymbol{a})$ という鏡に，K の外にある $K(\boldsymbol{a})$ における素イデアルの分解の様子が映しだされる．これが類体論の魔法であり，この章の序に述べた魔法の鏡の意味である．

(b) 最大 Abel 拡大

K を可換体とするとき，K の最大 Abel 拡大とは，K の代数閉包 $\overline{K}$ において，K のすべての有限次 Abel 拡大 $L\,(K \subset L \subset \overline{K})$ の合併をとってできる体である：

$$K^{ab} = \bigcup_L L$$

(L は K のすべての有限次 Abel 拡大を走る)．

付録§B.5「無限次 Galois 理論」により，全単射
$$\{K\text{ の有限次 Abel 拡大}\} \underset{1:1}{\longleftrightarrow} \{\mathrm{Gal}(K^{ab}/K) \text{ の開部分群}\}$$
があり，したがって $\mathrm{Gal}(K^{ab}/K)$ は K の Abel 拡大についての情報がつめこまれた群である．

項(d)に述べる類体論の主定理の精神は，K が代数体のときには，この

§8.1 類体論の内容 —— 299

$\mathrm{Gal}(K^{ab}/K)$ が K のイデール類群 C_K という鏡に映されて，K の Abel 拡大がどんなふうにあるか，各 Abel 拡大で何がおきるかが，その鏡を見ればよくわかるというものである．$\mathrm{Gal}(K^{ab}/K)$ が C_K と同型になるわけではないが，同型に近い連続準同型 $C_K \to \mathrm{Gal}(K^{ab}/K)$ が存在し，$\mathrm{Gal}(K^{ab}/K)$ が C_K によって近似される．

このように $\mathrm{Gal}(K^{ab}/K)$ が，Galois 理論とは本来関係のないわかりやすい群によって(ふしぎにも)近似される体として，次のものがあげられる．

(1) 有限体
(2) 局所体
(3) 大域体

(1), (2), (3) のそれぞれの場合に

K が有限体なら，$\rho_K : \mathbb{Z} \to \mathrm{Gal}(K^{ab}/K)$
K が局所体なら，$\rho_K : K^\times \to \mathrm{Gal}(K^{ab}/K)$
K が大域体なら，$\rho_K : C_K \to \mathrm{Gal}(K^{ab}/K)$

という，同型に近い準同型が存在し，$\mathrm{Gal}(K^{ab}/K)$ が次の表の「わかりやすい側」の群によって近似されるのである．

表 8.3 $\mathrm{Gal}(K^{ab}/K)$ を近似する群

	わかりやすい側	Galois 側
有限体 K	$\mathbb{Z}$	$\mathrm{Gal}(K^{ab}/K)$
局所体 K	$K^\times$	$\mathrm{Gal}(K^{ab}/K)$
大域体 K	C_K	$\mathrm{Gal}(K^{ab}/K)$

この表 8.3 の正確な内容は，以下，項(c), (d), … で説明してゆく．

項(a)では代数体 K の特別な Abel 拡大 $K(\boldsymbol{a})$ に言及したが，それと上の $\rho_K : C_K \to \mathrm{Gal}(K^{ab}/K)$ の関係はどうなっているかと言うと，$\mathrm{Gal}(K(\boldsymbol{a})/K)$ は $\mathrm{Gal}(K^{ab}/K)$ の商群と見なせ，一方，§6.4(i)にあるように $Cl(K, \boldsymbol{a})$ は C_K の商群であり，項(a)に述べた $Cl(K, \boldsymbol{a}) \cong \mathrm{Gal}(K(\boldsymbol{a})/K)$ は $\rho_K : C_K \to \mathrm{Gal}(K^{ab}/K)$ が商群の間にもたらす同型に他ならないのである．これは項(g)において論じられる．

(c) 有限体の Abel 拡大論

類体論の主定理を項(d)に述べる前に，類体論の「おもちゃ版」である，有限体の Abel 拡大論を，類体論と平行な形(命題 8.1)に述べ，類体論の前おきとしたい．

類体論は「わかりやすい側」と「Galois 側」の比較の形をしている．この項(c)でおこなうことは，§B.4「有限体」にまとめてあることを，「わかりやすい側」と「Galois 側」を比較する形に言いかえることである．

表 8.4 有限体の Abel 拡大の場合

わかりやすい側	Galois 側
$\mathbb{Z}/n\mathbb{Z}$	$\mathrm{Gal}(\mathbb{F}_{q^n}/\mathbb{F}_q)$
$\mathbb{Z}$	$\mathrm{Gal}(\mathbb{F}_q^{ab}/\mathbb{F}_q)$

§B.4 にあるように，$\mathbb{F}_q$ のすべての有限次拡大は，各 $n \geq 1$ についての $\mathbb{F}_q$ の n 次拡大 $\mathbb{F}_{q^n}$ でつくされ，$\mathbb{F}_{q^n}$ は $\mathbb{F}_q$ の Abel 拡大であり，したがって $\mathbb{F}_q$ の代数閉包 $\overline{\mathbb{F}_q} = \bigcup_n \mathbb{F}_{q^n}$ は $\mathbb{F}_q^{ab}$ に一致する．

$\mathrm{Gal}(\mathbb{F}_{q^n}/\mathbb{F}_q)$ はわかりやすい群 $\mathbb{Z}/n\mathbb{Z}$ と同型である．$\mathrm{Gal}(\mathbb{F}_q^{ab}/\mathbb{F}_q)$ がわかりやすい群 $\mathbb{Z}$ で近似され，$\mathbb{F}_q$ の Abel 拡大がどのように存在するかが群 $\mathbb{Z}$ という鏡に映しだされるということについて，以下に述べる．

命題 8.1 1 対 1 対応

$$\{\mathbb{F}_q \text{ の有限次 Abel 拡大}\} \underset{1:1}{\longleftrightarrow} \{\mathbb{Z} \text{ の指数有限部分群}\}$$

が，各 $n \geq 1$ について，$\mathbb{F}_q$ の拡大 $\mathbb{F}_{q^n}$ に $\mathbb{Z}$ の部分群 $n\mathbb{Z}$ を対応させることで与えられる(図 8.1 参照)．この対応によって，拡大体 $L \longleftrightarrow$ 部分群 H であるとき，$[L:K] = [\mathbb{Z}:H]$ となり，この対応で $L \longleftrightarrow H$，$L' \longleftrightarrow H'$ であるとき，$L \supset L'$ であることと $H \subset H'$ であることは同値である． □

この命題では，わかりやすい群 $\mathbb{Z}$ が，無限次 Galois 理論における $\mathrm{Gal}(\mathbb{F}_q^{ab}/\mathbb{F}_q)$ であるかのような働きをしている．このことは，$\mathbb{Z}$ から $\mathrm{Gal}(\mathbb{F}_q^{ab}/\mathbb{F}_q)$ への次のようなほぼ同型に近い準同型 $\rho_{\mathbb{F}_q}$ が存在している，という形で理解する

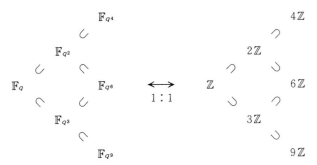

図 8.1 $\mathbb{F}_q$ の有限次 Abel 拡大と $\mathbb{Z}$ の指数有限部分群の対応

ことができる.

$\sigma_q \in \mathrm{Gal}(\mathbb{F}_q^{ab}/\mathbb{F}_q)$ を, $\sigma_q(x) = x^q$ $(x \in \mathbb{F}_q^{ab})$ と定義し, 準同型
$$\rho_{\mathbb{F}_q} : \mathbb{Z} \to \mathrm{Gal}(\mathbb{F}_q^{ab}/\mathbb{F}_q)$$
を, $r \mapsto \sigma_q^r$ $(r \in \mathbb{Z})$ と定義する. §B.4 により, $\mathrm{Gal}(\mathbb{F}_{q^n}/\mathbb{F}_q)$ は, $\mathrm{Gal}(\mathbb{F}_q^{ab}/\mathbb{F}_q)$ $\to \mathrm{Gal}(\mathbb{F}_{q^n}/\mathbb{F}_q)$ による σ_q の像である $\sigma_{q,n} \in \mathrm{Gal}(\mathbb{F}_{q^n}/\mathbb{F}_q)$; $\sigma_{q,n}(x) = x^q$ $(x \in \mathbb{F}_{q^n})$ を生成元とする位数 n の巡回群である. 同型
$$\mathbb{Z}/n\mathbb{Z} \cong \mathrm{Gal}(\mathbb{F}_{q^n}/\mathbb{F}_q); \quad r \mapsto \sigma_{q,n}^r$$
により
$$\mathrm{Gal}(\mathbb{F}_q^{ab}/\mathbb{F}_q) = \varprojlim_n \mathrm{Gal}(\mathbb{F}_{q^n}/\mathbb{F}_q) \cong \varprojlim_n \mathbb{Z}/n\mathbb{Z}$$
(ここに n は自然数を走り, 逆極限 $\varprojlim_n \mathbb{Z}/n\mathbb{Z}$ は, m が n の倍数であるときの標準写像 $\mathbb{Z}/m\mathbb{Z} \to \mathbb{Z}/n\mathbb{Z}$ についてとる)であり, 合成写像
$$\mathbb{Z} \xrightarrow{\rho_{\mathbb{F}_q}} \mathrm{Gal}(\mathbb{F}_q^{ab}/\mathbb{F}_q) \cong \varprojlim_n \mathbb{Z}/n\mathbb{Z}$$
は標準写像 $r \mapsto (r \bmod n)_n$ に一致する. 我々は $\varprojlim_n \mathbb{Z}/n\mathbb{Z}$ を $\mathbb{Z}$ で近似しているのである. 命題 8.1 の 1 対 1 対応は,

$$\{\mathbb{F}_q \text{ の有限次 Abel 拡大}\} \underset{1:1}{\longleftrightarrow} \{\mathrm{Gal}(\mathbb{F}_q^{ab}/\mathbb{F}_q) \text{ の開部分群}\}$$
$$\underset{1:1}{\longleftrightarrow} \{\mathbb{Z} \text{ の指数有限部分群}\}$$

というふうに, 無限次 Galois 理論における拡大体と部分群の対応(上側の 1

対 1 対応)と，下側の 1 対 1 対応 $U \mapsto \rho_{\mathbb{F}_q}^{-1}(U) \subset \mathbb{Z}$ (U は $\mathrm{Gal}(\mathbb{F}_q^{ab}/\mathbb{F}_q)$ の開部分群)をつないで得られるものになっている.

(d) 類体論の主定理

局所類体論の主定理(定理 8.2 と系 8.3)と，大域類体論の主定理(定理 8.4 と系 8.5)を述べる.

これらの定理はいささか抽象的な感じもするが，これらの定理のもっと具体的な意味や，項(a)に述べたこととの関係については，項(e)以降に述べる.

定理 8.2 K を局所体(すなわち，有限体を剰余体とする完備離散付値体，または $\mathbb{R}$，または $\mathbb{C}$)とする.

(1) 連続準同型
$$\rho_K : K^\times \to \mathrm{Gal}(K^{ab}/K)$$
で，次の (i), (ii) をみたすものがただひとつ存在する.

(i) L を K の有限次 Abel 拡大とすると，ρ_K は商群の間の同型
$$K^\times / N_{L/K} L^\times \xrightarrow{\cong} \mathrm{Gal}(L/K)$$
をひきおこす. ここに $N_{L/K}$ はノルム写像である.

(ii)(有限体の Abel 拡大論との関係) K が有限体 $\mathbb{F}_q$ を剰余体とする完備離散付値体なら，図式

$$\begin{array}{ccc} K^\times & \xrightarrow{\rho_K} & \mathrm{Gal}(K^{ab}/K) \\ \downarrow_{\nu_K} & & \downarrow \\ \mathbb{Z} & \xrightarrow{\rho_{\mathbb{F}_q}} & \mathrm{Gal}(\mathbb{F}_q^{ab}/\mathbb{F}_q) \end{array}$$

は可換である. ここに ν は K の離散付値，$\mathrm{Gal}(K^{ab}/K) \to \mathrm{Gal}(\mathbb{F}_q^{ab}/\mathbb{F}_q)$ は合成写像

$$\mathrm{Gal}(K^{ab}/K) \to \mathrm{Gal}(K^{ur}/K) \cong \mathrm{Gal}(\mathbb{F}_q^{ab}/\mathbb{F}_q)$$

である. ただし K^{ur} は K の最大不分岐拡大(§6.3(c))，$\mathrm{Gal}(K^{ab}/K) \to \mathrm{Gal}(K^{ur}/K)$ は，K^{ab} の自己同型の，部分体 K^{ur} への制限($K^{ur} \subset K^{ab}$ であることは例 6.58 による)，最後の同型は §6.3(c) のものである.

(2) $U \mapsto \rho_K^{-1}(U)$ は，$\mathrm{Gal}(K^{ab}/K)$ の開部分群全体の集合から $K^\times$ の指

§8.1 類体論の内容 ——— 303

数有限開部分群全体の集合への全単射である. □

項(c)の末尾でおこなったように,「無限次 Galois 理論」における拡大体と部分群の対応と,定理 8.2(2) の全単射をつないでみる:

$$\{K \text{ の有限次 Abel 拡大}\} \underset{1:1}{\longleftrightarrow} \{\mathrm{Gal}(K^{ab}/K) \text{ の開部分群}\}$$
$$\underset{1:1}{\longleftrightarrow} \{K^\times \text{ の指数有限開部分群}\}.$$

この対応で

$$L \longleftrightarrow (\mathrm{Gal}(K^{ab}/K) \to \mathrm{Gal}(L/K) \text{ の核})$$
$$\longleftrightarrow (K^\times \to \mathrm{Gal}(L/K) \text{ の核}) = N_{L/K} L^\times$$

(最後の等号は定理 8.2(1), (i) による)である. したがって, 命題 8.1 によく似た次の系が, 定理 8.2 から導かれた.

系 8.3 K を局所体とするとき, 1 対 1 対応

$$\{K \text{ の有限次 Abel 拡大}\} \underset{1:1}{\longleftrightarrow} \{K^\times \text{ の指数有限開部分群}\}$$

が, K の有限次 Abel 拡大 L に $K^\times$ の部分群 $N_{L/K} L^\times$ を対応させることで与えられる. この対応で $L \longleftrightarrow H$ であるとき, $[L:K] = [K^\times : H]$ であり, この対応で $L \longleftrightarrow H$, $L' \longleftrightarrow H'$ であるとき, $L \supset L'$ であることと $H \subset H'$ であることは同値である. □

定理 8.4 K を大域体とする.

(1) 連続準同型

$$\rho_K \colon C_K \to \mathrm{Gal}(K^{ab}/K)$$

で, K のすべての素点 v について, 図式

$$\begin{array}{ccc} K_v^\times & \xrightarrow{\rho_{K_v}} & \mathrm{Gal}(K_v^{ab}/K_v) \\ \downarrow & & \downarrow \\ C_K & \xrightarrow{\rho_K} & \mathrm{Gal}(K^{ab}/K) \end{array}$$

が可換になる(局所と大域の関係)ものがただひとつ存在する. ここに, $K_v^\times \to C_K$ は, 自然なうめこみ $K_v^\times \hookrightarrow \mathbb{A}_K^\times$ から導かれるものであって, $\mathrm{Gal}(K_v^{ab}/K_v) \to \mathrm{Gal}(K^{ab}/K)$ は, K_v^{ab} の自己同型の, 部分体 K^{ab} への制

限である.

(2) K の有限次 Abel 拡大 L に対し, ρ_K は商群の間の同型
$$C_K/N_{L/K}C_L \xrightarrow{\cong} \mathrm{Gal}(L/K)$$
をひきおこす. ここに, $N_{L/K}: C_L \to C_K$ は下に定義するノルム写像である.

(3) $U \mapsto \rho_K^{-1}(U)$ は, $\mathrm{Gal}(K^{ab}/K)$ の開部分群全体の集合から C_K の指数有限開部分群全体の集合への全単射である. □

大域体 K の有限次拡大 L について, ノルム写像 $N_{L/K}: C_L \to C_K$ は, ノルム写像
$$N_{L/K}: \mathbb{A}_L^\times \to \mathbb{A}_K^\times; \ (a_w)_w \mapsto \left(\prod_{w|v} N_{L_w/K_v}(a_w)\right)_v$$

($w|v$ は w が v の上にあること) が商群の間にみちびく写像である.

局所体の場合と同様の考察により, 定理 8.4 から次の系を得る.

系 8.5 K を大域体とするとき, 1 対 1 対応
$$\{K \text{ の有限次 Abel 拡大}\} \xleftrightarrow{1:1} \{C_K \text{ の指数有限開部分群}\}$$
が, K の有限次 Abel 拡大 L に C_K の部分群 $N_{L/K}C_L$ を対応させることで与えられる. この対応で $L \longleftrightarrow H$ であるとき, $[L:K] = [C_K:H]$ であり, この対応で $L \longleftrightarrow H$, $L' \longleftrightarrow H'$ であるとき, $L \supset L'$ であることと $H \subset H'$ であることは同値である. □

イデール類群の形について, もし仮りに $\mathrm{Gal}(K^{ab}/K)$ が C_K で近似されるのでなく, $K_v^\times$ たちをよせあつめただけのものであるイデール群 $\mathbb{A}_K^\times$ で近似されるのであったならば, K の Abel 拡大を与えることと, 各素点 v ごとに K_v の Abel 拡大を勝手に与えることが, ほとんど同じことになるであろう (v たちの間に関係がなくなってしまう). $\mathrm{Gal}(K^{ab}/K)$ を近似するイデール類群の形
$$C_K = \mathbb{A}_K^\times/K^\times$$
$$= (\text{局所的なもののよせあつめ})/(\text{大域的なもの})$$
が, 素点たちの結びつきや調和をあらわしているのである.

定理 8.2, 8.4 の証明は §8.3 に与える．§8.1 のここ以降では，これらの定理を認め，それから得られる結論を導き出しながら，類体論の意味を考えてゆく．

(e) 類体論の言っていること——局所体の場合

この項(e)では局所類体論に関して，次の(ア), (イ), (ウ)をおこなう．

(ア) 局所体のうちでも $\mathbb{R}$ と $\mathbb{C}$ の局所類体論はたいへん簡単なものであり，$\mathbb{R}, \mathbb{C}$ についての定理 8.2 は簡単に証明できるということを述べる．

(イ) $\mathbb{R}, \mathbb{C}$ 以外の局所体，つまり有限体を剰余体とする完備離散付値体についても，局所類体論の中の不分岐拡大に関する部分は，たいへん簡単なものであることを述べる．

(ウ) 局所類体論によって局所体の Abel 拡大がどんなふうに存在しているかがわかるようになる，ということの例として，$\mathbb{Q}_3$ の3次拡大が全部で4個あることなどを，局所類体論から導きだす．

(ア) $\mathbb{R}$ の場合．$\mathbb{R}^{ab} = \mathbb{C}$ であり，$\mathbb{R}$ の有限次 Abel 拡大は $\mathbb{R}$ と $\mathbb{C}$ の2つだけである．また，$\mathbb{R}^\times$ の指数有限開部分群は，$\mathbb{R}^\times$ 自身と $\mathbb{R}^\times_{>0} = \{x \in \mathbb{R}^\times ; x > 0\}$ の2つだけである．そして，

$$N_{\mathbb{R}/\mathbb{R}}\mathbb{R}^\times = \mathbb{R}^\times,$$
$$N_{\mathbb{C}/\mathbb{R}}\mathbb{C}^\times = \{z\bar{z} ; z \in \mathbb{C}^\times\} = \{|z|^2 ; z \in \mathbb{C}^\times\} = \mathbb{R}^\times_{>0}$$

である．したがって，$\rho_\mathbb{R} : \mathbb{R}^\times \to \mathrm{Gal}(\mathbb{R}^{ab}/\mathbb{R}) = \mathrm{Gal}(\mathbb{C}/\mathbb{R})$ を正の元 $\mapsto 1$，負の元 $\mapsto$ 複素共役，と定義すると，これが定理 8.2(1) の条件(i)をみたすただひとつの準同型であることと，定理 8.2(2) が成立することがわかる．

$\mathbb{C}$ の場合．$\mathbb{C}^{ab} = \mathbb{C}$ であり，$\mathbb{C}$ の有限次 Abel 拡大は $\mathbb{C}$ だけで，また $\mathbb{C}^\times$ の指数有限開部分群は $\mathbb{C}^\times$ 自身だけである．$\rho_\mathbb{C} : \mathbb{C}^\times \to \mathrm{Gal}(\mathbb{C}^{ab}/\mathbb{C}) = \{1\}$ を自明な準同型，と定義すると，これが定理 8.2(1) の条件(i)をみたすただひとつの準同型であることと，定理 8.2(2) が成立することがわかる．

(イ) K が有限体 $\mathbb{F}_q$ を剰余体とする完備離散付値体であるとき，定理 8.2 から次が得られる．ここに O_K は K の付値環をあらわす．

$$\{K \text{ の有限次不分岐 Abel 拡大}\} \underset{1:1}{\longleftrightarrow} \{K^\times \text{ の指数有限開部分群で } O_K^\times \text{ を含むもの}\}$$

$$1:1 \bigg\updownarrow (\text{命題 } 6.54) \qquad 1:1 \bigg\updownarrow (K^\times/O_K^\times \cong \mathbb{Z} \text{ だから})$$

$$\{\mathbb{F}_q \text{ の有限次 Abel 拡大}\} \underset{1:1}{\longleftrightarrow} \{\mathbb{Z} \text{ の指数有限部分群}\}$$

(先にもふれたように,K の不分岐拡大はすべて Abel 拡大で,$\mathbb{F}_q$ の有限次拡大もすべて Abel だから,上図で「Abel」の語は本当は不要である.)

(ウ) まず,標数 0 の局所体 K については,演習問題 6.5 により,$K^\times$ の指数有限部分群はすべて開部分群であって,したがってこの場合には定理 8.2,系 8.3 で「指数有限開部分群」を「指数有限部分群」におきかえてもかまわない.

p を 2 でない素数とするとき,$\mathbb{Q}_p$ の p 次 Abel 拡大が全部で $p+1$ 個あることを示す.系 8.3 と上の注意により,$\mathbb{Q}_p$ の p 次 Abel 拡大の個数は,$\mathbb{Q}_p^\times$ の指数 p の部分群の個数に等しい.そのような部分群は $(\mathbb{Q}_p^\times)^p$ を含むから,もとめる個数は,$\mathbb{Q}_p^\times/(\mathbb{Q}_p^\times)^p$ の指数 p の部分群に等しい.第 2 章により,$\mathbb{Q}_p^\times \cong \mathbb{Z} \times \mathbb{Z}_p \times \mathbb{Z}/(p-1)\mathbb{Z}$ であることから,$\mathbb{Q}_p^\times/(\mathbb{Q}_p^\times)^p \cong \mathbb{Z}/p\mathbb{Z} \times \mathbb{Z}/p\mathbb{Z}$.これの指数 p の部分群とは,位数 p の部分群のことである.それらは $\mathbb{Z}/p\mathbb{Z} \times \mathbb{Z}/p\mathbb{Z}$ の元 $(a,b) \neq (0,0)$ によって生成され,ひとつの生成元を (a,b) とすると $p-1$ 個の元 (ca,cb) ($c \in (\mathbb{Z}/p\mathbb{Z})^\times$) が同じ部分群を生成するから,位数 p の部分群の個数は $\frac{p^2-1}{p-1} = p+1$.

問 1 p を 2 でない素数とする.$\mathbb{Q}_p$ の 2 次拡大は 3 個であることを上のように局所類体論から導け.

(f) 類体論の言っていること——大域体の場合

この項(f)では大域類体論に関して,次の(ア),(イ),(ウ)をおこなう.

(ア) 大域体 K の有限次 Abel 拡大における,K の素点の分解の様子や Galois 群の中の Frobenius 置換を,類体論によって「わかりやすい側」の鏡に映してみるとどうなるか(表 8.5,命題 8.6)を考える.

(イ) (ア)の応用として，大域体の有限次 Galois 拡大の Galois 群における Frobenius 置換の分布についての定理(定理 8.7)を導く．

(ウ) (イ)の応用として，大域体の有限次 Galois 拡大が，その体で完全分解する素点の集合によって決定されること(定理 8.8)を示す．

表 8.5 Frobenius 置換を鏡に映す

わかりやすい側	Galois 側
K_v の素元	v の Frobenius 置換

(ア) 次の命題 8.6 を，類体論の主定理から導く．

命題 8.6 K を大域体とし，L を K の有限次 Abel 拡大とし，H を類体論によって L に対応する C_K の指数有限部分群とする．v を K の素点とし，合成写像
$$\theta\colon K_v^\times \to C_K \to C_K/H$$
を考える．

(1) v が L において完全分解することと，$\theta(K_v^\times)=\{1\}$ であることは同値である．

(2) v が有限素点なら，v が L において不分岐であることと，$\theta(O_v^\times)=\{1\}$ であることは同値である．

(3) v が有限素点で，L において不分岐であるとする．π_v を K_v の素元とすると，類体論の同型 $C_K/H \cong \mathrm{Gal}(L/K)$ によって，$\theta(\pi_v)\in C_K/H$ は Frobenius 置換 $\mathrm{Frob}_v \in \mathrm{Gal}(L/K)$ にうつされる．

[証明] (1)を示す．w を v の上にある L の素点とする．$\mathrm{Gal}(L_w/K_v)$ は w の分解群と同一視される(補題 6.72)．定理 8.4(1)により，図式

$$\begin{array}{ccc} K_v^\times & \longrightarrow & \mathrm{Gal}(L_w/K_v)=v \text{ の分解群} \\ \theta\downarrow & & \cap \\ C_K/H & \cong & \mathrm{Gal}(L/K) \end{array}$$

は可換である．ここに，$K_v^\times \to \mathrm{Gal}(L_w/K_v)$ は ρ_{K_v} から導かれるもので，これは定理 8.2(1)(i)により全射である．よってこの図から，$\theta(K_v^\times)=\{1\} \iff \mathrm{Gal}(L_w/K_v)=\{1\} \iff v$ は L において完全分解．

(2),(3)は上の図と定理8.2(1)(ii)からしたがう.

(イ) 次の定理8.7, 8.8は, もっぱらAbel拡大を扱う類体論が, Abel拡大と限らないGalois拡大に対する応用をもっていることを示している.

定理 8.8 Lを大域体Kの有限次Galois拡大とし, cを$\mathrm{Gal}(L/K)$の共役類とするとき, Lにおいて不分岐なKの有限素点vで$\mathrm{Frob}_v = c$となるものが, 無限個存在する.

[証明] cに属する$\mathrm{Gal}(L/K)$の元σをとり, σが生成する$\mathrm{Gal}(L/K)$の巡回部分群にGalois理論によって対応するLの部分体をL'とする. LはL'の巡回拡大であり, $\mathrm{Gal}(L/L')$はσによって生成される. 類体論によって, Lに対応する$C_{L'}$の指数有限開部分群をHとする. 類体論の同型$C_{L'}/H \cong \mathrm{Gal}(L/L')$は, 命題8.6(3)により, Lにおいて不分岐なL'の有限素点wについて, $C_{L'}/H$におけるL'_wの素元の像を$\mathrm{Frob}_w \in \mathrm{Gal}(L/L')$にうつす.

このことと, 「C_K/Hにおける素点の分布」についての定理7.22により, L'の有限素点wで次の条件(i)をみたすもの全体は, Kronecker密度$[L:L']^{-1}$を持つ.

(i) wはLにおいて不分岐であり, $\mathrm{Frob}_w = \sigma$.

一方, あとで§8.3に証明する定理8.41(1)により, L'の有限素点wで次の条件(ii)をみたすもの全体はKronecker密度1を持つ.

(ii) wはK上不分岐であり, wの下にあるKの素点をvとすると剰余次数$f(w/v)$は1に等しい.

したがって, Lの有限素点wで(i),(ii)をともにみたすものが無限個存在する. そのようなwについて, wの下にあるKの素点をvとおくと, $\mathrm{Frob}_v = c$である.

(ウ) 大域体Kの有限次拡大Lに対し,
$$S(L/K) = \{K\text{の素点}v ; v\text{は}L\text{において完全分解}\}$$
とおく.

定理 8.8 Kを大域体とし, L_1, L_2をKの有限次Galois拡大とする. このとき次の(i)–(iii)は同値である.

(i) $L_1 \supset L_2$.

(ii) $S(L_1/K) \subset S(L_2/K)$.
(iii) ほとんどすべての $v \in S(L_1/K)$ について，$v \in S(L_2/K)$. □

系 8.9 K, L_1, L_2 を上のとおりとすると，
$$L_1 = L_2 \iff S(L_1/K) = S(L_2/K).$$ □

なお，大域体 K の Galois 拡大と限らない有限次分離拡大 L については次が成立する．L' を，L を含む K の有限次 Galois 拡大のうち最小のものとする．すなわち，$L = K(\alpha)$ となる α をとるとき，L' は α の K 上の共役元をすべて K に添加して得られる体である（§B.2 参照）．そのとき
$$S(L/K) = S(L'/K).$$
たとえば，$S(\mathbb{Q}(\sqrt[3]{2})/\mathbb{Q}) = S(\mathbb{Q}(\sqrt[3]{2}, \zeta_3)/\mathbb{Q})$．

このことは，$f(T)$ を，$f(\alpha) = 0$ となる K 係数既約多項式とするとき，$f(T)$ が $K_v[T]$ において 1 次式の積になることが $v \in S(L/K)$ と同値であり，$v \in S(L'/K)$ とも同値である（系 6.51，系 6.60 を用いると証明できる）ことからわかる．

このように定理 8.8 は Galois 拡大の仮定を落とすと成立しなくなる．しかし L_1, L_2 が大域体 K の有限次分離拡大で L_1 が K の Abel 拡大であるときは，L_2 の方は K の Galois 拡大と仮定しなくても，$S(L_1/K)$ と $S(L_2/K)$ が高々有限個の素点を除いて一致するならば $L_1 = L_2$ となる．なぜなら，L_2' を上のようにとるとき，定理 8.8 と $S(L_2/K) = S(L_2'/K)$ から $L_1 = L_2'$ がわかり，よって $L_2 \subset L_1$ がわかり，よって L_2 も K の Abel 拡大となるから，定理 8.8 により $L_1 = L_2$．

定理 8.8 を証明するため，まず次の補題を示す．

補題 8.10 L, L' を大域体 K の有限次 Galois 拡大とし，$L \supset L'$ であるとする．v を L において不分岐な K の有限素点とし，$\mathrm{Frob}_v \subset \mathrm{Gal}(L/K)$ をその Frobenius 共役類とするとき，Frob_v が $\mathrm{Gal}(L/K)$ の部分群 $\mathrm{Gal}(L/L')$ に含まれることと，v が L' において完全分解することは同値である．

[証明] $\mathrm{Frob}_v \subset \mathrm{Gal}(L/L')$ であることは，商群 $\mathrm{Gal}(L/K)/\mathrm{Gal}(L/L') = \mathrm{Gal}(L'/K)$ における v の Frobenius 共役類が単位元となることと同値だからである． ■

[定理 8.8 の証明] (i) $\Longrightarrow$ (ii), (ii) $\Longrightarrow$ (iii) はあきらか.

(iii) $\Longrightarrow$ (i) を示す. L_1, L_2 をふくむ K の有限次 Galois 拡大 L をとる. Galois 理論により, $\mathrm{Gal}(L/K)$ の部分群 $\mathrm{Gal}(L/L_1)$, $\mathrm{Gal}(L/L_2)$ について, $\mathrm{Gal}(L/L_1) \subset \mathrm{Gal}(L/L_2)$ であることを示せばよい. それには, c を $\mathrm{Gal}(L/K)$ の共役類で $c \subset \mathrm{Gal}(L/L_1)$ であるものとして, $c \subset \mathrm{Gal}(L/L_2)$ を示せばよい. 定理 8.7 により, $\mathrm{Frob}_v = c$ となる, L において不分岐な K の有限素点 v が, 無限個存在する. 補題 8.10 により, そういう v は $S(L_1/K)$ に属する. 条件 (iii) により, そういう v で $S(L_2/K)$ に属するものが存在する. その v について, 再び補題 8.10 により $\mathrm{Frob}_v \subset \mathrm{Gal}(L/L_2)$ が成立する. したがって $c \subset \mathrm{Gal}(L/L_2)$. ∎

(g) 類体論の言っていること——代数体の場合

大域体のうち代数体について, 次のことを論ずる.

(ア) 類体論の主定理と, 項(a)に述べたことや§5.3 定理 5.21 との関係.

(イ) $\mathbb{Q}$ の Abel 拡大について. Kronecker の定理を含む定理 5.10 を類体論の主定理から導く.

(ウ) 絶対類体について.

(エ) §5.3 に登場した, $\mathbb{Q}(\zeta_3)$ の Abel 拡大 $\mathbb{Q}(\zeta_3, \sqrt[3]{2})$ と $\mathbb{Q}(\sqrt{2})$ の Abel 拡大 $\mathbb{Q}(\zeta_8)$, $\mathbb{Q}(\zeta_8, \sqrt{1+\sqrt{2}})$, $\mathbb{Q}(\zeta_8, \sqrt{1+\sqrt{2}}, \sqrt[4]{2})$ について, §5.3 に述べたことを証明する.

(ア) K を代数体とする. O_K の 0 でないイデアル $\boldsymbol{a}$ に対し, 体 $K(\boldsymbol{a})$ を次のように定義する.

§6.4(i) において, $\mathbb{A}_K^\times$ の開部分群 $U(\boldsymbol{a})$ を定義し, 有限群 $Cl(K, \boldsymbol{a})$ を, $\mathrm{Coker}(K^\times \to \mathbb{A}_K^\times / U(\boldsymbol{a}))$ と定義した. $\overline{U}(\boldsymbol{a})$ を $U(\boldsymbol{a})$ の C_K における像とすると, $C_K / \overline{U}(\boldsymbol{a}) = Cl(K, \boldsymbol{a})$ であり, $\overline{U}(\boldsymbol{a})$ は C_K の指数有限開部分群である. $K(\boldsymbol{a})$ を, 類体論によって $\overline{U}(\boldsymbol{a})$ に対応する K の有限次 Abel 拡大と定義する. 類体論により
$$Cl(K, \boldsymbol{a}) = C_K / \overline{U}(\boldsymbol{a}) \cong \mathrm{Gal}(K(\boldsymbol{a})/K)$$
である.

$\mathfrak{p}$ を, $\mathfrak{a}$ をわらない K の素イデアルとし, $K(\mathfrak{a})$ における $\mathfrak{p}$ の分解の様子について考える. $K_\mathfrak{p}^\times \to Cl(K, \mathfrak{a})$ は $O_\mathfrak{p}^\times$ を単位元にうつすから, 命題 8.6 (2) により, $\mathfrak{p}$ は $K(\mathfrak{a})$ において不分岐である. 命題 8.6(3) により, 上の同型 $Cl(K, \mathfrak{a}) \cong \mathrm{Gal}(K(\mathfrak{a})/K)$ が $[\mathfrak{p}] \in Cl(K, \mathfrak{a})$ を $\mathrm{Frob}_\mathfrak{p} \in \mathrm{Gal}(K(\mathfrak{a})/K)$ にうつすことがわかる. したがって, 項(a)に述べたとおり,

 $\mathfrak{p}$ が $K(\mathfrak{a})$ において完全分解
 $\iff [\mathfrak{p}] \in Cl(K, \mathfrak{a})$ が単位元
 $\iff \mathfrak{p} = (\alpha), \alpha \equiv 1 \bmod \mathfrak{a}$ なる $\alpha \in O_K$ で総正なものが存在する.

[定理 5.21 の証明] 定理 5.21(1) に「ただひとつ」とあるのは, 系 8.9 のあとに述べたことからしたがう.

次に定理 5.21 の(2), すなわち

$$K^{ab} = \bigcup_\mathfrak{a} K(\mathfrak{a}) \quad (\mathfrak{a} \text{ は } O_K \text{ の 0 でないイデアルを走る})$$

を証明する. 命題 6.112 により, C_K の指数有限開部分群は, O_K の 0 でないあるイデアル $\mathfrak{a}$ について $\overline{U}(\mathfrak{a})$ を含む. 類体論により, このことは, K の有限次 Abel 拡大があゐ $\mathfrak{a}$ について $K(\mathfrak{a})$ に含まれることを示している.

定理 5.21(3) はあきらか.

分岐について述べた(4)を証明する. O_K の 0 でない素イデアル $\mathfrak{p}$ に対し, $n(\mathfrak{p}) \geq 0$ を, $\mathfrak{p}$ が L において不分岐なら $n(\mathfrak{p}) = 0$ とおき, $\mathfrak{p}$ が L において分岐するときは, $K_\mathfrak{p}^\times \to \mathrm{Gal}(L/K)$ による $1 + \mathfrak{p}^n O_\mathfrak{p}$ の像が $\{1\}$ となる最小の $n \geq 1$ を $n(\mathfrak{p})$ と定義する. そして $\mathfrak{a} = \prod_\mathfrak{p} \mathfrak{p}^{n(\mathfrak{p})}$ とおけば, 命題 8.6 により, この $\mathfrak{a}$ は, $C_K \to \mathrm{Gal}(L/K)$ による $\overline{U}(\mathfrak{a})$ の像が $\{1\}$ となる最大の $\mathfrak{a}$ であり, したがって $L \subset K(\mathfrak{a})$ となる最大の $\mathfrak{a}$ である. あきらかに, O_K の 0 でない素イデアル $\mathfrak{p}$ について,

 $\mathfrak{p}$ が L において分岐する $\iff \mathfrak{p}$ が $\mathfrak{a}$ をわりきる. ∎

(イ) 定理 5.10 を証明する. すでに §5.3 例 5.22 に説明したように, N をわらない素数 p について

$$p \equiv 1 \bmod N \iff p \text{ は } \mathbb{Q}(\zeta_N) \text{ において完全分解する}$$

(定理5.7)であることと,定理8.8から,$K=\mathbb{Q}$, $\mathfrak{a}=N\mathbb{Z}$ のとき $K(\mathfrak{a})=\mathbb{Q}(\zeta_N)$ となることがわかる.

よって,定理5.21により,$\mathbb{Q}$ の Abel 拡大がある $N\geq 1$ について $\mathbb{Q}(\zeta_N)$ に含まれる,という Kronecker の定理が得られた.

定理5.10 の中でまだ証明されずに残っているのは,N を自然数とするとき,代数体 L が「素数 p が L において完全分解するかどうかが $p \bmod N$ で判定される」という性質を持つなら $L\subset\mathbb{Q}(\zeta_N)$ となる,という部分である.この部分を証明する.系8.9 のあとに述べたことにより,L は $\mathbb{Q}$ の Galois 拡大としてよい.定理8.7 により,$L(\zeta_N)$ において完全分解する素数 p_1 で N をわらないものが存在する.p_1 は $\mathbb{Q}(\zeta_N)$ において完全分解するから,$p_1\equiv 1 \bmod N$. p_1 はまた L においても完全分解するから,L の性質についての仮定から,$p\equiv 1 \bmod N$ となる素数 p はすべて L において完全分解する.よって高々有限個の例外を除けば $S(\mathbb{Q}(\zeta_N)/\mathbb{Q})\subset S(L/\mathbb{Q})$. よって定理8.8 により,$L\subset\mathbb{Q}(\zeta_N)$. ∎

上と同じ証明により,一般の代数体 K についても次のことが示せる.$\mathfrak{a}$ を O_K の 0 でない素イデアルとするとき,K の有限次拡大 L が「O_K の 0 でない素イデアルで $\mathfrak{a}$ をわらないもの $\mathfrak{p}$ について,$\mathfrak{p}$ が L において完全分解するか否かが $\mathfrak{p}$ の $Cl(K,\mathfrak{a})$ における類で決まる」という性質を持つなら,$L\subset K(\mathfrak{a})$.

(ウ) 絶対類体というものについて述べる.

標準全射 $C_K \to Cl(K)$ (§6.4(e))の核は C_K の指数有限開部分群であるが,類体論によって,この群に対応する K の有限次 Abel 拡大 $\widetilde{K}$ を,K の絶対類体,または Hilbert 類体という.Hilbert が 19 世紀の末に絶対類体を考察し,それが類体論の発展の契機となったからである.

類体論により

$$Cl(K)\cong \mathrm{Gal}(\widetilde{K}/K)$$

であり,K のすべての素イデアル $\mathfrak{p}$ は $\widetilde{K}$ において不分岐で,$\mathfrak{p}$ の $Cl(K)$ における類はこの同型によって $\mathrm{Frob}_\mathfrak{p}\in\mathrm{Gal}(\widetilde{K}/K)$ にうつされ,したがって

$$\mathfrak{p} \text{ が単項イデアル} \iff \mathfrak{p} \text{ は } \widetilde{K} \text{ において完全分解}$$

が成立する.

命題 8.11 代数体 K の有限次 Abel 拡大で,そこにおいて K のすべての素イデアルが不分岐となるもののうち,最大のものが $K(O_K)$ である. もし K が実素点を持たなければ,$K(O_K)$ は K の絶対類体に等しい.

[証明] L を K の有限次 Abel 拡大で,そこにおいて K のすべての素イデアルが不分岐となるものとし,L に対応する C_K の指数有限開部分群を H とする. 命題 8.6(2) から,標準写像 $\mathbb{A}_K^\times \to C_K/H$ が K のすべての素点 v について $U_v(O_K)$ (§6.4(i)) を単位元にうつすこと,したがって $U(O_K)$ を単位元にうつすことがわかる. これは $\overline{U}(O_K) \subset H$ であること,したがって,$K(O_K) \supset L$ であることを示している. $K(O_K)$ では K のすべての素イデアルが不分岐だから,これで命題 8.11 の前半が示された. もし K が実素点を持たなければ,命題 6.114 により,標準全射 $Cl(K, O_K) \to Cl(K)$ は同型となり,よって $K(O_K) = \widetilde{K}$ となる. ∎

イデアル類群と $Cl(K, O_K)$ の小さい違いを無視すれば,表 8.6 を得る.

表 8.6 類体論と不分岐類体論——代数体の場合

わかりやすい側	Galois 側
イデール類群	Abel 拡大
イデアル類群	不分岐 Abel 拡大

たとえば $K = \mathbb{Q}(\sqrt{-5})$ のとき,§5.3 で確かめたように $K(\sqrt{-1})$ において,K のすべての素イデアルは不分岐であり,このことと K の類数が 2 であること,K が実素点を持たないことから,$K(\sqrt{-1}) = K(O_K) = K$ の絶対類体,となる. 同様にして,$K = \mathbb{Q}(\sqrt{-6})$ のとき,$K(\zeta_3) = K(O_K) = K$ の絶対類体,となることもわかる.

(エ) $K = \mathbb{Q}(\zeta_3)$ のとき,K の 3 次 Abel 拡大 $K(\sqrt[3]{2})$ が,§5.3(a) に述べたとおり,$K(6O_K)$ に等しいことを証明する. また $K = \mathbb{Q}(\sqrt{2})$ のとき,O_K のイデアル $\boldsymbol{a}_i = (\sqrt{2}^i)$ について,§5.3(a) に述べたとおり,

$$K(\boldsymbol{a}_0) = K(\boldsymbol{a}_1) = K, \quad K(\boldsymbol{a}_2) = K(\boldsymbol{a}_3) = \mathbb{Q}(\zeta_8) = K(\sqrt{-1}),$$

$$K(a_4) = \mathbb{Q}(\zeta_8, \sqrt{1+\sqrt{2}}) = K(\sqrt{-1}, \sqrt{1+\sqrt{2}}),$$
$$K(a_5) = \mathbb{Q}(\zeta_8, \sqrt{1+\sqrt{2}}, \sqrt[4]{2}) = K(\sqrt{-1}, \sqrt{1+\sqrt{2}}, \sqrt[4]{2})$$
であることを確かめる方法を述べる.

$K = \mathbb{Q}(\zeta_3)$, $L = K(\sqrt[3]{2})$ とおく.

まず $(1-\zeta_3)$ (3 のただひとつの素因子) と 2 以外の K の素イデアルは L において不分岐であることが, 命題5.2 からわかる.

$L \subset K(3^2 \cdot 2O_K)$ であることを示す. これには K のすべての素点 v について, 合成写像 $K_v^\times \to C_K \to \mathrm{Gal}(L/K)$ による $U_v(3^2 \cdot 2O_K)$ の像が単位元であることを示せばよい. $v \neq (1-\zeta_3), (2)$ なら, これは命題8.6(2)からしたがう. $v = (1-\zeta_3)$ のときは
$$U_v(3^2 \cdot 2O_K) = 1 + 3^2 O_v = \exp(3^2 O_v) = \exp(3O_v)^3$$
であることから, $v = (2)$ のときは
$$U_v(3^2 \cdot 2O_K)^2 = (1 + 2O_v)^2$$
$$\subset 1 + 4O_v = \exp(4O_v) = \exp(3 \cdot 4O_v) = \exp(4O_v)^3$$
であることから, $\mathrm{Gal}(L/K)$ が位数 3 の巡回群であることによってしたがう.

そこで $Cl(K, 3^2 \cdot 2O_K)$ を考察する. K の類数が 1 であることと §6.4 命題 6.114 を用い, 有限環 $O_K/(3^2 \cdot 2)$ を具体的に考察することにより, 次のことがわかる: $Cl(K, 6O_K)$ は位数が 3 の群であり, 標準全射 $Cl(K, 3^2 \cdot 2O_K) \to Cl(K, 6O_K)$ の核は, $\mathbf{p} = (3+\zeta_3)$, $\mathbf{q} = (3-\zeta_3)$ とおくと, $[(5)]$, $[\mathbf{p}][\mathbf{q}]^{-1}$ によって生成される. なお $(5), \mathbf{p}, \mathbf{q}$ は素イデアルであり, $\mathbf{p}$ は 7 の素因子, $\mathbf{q}$ は 13 の素因子である.

よって, $L = K(6O_K)$ であることを示すためには, $[(5)]$, $[\mathbf{p}][\mathbf{q}]^{-1} \in Cl(K, 3^2 \cdot 2O_K)$ の $\mathrm{Gal}(L/K)$ での像 $\mathrm{Frob}_{(5)}$, $\mathrm{Frob}_\mathbf{p} \cdot \mathrm{Frob}_\mathbf{q}^{-1}$ が単位元になることを証明すればよい. まず $\mathbb{F}_{(5)} = O_K/5O_K \cong \mathbb{F}_{25}$ であり, $\mathbb{F}_{25}$ に 2 の 3 乗根 3 が存在するから, $\mathrm{Frob}_{(5)}$ は単位元であることがわかる. 次に $\mathrm{Frob}_\mathbf{p}$, $\mathrm{Frob}_\mathbf{q}$ を調べる. $\mathbb{F}_\mathbf{p} \cong \mathbb{F}_7$ において, $3+\zeta_3 = 0$ つまり $\zeta_3 = 4$ である. α を $\mathbb{F}_\mathbf{p}$ の代数閉包の中にある 2 の 3 乗根とすると, $\alpha^7 = (\alpha^3)^2 \alpha = 2^2 \alpha = \zeta_3 \alpha$. よって $\mathrm{Frob}_\mathbf{p}(\sqrt[3]{2}) = \zeta_3 \cdot \sqrt[3]{2}$. また, $\mathbb{F}_\mathbf{q} \cong \mathbb{F}_{13}$ において, $3-\zeta_3 = 0$ つまり $\zeta_3 = 3$ で

§8.1 類体論の内容――― 315

ある. α を $\mathbb{F}_q$ の代数閉包の中にある 2 の 3 乗根とすると, $\alpha^{13} = (\alpha^3)^4 \alpha = 2^4 \alpha = \zeta_3 \alpha$. よって $\mathrm{Frob}_q(\sqrt[3]{2}) = \zeta_3 \cdot \sqrt[3]{2}$. したがって, $\mathrm{Frob}_p = \mathrm{Frob}_q$ であり, よって $\mathrm{Frob}_p \mathrm{Frob}_q^{-1}$ は単位元である.

次に, $K = \mathbb{Q}(\sqrt{2})$, $L = K(\sqrt{-1}, \sqrt{1+\sqrt{2}}, \sqrt[4]{2})$ とおく.

上の $\mathbb{Q}(\zeta_3)$ の場合と同様の考察をし, $(\sqrt{2})$ 以外の K の素イデアルが L において不分岐であることと, $v = (\sqrt{2})$ のとき
$$U_v(\boldsymbol{a}_5) = 1 + \sqrt{2}^5 O_v = \exp(\sqrt{2}^5 O_v) = \exp(\sqrt{2}^3 O_v)^2$$
の $\mathrm{Gal}(L/K)$ における像が単位元になる ($\mathrm{Gal}(L/K)$ の元は 2 乗すると単位元になるので) ことを用いると, $L \subset K(\boldsymbol{a}_5)$ であることが示される.

そこで $Cl(K, \boldsymbol{a}_5)$ を考察する. K の類数が 1 であることと命題 6.114 を用い, 有限環 $O_K/\boldsymbol{a}_5$ を具体的に考察することにより, 次のことがわかる: $\boldsymbol{p} = (3+\sqrt{2})$, $\boldsymbol{q} = (3-\sqrt{2})$ とおくと, $Cl(K, \boldsymbol{a}_5)$ は位数 2 の元 $[(3)]$, $[\boldsymbol{p}]$, $[\boldsymbol{q}]$ で生成される位数 8 の群であり, $i = 3, 4$ のとき $Cl(K, \boldsymbol{a}_5) \to Cl(K, \boldsymbol{a}_i)$ の核は $[(3)][\boldsymbol{p}][\boldsymbol{q}]$ で生成され, $Cl(K, \boldsymbol{a}_5) \to Cl(K, \boldsymbol{a}_2)$ の核は $[(3)][\boldsymbol{p}][\boldsymbol{q}]$ と $[(3)]$ で生成され, $Cl(K, \boldsymbol{a}_0)$, $Cl(K, \boldsymbol{a}_1)$ は単位元のみからなる群である. なお $(3), \boldsymbol{p}, \boldsymbol{q}$ は素イデアルであり, $\boldsymbol{p}, \boldsymbol{q}$ は 7 の素因子である. したがって, $[(3)][\boldsymbol{p}][\boldsymbol{q}] \in Cl(K, \boldsymbol{a}_5)$ の $\mathrm{Gal}(L/K)$ における像 $\mathrm{Frob}_{(3)} \mathrm{Frob}_{\boldsymbol{p}} \mathrm{Frob}_{\boldsymbol{q}}$ を σ_1, $[(3)]$ の像 $\mathrm{Frob}_{(3)}$ を σ_2 とおくと, $K(\boldsymbol{a}_5) = L$, $K(\boldsymbol{a}_3) = K(\boldsymbol{a}_4) = \{x \in L; \sigma_1(x) = x\}$, $K(\boldsymbol{a}_2) = \{x \in L; \sigma_1(x) = \sigma_2(x) = x\}$, $K(\boldsymbol{a}_0) = K(\boldsymbol{a}_1) = K$ となる. そこで $\mathrm{Frob}_{(3)}, \mathrm{Frob}_{\boldsymbol{p}}, \mathrm{Frob}_{\boldsymbol{q}}$ を調べることによって, $K(\boldsymbol{a}_3) = K(\boldsymbol{a}_4) = K(\sqrt{-1}, \sqrt{1+\sqrt{2}})$, $K(\boldsymbol{a}_2) = K(\sqrt{-1})$ であることが確かめられる.

上のような議論をやってみて感じられるのは, たとえば $K = \mathbb{Q}(\zeta_3)$, $L = K(\sqrt[3]{2})$ の場合には, わずかに $\mathrm{Frob}_{(5)}, \mathrm{Frob}_{(3+\zeta_3)}, \mathrm{Frob}_{(3-\zeta_3)}$ だけをためしに計算しただけで, $L = K(6O_K)$ が判明し, 他のすべての素イデアル $\boldsymbol{p} (\neq (1-\zeta_3), (2))$ の $\mathrm{Frob}_{\boldsymbol{p}}$ が ($[\boldsymbol{p}] \in Cl(K, 6O_K)$ を見ることで) わかってしまうことになるという, 素点たちのつながりの強さである.

(h) 類体論の言っていること――関数体の場合

K を有限体上の 1 変数代数関数体とする. §6.4(f) に述べた K のイデール

類群や因子類群の姿と,類体論の関係を述べる.

K の標数を p とし,K の中で $\mathbb{F}_p$ 上代数的な元全体のなす有限体(K の定数体)を $\mathbb{F}_q$ とする.K の有限次 Abel 拡大の中で特別なものとして,各 $n \geq 1$ に対する $\mathbb{F}_q$ の n 次拡大 $\mathbb{F}_{q^n}$ がもたらす,K の n 次拡大 $K\mathbb{F}_{q^n}$ がある.有限体 $\mathbb{F}_q$ の Abel 拡大論(項(c))と K の類体論の関係は,次の命題 8.12 のようにあらわされる.K のすべての素点が不分岐となる K の有限次 Abel 拡大全体の合併を $\tilde{K}$ とおく.$K\mathbb{F}_{q^n}$ において K のすべての素点は不分岐である(これは,$K\mathbb{F}_{q^n}$ が K に $X^{q^n-1}-1=0$ のすべての解を添加して得られることから,命題 5.2 によりわかる).したがって,$K\mathbb{F}_q^{ab} = \bigcup_n K\mathbb{F}_{q^n}$ は $\tilde{K}$ に含まれる.標準全射
$$\mathrm{Gal}(K^{ab}/K) \to \mathrm{Gal}(\tilde{K}/K) \to \mathrm{Gal}(K\mathbb{F}_q^{ab}/K) \cong \mathrm{Gal}(\mathbb{F}_q^{ab}/\mathbb{F}_q)$$
がある.

命題 8.12 次のような完全系列の可換図式があり,どちらの図式でも,左側のたての写像は位相群の同型写像である.ただし,deg は K の定数体を $\mathbb{F}_q$ とみて定義する.

$$\begin{array}{ccccccccc}
0 & \to & C_K^1 & \to & C_K & \xrightarrow{\deg} & \mathbb{Z} & \to & 0 \\
& & \cong \downarrow & & \rho_K \downarrow & & \rho_{\mathbb{F}_q} \downarrow & & \\
0 & \to & \mathrm{Gal}(K^{ab}/K\mathbb{F}_q^{ab}) & \to & \mathrm{Gal}(K^{ab}/K) & \to & \mathrm{Gal}(\mathbb{F}_q^{ab}/\mathbb{F}_q) & \to & 0
\end{array}$$

$$\begin{array}{ccccccccc}
0 & \to & Cl^0(K) & \to & Cl(K) & \xrightarrow{\deg} & \mathbb{Z} & \to & 0 \\
& & \cong \downarrow & & \downarrow & & \rho_{\mathbb{F}_q} \downarrow & & \\
0 & \to & \mathrm{Gal}(\tilde{K}/K\mathbb{F}_q^{ab}) & \to & \mathrm{Gal}(\tilde{K}/K) & \to & \mathrm{Gal}(\mathbb{F}_q^{ab}/\mathbb{F}_q) & \to & 0.
\end{array}$$ □

表 8.7 類体論と不分岐類体論——関数体の場合

わかりやすい側	Galois 側
イデール類群	Abel 拡大
因子類群	不分岐 Abel 拡大

系 8.13 $\widetilde{K}$ は $K\mathbb{F}_q^{ab}$ の有限次拡大である.

[証明] 実際,$Cl^0(K)$ が有限群(§6.4(f))だから,$\mathrm{Gal}(\widetilde{K}/K\mathbb{F}_q^{ab})$ も有限群となるからである. ∎

命題 8.12 の証明は難しくないが,省略する.

(i) 類体論と Hecke 指標

K を大域体とする.

第 7 章であつかった Hecke 指標を念頭において大域類体論を見てみると,次の表 8.8 のようになる.

表 8.8 指標から見た大域類体論

わかりやすい側	Galois 側
Hecke 指標	$\mathrm{Gal}(K^{ab}/K)$ の指標

局所コンパクト Abel 群を知ることは,その指標群を知ることと本質的には同じことである(§6.4(h)).そこで,$\mathrm{Gal}(K^{ab}/K)$ が C_K に似ている,という類体論の内容は,$\mathrm{Gal}(K^{ab}/K)$ の指標群が C_K の指標群に似ていることだ,と言い換えられる.正確に言うと,

$$\{\mathrm{Gal}(K^{ab}/K) \text{ の指標}\} = \bigcup_L \{\mathrm{Gal}(L/K) \text{ の指標}\}$$
$$= \bigcup_H \{C_K/H \text{ の指標}\}$$
$$= \{C_K \text{ の位数有限の指標}\}.$$

ここに,L は K の有限次 Abel 拡大全体を走り,H は C_K の指数有限開部分群全体を走る.初めの等号は,$\mathrm{Gal}(K^{ab}/K)$ のように有限 Abel 群の逆極限であるコンパクト群については,指標は必ずある開部分群を $\{1\}$ にうつす,という事実(証明は省略する)によるもので,2 つめの等号は類体論によるものである.したがって,次の定理が得られる.

定理 8.14 K を大域体とすると,$\mathrm{Gal}(K^{ab}/K)$ の指標群から,C_K の位数有限の指標全体のなす群への,全単射が,$\chi \mapsto \chi \circ \rho_K$ によってあたえられる. □

Hecke 指標にともなう Hecke L 関数を念頭において類体論を見てみると，次の定理に至る．

定理 8.15 K を大域体とし，L を K の有限次 Abel 拡大とし，L に対応する C_K の指数有限開部分群を H とするとき，

$$\zeta_L(s) = \prod_\chi L(s,\chi)$$

である．ここに χ は有限 Abel 群 C_K/H の指標全体を走る． □

表 8.9 Hecke L 関数と Abel 拡大

わかりやすい側	Galois 側
$L(s,\chi)$	有限次 Abel 拡大の ζ 関数

$\widehat{\zeta}_L(s)$ と $\widehat{L}(s,\chi)$ についても，同じ形の等式が成立する(その証明は与えない)．これらの等式は命題 7.8($K=\mathbb{Q}$，L が 2 次体の場合)の一般化である．

[定理 8.15 の証明] v を K の有限素点とし，v の上にある L の素点全体を $w_1,\cdots,w_g$ とおく．定理 8.15 の右辺の v についての Euler 因子が，左辺の $w_1,\cdots,w_g$ についての Euler 因子の積になることを示せばよい．$w_1,\cdots,w_g$ についての Euler 因子の積は，$f=f(w_i/v)$ (i によらない)とおくと，

$$\prod_{i=1}^g (1-N(w_i)^{-s})^{-1} = (1-N(v)^{-fs})^{-g}$$

に等しい．$K_v^\times \to C_K/H$ の像を D，$O_v^\times \to C_K/H$ の像を I と書き，π_v を K_v の素元とする．$g=[C_K/H:D]$，$f=[D:I]$ である．右辺の v についての Euler 因子は，χ が $(C_K/H)/I$ の指標全体を走るときの

$$\prod_\chi (1-\chi(\pi_v)N(v)^{-s})^{-1}$$

であり，したがって，それは χ が D/I の指標全体を走るときの

$$\prod_\chi (1-\chi(\pi_v)N(v)^{-s})^{-g}$$

である．D/I は π_v の像で生成される位数 f の巡回群であるから，D/I の指標群も位数 f の巡回群であって，その生成元を χ_1 とすると $\chi_1(\pi_v)$ は 1 の原

始 f 乗根である．よって，上の値は
$$\prod_{i=0}^{f-1}(1-\chi_1(\pi_v)^i N(v)^{-s})^{-g} = (1-N(v)^{-fs})^{-g}$$
に等しい． ∎

(j) 類体の構成問題

$\mathbb{Q}$ の最大 Abel 拡大は Kronecker の定理により，$\mathbb{Q}(\zeta_N)$ の合併として得られるが，一般の代数体 K については，K の最大 Abel 拡大を具体的に得るにはどうすればよいかという問題は，「類体の構成問題」と呼ばれる未解決の問題である．類体論は Abel 拡大の具体的な作り方については，あまり語ってはくれない．

「類体の構成問題」と Riemann 予想は，1900 年の国際数学者会議で，Hilbert が 20 世紀に解くべき問題として提出した 23 の問題のうち，未解決のまま残った数少ない問題のうちの 2 つである．

有理数体の最大 Abel 拡大は 1 のベキ根を用いて得られるが，1 のベキ根は乗法群の等分点と考えられる．虚 2 次体 K の場合には，K の最大 Abel 拡大が虚数乗法をもつ楕円曲線の等分点を K につけ加えることにより得られるだろうというのが，Kronecker の青春の夢と言われた問題であった．（等分点というのは何倍かすると 0 になる点のことである．）これは高木貞治が類体論を建設することにより解決された．たとえば $\mathbb{Q}(\zeta_3)$ の最大 Abel 拡大は，楕円曲線 $y^2 = x^3 + 1$ の等分点の座標をすべて $\mathbb{Q}(\zeta_3)$ に添加することにより得られるのである．

この虚数乗法論と呼ばれる理論は，楕円曲線の高次元化である Abel 多様体の等分点を使って，志村–谷山によって，虚 2 次体に対する理論から，総実代数体の総虚 2 次拡大体に対する理論へと拡張された．

類体の構成問題は，しかし実 2 次体に対してさえも解かれていない．なお，代数体でなく，有限体上の 1 変数代数関数体の場合には，楕円曲線の類似物である Drinfeld 加群と呼ばれるものの等分点を使って最大 Abel 拡大が得られることが，Drinfeld によって示されている．局所体についても，楕円曲線

の類似物である形式群というものの等分点を使って最大 Abel 拡大が得られることが，Lubin–Tate によって示されている．

§8.2　大域体，局所体上の斜体

　1920 年代から 1930 年代にかけて，歴史上最高の女性数学者であった Noether を中心に，ドイツにおいて現代代数学が開花した．その発展の中心テーマのひとつが，以下に述べてゆく非可換な体の理論であった．

　最初に発見された非可換な体は，Hamilton の 4 元数体(項(a)参照)である．以下，本書では可換体と非可換体を合わせて**斜体**(skew field, division algebra とも呼ばれる)と呼ぶ．可換体を単に**体**と呼ぶ．Hamilton の 4 元数体は実数体上の斜体と呼ばれるもの(項(a)参照)であるが，現代代数学の発展の中で局所体や大域体上の斜体がどのように存在しているかがあきらかになり，しかもそれが類体論と密接に関係していることがあきらかになった．局所体や大域体の Abel 拡大がどんなふうに存在しているかをさぐる類体論と，局所体や大域体上の斜体がどんなふうに存在しているかをさぐる理論とが密接に関係し，§8.1(d)に述べた前者の主定理よりも，後者の主定理である後述の定理 8.25, 8.26 の方がずっと簡単な姿になる．そこで，後者の理論をもとにして類体論を眺めたり証明したりすることが，良い方法になる．たとえば平方剰余の相互法則は，類体論の一部と見なされるものであるが，§2.3 に述べたように，2 次曲線に関する「Hilbert 記号の積公式」と同等であった．じつは，2 次曲線と斜体は深く関係し(項(b)参照)，Hilbert 記号の積公式は，斜体に関する主定理 8.26 にふくまれる「Hasse の相互法則」の特別な場合と見なされるのである(定理 8.26 のあとの説明参照)．

　この§8.2 では，このような，斜体の理論，2 次曲線の理論，類体論の関係について述べる．とくに類体論の主定理における標準準同型 ρ_K が，いかにして斜体の理論から得られるかを述べる(項(f))．

　そして§8.3 では，類体論の主定理と定理 8.25, 8.26 を，互いにからませながら証明してゆく．

(a) Hamilton の 4 元数体

Hamilton は 1858 年に Hamilton の 4 元数体と呼ばれる非可換な斜体を発見した. Hamilton の 4 元数体 $\mathbb{H}$ は, $1, i, j, ij$ を基底とする $\mathbb{R}$ 上の線形空間に
$$i^2 = -1, \quad j^2 = -1, \quad ij = -ji$$
により $\mathbb{R}$ 線形環の構造を入れたものである. つまり, $\alpha = a+bi+cj+dij$ と $\beta = a'+b'i+c'j+d'ij$ の和と積をそれぞれ
$$\alpha+\beta = (a+a')+(b+b')i+(c+c')j+(d+d')ij,$$
$$\alpha\beta = (aa'-bb'-cc'-dd')+(ab'+ba'+cd'-dc')i$$
$$+(ac'+ca'+db'-bd')j+(ad'+da'+bc'-cb')ij$$
と定めたものである. この積は結合法則をみたす. 自然に $\mathbb{R}$ を $\mathbb{H}$ の部分環と見なすと, $\mathbb{R}$ の元は $\mathbb{H}$ の任意の元と可換である. あとで示すように, $\mathbb{H}$ は非可換な体である.

一般に, 可換環 K に対し, K 線形環(K-algebra) A とは, 可換とは限らないが, 結合法則はみたす環 A で, 環の準同型 $\iota: K \to A$ が与えられていて, 任意の $k \in K, a \in A$ に対し $\iota(k)a = a\iota(k)$ がなりたつもののことをいう. A の部分環 $\{a \in A; \text{すべての } b \in A \text{ に対し } ab=ba\}$ を A の中心というが, 上の条件は, $\iota(K)$ が A の中心に含まれるということである. K が体のとき, 斜体である K 線形環を K 上の斜体という.

上の定義から $\mathbb{H}$ は $\mathbb{R}$ 上の斜体である. $\mathbb{H}$ 以外にも, 非可換な斜体は存在するのだろうか? $\mathbb{R}$ 上有限次元である $\mathbb{R}$ 上の斜体は $\mathbb{R}, \mathbb{C}, \mathbb{H}$ のみであることが知られている. しかし, $\mathbb{Q}$ 上の有限次の斜体は無数に存在し, 百花繚乱の趣を呈する. これからそれを考察する.

(b) 4 元数体と 2 次曲線

k を標数が 2 でない体とする. $a, b \in k^\times$ に対し, k 線形環 $A(a,b,k)$ を次のように定義する. $A(a,b,k)$ は $1, \alpha, \beta, \alpha\beta$ を基底とする 4 次元の k 線形空間に

$$\alpha^2 = a, \quad \beta^2 = b, \quad \beta\alpha = -\alpha\beta$$

によって,積を定めたものである.たとえば,$\mathbb{H} = A(-1, -1, \mathbb{R})$ である.$A(a, b, k)$ の形の k 線形環を k 上の **4元数環**(quaternion algebra)という.これが斜体のとき,k 上の 4 元数体と呼ぶ.$A(a, b, k)$ はいつ $\mathbb{H}$ のように斜体となるだろうか.

第2章で2次曲線 $ax^2 + by^2 = 1$ について考えたことを思い出そう.じつは,そこで調べた解の有無が,4元数環 $A(a, b, k)$ が斜体になるかどうかを決めているのである.

命題 8.16 $a, b \in k^\times$ とし,$A = A(a, b, k)$ とおく.

(1) $ax^2 + by^2 = 1$ をみたす $x, y \in k$ が存在しないとき,$A(a, b, k)$ は斜体である.

(2) $ax^2 + by^2 = 1$ をみたす $x, y \in k$ が存在するとき,$A(a, b, k)$ は k 上の2次の正方行列全体のなす環 $M_2(k)$ と k 線形環として同型であり,したがって斜体でない. □

たとえば,2次曲線 $-x^2 - y^2 = 1$ は $\mathbb{R}$ に解をもたないから,命題 8.16 は $\mathbb{H} = A(-1, -1, \mathbb{R})$ が斜体であることを示している.$A(-1, -1, \mathbb{Q})$ も $A(-1, -3, \mathbb{Q})$ も同様に斜体,$A(2, 3, \mathbb{Q})$ も $(2, 3)_3 = -1$ なので斜体である.

命題 8.16 の証明のため次を示す.

命題 8.17 $a, b \in k^\times$ に対し,次の(1)–(4′)は同値である.

(1) $ax^2 + by^2 = 1$ をみたす $x, y \in k$ が存在する.

(2) $ax^2 + by^2 = z^2$ をみたす $(x, y, z) \in k^3$,$\neq (0, 0, 0)$ が存在する.

(3) $z^2 - ax^2 - by^2 + abw^2 = 0$ をみたす $(x, y, z, w) \in k^4$,$\neq (0, 0, 0, 0)$ が存在する.

(4) b はノルム写像 $N : k(\sqrt{a})^\times \to k^\times$ の像にはいる.

(4′) a はノルム写像 $N : k(\sqrt{b})^\times \to k^\times$ の像にはいる.

[証明] (1) $\Longrightarrow$ (2) $\Longrightarrow$ (3) は明らか.

(3) $\Longrightarrow$ (4) を示す.$\sqrt{a} \in k$ なら $k(\sqrt{a})^\times \to k^\times$ は恒等写像なので明らか.$\sqrt{a} \notin k$ とする.$z^2 - ax^2 - by^2 + abw^2 = 0$,$(w, x, y, z) \neq (0, 0, 0, 0)$ とする.$N(z + x\sqrt{a}) = (z + x\sqrt{a})(z - x\sqrt{a}) = z^2 - ax^2$,$N(y + w\sqrt{a}) = y^2 - aw^2$ よ

り, $N(z+x\sqrt{a}) = bN(y+w\sqrt{a})$. もし $z+x\sqrt{a} = y+w\sqrt{a} = 0$ なら $(w,x,y,z) \neq (0,0,0,0)$ に反するから, $z+x\sqrt{a}$, $y+w\sqrt{a}$ の少なくとも一方は $\neq 0$. したがって $N(z+x\sqrt{a})$, $N(y+w\sqrt{a})$ の少なくとも一方は $\neq 0$. よって $z+x\sqrt{a}$, $y+w\sqrt{a}$ はいずれも $\neq 0$. さらに $b = N\left(\dfrac{z+x\sqrt{a}}{y+w\sqrt{a}}\right)$ であり, (4) が示された.

(4) $\Longrightarrow$ (1) を示す. $\sqrt{a} \in k$ なら $a\left(\dfrac{1}{\sqrt{a}}\right)^2 + b \cdot 0^2 = 1$. $\sqrt{a} \notin k$ とする. $b = N(x+y\sqrt{a}) = x^2 - ay^2$, $x, y \in k$ とする. $x \neq 0$ なら $a\left(\dfrac{y}{x}\right)^2 + b\left(\dfrac{1}{x}\right)^2 = 1$, $x = 0$ なら $-a = \dfrac{b}{y^2}$ なので $a\left(\dfrac{a+1}{2a}\right)^2 + b\left(\dfrac{a-1}{2ay}\right)^2 = 1$ である.

対称性から, (3) $\Longrightarrow$ (4') $\Longrightarrow$ (1) も同様である. ∎

[命題 8.16 の証明] (1) $0 \neq x + y\alpha + z\beta + w\alpha\beta \in A(a, b, k)$ の逆元が存在することをいえばよい. $(x+y\alpha+z\beta+w\alpha\beta)(x-y\alpha-z\beta-w\alpha\beta)$, $(x-y\alpha-z\beta-w\alpha\beta)(x+y\alpha+z\beta+w\alpha\beta)$ はともに $t = x^2 - ay^2 - bz^2 + abw^2$ に等しく, これは命題 8.17 により 0 でない. $\dfrac{1}{t}(x-y\alpha-z\beta-w\alpha\beta)$ は $x+y\alpha+z\beta+w\alpha\beta$ の逆元である.

(2) $t = \sqrt{a} \in k$ とすると, $A \simeq M_2(k)$ は,
$$\alpha \mapsto \begin{pmatrix} t & 0 \\ 0 & -t \end{pmatrix}, \quad \beta \mapsto \begin{pmatrix} 0 & b \\ 1 & 0 \end{pmatrix}, \quad \alpha\beta \mapsto \begin{pmatrix} 0 & bt \\ -t & 0 \end{pmatrix}$$
によって与えられる.

$\sqrt{a} \notin k$ とする. $V = k(\sqrt{a})$ とおき, $b = N(\gamma)$, $\gamma \in k(\sqrt{a})$ とする. k 線形写像 $A(a,b,k) \to \mathrm{End}(V) = \{V$ から V への k 線形写像$\} \simeq M_2(k)$ を, $1 \mapsto 1$, $\alpha \mapsto \sqrt{a}$ 倍, $\beta \mapsto \gamma$ 倍 $\circ \sigma$, $\alpha\beta \mapsto \sqrt{a}\gamma$ 倍 $\circ \sigma$ と定める. ただし $\sigma: V \to V$ は $x + y\sqrt{a} \mapsto x - y\sqrt{a}$, $x, y \in k$ である. これが k 線形環の準同型であることは $(\gamma$ 倍 $\circ \sigma)^2 = \gamma\sigma(\gamma)$ 倍 $\circ \sigma^2 = N(\gamma)$ 倍 $= b$ 倍, $(\gamma$ 倍 $\circ \sigma) \circ (\sqrt{a}$ 倍$) = \gamma\sigma(\sqrt{a})$ 倍 $\circ \sigma = -\sqrt{a}$ 倍 $\circ (\gamma$ 倍 $\circ \sigma)$ から確かめられる. k 線形環 $\mathrm{End}(V)$ は $\sqrt{a}$ 倍と σ によって生成されるから, $A(a, b, k) \to M_2(k)$ は全射で, したがって同型. ∎

命題 8.16 により, $\mathbb{Q}$ 上の 4 元数環 $A(a, b, \mathbb{Q})$ はしばしば斜体になることがわかる. ではどれくらい多くの種類の $\mathbb{Q}$ 上の 4 元数体が存在するのだろうか. たとえば, 斜体 $A(-1, -1, \mathbb{Q})$, $A(-1, -3, \mathbb{Q})$, $A(2, 3, \mathbb{Q})$ は互いに同型で

あろうか．実はどの2つも同型でないことが次のようにして示される．もし $A(a,b,\mathbb{Q}) \simeq A(a',b',\mathbb{Q})$ なら，$\mathbb{Q}$ のすべての素点 v に対して，$A(a,b,\mathbb{Q}_v) \simeq A(a',b',\mathbb{Q}_v)$ となるはずである．しかし $(-1,-1)_\infty = (-1,-3)_\infty = -1$, $(2,3)_\infty = 1$ だから，$A(-1,-1,\mathbb{R})$, $A(-1,-3,\mathbb{R})$ は斜体で，$A(2,3,\mathbb{R}) \simeq M_2(\mathbb{R})$ である．同様に $(-1,-1)_3 = 1$, $(-1,-3)_3 = -1$, $(2,3)_3 = -1$ だから，$A(-1,-1,\mathbb{Q}_3) \simeq M_2(\mathbb{Q}_3)$ で，$A(-1,-3,\mathbb{Q}_3)$, $A(2,3,\mathbb{Q}_3)$ は斜体である．

このようにして，$a,b \in \mathbb{Q}^\times$ をいろいろとることによって，無限に多くの互いに同型でない斜体 $A(a,b,\mathbb{Q})$ が得られることがわかる(演習問題 8.3)．

(c) Brauer群 $Br(k)$

k を可換体とする．$Br(k)$ で，k を中心とする k 上有限次の斜体の k 上の同型類全体の集合をあらわす．たとえば，$Br(\mathbb{R})$ は $\mathbb{R}$ と $\mathbb{H}$ の類の2つの元からなる．$Br(\mathbb{C})$ は $\mathbb{C}$ の類のみからなる．$Br(k)$ は以下に述べるように可換群の構造をもち，k の **Brauer群**(Brauer group)と呼ばれる．

次の項(d)で $Br(\mathbb{Q})$ や $Br(\mathbb{Q}_p)$ を決定する定理を述べる．

$Br(k)$ の群構造を定義するため，中心単純環の理論を紹介する．これから紹介する中心単純環の理論については証明を与えない．興味のある読者は代数学の本を参照されたい(『数論II』の巻末に参考書をあげる)．

ここで斜体から，中心単純環に話をひろげるわけは，これらが線形環のテンソル積をとるという操作について，閉じているからである．体 k 上の線形環 A,B のテンソル積 $A \otimes_k B$ とは，$\{e_i\}, \{f_j\}$ をそれぞれ A,B の基底としたとき，$\{e_i \otimes f_j\}$ を基底としてもち，積が $(a \otimes b) \cdot (a' \otimes b') = aa' \otimes bb'$ によって定義される k 線形環である．

定義 8.18 k を可換体とする．k 線形環 A が k 上の**中心単純環**(central simple algebra)であるとは，A の中心が k で，A の両側イデアルが 0 と A のちょうど2つだけであることをいう． □

例 8.19 体 k 上の行列環 $M_n(k)$ は k 上の中心単純環である． □

例 8.20 k が標数が2でない体で，$a,b \in k^\times$ なら，4元数環 $A(a,b,k)$ は k 上の中心単純環である． □

中心単純環の定義は，次の命題のように同値な条件でいいかえられることが知られている．(1)から(2)がでることは **Wedderburn の定理**と呼ばれる．

命題 8.21 k を可換体とし，A を k 線形環で k 上有限次元のものとすると，次の(1)–(5)は同値である．

(1) A は k 上の中心単純環である．

(2) k を中心とする k 上有限次元の斜体 D と自然数 $r \geq 1$ があって，A は k 線形環として，行列環 $M_r(D)$ と同型である．

(3) $\overline{k}$ を k の代数閉包とするとき，$A \otimes_k \overline{k}$ は $\overline{k}$ 線形環として，ある自然数 $n \geq 1$ について $M_n(\overline{k})$ と同型である．

(4) k のある有限次分離拡大 L と自然数 $n \geq 1$ があって，$A \otimes_k L$ は線形環として $M_n(L)$ と同型になる．

(5) A° を A の逆転環(下に説明)とすると，k 線形環の標準準同型
$$A \otimes_k A^\circ \to \mathrm{End}_k(A); \quad a \otimes b \mapsto (x \mapsto axb)$$
は同型である($\mathrm{End}_k(A)$ の意味も下に説明)．

A が k 上の中心単純環であるとき，(2)の斜体 D は，k 上の同型を除いて A によって一意的に定まる． □

(5)で，環 A の逆転環 A° とは，A の加法はそのままで，$x, y \in A$ に対し yx を A° における積と定義して，A を環と見たものである．また，$\mathrm{End}_k(A)$ は k 線形写像 $A \to A$ の全体をあらわし，これを写像の合成を乗法として k 線形環と見たもので，A の k 線形空間としての次元を m とすると，$\mathrm{End}_k(A) \cong M_m(k)$．

k 線形環 A と k の拡大体 k' に対し，k' 線形環 $A \otimes_k k'$ は，A の k 線形空間としての基底を $\{e_i\}$ とするとき，$\{e_i \otimes 1\}$ (通常 $\{e_i\}$ と同一視する)を基底とする k' 上の線形空間に，A の乗法を自然に拡張してできる k' 線形環である．

命題 8.21(3)から，中心単純環 A の次元は平方数であることがわかる．なぜなら(3)により
$$\dim_k(A) = \dim_{\overline{k}}(A \otimes_k \overline{k}) = \dim_k(M_n(\overline{k})) = n^2$$
だからである．4 元数体の次元が $4 = 2^2$ であったのは，このことの例である．

また(4)から，k が分離閉体なら $Br(k) = 0$ であることがわかる．分離閉体

の有限次分離拡大は自分自身しかなく，(4)から k 上のすべての中心単純環は行列環と同型だからである．

中心単純環は次のような性質をもつことが知られている．

命題 8.22 k を可換体とし，A を k 上の中心単純環とする．

(1) B を k 上の中心単純環とすると，テンソル積 $A \otimes_k B$ も k 上の中心単純環である．

(2) k' を k の拡大体とすると，$A \otimes_k k'$ は k' 上の中心単純環である． □

Brauer 群 $Br(k)$ の群演算は，次のように定義される．k 上の中心単純環 A, B が同値であるとは，k 上のある同じ斜体 D に対し，k 線形環の同型 $A \simeq M_n(D), B \simeq M_m(D)$ (m, n は自然数) が存在することをいい，このとき $A \sim B$ とかく．命題 8.21 により $Br(k)$ は k 上の中心単純環の同値関係 $\sim$ に関する同値類全体の集合と同一視される．A, B を k 上の中心単純環とすると，命題 8.22(1) によりテンソル積 $A \otimes_k B$ も k 上の中心単純環であった．そこで，$Br(k)$ に加法 $+$ を k 上の中心単純環 A, B の同値類 $[A], [B]$ に対し

$$[A] + [B] = [A \otimes B]$$

とおいて定義する．

この加法 $+$ により $Br(k)$ は可換群になる．実際，結合法則と交換法則はテンソル積の標準同型 $(A \otimes B) \otimes C \simeq A \otimes (B \otimes C)$, $A \otimes B \simeq B \otimes A$ からしたがう (後者は $a \otimes b \mapsto b \otimes a$)．$[k]$ が $Br(k)$ の単位元であり，命題 8.21(5) における $A \otimes A^\circ \simeq \mathrm{End}(A)$ より，$[A]$ の逆元は $[A^\circ]$ である．$Br(k)$ を体 k の Brauer 群と呼ぶ．

例 8.23 k を標数が 2 でない体，$a, b \in k^\times$ とすると $Br(k)$ の元 $[A(a, b, k)]$ は 2 倍すると 0 になる．なぜなら $A(a, b, k)$ は $\alpha \mapsto -\alpha$, $\beta \mapsto -\beta$, $\alpha\beta \mapsto -\beta\alpha$ により逆転環 $A(a, b, k)^\circ$ と同型なので，$[A(a, b, k)] = -[A(a, b, k)]$ となるからである． □

Brauer 群について次のことがなりたつ．

命題 8.24 k を体とする．

(1) Brauer 群 $Br(k)$ はねじれ Abel 群である．すなわち任意の元の位数が有限である．

（2） 実数体 $\mathbb{R}$ の Brauer 群 $Br(\mathbb{R})$ は $\mathbb{H}$ の類によって生成される位数 2 の巡回群である $Br(\mathbb{R}) = \{[\mathbb{R}], [\mathbb{H}]\} \simeq \mathbb{Z}/2\mathbb{Z}$. また, $Br(\mathbb{C}) = 0$ (命題 8.21(3)による). したがって $\mathbb{R}$ 上の有限次の斜体は $\mathbb{R}, \mathbb{C}, \mathbb{H}$ の 3 つだけである.

（3） 有限体 F の Brauer 群は自明である. つまり $Br(F) = 0$. したがって有限な斜体は可換である. □

((2), (3)については, 項(e)の説明参照.)

k' を k の拡大体とすると, **係数拡大**と呼ばれる自然な群の準同型 $Br(k) \to Br(k')$; $\alpha \mapsto \alpha_{k'}$ が次のように定義される. A を k 上の中心単純環とすると, 命題 8.22(2)よりテンソル積(係数拡大) $A \otimes_k k'$ は k' 上の中心単純環である. $[A]_{k'} = [A \otimes_k k']$ と定義することにより, 群の準同型 $Br(k) \to Br(k')$ が定まる. たとえば, k を標数 $\neq 2$ の体 $a, b \in k^\times$ とすると $A(a, b, k) \otimes_k k' \simeq A(a, b, k')$ だから $[A(a, b, k)]_{k'} = [A(a, b, k')]$ である.

$Br(k) \to Br(k')$ の核は $Br(k'/k)$ と書かれる.

(d) 大域体, 局所体の Brauer 群

ここでは局所体と大域体の Brauer 群の構造を与える定理を紹介する. 局所体の Brauer 群の構造は次の定理によって与えられる.

定理 8.25 K を有限体を剰余体とする完備離散付値体とする. 標準的な同型

$$\mathrm{inv}_K : Br(K) \xrightarrow{\simeq} \mathbb{Q}/\mathbb{Z}$$

が存在する. □

同型 inv_K の定義は §8.3(a)で与える. inv は invariant(不変量)の略である. $K = \mathbb{R}$ のとき, $\mathrm{inv}_\mathbb{R} : Br(\mathbb{R}) \to \{0, \frac{1}{2}\} \subset \mathbb{Q}/\mathbb{Z}$ を $[\mathbb{R}] \mapsto 0$, $[\mathbb{H}] \mapsto \frac{1}{2}$ で定め, $K = \mathbb{C}$ のとき, $\mathrm{inv}_\mathbb{C} : Br(\mathbb{C}) \to \{0\} \subset \mathbb{Q}/\mathbb{Z}$ を $[\mathbb{C}] \mapsto 0$ で定める.

大域体の Brauer 群の構造は次の定理によって与えられる.

定理 8.26 (Brauer–Hasse–Noether) K を大域体とする.

（1） $\alpha \in Br(K)$ とすると, ほとんどすべての素点 v に対し, α の標準写像 $Br(K) \to Br(K_v)$ による像 α_{K_v} は 0 である. いいかえれば, 準同

型 $Br(K) \to \prod_v Br(K_v)$; $\alpha \mapsto (\alpha_{K_v})_v$ の像は, 直和 $\bigoplus_v Br(K_v) = \{(\alpha_v)_v \in \prod_v Br(K_v);$ ほとんどすべての v について $\alpha_v = 0\}$ にはいる.

(2) $\quad 0 \to Br(K) \to \bigoplus_v Br(K_v) \to \mathbb{Q}/\mathbb{Z} \to 0$

は完全系列. ここに, 3 つめの矢印は $(\alpha_v)_v \mapsto \sum_v \mathrm{inv}_{K_v}(\alpha_v)$. □

これらの定理は §8.3 で証明される.

これらの定理と第 2 章で調べた Hilbert 記号の話の関係を考える.

定理 8.25 と命題 8.24(2) により, K が $\mathbb{C}$ でない局所体なら, $\{\alpha \in Br(K); 2\alpha = 0\}$ は位数 2 の巡回群である. これは, K 上の 4 元数体が, 同型を除いてただひとつ存在することを示している. K が $\mathbb{Q}$ の局所体 $\mathbb{Q}_v$ の場合, 命題 8.16 により, $a, b \in \mathbb{Q}_v^\times$ についての Hilbert 記号 $(a, b)_v \in \{\pm 1\}$ は, 同型

$$\{\alpha \in Br(\mathbb{Q}_v); 2\alpha = 0\} \cong \{\pm 1\}$$

による $[A(a, b, \mathbb{Q}_v)]$ の像に他ならない.

4 元数環の類 $[A(a, b, \mathbb{Q})] \in Br(\mathbb{Q})$ $(a, b \in \mathbb{Q}^\times)$ に対し, 定理 8.26 は次のことを意味している. まず定理 8.26(2) の $Br(\mathbb{Q}) \to \bigoplus_v Br(\mathbb{Q}_v)$ 単射性から $A(a, b, \mathbb{Q}) \cong M_2(\mathbb{Q}) \iff \mathbb{Q}$ のすべての素点 v について $A(a, b, \mathbb{Q}_v) \cong M_2(\mathbb{Q}_v)$ が得られる. これを命題 8.16 と合わせると, §2.3 の定理 2.3

$$ax^2 + by^2 = 1 \text{ をみたす } x, y \in \mathbb{Q} \text{ が存在する}$$
$$\iff \mathbb{Q} \text{ のすべての素点 } v \text{ について } (a, b)_v = 1$$

がしたがう. 定理 8.26 の合成写像 $Br(K) \to \bigoplus_v Br(K_v) \xrightarrow{\mathrm{inv}} \mathbb{Q}/\mathbb{Z}$ が 0 写像であることは, Hilbert 記号の積公式 $\prod_v (a, b)_v = 1$ (§2.3 定理 2.5) を意味している. この Hilbert 記号の積公式は §2.3(c) で述べたように, 平方剰余の相互法則のいいかえであったから, 定理 8.26 は平方剰余の相互法則を含んでいる.

一般に, 大域体 K に対して, 合成写像 $Br(K) \to \bigoplus_v Br(K_v) \to \mathbb{Q}/\mathbb{Z}$ が 0 写像であるという事実は **Hasse の相互法則** (Hasse's reciprocity law) と呼ばれる.

§6.1(a) に紹介した「$\mathbb{F}_p[T]$ の平方剰余の相互法則」(p は奇素数) も, この Hasse の相互法則から導き出すことができる. なぜなら, $\mathbb{F}_p(T)$ の各素点 v

に対して Hilbert 記号 $(\ ,\ )_v$ を $\mathbb{Q}$ の場合の奇素数における Hilbert 記号と同様の方法で定義し，$f, g \in \mathbb{F}_p[T]$ を最高次係数が 1 の相異なる既約多項式とすると，

$$(f, g)_v = \begin{cases} \left(\dfrac{f}{g}\right) & v = (f) \text{ のとき} \\ \left(\dfrac{g}{f}\right) & v = (g) \text{ のとき} \\ \left(\dfrac{-1}{p}\right)^{\deg f \cdot \deg g} & v = \infty \text{ のとき} \\ 1 & v \text{ がそれ以外のとき} \end{cases}$$

(∞ は $\mathbb{F}_p[T^{-1}]$ の素イデアル (T^{-1})) となることが，§2.3(c) と同様の議論によりわかるからである．

(e) 巡回線形環

ここまで Brauer 群 $Br(k)$ の元としては，4元数環の類しかあげなかった．これは 2 倍すると 0 になってしまう $Br(k)$ の元である．4元数環を一般化したものが，これから説明する**巡回線形環**(cyclic algebra)と呼ばれる中心単純環である．巡回線形環の Brauer 群での類は，2 倍しても 0 になるとは限らない．それどころか，大域体や局所体の場合には，Brauer 群のすべての元が巡回線形環の類で尽くされることが知られている．巡回線形環は定理 8.25, 8.26 と類体論を結びつけるために重要なものである．

k を可換体とするとき，$X(k)$ で $\mathrm{Gal}(k^{ab}/k)$ から $\mathbb{Q}/\mathbb{Z}$ への連続準同型全体のなす群をあらわす:
$$X(k) = \mathrm{Hom}_{\text{連続}}(\mathrm{Gal}(k^{ab}/k), \mathbb{Q}/\mathbb{Z}).$$

$\mathbb{Q}/\mathbb{Z} \xrightarrow{\sim}$ ($\mathbb{C}^\times$ の中の 1 のベキ根全体のなす乗法群) が，$x \bmod \mathbb{Z} \mapsto \exp(2\pi i x)$ ($x \in \mathbb{Q}$) で与えられることと，$\mathrm{Gal}(k^{ab}/k)$ の指標がすべて位数有限でその像が 1 のベキ根の群に入ることから，$X(k)$ は $\mathrm{Gal}(k^{ab}/k)$ の指標群と同一視される．

以下，$X(k)$ と $Br(k)$ を並置して考える:

$X(k)$ を知ること $= k$ の Abel 拡大を知ること,

$Br(k)$ を知ること $= k$ を中心とする斜体を知ること.

k が大域体や局所体のときに, $X(k)$ を知ることが類体論であり, $Br(k)$ を知ることが項(d)の2つの定理であった. この2つの群 $X(k)$ と $Br(k)$ は, 以下に述べる巡回線形環の理論によって, $\chi \in X(k)$ と $b \in k^\times$ に対し $Br(k)$ の元

$$(\chi, b) \in Br(k)$$

が定まることにより結ばれるのである.

$\chi \in X(k)$ を位数 n の指標とし, $b \in k^\times$ とするとき, 巡回線形環と呼ばれる n^2 次元の k 線形環 $A(\chi, b)$ を次のように定義する. L を χ の核に対応する K の n 次巡回拡大とし, σ を $\chi(\sigma) = \dfrac{1}{n}$ となる $\mathrm{Gal}(L/k) \simeq \mathbb{Z}/n\mathbb{Z}$ の生成元とする. (この対応 $\chi \leftrightarrow (L, \sigma)$ によって, $X(k)$ の元 χ を与えることと, k の巡回拡大 L と $\mathrm{Gal}(L/k)$ の生成元の組 (L, σ) を与えることは同値になる. 以下, L を χ に対応する k の巡回拡大と呼ぶ.) k 線形環 $A(\chi, b)$ を, 記号 $1, \beta, \cdots, \beta^{n-1}$ を基底とする n 次元 L 線形空間 $\bigoplus_{i=0}^{n-1} L\beta^i$ に

$$\beta^n = b, \quad \beta z = \sigma(z)\beta \quad (z \in L)$$

で積を定めたものと定義する.

例 8.27 k を標数が 2 でない体, $a, b \in k^\times$ とする. $\chi_a \in X(k)$ を $k(\sqrt{a})$ (k の巡回拡大と見る)が対応する元とする.

$$A(\chi_a, b) = \begin{cases} A(a, b, k) & \sqrt{a} \notin k \text{ のとき} \\ k \sim A(a, b, k) & \sqrt{a} \in k \text{ のとき.} \end{cases}$$

□

巡回線形環については次が成り立つことが知られている. とくに(4)は, 巡回線形環論の核心と言うべき, 重要な事実である.

命題 8.28 k を可換体とする.

(1) $\chi \in X(k), b \in k^\times$ とすると巡回線形環 $A(\chi, b)$ は k 上の中心単純環.

以下, $A(\chi, b)$ の類 $[A(\chi, b)] \in Br(k)$ を, (χ, b) と書く.

(2) $(\chi + \chi', b) = (\chi, b) + (\chi', b), \quad (\chi, bc) = (\chi, b) + (\chi, c)$
$(\chi, \chi' \in X(k), b, c \in k^\times)$.

（3） k' を k の拡大体とすると, $\chi \in X(k)$, $a \in k^\times$ に対し, $Br(k')$ において
$$(\chi, a)_{k'} = (\chi_{k'}, a).$$
ここで $X(k) \to X(k'); \chi \mapsto \chi_{k'}$ は自然な写像 $\mathrm{Gal}(k'^{ab}/k') \to \mathrm{Gal}(k^{ab}/k)$ により誘導されるものである.

（4） $\chi \in X(k)$ とし L を χ に対応する k の巡回拡大とすると, 準同型
$$k^\times \to Br(k); \quad a \mapsto (\chi, a)$$
の核は $N_{L/k}(L^\times)$ に一致し, 像は $Br(L/k) = \mathrm{Ker}(Br(k) \to Br(L))$ に一致する. したがって, 同型
$$k^\times / N_{L/k}(L^\times) \xrightarrow{\cong} Br(L/k)$$
が導かれる. □

上の(4)にノルム群 $N_{L/k}(L^\times)$ があらわれたことは, 4元数環に関する命題 8.17 に2次拡大のノルム群があらわれたことの, 一般化である. k を標数 $\neq 2$ の体とし, $a, b \in k^\times$ とすると, 例 8.27 により,
$$(\chi_a, b) = [A(a, b, k)].$$
上の(4)はしたがって, 命題 8.16, 8.17 にある
$$b \in N_{k(\sqrt{a})/k}(k(\sqrt{a}))^\times \iff A(a, b, k) \cong M_2(k)$$
を言っている.

上の(4)は強力で, それから命題 8.24 に述べた $Br(\mathbb{R})$ や $Br(\mathbb{F}_q)$ についての事実を導きだすことができる.

[$Br(\mathbb{R}) \cong \mathbb{Z}/2\mathbb{Z}$ の証明] $Br(\mathbb{C}) = \{0\}$ だから,
$$Br(\mathbb{R}) = Br(\mathbb{C}/\mathbb{R}) \cong \mathbb{R}^\times / N_{\mathbb{C}/\mathbb{R}}(\mathbb{C}^\times) \cong \mathbb{Z}/2\mathbb{Z}. \quad \blacksquare$$

[$Br(\mathbb{F}_q) = 0$ の証明] 命題 8.21(4)により, $Br(k)$ の各元は $\mathbb{F}_q$ のある有限次拡大 L について, $Br(L/k) = \mathrm{Ker}(Br(k) \to Br(L))$ に属する. $\mathbb{F}_q$ の有限次拡大はある $n \geq 1$ についての $\mathbb{F}_{q^n}$ である(§B.4)から, $Br(\mathbb{F}_{q^n}/\mathbb{F}_q) = \{0\}$ を証明すればよい.

$\mathbb{F}_{q^n}$ は $\mathbb{F}_q$ の巡回拡大(§B.4)だから, 命題 8.28(4)により, $N_{\mathbb{F}_{q^n}/\mathbb{F}_q} : \mathbb{F}_{q^n}^\times \to \mathbb{F}_q^\times$ が全射であることを示せばよい. $\mathrm{Gal}(\mathbb{F}_{q^n}/\mathbb{F}_q)$ は $\mathbb{F}_{q^n} \to \mathbb{F}_{q^n} : x \mapsto x^q$ で生成される巡回群(§B.4)だから, $x \in \mathbb{F}_{q^n}^\times$ に対し

$$N_{\mathbb{F}_{q^n}/\mathbb{F}_q}(x) = \prod_{i=0}^{n-1} x^{q^i} = x^{\sum_{i=0}^{n-1} q^i} = x^{(q^n-1)/(q-1)}.$$

一般に有限体の乗法群は巡回群であるから，$\mathbb{F}_{q^n}^\times$ は位数 q^n-1 の巡回群であり，$\mathbb{F}_q^\times = \{x \in \mathbb{F}_{q^n}^\times ; x^{q-1} = 1\}$ だから，$(q^n-1)/(q-1)$ 乗写像は $\mathbb{F}_{q^n}^\times$ から $\mathbb{F}_q^\times$ への全射である． ∎

(f) 類体論との関係

ここまで述べてきた中心単純環の理論と，類体論の関係について述べる．

K が局所体のとき，K の Brauer 群についての定理 8.25 にもとづいて，局所類体論（定理 8.2）の標準準同型

$$\rho_K \colon K^\times \to \mathrm{Gal}(K^{ab}/K)$$

が定義されること，K が大域体のとき，K の Brauer 群についての定理 8.26 にもとづいて，大域類体論（定理 8.4）の標準準同型

$$\rho_K \colon C_K \to \mathrm{Gal}(K^{ab}/K)$$

が定義されることを述べる．

まず K を局所体とする．ρ_K を，合成写像

(8.7) $$X(K) \times K^\times \to Br(K) \xrightarrow{\mathrm{inv}_K} \mathbb{Q}/\mathbb{Z}$$

が導く準同型 $K^\times \to \mathrm{Hom}(X(K), \mathbb{Q}/\mathbb{Z}) = \mathrm{Gal}(K^{ab}/K)$ と定義する．ここで最後の等号は，局所コンパクト Abel 群の双対の双対がもとの群であるという，Pontrjagin の双対定理を，$\mathrm{Gal}(K^{ab}/K)$ に適用したものである．

次に K を大域体とする．標準写像 (8.7) の大域体版である

(8.8) $$X(K) \times C_K \to \mathbb{Q}/\mathbb{Z}$$

を定理 8.26 にもとづいて定義し，それから $\rho_K \colon C_K \to \mathrm{Hom}(X(K), \mathbb{Q}/\mathbb{Z}) = \mathrm{Gal}(K^{ab}/K)$ を導く．

$\chi \in X(K)$ とする．次の図式を考える．

$$\begin{array}{ccccccccc}
1 & \longrightarrow & K^\times & \longrightarrow & \mathbb{A}_K^\times & \longrightarrow & C_K & \longrightarrow & 1 \\
& & {\scriptstyle (\chi,)}\downarrow & & {\scriptstyle (\chi,)}\downarrow & & \downarrow & & \\
1 & \longrightarrow & Br(K) & \longrightarrow & \bigoplus_v Br(K_v) & \longrightarrow & \mathbb{Q}/\mathbb{Z} & \longrightarrow & 1
\end{array}$$

ここに，左のたての写像は巡回線形環の理論が与える $X(K) \times K^\times \to Br(K)$ による

$$K^\times \to Br(K); \ a \mapsto (\chi, a)$$

であり，中央の写像は各素点 v ごとの $X(K_v) \times K_v^\times \to Br(K_v)$ による

$$\mathbb{A}_K^\times \to \prod_v Br(K_v); \ (a_v)_v \mapsto ((\chi_{K_v}, a_v))_v$$

である．（χ_{K_v} は χ の $X(K_v)$ における像をあらわす．）中央のたての写像の像が直和 $\bigoplus_v Br(K_v)$ に入ることは，§8.3(f)で説明する．

図式により，準同型 $C_K \to \mathbb{Q}/\mathbb{Z}$ が χ によって導かれ，(8.8)が得られ，よってそれから ρ_K が得られるのである．

§8.3 類体論の証明

この §8.3 において類体論の証明，および局所体や大域体上の Brauer 群を決定する定理 8.25, 8.26 の証明を与える．類体論は証明をするのがたいへんで，一冊をかけて証明を与えるという本が普通であるのに，われわれは短いページ数で証明を与えようとするので，いきおい記述が難しいものにならざるをえない．それでも本書に証明を含めたのは，以下に述べていく証明の中に，ζ 関数の活躍ぶりが鮮やかに見てとれる(項(c)参照)など，重要な諸点が出てくると考えたからである．証明の道すじがわかるように書いていくことに努めたが，読者はわからない所があればそこを飛ばし，全体の証明の様子を見ることをおすすめする．

証明の段取りであるが，まず項(a)において，局所体の Brauer 群を決定し，項(b)において局所類体論を証明する．

次に代数体に話をうつし，項(c)において，ζ 関数を用いて，局所理論から大域理論へと向かう道を切り開く．項(d)において大域体の Brauer 群に関する Hasse の相互法則を証明したあと，項(e)において定理 8.4(大域類体論の主定理)の(1), (2)を証明し，項(f)において大域体の Brauer 群を決定し，そして項(g)において，類体論の証明を完成する．

ただし，代数体がわれわれの考察の目標であるから，証明を簡素にするため，証明の中でしばしば，局所体や大域体の標数を0と仮定した．また紙数の関係で，完備離散付値体についての一般論を証明なしに使った所がある．

(a) 局所体のBrauer群の決定

この項の目標は，有限体を剰余体とする完備離散付値体Kについて$Br(K)$を決定すること，すなわち定理8.25に述べたとおり，標準同型
$$\mathrm{inv}_K: Br(K) \xrightarrow{\cong} \mathbb{Q}/\mathbb{Z}$$
が存在することを証明することである．

証明の方針は，§8.2(e)において$Br(\mathbb{R})$や$Br(\mathbb{F}_q)$を決定したときと同様，巡回線形環の理論(命題8.28(4))を用いて問題をノルム群の話に帰着するものである．

各$n \geq 1$に対し，Kのただひとつのn次不分岐拡大(系6.55)をK_nと書く．

命題8.29 K, K_nを上のとおりとすると，
$$Br(K) = \bigcup_n Br(K_n/K).$$
□

この命題は，完備離散付値体に関する次の一般的な事実に含まれる．「Kを完備離散付値体とし，Kの剰余体が完全体(すべての有限次拡大が分離拡大となる体を，完全体という．有限体は完全体である)であるとすると，各$\alpha \in Br(K)$に対し，Kの有限次不分岐拡大Lで$\alpha \in Br(L/K)$となるものが存在する．」この事実の証明は，紙数の関係で省略する．

命題8.29により，$Br(K)$をもとめるには各$Br(K_n/K)$がわかればよい．以下で，$Br(K_n/K) \cong \frac{1}{n}\mathbb{Z}/\mathbb{Z}$を得，それから$Br(K) \cong \bigcup_n \frac{1}{n}\mathbb{Z}/\mathbb{Z} = \mathbb{Q}/\mathbb{Z}$を得ることになる．$K_n$は$K$の巡回拡大である(系6.55)から，巡回線形環の理論(命題8.28(4))が適用でき，同型
$$K^\times/N_{K_n/K}(K_n^\times) \xrightarrow{\cong} Br(K_n/K); \ a \mapsto (\chi_{K_n/K}, a)$$
が得られる．ここに$\chi_{K_n/K}$は，「Kの巡回拡大であるK_n」と「$\mathrm{Gal}(K_n/K)$の生成元であるFrobenius置換」の組に対応する，$X(K)$の元である．

したがって，$N_{K_n/K}(K_n^\times)$ がもとまればよい．これについて次が成立する．

命題8.30 K, K_n を上のとおりとし，O_K を K の付値環，π を K の素元とするとき，$N_{K_n/K}(K_n^\times)$ は，$O_K^\times$ と π^n で生成される $K^\times$ の部分群に一致する．したがって，$K^\times/N_{K_n/K}(K_n^\times)$ は π の類を生成元とする位数 n の巡回群である． □

この命題の証明についてはあとで論ずる．

以上により，同型

(8.9) $\quad Br(K_n/K) \xrightarrow{\cong} \frac{1}{n}\mathbb{Z}/\mathbb{Z};\ (\chi_{K_n/K}, \pi) \mapsto \frac{1}{n} \bmod \mathbb{Z}$

が得られ，これは K の素元 π のとり方によらない．$m \geq 1$ が n の倍数であるとき，包含写像のなす図式

(8.10)
$$\begin{array}{ccc} Br(K_n/K) & \xrightarrow{\subset} & Br(K_m/K) \\ \| \wr & & \| \wr \\ \frac{1}{n}\mathbb{Z}/\mathbb{Z} & \xrightarrow{\subset} & \frac{1}{m}\mathbb{Z}/\mathbb{Z} \end{array}$$

は可換(理由は後述)であり，よって同型(8.9)は n が走るとき合わさって，もとめる同型

$$\mathrm{inv}_K \colon Br(K) = \bigcup_n Br(K_n/K) \cong \bigcup_n \frac{1}{n}\mathbb{Z}/\mathbb{Z} = \mathbb{Q}/\mathbb{Z}$$

を与える．

図(8.10)が可換であることを示すには，$\frac{m}{n}(\chi_{K_m/K}, \pi) = (\chi_{K_n/K}, \pi)$ であることを言えばよく，これは $\frac{m}{n}\chi_{K_m/K} = \chi_{K_n/K}$ であることからしたがう．

同型 inv_K の定義は，次のように表わすこともできる．全射

$$\mathrm{Gal}(K^{ab}/K) \to \mathrm{Gal}(K^{ur}/K) \cong \mathrm{Gal}(\overline{\mathbb{F}}_q/\mathbb{F}_q) \cong \widehat{\mathbb{Z}}$$

の各項に $\mathrm{Hom}_{連続}(\ , \mathbb{Q}/\mathbb{Z})$ をかぶせることにより，単射

$$\mathbb{Q}/\mathbb{Z} \cong X(\mathbb{F}_q) \to X(K)$$

が得られる．この単射により $X(\mathbb{F}_q)$ は，$X(K)$ の中の「不分岐な元」全体のなす部分群と同一視される．($X(K)$ の元 χ が不分岐であるとは，χ に対応する K の巡回拡大が K 上不分岐であることをいう．) 上で証明したことは，

K の素元 π をとるとき,$X(K) \to Br(K)$; $\chi \mapsto (\chi, \pi)$ は,$X(\mathbb{F}_q) \subset X(K)$ に制限すると,π のとりかたによらない同型
$$\mathbb{Q}/\mathbb{Z} \cong X(\mathbb{F}_q) \xrightarrow{\cong} Br(K)$$
をもたらす,ということであり,この同型の逆写像が inv_K である.

上で使った命題 8.30 は,完備離散付値体に関する次の一般的結果から導かれる.

命題 8.31 K を完備離散付値体とし,O_K を K の付値環,$\mathfrak{p}$ を O_K の極大イデアル,F を剰余体 $O_K/\mathfrak{p}$ とする.$\mathcal{A}$ を O_K 線形環で,O_K 加群として有限生成自由加群であり,かつ F 線形環として
$$\mathcal{A}/\mathfrak{p}\mathcal{A} \cong M_n(F)$$
であるものとする.このとき O_K 線形環として
$$\mathcal{A} \cong M_n(O_K)$$
である. □

この命題 8.31 の証明は省略する.

[命題 8.30 の証明] K_n は K の不分岐拡大であるから,π は K_n においても素元である.したがって,$K_n^\times$ は $O_{K_n}^\times$ と π で生成される.$N_{K_n/K}(O_{K_n}^\times) \subset O_K^\times$ だから,$N_{K_n/K}(K_n^\times)$ は $O_K^\times$ と $N_{K_n/K}(\pi) = \pi^n$ が生成する $K^\times$ の部分群に含まれる.したがって,$O_K^\times$ が $N_{K_n/K}(K_n^\times)$ に含まれることを証明すれば,命題 8.30 が証明されることになる.

$u \in O_K^\times$ とする.$u \in N_{K_n/K}(K_n^\times)$ を証明するには,巡回線形環の理論(命題 8.28(4))により,$(\chi_{K_n/K}, u) = 0$ であることを示せばよい.すなわち,K 線形環として
$$A(\chi_{K_n/K}, u) \cong M_n(K)$$
であることを証明すればよい.
$$A(\chi_{K_n/K}, u) = \bigoplus_{i=0}^{n-1} K_n \beta^i$$
(記号は §8.2(e) のとおり)の部分環 $\mathcal{A}$ を
$$\mathcal{A} = \bigoplus_{i=0}^{n-1} O_{K_n} \beta^i$$

と定義する．これは O_K 線形環で，O_K 加群として有限生成自由加群である．

$$\mathcal{A}/p\mathcal{A} \cong \bigoplus_{i=0}^{n-1} \mathbb{F}_{q^n} \cdot \beta^i$$

は，$\mathbb{F}_q$ 上の巡回線形環である．実際，$\chi \in X(\mathbb{F}_q)$ を

$$\mathrm{Gal}(\overline{\mathbb{F}}_q/\mathbb{F}_q) \to \mathrm{Gal}(\mathbb{F}_{q^n}/\mathbb{F}_q) \to \mathbb{Q}/\mathbb{Z}$$
$$\cup \qquad\qquad\qquad \cup$$
$$\sigma_{q,n} \qquad \mapsto \qquad \frac{1}{n} \bmod \mathbb{Z}$$

とおくと，$\mathcal{A}/p\mathcal{A} = A(\chi, u \bmod p)$ である．$Br(\mathbb{F}_q) = 0$ だから，$\mathbb{F}_q$ 線形環として

$$\mathcal{A}/p\mathcal{A} \cong M_n(\mathbb{F}_q).$$

よって命題 8.31 により，O_K 線形環として $\mathcal{A} \cong M_n(O_K)$．この同型から K 線形環としての同型 $A(\chi_{K_n/K}, u) \cong M_n(K)$ が導かれる．（前者の同型に $\otimes_{O_K} K$ をすると，後者の同型が得られる．）∎

命題 8.31 からは，大域体の Brauer 群についての次の結果（定理 8.26 の一部）も得られるので，それをここで証明しておく．

命題 8.32 K を大域体とするとき，$Br(K) \to \prod_v Br(K_v)$（$v$ は K の素点全体を走る）の像は $\bigoplus_v Br(K_v)$ に含まれる．

[証明] A を K 上の中心単純環とし，$\dim_K(A) = n^2$ とおく．ほとんどすべての素点 v について $A \otimes_K K_v$ が K_v 線形環として $M_n(K_v)$ と同型であることを示せばよい．

$m = \dim_K(A) \, (=n^2)$ とおき，$(e_i)_{1 \le i \le m}$ を A の K 線形空間としての基底とする．K の各有限素点 v に対し，$A \otimes_K K_v = \bigoplus_{i=1}^m K_v e_i$ の部分 O_v 加群 $\mathcal{A}_v$ を，$\mathcal{A}_v = \bigoplus_{i=1}^m O_v e_i$ と定義する．あとで示すように，ほとんどすべての有限素点 v について，次の(i), (ii), (iii)が成立する．

(i) $O_v \subset \mathcal{A}_v$．
(ii) $x, y \in \mathcal{A}_v$ なら $xy \in \mathcal{A}_v$．
(iii) (i), (ii)により $\mathcal{A}_v$ を O_v 線形環と見るとき，O_v 線形環の準同型

$$\mathcal{A}_v \otimes_{O_v} \mathcal{A}_v^\circ \to \mathrm{End}_{O_v}(\mathcal{A}_v); \quad a \otimes b \mapsto (x \mapsto axb)$$

は同型である.（ここに $\mathrm{End}_{O_v}(\mathcal{A}_v)$ は O_v 加群の準同型 $\mathcal{A}_v \to \mathcal{A}_v$ 全体が写像の合成を積としてなす環.）

(i), (ii), (iii)が成立する有限素点 v については, K_v 線形環として $A \otimes_K K_v \cong M_n(K_v)$ であることを証明する. $\mathfrak{p}_v$ を O_v の極大イデアルとし, $\mathbb{F}_v = O_v/\mathfrak{p}_v$ とおくと, (iii)に $(\ )/\mathfrak{p}_v(\ )$ をほどこすことにより, $\mathbb{F}_v$ 線形環の同型
$$\mathcal{A}_v/\mathfrak{p}_v\mathcal{A}_v \otimes_{\mathbb{F}_v} (\mathcal{A}_v/\mathfrak{p}_v\mathcal{A}_v)^\circ \xrightarrow{\cong} \mathrm{End}_{\mathbb{F}_v}(\mathcal{A}_v/\mathfrak{p}_v\mathcal{A}_v); \quad a \otimes b \mapsto (x \mapsto axb)$$
が得られる. 命題 8.21 により, これは $\mathcal{A}_v/\mathfrak{p}_v\mathcal{A}_v$ が有限体 $\mathbb{F}_v$ 上の中心単純環であることを示している. $Br(\mathbb{F}_v) = 0$ だから, $\mathcal{A}_v/\mathfrak{p}_v\mathcal{A}_v$ は $\mathbb{F}_v$ 線形環として $M_n(\mathbb{F}_v)$ と同型であり, 命題 8.31 を $\mathcal{A}_v$ に適用することにより, O_v 線形環として
$$\mathcal{A}_v \cong M_n(O_v).$$
この同型に $\otimes_{O_v} K_v$ をすることにより, K_v 線形環の同型
$$A \otimes_K K_v \cong M_n(K_v)$$
が得られる.

ほとんどすべての有限素点 v について(i), (ii), (iii)が成立することを証明する. K の元 a_i, b_{ijk}, c_{ijkl} (i, j, k, l は 1 以上 m 以下の整数を動く)を次によって定義する.
$$1 = \sum_{i=1}^{m} a_i e_i, \quad e_i e_j = \sum_k b_{ijk} e_k.$$

$\sum_{k,l} c_{ijkl} e_k \otimes e_l \in A \otimes_K A^\circ$ は, $A \otimes_K A^\circ \xrightarrow{\cong} \mathrm{End}_K(A)$ によるその元の像が, e_i を e_j に, e_s ($s \neq i$) を 0 にうつすもの(すなわち, $\sum_{k,l} c_{ijkl} e_k e_s e_l$ が, $s = i$ なら e_j, $s \neq i$ なら 0 となるもの). すると, ほとんどすべての有限素点 v について, a_i, b_{ijk}, c_{ijkl} はすべて O_v に入る. $a_i \in O_v$ により(i)が成立, $b_{ijk} \in O_v$ により(ii)が成立, $c_{ijkl} \in O_v$ により(iii)が成立する. ∎

(b) 局所類体論の証明

この項では, 局所類体論の主定理である定理 8.2 を証明する. ただし記述を簡素にするため, 証明の一部では K の標数を 0 と仮定する.

まず準備として次の命題を証明する.

命題 8.33 K を局所体,L をその有限次分離拡大とする.
(1) 次の図式は可換である.

$$\begin{array}{ccc} Br(K) & \xrightarrow{\text{inv}_K} & \mathbb{Q}/\mathbb{Z} \\ \downarrow & & \downarrow {\scriptstyle [L:K]\text{倍}} \\ Br(L) & \xrightarrow{\text{inv}_L} & \mathbb{Q}/\mathbb{Z} \end{array}$$

(2) $Br(L/K) = \text{Ker}(Br(K) \to Br(L))$ の位数は $[L:K]$ である.

[証明] K が $\mathbb{R}$ や $\mathbb{C}$ の場合は容易なので省き,K は有限体を剰余体とする完備離散付値体とする.

この場合に(2)は, inv が同型であることにより(1)からしたがう.(1)を証明する.L の K 上の分岐指数を e,剰余次数を f とする.$[L:K] = ef$ である(命題 6.22, 6.53).π を K の素元,π' を L の素元とするとき,$\pi = (\pi')^e u$, $u \in O_L^\times$ となることから,

$$\begin{array}{ccccc} \mathbb{Q}/\mathbb{Z} & \cong & X(\mathbb{F}_q) & \xrightarrow[\cong]{(\ ,\pi)} & Br(K) \\ {\scriptstyle f\text{倍}}\downarrow & & \downarrow & & \downarrow \\ \mathbb{Q}/\mathbb{Z} & \cong & X(\mathbb{F}_{q^f}) & \xrightarrow{(\ ,\pi)=e(\ ,\pi')} & Br(L) \end{array}$$

が可換になる.命題 8.33(1) はこれからしたがう. ∎

定理 8.2 の証明に移る.K が $\mathbb{R}, \mathbb{C}$ の場合はすでに §8.1(e) でやってあるので,以下 K は有限体 $\mathbb{F}_q$ を剰余体とする完備離散付値体とする.

前項(a)で同型 $\text{inv}_K: Br(K) \xrightarrow{\cong} \mathbb{Q}/\mathbb{Z}$ が得られたことにより,§8.2(f) に述べた方法で,標準準同型 $\rho_K: K^\times \to \text{Gal}(K^{ab}/K)$ が得られる.まず次を証明する.

命題 8.34 標準準同型 $\rho_K: K^\times \to \text{Gal}(K^{ab}/K)$ は,K の各有限次 Abel 拡大 L について,商群の間の同型

$$K^\times / N_{L/K}(L^\times) \xrightarrow{\cong} \text{Gal}(L/K)$$

を導く.

[証明] まず,合成写像 $K^\times \xrightarrow{\rho_K} \text{Gal}(K^{ab}/K) \to \text{Gal}(L/K)$ が $N_{L/K}(L^\times)$ を

$\{1\}$ にうつすことを示す.これには,すべての指標 $\chi\colon \mathrm{Gal}(L/K) \to \mathbb{Q}/\mathbb{Z}$ について,$\chi \in X(K)$ と見るとき,$\chi(\rho_K(N_{L/K}(L^\times))) = \{0\}$ であること,すなわち $Br(K)$ において $(\chi, N_{L/K}(L^\times)) = \{0\}$ であることを示せばよい.これは,χ に対応する K の巡回拡大を K_χ とおくと,$(\chi, N_{K_\chi/K}(K_\chi^\times)) = \{0\}$ であること(命題 8.28(4))と,$L \supset K_\chi$ であるから $N_{L/K}(L^\times) \subset N_{K_\chi/K}(K_\chi^\times)$ であることからしたがう.

次に,こうして得られる $K^\times/N_{L/K}(L^\times) \to \mathrm{Gal}(L/K)$ が全単射であることを証明する.まずこれが全射であることを証明するには,$\mathrm{Gal}(L/K)$ の指標 $\chi \in X(K)$ が $\chi(\rho_K(K^\times)) = \{0\}$ をみたせば,$\chi = 0$ となることを証明すればよい.$\chi(\rho_K(K^\times)) = \{0\}$ なら $Br(K)$ の中で $(\chi, K^\times) = \{0\}$.よって命題 8.28(4)により,$Br(K_\chi/K) = 0$.したがって命題 8.33 により,$[K_\chi : K] = \sharp(Br(K_\chi/K)) = 1$ となり,$\chi = 0$ を得る.

この全射が単射であることを示すには,$\sharp(K^\times/N_{L/K}(L^\times)) \leqq [L:K]$ を証明すればよい.$K \subset M \subset L$ となる体 M について,完全系列

$$M^\times/N_{L/M}(L^\times) \xrightarrow[N_{M/K}]{} K^\times/N_{L/K}(L^\times) \to K^\times/N_{M/K}(M^\times) \to 1$$

が存在することから

$$\sharp(K^\times/N_{L/K}(L^\times)) \leqq \sharp(K^\times/N_{M/K}(M^\times)) \cdot \sharp(M^\times/N_{L/M}(L^\times)).$$

よって $[L:K]$ についての帰納法により,$[L:K]$ が素数の場合に帰着される.この場合 L は K の巡回拡大であり,したがって $K^\times/N_{L/K}(L^\times) \cong Br(L/K)$(命題 8.28(4))となるから,命題 8.33 により,

$$\sharp(K^\times/N_{L/K}(L^\times)) = \sharp(Br(L/K)) = [L:K]. \quad\blacksquare$$

これで,ρ_K が定理 8.2(1) の性質(i)を持つことがわかった.

命題 8.35 K を,有限体を剰余体とする完備離散付値体とすると,ρ_K は定理 8.2(1) の性質(ii)を持つ.

[証明] これは,$K^\times$ が K の素元全体で生成されること,$\chi \in X(\mathbb{F}_q)$ と K の素元 π に対し,χ を $X(K)$ の元と見るとき,$\chi(\rho_K(\pi)) = \mathrm{inv}_K(\chi, \pi) \in \mathbb{Q}/\mathbb{Z}$ が,$X(\mathbb{F}_q) \cong \mathbb{Q}/\mathbb{Z}$ による χ の像に一致すること(inv_K は,$\mathbb{Q}/\mathbb{Z} \cong$

$X(\mathbb{F}_q) \xrightarrow[\cong]{(\ ,\pi)} Br(K)$ の逆写像だから）からしたがう． ∎

命題 8.36 K を局所体とすると，ρ_K は連続である．

［証明］ K が標数 0 であるとして証明する．K の各有限次 Abel 拡大 L について，ρ_K が導く準同型 $K^\times \to \mathrm{Gal}(L/K)$ が連続であることを示せばよい．これをいうには，この準同型の核が開部分群であることを示せばよい．この準同型の核は $K^\times$ の指数有限部分群であり，演習問題 6.5 により開部分群である． ∎

定理 8.2(1) にある「ただひとつ」という所は，次の命題からしたがう．

命題 8.37 準同型 $\rho' : K^\times \to \mathrm{Gal}(K^{ab}/K)$ が次の性質 (i), (ii) を持つなら，$\rho' = \rho_K$ となる．

(i) L を K の巡回拡大とすると，合成写像

$$K^\times \xrightarrow{\rho'} \mathrm{Gal}(K^{ab}/K) \to \mathrm{Gal}(L/K)$$

は $N_{L/K}(L^\times)$ を $\{1\}$ にうつす．

(ii) K の有限次不分岐拡大 L について，合成写像

$$K^\times \xrightarrow{\rho'} \mathrm{Gal}(K^{ab}/K) \to \mathrm{Gal}(L/K)$$

による K の任意の素元の像は，Frobenius 置換である．

［証明］ $K^\times$ が K の素元全体で群として生成されるから，K のすべての素元 π について $\rho'(\pi) = \rho_K(\pi)$ であることを証明すればよく，したがって，すべての $\chi \in X(K)$ について $\chi(\rho'(\pi)) = \chi(\rho_K(\pi))$ であることを示せばよい．

$\chi(\rho_K(\pi))$ の位数を n とする．K_n を K のただひとつの n 次不分岐拡大とすると，$\mathrm{Gal}(K_n/K)$ における $\rho_K(\pi)$ の像が Frobenius 置換であり $\mathrm{Gal}(K_n/K)$ の生成元であることから，$\mathrm{Gal}(K_n/K)$ の指標 $\psi \in X(K)$ において $\psi(\rho_K(\pi)) = \chi(\rho_K(\pi))$ をみたすものが存在する．$\psi - \chi$ に対応する K の巡回拡大を L とするとき，合成写像 $K^\times \xrightarrow{\rho_K} \mathrm{Gal}(K^{ab}/K) \to \mathrm{Gal}(L/K)$ は π を 1 にうつす．よって命題 8.34 により，$\pi \in N_{L/K}(L^\times)$．よって ρ' の性質 (i) から，$\rho'(\pi)$ の $\mathrm{Gal}(L/K)$ における像は 1 となり，したがって

$$(\psi - \chi)(\rho'(\pi)) = 0.$$

また ρ' の性質(ii)により,$\psi \circ \rho' = \psi \circ \rho_K$.ゆえに
$$\chi(\rho'(\pi)) = \psi(\rho'(\pi)) = \psi(\rho_K(\pi)) = \chi(\rho_K(\pi)).\blacksquare$$

最後に,定理 8.2(2) を,K が標数 0 の場合に証明する.

一般に,位相 Abel 群 G に対し,G の指数有限開部分群と $\mathrm{Hom}_{連続}(G, \mathbb{Q}/\mathbb{Z})$ の有限部分群とは,$H \leftrightarrow H'$: $H' = \{\chi ; \chi(H) = \{0\}\}$,$H = \bigcap_{\chi \in H'} \mathrm{Ker}(\chi)$,により 1 対 1 に対応する.これを $G = \mathrm{Gal}(K^{ab}/K)$ と $G = K^{\times}$ の場合に適用すると,定理 8.2 を証明するには,指標群の方に話を移して次のことを証明すればよいことがわかる:

$$X'(K) = (K^{\times} \text{から } \mathbb{Q}/\mathbb{Z} \text{ への位数有限連続準同型全体})$$

とおくとき,
$$X(K) \xrightarrow{\simeq} X'(K); \quad \chi \mapsto \chi \circ \rho_K.$$

$X(K) \to X'(K)$ が単射であることは,K の各有限次 Abel 拡大 L について $K^{\times} \to \mathrm{Gal}(L/K)$ が全射であることからしたがう.

全射であることを,K の標数が 0 であると仮定して示す.$\chi \in X'(K)$ とし,χ が $X(K) \to X'(K)$ の像に入ることを示す.χ の位数を n とするとき,もし K が 1 の原始 n 乗根 ζ_n を含めば,下の補題 8.38(1) により,χ は $X(K) \to X'(K)$ の像に入る.一般の場合は下の補題 8.38(2) により,$K(\zeta_n)$ が K の有限次 Abel 拡大であることにより $\zeta_n \in K$ の場合に帰着できる.かくて,次の補題 8.38 が証明できれば,定理 8.2 が K の標数が 0 の場合に証明されたことになる.

補題 8.38 K を標数 0 の局所体とする.

(1) $n \geq 1$ とし,$X_n(K) = \{\chi \in X(K); n\chi = 0\}$,$X'_n(K) = \{\chi \in X'(K); n\chi = 0\}$ とおく.K が 1 の原始 n 乗根を含むとすると,
$$X_n(K) \xrightarrow{\simeq} X'_n(K); \quad \chi \mapsto \chi \circ \rho_K.$$

(2) K を局所体とし,L を K の有限次 Abel 拡大とし,$\chi \in X'(K)$ とする.もし $\chi \circ N_{L/K} \in X'(L)$ が $X(L) \to X'(L)$ の像に入れば,χ は $\chi(K) \to X'(K)$ の像に入る.

[(1)の証明] 証明の方法は，単射の列
$$K^\times/(K^\times)^n \to X_n(K) \to X_n'(K)$$
(はじめの写像は下で定義する)を考え，さらに $K^\times/(K^\times)^n$ と $X_n'(K)$ が位数の等しい有限群であることを証明することにより，$X_n(K) \xrightarrow{\cong} X_n'(K)$ を得るものである．

1 の原始 n 乗根を含む体 k について，同型
$$k^\times/(k^\times)^n \xrightarrow{\cong} X_n(k) = \mathrm{Hom}_{連続}\left(\mathrm{Gal}(k^{ab}/k), \frac{1}{n}\mathbb{Z}/\mathbb{Z}\right)$$
が次のように定義される．$\zeta_n \in k$ であることにより，$a \in k^\times$ について $k(\sqrt[n]{a})$ は k の Abel 拡大になる．群準同型 $k^\times \to X_n(k)$; $a \mapsto \chi_a$ を，$\chi_a(\sigma) = \dfrac{r}{n}$，ここに r は $\sigma(\sqrt[n]{a}) = \zeta_n^r \sqrt[n]{a}$ となる r，と定義する．$a \in (k^\times)^n$ のとき $\chi_a = 0$ となるから，準同型 $a \mapsto \chi_a$ は，準同型 $k^\times/(k^\times)^n \to X_n(k)$ を導く．これが同型写像であることが Kummer 理論によって知られているが，ここでは補題 8.38 の証明に必要な，これが単射であることの証明のみ与える．$a \in k^\times$, $\chi_a = 0$ なら，すべての $\sigma \in \mathrm{Gal}(k^{ab}/k)$ に対し $\sigma(\sqrt[n]{a}) = \sqrt[n]{a}$ であることから，$\sqrt[n]{a} \in k^\times$，つまり $a \in (k^\times)^n$. よって $k^\times/(k^\times)^n \to X_n(k)$ は単射．

$K^\times/(K^\times)^n$ は演習問題 6.5 により有限群である．$X_n'(K)$ が $K^\times/(K^\times)^n$ と位数の等しい有限群であることは，$X_n'(K)$ が $K^\times/(K^\times)^n$ の指標群と同一視されることと，一般に有限 Abel 群 G について G の位数と G の指標群の位数が等しいことからわかる． ∎

補題 8.38(2) を証明する前に，次の命題を証明する．

命題 8.39 K を局所体，L を K の有限次分離拡大とするとき，次の図式は可換である．

$$\begin{CD}
L^\times @>{\rho_L}>> \mathrm{Gal}(L^{ab}/L) \\
@V{N_{L/K}}VV @VVV \\
K^\times @>{\rho_K}>> \mathrm{Gal}(K^{ab}/K)
\end{CD}$$

ここに，右側のたての写像は，$\mathrm{Gal}(L^{ab}/L)$ の元を K^{ab} に制限するという準同型である．

[証明] $K=\mathbb{R}, \mathbb{C}$ の場合は容易なので,K は有限体 $\mathbb{F}_q$ を剰余体とする完備離散付値体とする.すべての $\chi \in X(K)$ と $a \in L^\times$ に対し $\mathrm{inv}_K(\chi, N_{L/K}(a)) = \mathrm{inv}_L(\chi_L, a)$ を証明すればよい.$L^\times$ は L の素元全体で生成されるから,a は L の素元であるとしてよい.L の K 上の剰余次数を f とおく.命題 8.37 の証明と同様に,$(\psi, a) = (\chi_L, a)$ となる不分岐な元 $\psi \in X(\mathbb{F}_{q^f}) \subset X(L)$ をとる.$\mathbb{Q}/\mathbb{Z} \cong X(\mathbb{F}_q) \to X(\mathbb{F}_{q^f}) \cong \mathbb{Q}/\mathbb{Z}$ は $\mathbb{Q}/\mathbb{Z}$ における f 倍写像であり,したがって全射だから,不分岐な元 $\varphi \in X(\mathbb{F}_q) \subset X(K)$ で $\varphi_L = \psi$ となるものが存在する.$\varphi_L - \chi_L \in X(L)$ に対応する L の巡回拡大を L' とおくと,$(\varphi_L - \chi_L, a) = 0$ だから,$a = N_{L'/L}(b)$,$b \in (L')^\times$ となる.$\varphi - \chi$ に対応する K の巡回拡大を K' とおくと,$(\varphi - \chi)_{L'} = 0$ であることから,K' は L' に含まれる.$N_{L/K}(a) = N_{L'/K}(b) = N_{K'/K} N_{L'/K'}(b) \in N_{K'/K}((K')^\times)$.よって $(\varphi - \chi, N_{L/K}(a)) = 0$.よって

$$\mathrm{inv}_K(\chi, N_{L/K}(a)) = \mathrm{inv}_K(\varphi, N_{L/K}(a))$$
$$= \nu_K(N_{L/K}(a))\,(\varphi\ \text{の}\ X(\mathbb{F}_q) \xrightarrow{\cong} \mathbb{Q}/\mathbb{Z}\ \text{での像})$$
$$= f \cdot (\varphi\ \text{の}\ X(\mathbb{F}_q) \xrightarrow{\cong} \mathbb{Q}/\mathbb{Z}\ \text{での像}) = (\varphi_L\ \text{の}\ X(\mathbb{F}_{q^f}) \xrightarrow{\cong} \mathbb{Q}/\mathbb{Z}\ \text{での像})$$
$$= \mathrm{inv}_L(\varphi_L, a) = \mathrm{inv}_L(\chi_L, a).$$

ここに,ν_K, ν_L はそれぞれ K, L の離散付値,第 2,第 5 の等式はそれぞれ ρ_K, ρ_L が定理 8.2(1) の性質 (ii) を持つことにより,第 3 の等式は演習問題 6.2(1) による. ∎

[補題 8.38(2) の証明] L と K の中間体を考えることにより,L が K の巡回拡大である場合に帰着される.L が K の巡回拡大とし,$G = \mathrm{Gal}(L/K)$ とおく.G は $X(L), X'(L)$ に次のように作用する.$\sigma \in G$ の作用は $\chi \in X(L)$ を $\mathrm{Gal}(L^{ab}/L) \to \mathbb{Q}/\mathbb{Z}$;$\tau \mapsto \chi(\tilde{\sigma}^{-1} \tau \tilde{\sigma})$(ここに $\tilde{\sigma}$ は $\mathrm{Gal}(L^{ab}/K)$ の元でその $\mathrm{Gal}(L/K)$ での像が σ であるもの)にうつし,$\chi \in X'(L)$ を $\chi \circ \sigma^{-1} \in X'(L)$ にうつす.

いま $\chi_1 \in X'(K)$ とし,$\chi_1 \circ N_{L/K} \in X'(L)$ が $\chi_2 \in X(L)$ の像であるとせよ.χ_1 が $X(K)$ の元の像であることを示したい.G 加群 M に対し,G の作用で動かない M の元全体を M^G と書くと,$\chi_1 \circ N_{L/K} \in X'(L)^G$ であり,G 加群

§8.3 類体論の証明 —— 345

の準同型 $X(L)\to X'(L)$ が単射であることから, χ_2 は $X(L)^G$ に属する.

$X(K)\to X(L)^G; \chi\mapsto \chi_L$ が全射であることを示す. σ を G の生成元とし, 上のような $\tilde\sigma\in\mathrm{Gal}(L^{ab}/K)$ をひとつ固定する. G の位数を n とおくと, $\mathrm{Gal}(L^{ab}/K)$ の元は $h\tilde\sigma^j$ ($h\in\mathrm{Gal}(L^{ab}/L)$, $0\le j<n$) の形にただひととおりに書ける. $\chi\in X(L)^G$ に対し, $s\in\mathbb{Q}/\mathbb{Z}$ で $ns=\chi(\tilde\sigma)$ となるものをとり, $\chi': \mathrm{Gal}(L^{ab}/K)\to \mathbb{Q}/\mathbb{Z}$ を $u\tilde\sigma^j\mapsto \chi(u)+js$ ($u\in\mathrm{Gal}(L^{ab}/L)$, $0\le j<n$) と定義すると, χ' は群準同型であり, したがって $\mathrm{Gal}(K^{ab}/K)\to\mathbb{Q}/\mathbb{Z}$ を導いて $X(K)$ の元と見なされ, $\chi'_L=\chi$ となることが確かめられる.

それゆえ $\chi_2=(\chi_3)_L$ となる $\chi_3\in X(K)$ が存在する. 命題 8.39 により, $\chi_1-\chi_3\circ\rho_K$ は $N_{L/K}(L^\times)$ を零化する. そこで $\chi_1-\chi_3\circ\rho_K: K^\times/N_{L/K}(L^\times)\to \mathbb{Q}/\mathbb{Z}$ と標準同型 $K^\times/N_{L/K}(L^\times)\cong \mathrm{Gal}(L/K)$ の合成 $\chi_4: \mathrm{Gal}(L/K)\to\mathbb{Q}/\mathbb{Z}$ を $X(K)$ の元と見なすと, $\chi_1=(\chi_3+\chi_4)\circ\rho_K$. ∎

(c) ζ の応用

局所体に関する項(a),(b)の結果をまとめあげて大域体に関する結果を導き出すために, 局所的なものをかけあわせた姿をもつ ζ 関数が力を発揮する. この項(c)では ζ 関数を用いて4つの定理(8.40, 8.41, 8.42, 8.44)を得る.

定理 8.40 L を大域体 K の有限次分離拡大とする. K のほとんどすべての素点が L において完全分解すれば, $L=K$ である.

[証明] 証明の方法は,「ほとんどすべて完全分解」という仮定から $\zeta_L(s)$ がほぼ $\zeta_K(s)^{[L:K]}$ に等しいことを導き, $\zeta_K(s)$ と $\zeta_L(s)$ がともに $s=1$ において1位の極をもつことから $[L:K]=1$ を導き出すものである.

K の有限素点のうち L において完全分解するもの全体の集合を S とし, S の元の上にある L の素点全休の集合を T とする. 各 $v\in S$ について v の上に $[L:K]$ 個の $w\in T$ が存在し, それらは $N(v)=N(w)$ をみたすから,

(8.11) $\quad \prod_{w\in T}(1-N(w)^{-s})^{-1} = \left(\prod_{v\in S}(1-N(v)^{-s})^{-1}\right)^{[L:K]}$

一方, S,T の補集合は仮定により有限だから, $\zeta_K(s), \zeta_L(s)$ が $s=1$ に 1

位の極を持つことから，$\prod_{v\in S}(1-N(v)^{-s})^{-1}$ も $\prod_{w\in T}(1-N(w)^{-s})^{-1}$ も $s=1$ に 1 位の極を持つことがわかる．このことと(8.11)を比較すると，$[L:K]=1$，すなわち $L=K$ であることがわかる． ∎

次の定理 8.41(2) は，Galois 拡大の場合に，定理 8.40 を Kronecker 密度を考える形に精密化したもので，やはり ζ を用いて証明できる．

定理 8.41 K, L を定理 8.40 のとおりとする．

(1) L の有限素点 w で次の性質を持つもの全体の集合を T とおく．「w は K 上不分岐であり，w の下にある K の素点を v とすると，剰余次数 $f(w/v)$ は 1 に等しい．」すると，T は Kronecker 密度 1 を持つ．

(2) L は K の Galois 拡大であるとする．K の有限素点で L において完全分解するもの全体の集合を S とおくと，S は Kronecker 密度 $[L:K]^{-1}$ を持つ．

[証明] (1) L の有限素点で，K 上不分岐でありかつ T に属さないものの全体の集合を，T' とおく．$w\in T'$ なら，w の下にある K の素点 v について $N(w)\geqq N(v)^2$ となることと，K の各素点 v の上にある L の素点の個数が $[L:K]$ 個であることから，$s>1$ のとき

$$\sum_{w\in T'}N(w)^{-s}\leqq [L:K]\sum_v N(v)^{-2s}.$$

ここに，v は K の有限素点全体を走る．$s\downarrow 1$ のとき，この不等式の右辺は有界であるから，T' は Kronecker 密度 0 を持つ．したがって T は Kronecker 密度 1 を持つ．

(2) (1)で考案した T は，S の上にある L の素点全体に一致し，したがって，S は Kronecker 密度 $[L:K]^{-1}$ を持つ． ∎

定理 8.42 K を大域体とする．

(1) $X(K)\to \prod_v X(K_v)$ は単射である．

(2) $Br(K)\to \prod_v Br(K_v)$ は単射である．

ここに v は K の素点全体を走る．

[(1)の証明] (1)は，定理 8.40 から次のように導かれる．$\chi\in X(K)$ とし，χ に対応する K の巡回拡大を K_χ とおく．K の素点 v について，χ の

$X(K_v)$ における像が 0 であることは，K_χ において v が完全分解することに他ならない．したがって，もし χ が $X(K) \to \prod_v X(K_v)$ の核に属すれば，K のすべての素点が K_χ において完全分解し，よって定理 8.40 により $K_\chi = K$. したがって $\chi = 0$. ∎

(2) は，大域体上の中心単純環の ζ を用いて次のようにして証明される．定理 8.42 の (1) と (2) は似た姿をしており，(1) は ζ を用いて証明されたが，(2) も似た方法で証明されるのである．

A を K 上の中心単純環とするとき，A の ζ 関数 $\zeta_A(s)$ を Euler 積

$$\zeta_A(s) = \prod_v \zeta_A(v,s)$$

の形に定義する．ここに，v は K の素点全体を走り，$\zeta_A(v,s)$ は K_v 上の中心単純環 $A \otimes_K K_v$ によって決まるもので，次のように定義される．まず $\zeta(v,s)$ を，v が有限素点のときは $(1-N(v)^{-s})^{-1}$，v が実素点のときは $\Gamma_\mathbb{R}(s)$，v が複素素点のときは $\Gamma_\mathbb{C}(s)$ と定義する．

$$A \otimes_K K_v \cong M_{m(v)}(D_v).$$

ここに D_v は K_v 上の中心単純環で斜体であるものとして，$\dim_{K_v}(D_v) = r(v)^2$ とおくとき，$\zeta_A(v,s)$ の定義は

$$\zeta_A(v,s) = \prod_{k=0}^{m(v)-1} \zeta(v, s-r(v)k).$$

たとえば，A として $A(-1,-1,\mathbb{Q})$ をとると，

$$\zeta_A(v,s) = \begin{cases} \zeta(v,s)\zeta(v,s-1) & v \neq \infty,\ (2) \text{のとき} \\ \zeta(v,s) & v = \infty \text{ または } (2) \text{のとき．} \end{cases}$$

$\dim_K(A) = n^2$ とおくと，ほとんどすべての v について $A \otimes_K K_v \cong M_n(K_v)$ である (命題 8.32) ことから，ほとんどすべての v について $\zeta_A(v,s) = \prod_{k=0}^{n-1} \zeta(v, s-k)$. すなわち，$\zeta_A(s)$ は有限個の素点の所を除いては $\prod_{k=0}^{n-1} \zeta_K(s-k)$ と一致するものであり，したがって，複素平面全体に有理型に解析接続される．さらに，A が斜体であるときには，§7.5 における Dedekind ζ 関数の解析接続

の方法と同じようにして，次のことが証明できる．

命題 8.43 A を大域体 K 上の中心単純環とし，A は斜体であるとする．$\dim_K(A) = n^2$ とおくとき，K が代数体なら，$\zeta_A(s)$ は $s=0$ と $s=n$ のみに極を持ち，K が有限体上の 1 変数代数関数体なら，K の定数体を $\mathbb{F}_q$ とするとき $\zeta_A(s)$ は $(1-q^{-s})(1-q^{n-s})$ の零点のみに極を持つ． □

[定理 8.42(2) の証明] この命題 8.43 を用いて証明する．α を $Br(K) \to \prod_v Br(K_v)$ の核の元とする．A を，α を代表する K 上の中心単純環で斜体であるものとし，$\dim_K(A) = n^2$ とおく．α の仮定から，K のすべての素点 v について $A \otimes_K K_v \cong M_n(K_v)$．よって

$$\zeta_A(s) = \prod_{k=0}^{n-1} \prod_v \zeta(v, s-k).$$

§7.5 により，この右辺は，$s = n-1$ において極を持つ．よって命題 8.43 により $n-1 = 0$．すなわち $A = K$ であり，$\alpha = 0$ である． ∎

次の定理の (2) の証明には Hecke の L 関数が用いられる．

定理 8.44 K を大域体とする．
(1) L が K の有限次分離拡大なら，$N_{L/K}(C_L)$ は C_K の指数有限開部分群である．
(2) L が K の有限次 Galois 拡大なら，$\sharp(C_K/N_{L/K}(C_L)) \leq [L:K]$．

[証明] (1) 証明は K を代数体として与える．K の各素点 v に対し，v の上にある L の素点 v' をとる．K のすべての素点 v について，$N_{L_{v'}/K_v}(L_{v'}^\times)$ は $K_v^\times$ の開部分群であり（命題 8.36 の証明による），K のほとんどすべての有限素点 v について，$N_{L_{v'}/K_v}(L_{v'}^\times)$ は $O_v^\times$ を含む（ほとんどすべての有限素点 v について $L_{v'}$ が K_v の不分岐拡大であることと，命題 8.30 による）．このことから，$N_{L/K}(\mathbb{A}_L^\times)$ が $\mathbb{A}_K^\times$ の開部分群であること，したがって $N_{L/K}(C_L)$ が C_K の開部分群であることがわかる．これから $C_K/N_{L/K}(C_L)$ は O_K のある 0 でないイデアル $\mathfrak{a}$ について有限群 $Cl(K, \mathfrak{a})$ の商群となり（命題 6.112），よって有限である（命題 6.111）．

(2) K の有限素点 v で L において完全分解するもの全体の集合を S とおき，K の有限素点 v で $C_K/N_{L/K}(C_L)$ における $K_v^\times$ の像が $\{1\}$ であるもの全

体の集合を S' とおく.すると次の(i), (ii), (iii)が成立する.
(i) S は Kronecker 密度 $[L:K]^{-1}$ を持つ.
   これは定理 8.41 である.
(ii) S' は Kronecker 密度 $\sharp(C_K/N_{L/K}(C_L))^{-1}$ を持つ.
   これは §7.5 において,Hecke の L 関数を用いて示された.
(iii) $S \subset S'$.
   なぜなら,$v \in S$ なら,v の上にある L の素点を w とするとき,$K_v \xrightarrow{\cong} L_w$ だから $N_{L_w/K_v}(L_w^\times) = N_{K_v/K_v}(K_v^\times) = K_v^\times$ となり,よって $v \in S'$.
以上の(i), (ii), (iii)から
$$[L:K]^{-1} \leqq \sharp(C_K/N_{L/K}(C_L))^{-1}.$$
したがって,$\sharp(C_K/N_{L/K}(C_L)) \leqq [L:K]$. ∎

(d) Hasse の相互法則の証明

以下の項(d), (e), (f), (g)では代数体を扱う(有限体上の 1 変数代数関数体もほぼ同様の方法で扱うことができる).

代数体 K の Brauer 群に関する Hasse の相互法則
$$\alpha \in Br(K) \text{ なら } \sum_v \mathrm{inv}_{K_v}(\alpha_{K_v}) = 0$$
の証明を与える.

次の補題 8.45, 8.46 を証明すればよい.$\chi \in X(K)$ が円分指標であるとは χ に対応する巡回拡大がある $N \geqq 1$ について $K(\zeta_N)$ に含まれることをいう.

補題 8.45 K を代数体,$\alpha \in Br(K)$ とすると,円分指標 $\chi \in X(K)$ と $a \in K^\times$ で,$\alpha = (\chi, a)$ となるものがある. ∎

補題 8.46 K を代数体,$\chi \in X(K)$ を円分指標,$a \in K^\times$ とすると,
$$\sum_v \mathrm{inv}_{K_v}(\chi_{K_v}, a) = 0.$$
  ∎

補題 8.45 を証明するには,命題 8.28(4) により,次のことを示せばよい.「K の巡回拡大 L で,$\alpha \in \mathrm{Ker}(Br(K) \to Br(L))$ となり,かつある $N \geqq 1$ について $L \subset \mathbb{Q}(\zeta_N)$ となるものが存在する」.K の有限次拡大 L について,v

が K の素点すべてを走り w が L の素点すべてを走るとき,定理 8.42(2) により,可換図式

$$\begin{array}{ccc} Br(K) & \longrightarrow & \bigoplus_v Br(K_v) \\ \downarrow & & \downarrow \\ Br(L) & \longrightarrow & \bigoplus_w Br(L_w) \end{array}$$

の横向きの矢は単射である.したがって,補題 8.45 を証明するには,次の補題 8.47 を証明すればよい.

補題 8.47 K を代数体とし,$\bigoplus_v Br(K_v)$ の元 $(\alpha_v)_v$ (v は K の素点全体を走る)が与えられたとき,K の巡回拡大 L で,

$$(\alpha_v)_v \in \mathrm{Ker}\Big(\bigoplus_v Br(K_v) \to \bigoplus_w Br(L_w)\Big)$$

(w は L の素点全体を走る)となり,かつある $N \geq 1$ について $L \subset K(\zeta_N)$ となるものが存在する. □

命題 8.33 により,w が v の上にあるとき,$Br(K_v) \to Br(L_w)$ の核は $\{\alpha \in Br(K_v); [L_w:K_v]\alpha = 0\}$ に等しい.また $[L_w:K_v]$ は,L が $\chi \in X(K)$ に対応するとき,χ の像 $\chi_{K_v} \in X(K_v)$ の位数に等しい.よって補題 8.47 は,各 α_v の位数 n_v を考えることにより,次の補題 8.48 に帰着される.

補題 8.48 代数体 K の各素点 v に対し整数 $n_v \geq 1$ が与えられ,次の (i), (ii) がみたされるとする.

（ i ） ほとんどすべての v について $n_v = 1$.

（ ii ） v が実素点なら n_v は 1 または 2.v が複素素点なら $n_v = 1$.

このとき,円分指標 $\chi \in X(K)$ で,K のすべての素点 v について,$\chi_{K_v} \in X(K_v)$ の位数が n_v の倍数であるものが存在する.

[証明] n_v を素因数分解して,各素数 l について n_v の l ベキ成分をとって考えることにより,ある素数 l について,n_v はすべて l のベキであるとしてよい.

準同型

(8.12) $\mathrm{Gal}(K^{ab}/K) \to \mathbb{Z}_l^\times; \quad \sigma \mapsto (r(n) \bmod l^n)_{n \geq 1}, \quad \sigma(\zeta_{l^n}) = \zeta_{l^n}^{r(n)}$

§8.3 類体論の証明 —— 351

を考える. K の素点 v について, $\mathrm{Gal}(K_v^{ab}/K_v) \to \mathrm{Gal}(K^{ab}/K) \xrightarrow{(8.12)} \mathbb{Z}_l^\times$ の像は, v が実素点なら $\{\pm 1\}$ (複素共役写像 $\in \mathrm{Gal}(K_v^{ab}/K_v) = \mathrm{Gal}(\mathbb{C}/\mathbb{R})$ が ζ_{l^n} を $\zeta_{l^n}^{-1}$ にうつすから) であり, あとで示すように v が有限素点なら無限群になる. このことから, m を十分大きい自然数とすると, $l \neq 2$ のときの円分指標

$$\mathrm{Gal}(K^{ab}/K) \xrightarrow{(8.12)} \mathbb{Z}_l^\times \cong \mathbb{Z}/(l-1)\mathbb{Z} \times \mathbb{Z}_l \to \mathbb{Z}_l \to \mathbb{Z}/l^m\mathbb{Z} \cong \frac{1}{l^m}\mathbb{Z}/\mathbb{Z} \subset \mathbb{Q}/\mathbb{Z}$$

と $l = 2$ のときの円分指標

$$\mathrm{Gal}(K^{ab}/K) \xrightarrow{(8.12)} \mathbb{Z}_2^\times \cong \mathbb{Z}/2\mathbb{Z} \times \mathbb{Z}_2 \to \mathbb{Z}/2\mathbb{Z} \times \mathbb{Z}/2^m\mathbb{Z} \cong \frac{1}{2}\mathbb{Z}/\mathbb{Z} \times \frac{1}{2^m}\mathbb{Z}/\mathbb{Z}$$
$$\xrightarrow{+} \mathbb{Q}/\mathbb{Z}$$

($\mathbb{Z}_l^\times \cong$ の所は第 3 章を参照, 最後の $+$ は和をとること) による $\mathrm{Gal}(K_v^{ab}/K_v)$ の像は, すべての素点 v について位数が n_v の倍数となる. したがって, この円分指標の $X(K_v)$ における像は, すべての素点 v について位数が n_v の倍数になる.

上の途中に使った, v が有限素点のとき (8.12) による $\mathrm{Gal}(K_v^{ab}/K_v)$ の像の位数が無限になることの証明をする.

v が l の上にないなら, v は $K(\zeta_{l^n})$ において不分岐である. v の剰余体を $\mathbb{F}_q$ とおくと v の Frobenius 置換は ζ_{l^n} を q 乗するから, $\mathrm{Gal}(K_v^{ab}/K_v)$ の元でその $\mathrm{Gal}(K_v^{ur}/K_v)$ での像が Frobenius 置換であるものは, $\mathbb{Z}_l^\times$ における像が q となる. q の位数は有限ではない.

v が l の上にあれば, $n \geqq 1$ に対し $[\mathbb{Q}_l(\zeta_{l^n}) : \mathbb{Q}_l] = l^{n-1}(l-1)$ であることから, $n \to \infty$ のとき

$$[K_v(\zeta_{l^n}) : K_v] \geqq [K_v : \mathbb{Q}_l]^{-1}[\mathbb{Q}_l(\zeta_{l^n}) : \mathbb{Q}_l] \to \infty.$$

これは $\mathrm{Gal}(K_v^{ab}/K_v)$ の $\mathbb{Z}_l^\times$ での像が有限でないことを示している. ∎

補題 8.46 を証明する前に, $N \geqq 1$ に対し, 準同型

$$\rho_N, \rho_N' : \mathbb{A}_K^\times \to (\mathbb{Z}/N\mathbb{Z})^\times$$

を次のように定義する. まず $a = (a_v)_v \in \mathbb{A}_K^\times$ に対し,

$$\rho_N(a) = \prod_v (\rho_{K_v}(a_v) \in \mathrm{Gal}(K_v^{ab}/K_v) \text{ の } \mathrm{Gal}(K(\zeta_N)/K) \text{ での像})$$

$\in \mathrm{Gal}(K(\zeta_N)/K) \subset (\mathbb{Z}/N\mathbb{Z})^\times$

とおく．ここで積 $\prod_v$ は実際は有限積になる．なぜなら，ほとんどすべての有限素点 v について，$a_v \in O_v^\times$ かつ v が $K(\zeta_N)$ で不分岐となるため，$\rho_{K_v}(a_v)$ の $\mathrm{Gal}(K_v(\zeta_N)/K_v)$ における像は 1 となるからである．また，$\mathrm{Gal}(K(\zeta_N)/K)$ を $(\mathbb{Z}/N\mathbb{Z})^\times$ に，単射 $\mathrm{Gal}(K(\zeta_N)/K) \to \mathrm{Gal}(\mathbb{Q}(\zeta_N)/\mathbb{Q}) \cong (\mathbb{Z}/N\mathbb{Z})^\times$ によってうめこんだ．

次に ρ'_N を，合成

$$\mathbb{A}_K^\times \to C_K \xrightarrow{N_{K/\mathbb{Q}}} C_\mathbb{Q} \to Cl(\mathbb{Q}, N\mathbb{Z}) \cong (\mathbb{Z}/N\mathbb{Z})^\times \quad (\text{例 } 6.115)$$

と定義する．

補題 8.49　$\rho_N = \rho'_N$．　　　□

この補題を用いると，補題 8.46 が次のように証明される．

[補題 8.46 の証明]　円分指標は，ある $N \geq 1$ についての準同型 $\chi\colon \mathrm{Gal}(K(\zeta_N)/K) \to \mathbb{Q}/\mathbb{Z}$ から，合成 $\mathrm{Gal}(K^{ab}/K) \to \mathrm{Gal}(K(\zeta_N)/K) \xrightarrow{\chi} \mathbb{Q}/\mathbb{Z}$（それも χ と書く）として導かれるものである．$a \in K^\times$ に対し，

$$\sum_v \mathrm{inv}_{K_v}(\chi_{K_v}, a) = \sum_v \chi(\rho_{K_v}(a) \in \mathrm{Gal}(K_v^{ab}/K_v) \text{ の } \mathrm{Gal}(K(\zeta_N)/K) \text{ での像})$$
$$= \chi(\rho_N(a)) = \chi(\rho'_N(a)) = 0.$$

ここで最後から 2 つ目の等号に，補題 8.49 を用いた．　　　■

補題 8.49 を証明するには，すべての素点 v について，ρ_N と ρ'_N の $K_v^\times \subset \mathbb{A}_K^\times$ への制限が一致することを示せばよい．まず次の補題を示す．

補題 8.50

(1)　v が無限素点であるか，または v が有限素点でその下にある素数が N をわらなければ，ρ_N と ρ'_N の $K_v^\times \subset \mathbb{A}_K^\times$ への制限は一致する．

(2)　準同型 $\chi\colon \mathrm{Gal}(K(\zeta_N)/K) \to \mathbb{Q}/\mathbb{Z}$ に対し，χ に対応する K の巡回拡大を L とすると，

$$\chi(\rho_N(N_{L/K}(\mathbb{A}_L^\times))) = \chi(\rho'_N(N_{L/K}(\mathbb{A}_L^\times))) = \{0\}.$$

[証明]　(1) v が複素素点のときは $\rho_N(K_v^\times) = \rho'_N(K_v^\times) = \{1\}$，$v$ が実素点のときは ρ_N も ρ'_N も，$K_v^\times = \mathbb{R}^\times$ の正の元を 1 に，負の元を $-1 \in (\mathbb{Z}/N\mathbb{Z})^\times$

にうつし，v が有限素点でその下にある素数が N をわらないときは，v の剰余体を $\mathbb{F}_q$ とすると，ρ_N も ρ'_N も $O_v^\times$ を 1 にうつし $K_v^\times$ の素元を $q \in (\mathbb{Z}/N\mathbb{Z})^\times$ にうつす．これは ρ_N については局所類体論からわかり，ρ'_N についても容易に示される．

(2) ρ_N については局所類体論からわかる．ρ'_N について考える．S を，L の有限素点で K 上分岐するもの全体のなす有限集合とする．(1)により，

$$\chi\left(\rho'_N\left(N_{L/K}\left(\prod_{w \notin S} L_w^\times\right)\right)\right) = \chi\left(\rho_N\left(N_{L/K}\left(\prod_{w \notin S} L_w^\times\right)\right)\right) = \{0\}$$

が成り立つ．また，$\rho'_N(N_{L/K}(L^\times)) \subset \rho'_N(K^\times) = \{0\}$ であり，$L^\times \to \prod_{w \in S} L_w^\times$ の像は稠密である(命題 6.79)から，$\chi \circ \rho'_N \circ N_{L/K}: \mathbb{A}_L^\times \to \mathbb{Q}/\mathbb{Z}$ の連続性により，$\chi \circ \rho'_N \circ N_{L/K}$ は $\prod_{w \in S} L_w^\times$ も零化する．よって，$\chi \circ \rho'_N \circ N_{L/K}$ は $\mathbb{A}_L^\times$ 全体を零化する． ∎

[補題 8.49 の証明] すべての素点 v について ρ_N と ρ'_N の $K_v^\times$ への制限が一致することを示せば十分であるが，補題 8.50(1)により，v は有限素点であるとしてよい．$K_v^\times$ は K_v の素元全体で生成されるから，K_v のすべての素元 π とすべての準同型 $\chi: \mathrm{Gal}(K(\zeta_N)/K) \to \mathbb{Q}/\mathbb{Z}$ について，$\chi(\rho_N(\pi)) = \chi(\rho'_N(\pi))$ となることを示せばよい．

$\chi(\rho_N(\pi))$ の位数を n とし，$m = q^n - 1$ とおく．$(\mathbb{Z}/m\mathbb{Z})^\times$ における q の位数は n であるから，準同型 $\psi: (\mathbb{Z}/m\mathbb{Z})^\times \to \mathbb{Q}/\mathbb{Z}$ で $\psi(q) = \chi(\rho_N(\pi))$ となるものが存在する．$\mathrm{Gal}(K(\zeta_{Nm})/K) \hookrightarrow (\mathbb{Z}/Nm\mathbb{Z})^\times \xrightarrow{\chi - \psi} \mathbb{Q}/\mathbb{Z}$ に対応する K の巡回拡大を L とし，w を v の上にある L の素点とすると，

$$(\chi - \psi)(\rho_{Nm}(\pi)) = \chi(\rho_N(\pi)) - \psi(\rho_m(\pi)) = \chi(\rho_N(\pi)) - \psi(q) = 0$$

であることから，局所類体論により，$\pi \in N_{L_w/K_v}(L_w^\times)$．よって $\pi \in N_{L/K}(\mathbb{A}_L^\times)$．よって補題 8.50(2)($N$ のかわりに Nm，χ のかわりに $\chi - \psi$ をとって適用)により，$(\chi - \psi)(\rho'_{Nm}(\pi)) = 0$．また v の下にある素数は m をわらないから，補題 8.50(1)により $\rho_m(\pi) = \rho'_m(\pi)$．よって

$$\chi(\rho'_N(\pi)) = \psi(\rho'_m(\pi)) = \psi(\rho_m(\pi)) = \chi(\rho_N(\pi)). \qquad \blacksquare$$

(e) 大域類体論の証明(1)

K を代数体とする.

Hasse の相互法則が証明されたことで, §8.2(f)に説明した方法で, 標準準同型
$$\rho_K: C_K \to \mathrm{Gal}(K^{ab}/K)$$
が定義される. ただし §8.2(f)における ρ_K の定義の説明に, 列 $0 \to Br(K) \to \bigoplus_v Br(K_v) \to \mathbb{Q}/\mathbb{Z} \to 0$ を持ち出したけれども, この列が完全列であること (それはまだ証明しておらず, 次項で証明する)を用いたのではなく, 実際には Hasse の相互法則のみが, §8.2(f)における ρ_K の定義に使われているのである. また, そこでは $\chi \in X(K)$ と $(a_v)_v \in \mathbb{A}_K^\times$ について, ほとんどすべての素点 v において $(\chi_{K_v}, a_v) = 0$ となることを証明なしで述べたが, これは次のように証明される. ほとんどすべての有限素点 v について, $a_v \in O_v^\times$ かつ χ に対応する K の巡回拡大において v が不分岐となり, よってそのような v について $(\chi_{K_v}, a_v) = 0$ (命題 8.30).

以下, 類体論の主定理である定理 8.4 の(1), (2)を証明する.

[証明] ρ_K が, 定理 8.4(1)にある ρ_{K_v} との関係についての可換図式をもたらすことは, 定義からあきらかである.

ρ_K が連続であることを示す. K の各有限次 Abel 拡大 L について, ρ_K が導く $C_K \to \mathrm{Gal}(L/K)$ が連続であることを示せばよい. この準同型は, その ρ_{K_v} との関係により, $N_{L/K}(C_L)$ を $\{1\}$ にうつす. $N_{L/K} C_L$ は項(c)に述べたように C_K の開部分群であるから, この $C_K \to \mathrm{Gal}(L/K)$ が連続であることがわかる.

また, 定理 8.4(1)にある可換図式をみたす連続準同型がただひとつに限られることは, 容易である.

次に, 定理 8.4(2), すなわち K の各有限次 Abel 拡大 L について, ρ_K により同型
$$C_K/N_{L/K}(C_L) \xrightarrow{\cong} \mathrm{Gal}(L/K)$$
が導かれること, を証明する.

まず，ρ_K が導く $C_K/N_{L/K}(C_L) \to \mathrm{Gal}(L/K)$ が全射であることを示す．これには，$\chi \in X(K)$ が K のすべての素点 v について $\chi_{K_v}(\rho_{K_v}(K_v^\times)) = \{0\}$ をみたすとき，$\chi = 0$ となることを，証明すればよい．局所類体論により，$\chi_{K_v}(\rho_{K_v}(K_v^\times)) = 0$ なら $\chi_{K_v} = 0$ である．よって $X(K) \to \prod_v X(K_v)$ が単射であること(定理 8.42)により，$\chi = 0$ を得る．

次に，このような全射 $C_K/N_{L/K}(C_L) \to \mathrm{Gal}(L/K)$ が単射であることは，$\sharp(C_K/N_{L/K}(C_L)) \leq [L:K]$ であること(定理 8.44)からわかる． ∎

(f) 代数体の Brauer 群の決定

この項では，代数体の Brauer 群についての定理 8.26 の証明を完成する．定理 8.26 の証明のうちで，残っているのは，「$(\alpha_v)_v \in \bigoplus_v Br(K_v)$ が $\sum_v \mathrm{inv}_{K_v}(\alpha_v) = 0$ をみたせば，$(\alpha_v)_v$ は $Br(K) \to \bigoplus_v Br(K_v)$ の像に入る」ということである．以下，これを証明する．補題 8.47 により，K の巡回拡大 L で，$(\alpha_v)_v$ が $\bigoplus_v Br(K_v) \to \bigoplus_w Br(L_w)$ (w は L の素点全体を走る)の核に入るものが存在する．次の可換図式を考える．

$$\begin{array}{ccccc} K^\times/N_{L/K}(L^\times) & \longrightarrow & \mathbb{A}_K^\times/N_{L/K}(\mathbb{A}_L^\times) & \longrightarrow & C_K/N_{L/K}(C_L) \\ \cong \downarrow {\scriptstyle (\chi,\ )} & & \cong \downarrow {\scriptstyle (\chi,\ )} & & \cong \downarrow {\scriptstyle \chi} \\ Br(L/K) & \longrightarrow & \bigoplus_v Br(L_{v'}/K_v) & \longrightarrow & \frac{1}{[L:K]}\mathbb{Z}/\mathbb{Z}. \end{array}$$

ここで，v' は v の上にある L の素点をあらわし，中央のたての写像は，$(a_v)_v \mapsto ((\chi_{K_v}, a_v) \in Br(K_v))_v$ であり，右側のたての写像は，それから導かれる写像である．左側と中央のたての写像は，巡回線形環の理論(命題 8.28(4))により同型であり，右側のたての写像は，項(e)に証明した $C_K/N_{L/K}(C_L) \xrightarrow{\cong} \mathrm{Gal}(L/K)$ により同型であることがわかる．上の横列は完全列であるから，図式より，下の横列も完全列であることがわかる．よって $(\alpha_v)_v$ は $Br(L/K) \to \bigoplus_v Br(L_{v'}/K_v)$ の像に入り，したがって $Br(K) \to \bigoplus_v Br(K_v)$ の像に入る． ∎

(g) 大域類体論の証明(2)

大域類体論の主定理である定理 8.4 の(3)を，K が代数体の場合に証明す

る．

項(b)で考察した局所類体論の場合と同様，次のことを証明すればよい．
$$X'(K) = (C_K \text{から} \mathbb{Q}/\mathbb{Z} \text{への位数有限連続準同型全体})$$
とおくとき，
$$X(K) \xrightarrow{\cong} X'(K); \quad \chi \mapsto \chi \circ \rho_K.$$

$X(K) \to X'(K)$ が単射であることは，K の各有限次 Abel 拡大 L について $C_K \to \text{Gal}(L/K)$ が全射であることからしたがう．

全射であることを示す．$\chi \in X'(K)$ とし，χ が $X(K) \to X'(K)$ の像に入ることを示す．χ の位数を n とするとき，もし K が 1 の n 乗根を含めば，下の補題 8.51(1)により，χ は $X(K) \to X'(K)$ の像に入る．一般の場合は下の補題 8.51(2)により，$\zeta_n \in K$ の場合に帰着できる．

補題 8.51 K を代数体とする．

（1） $n \geq 1$ とし，$X_n(K) = \{\chi \in X(K); n\chi = 0\}$，$X'_n(K) = \{\chi \in X'(K); n\chi = 0\}$ とおく．K が 1 の原始 n 乗根を含むとすると，
$$X_n(K) \xrightarrow{\cong} X'_n(K); \quad \chi \mapsto \chi \circ \rho_K.$$

（2） L を K の有限次 Abel 拡大とし，$\chi \in X'(K)$ とする．もし $\chi \circ N_{L/K} \in X'(L)$ が $X(L) \to X'(L)$ の像に入れば，χ は $X(K) \to X'(K)$ の像に入る．

[(1)の証明] S を K の素点の有限集合で，無限素点をすべて含むものとするとき，
$$X_{n,S}(K) = \{\chi \in X_n(K); v \text{ が } K \text{ の素点で } v \notin S \text{ なら，} v \text{ は } \chi \text{ に対}$$
$$\text{応する } K \text{ の巡回拡大において不分岐}\}$$
$$X'_{n,S}(K) = \{\chi \in X'_n(K); v \text{ が } K \text{ の素点で } v \notin S \text{ なら，} \chi(O_v^\times) = \{1\}\}$$
とおく．$X_n(K) \to X'_n(K)$ は，$X_{n,S}(K)$ を $X'_{n,S}(K)$ にうつす．
$$X_n(K) = \bigcup_S X_{n,S}(K), \quad X'_n(K) = \bigcup_S X'_{n,S}(K)$$
であるから，S が十分大きいとき，$X_{n,S}(K) \xrightarrow{\cong} X'_{n,S}(K)$ であることを示せばよい．S を十分大きくとって，(n) をわる O_K の素イデアルがすべて S に属し，かつ $Cl(K)$ が S に属する有限素点の類 (S に属する素イデアルの類

§8.3 類体論の証明 —— 357

で生成されるようにする. このとき, $X_{n,S}(K) \xrightarrow{\cong} X'_{n,S}(K)$ が成立すること
を示す.

証明の方法は, 単射の列
$$O_S^\times/(O_S^\times)^n \to X_{n,S}(K) \to X'_{n,S}(K)$$
を考え, さらに $O_S^\times/(O_S^\times)^n$ と $X'_{n,S}(K)$ が位数の等しい有限群であること
を証明することにより, $X_{n,S}(K) \xrightarrow{\cong} X'_{n,S}(K)$ を得るものである. ここで
$O_S^\times/(O_S^\times)^n \to X_{n,S}(K)$ は, 項(b)で定義した単射 $K^\times/(K^\times)^n \to X_n(K)$ が導く
準同型で, これは単射である($O_S^\times \cap (K^\times)^n = (O_S^\times)^n$ であるから $O_S^\times/(O_S^\times)^n \to K^\times/(K^\times)^n$ が単射であることによる).

次の補題を証明すれば, $X_{n,S}(K) \xrightarrow{\cong} X'_{n,S}(K)$ が得られることになる. ∎

補題 8.52 K, n, S を上のとおりとするとき,
$$\sharp(O_S^\times/(O_S^\times)^n) = \sharp(X'_{n,S}(K)) = n^{\sharp(S)}.$$

[証明] まず $\sharp(O_S^\times/(O_S^\times)^n)$ を考える. Dirichlet の単数定理の一般化である定理 6.86 により,

(8.13) $$O_S^\times \cong \mathbb{Z}^{\oplus(\sharp(S)-1)} \oplus W.$$

ここに, W は K に属する 1 のベキ根全体のなす有限群である. W は巡回群であり, $\zeta_n \in K$ ゆえ W の位数は n の倍数だから, $W/W^n \cong \mathbb{Z}/n\mathbb{Z}$. よって(8.13)により, $O_S^\times/(O_S^\times)^n \cong (\mathbb{Z}/n\mathbb{Z})^{\oplus \sharp(S)}$ となり, $\sharp(O_S^\times/(O_S^\times)^n) = n^{\sharp(S)}$ を得る.

次に $\sharp(X'_{n,S}(K))$ を考える.
$$X'_{n,S}(K) = \mathrm{Hom}_{連続}\left(C_K \Big/ \Big(\prod_{v \notin S} O_v^\times \text{の像}\Big), \frac{1}{n}\mathbb{Z}/\mathbb{Z}\right)$$
である. 自然な写像により, 同型

(8.14) $$\Big(\prod_{v \in S} K_v^\times\Big) \Big/ O_S^\times \xrightarrow{\cong} C_K \Big/ \Big(\prod_{v \notin S} O_v^\times \text{の像}\Big)$$

が成立する. これが単射であることは容易に確かめられる. 全射であることは, (8.14)の写像の余核 $\cong \mathrm{Coker}\Big(\prod_{v \in S} K_v^\times \to Cl(K)\Big) = \{0\}$ (S のとりかたの仮定による)からわかる. したがって

$$X'_{n,S}(K) \cong \mathrm{Hom}\left(\left(\prod_{v \in S} K_v^\times/(K_v^\times)^n\right)\Big/(O_S^\times/(O_S^\times)^n\text{の像}), \frac{1}{n}\mathbb{Z}/\mathbb{Z}\right).$$

有限 Abel 群とその指標群は位数が等しいので,

$$\sharp(X'_{n,S}(K)) = \sharp\left(\left(\prod_{v \in S} K_v^\times/(K_v^\times)^n\right)\Big/(O_S^\times/(O_S^\times)^n\text{の像})\right).$$

よって次の補題 8.53 を示せば,

$$\sharp(X'_{n,S}(K)) = \sharp\left(\prod_{v \in S} K_v^\times/(K_v^\times)^n\right)\{\sharp(O_S^\times/(O_S^\times)^n)\}^{-1} = n^{2\sharp(S)} \cdot n^{-\sharp(S)} = n^{\sharp(S)}.$$

補題 8.53 K, n, S を上のとおりとするとき,

(1) $O_S^\times/(O_S^\times)^n \to \prod_{v \in S} K_v^\times/(K_v^\times)^n$ は単射.

(2) $\sharp\left(\prod_{v \in S} K_v^\times/(K_v^\times)^n\right) = n^{2\sharp(S)}$.

[証明] (1) 次の可換図式を考える.

$$\begin{array}{ccccc}
O_S^\times/(O_S^\times)^n & \longrightarrow & X_{n,S}(K) & \longrightarrow & X'_{n,S}(K) \\
\downarrow & & \downarrow & & \downarrow \\
\prod_{v \in S} K_v^\times/(K_v^\times)^n & \longrightarrow & \prod_{v \in S} X_n(K_v) & \longrightarrow & \prod_{v \in S} X'_n(K_v).
\end{array}$$

上側の横向きの写像はすべて単射であり, 右側のたての写像は (8.14) により単射である. よって図より, 左側のたての写像 $O_S^\times/(O_S^\times)^n \to \prod_{v \in S} K_v^\times/(K_v^\times)^n$ は単射である.

(2) 各 $v \in S$ に対し,

(8.15) $\qquad \sharp(K_v^\times/(K_v^\times)^n) = n^2 |n|_{K_v}^{-1}$

を示す. これが示されれば, $v \notin S$ なら $|n|_{K_v} = 1$ なので, 積公式 $\prod_v |n|_{K_v} = 1$ により $\prod_{v \in S} |n|_{K_v} = 1$ を得, よって

$$\sharp\left(\prod_{v \in S} K_v^\times/(K_v^\times)^n\right) = \prod_{v \in S}(n^2 |n|_{K_v}^{-1}) = n^{2\sharp(S)} \cdot \prod_{v \in S} |n|_{K_v}^{-1} = n^{2\sharp(S)}$$

を得る. (8.15) の証明は次のとおり. v が複素素点なら, $K_v^\times/(K_v^\times)^n = \{1\}$ であり, $n^2 |n|_{K_v}^{-1} = 1$. v が実素点なら, $\zeta_n \in K$ により, n は 1 または 2 であり, $n = 1$ なら (8.15) はあきらかで, $n = 2$ なら $\sharp(K_v^\times/(K_v^\times)^n) = 2 = 2^2 |2|_\mathbb{R}^{-1}$. 最後

に，v を有限素点とする．一般に A を Abel 群とするとき，n 倍写像 $n\colon A\to A$ の核，余核が有限のとき「$\theta_n(A)$ が定義できる」と称して
$$\theta_n(A) = \sharp(\mathrm{Coker}(n\colon A\to A))\cdot \sharp(\mathrm{Ker}(n\colon A\to A))^{-1}$$
とおくことにする．すると，A が有限なら $\theta_n(A)$ は定義されて $\theta_n(A) = 1$，B が A の部分群で $\theta_n(B)$ と $\theta_n(A/B)$ が定義されれば，$\theta_n(A)$ が定義されて $\theta_n(A)=\theta_n(B)\cdot\theta_n(A/B)$ となる．今 $a\in K_v^\times$ を $|a|_{K_v}$ が十分 0 に近いようにとると，
$$O_v \to O_v^\times;\ x\mapsto \exp(ax)$$
が定義され，これは単射で余核は有限．$\theta_n(O_v) = \sharp(O_v/nO_v) = |n|_{K_v}^{-1}$ だから，
$$\theta_n(O_v^\times) = \theta_n(O_v)\cdot\theta_n(O_v^\times/\exp(aO_v)) = \theta_n(O_v) = |n|_{K_v}^{-1}.$$
よって，$\theta_n(K_v^\times) = \theta_n(O_v^\times)\theta_n(K_v^\times/O_v^\times) = \theta_n(O_v^\times)\theta_n(\mathbb{Z}) = |n|_{K_v}^{-1}\cdot n$．$K_v$ は 1 の原始 n 乗根を含むから，$K_v^\times \to K_v^\times;\ x\mapsto x^n$ の核の位数は n であり，よって，
$$\sharp(K_v^\times/(K_v^\times)^n) = \theta_n(K_v^\times)\cdot n = |n|_{K_v}^{-1}\cdot n^2. \blacksquare$$

[補題 8.51(2) の証明] 代数体 K の有限次拡大 L について，図式

$$\begin{array}{ccc} C_L & \xrightarrow{\rho_L} & \mathrm{Gal}(L^{ab}/L) \\ {\scriptstyle N_{L/K}}\downarrow & & \downarrow \\ C_K & \xrightarrow{\rho_K} & \mathrm{Gal}(K^{ab}/K) \end{array}$$

が可換であることが，その「局所版」である命題 8.39 から得られる．補題 8.38(2) を命題 8.39 を用いて証明したのとまったく同じ議論によって，補題 8.51(2) はこの可換図式を用いて証明される． $\blacksquare$

《要約》

8.1 体 K の有限次 Abel 拡大すべての合併体 K^{ab} の Galois 群 $\mathrm{Gal}(K^{ab}/K)$ は，K の Abel 拡大についての情報のつまった重要な群である．K が局所体のとき，$\mathrm{Gal}(K^{ab}/K)$ が乗法群 $K^\times$ とほぼ同型になり，K が大域体のとき，$\mathrm{Gal}(K^{ab}/K)$ がイデール類群 C_K とほぼ同型になる．これが類体論の主内容である．類体論のもっと具体的な意味については，本文を見られたい．

8.2 体 K の Brauer 群 $Br(K)$ は, K を中心として持つ K 上有限次の斜体の同型類全体の集合に, Abel 群の構造を入れたものである. 局所体の Brauer 群について, $Br(\mathbb{R}) \cong \frac{1}{2}\mathbb{Z}/\mathbb{Z}$, $Br(\mathbb{C}) = \{0\}$, K が有限体を剰余体とする完備離散付値体なら $Br(K) \cong \mathbb{Q}/\mathbb{Z}$ が成立する. 大域体 K の Brauer 群は, K のすべての局所体の Brauer 群の直和にうめこまれ, その直和から $\mathbb{Q}/\mathbb{Z}$ への標準準同型の核と同型になる.

8.3 上の 8.1 に述べた類体論と, 8.2 に述べた Brauer 群の理論は, 密接に結びつく. また, Brauer 群の理論は, 2 次曲線や Hilbert 記号と密接に結びつく.

8.4 数の世界にこのような理論が存在していることはまことにふしぎである.

────────── 演習問題 ──────────

8.1 $p_1, \cdots, p_n$ を 4 でわると 1 余る相異なる素数とし, $m = -p_1 \cdots p_n$, $K = \mathbb{Q}(\sqrt{m})$ とおく.

(1) $K(\sqrt{p_1}, \cdots, \sqrt{p_n})$ は K の不分岐拡大であることを示せ.

(2) (1) と類体論を用いて, K の類数が 2^n でわりきれることを示せ.

8.2 $K = \mathbb{Q}(\sqrt{3})$ とする. K の類数が 1 であることを用いて, $K(O_K) = K(\sqrt{-1})$ であることを示せ. またこれから, 素数 $p \neq 2, 3$ に対し
$$x^2 - 3y^2 = p \text{ となる整数 } x, y \text{ が存在する} \iff p \equiv 1 \bmod 12$$
を証明せよ.

8.3 $p_1, p_2, \cdots$ を相異なる奇素数とする. 整数 $a_1, a_2, \cdots$ を, $a_i \bmod p_i$ が $\mathbb{F}_{p_i}$ の平方元でなく $1 \leqq j < i$ なる j に対して, $a_i \equiv 1 \bmod p_j$ となるようにとる(中国式剰余定理により, そのような $a_1, a_2, \cdots$ をとることができる). このとき, 4 元数環 $A(p_i, a_i, \mathbb{Q})$ はいずれも斜体で, どの 2 つも互いに同型でないことを示せ.

付録 A
Dedekind 環のまとめ

この付録においては，本文で使った Dedekind 環の基本的事項をまとめておく．以下で，環といえば可換環のこととする．

§A.1 Dedekind 環の定義

環 A が **Dedekind 環** であるとは，A が次の条件(1)-(3)をみたすことである．
(1) A は Noether 環．
(2) A は整閉整域．
(3) A の0以外の素イデアル(ideal)は極大イデアルである．

ここにでてくる言葉の意味を説明する．A が **Noether 環** であるとは，A が次の条件(1)をみたすことである．
(1) A の任意のイデアルは有限生成．
この条件は次の(2)-(4)のどの1つとも同値である．
(2) $\mathfrak{a}_1 \subset \mathfrak{a}_2 \subset \mathfrak{a}_3 \subset \cdots$ を A のイデアルの増大列とすると，$\mathfrak{a}_N = \mathfrak{a}_{N+1} = \mathfrak{a}_{N+2} = \cdots$ となる N が存在する．
(3) Ψ を A のイデアルからなる空ではない集合とすると，Ψ に属する $\mathfrak{a}$ で条件「$\mathfrak{b} \in \Psi$ かつ $\mathfrak{b} \supset \mathfrak{a}$ ならば $\mathfrak{b} = \mathfrak{a}$」をみたすものが存在する．
(4) 有限生成 A 加群の部分加群は有限生成である．

A が **整域** であるとは，A が条件
$$a, b \in A \text{ に対し，} ab = 0 \text{ ならば } a = 0 \text{ または } b = 0$$

をみたし，かつ A は零環 $\{0\}$ ではないことである．

A が環 B の部分環であるとき，B の元 x が A 上整であるとは，x が A 係数のある方程式
$$x^n + a_1 x^{n-1} + \cdots + a_n = 0 \quad (a_i \in A, \ n \text{ は自然数})$$
をみたすことである．

環 B 内の A 上整な元全体 $\{x \in B ; x \text{ は } A \text{ 上整}\}$ は B の部分環をなす．これを A の B での**整閉包**という．A が整域のとき A の分数体での A の整閉包を単に A の整閉包とよび，A が A の整閉包と一致するとき A は**整閉**であるという．

環 A のイデアル $\mathfrak{a}$ が**素イデアル**であるとは，剰余環 $A/\mathfrak{a}$ が整域となることである．これは次の条件 (1), (2) がみたされることと同値である．

（1） $ab \in \mathfrak{a}$ ならば $a \in \mathfrak{a}$ または $b \in \mathfrak{a}$ である．

（2） $1 \notin \mathfrak{a}$.

A のイデアル $\mathfrak{a}$ が**極大**であるとは，剰余環 $A/\mathfrak{a}$ が体であることである．これは次の条件 (1), (2) がみたされることと同値である．

（1） $\mathfrak{a}$ を含む A のイデアルは A または $\mathfrak{a}$ に限る．

（2） $1 \notin \mathfrak{a}$.

極大イデアルは素イデアルであるが，$\mathbb{Z}$ の素イデアル 0 のように逆はなりたたない．

例 A.1 (Dedekind 環)

（1） 主イデアル整域(例 4.4 参照)は Dedekind 環である．

（2） A を Dedekind 環とし，K をその分数体，L を K の有限次拡大，B を A の L での整閉包とするとき，B は Dedekind 環である． □

§A.2 分数イデアル

A を整域とする．A の**分数イデアル**とは，A の分数体 K の 0 でない部分 A 加群であって，有限生成なもののことである．K の 0 でない元 $a \in K^\times$ に対し，$(a) = \{ab ; b \in A\} \subset K$ は A の分数イデアルである．このようなものを

主分数イデアルという．

　A の分数イデアル $\boldsymbol{a}, \boldsymbol{b}$ に対し，その積 $\boldsymbol{a} \cdot \boldsymbol{b}$ を $a \cdot b\,(a \in \boldsymbol{a}, b \in \boldsymbol{b})$ によって生成される K の部分 A 加群とする．分数イデアル $\boldsymbol{a}$ に対し，分数イデアル $\boldsymbol{b}$ で $\boldsymbol{a} \cdot \boldsymbol{b} = A$ をみたすものが存在するとき $\boldsymbol{a}$ は可逆であるという．$(a) \cdot (a^{-1}) = A$ であるから主分数イデアルは可逆である．

　A の可逆分数イデアル全体 $D(A)$ は積に関して可換群をなす．単位元は A であり，$\boldsymbol{a} \in D(A)$ の逆元は $\boldsymbol{a}^{-1} = \{b \in K\,;\, b\boldsymbol{a} \subset A\}$ で与えられる．写像 $K^{\times} \to D(A)\,;\, a \mapsto (a)$ は群の準同型であり，核は $A^{\times}$ に等しい．

定理 A.2 A を Dedekind 環とし，S_A を A の 0 でない素イデアル全体の集合とする．このとき，

（1）A の任意の分数イデアルは可逆である．

（2）$\mathbb{Z}^{(S_A)}$ を S_A を基底とする自由 Abel 群とする．このとき標準写像

$$\mathbb{Z}^{(S_A)} \to D(A)\,;\, (e_{\boldsymbol{p}})_{\boldsymbol{p} \in S_A} \mapsto \prod_{\boldsymbol{p} \in S_A} \boldsymbol{p}^{e_{\boldsymbol{p}}}$$

は Abel 群の同型である．

（3）$\boldsymbol{a} = \prod \boldsymbol{p}^{e_{\boldsymbol{p}}}$, $\boldsymbol{b} = \prod \boldsymbol{p}^{e'_{\boldsymbol{p}}}$ に対し $\boldsymbol{a} \subset \boldsymbol{b}$ と，任意の $\boldsymbol{p}$ に対し $e_{\boldsymbol{p}} \geq e'_{\boldsymbol{p}}$ であることとは同値である． □

Dedekind 環 A に対し，標準写像 $K^{\times} \to D(A)$ の余核を A の**イデアル類群**とよび，$Cl(A)$ と表す．$Cl(A) = \{$分数イデアル$\}/\{$主分数イデアル$\}$ である．A が主イデアル整域であることと，$Cl(A) = 0$ であることとは同値である．

付録 B
Galois 理論

この付録では，本文で使った Galois 理論や無限次 Galois 理論やそれに関係する事柄についてまとめておく．

§B.1 Galois 理論

K を体とし，L を K の有限次拡大とする．

L の K 上の自己同型(体としての同型 $L \xrightarrow{\cong} L$ で K の元を動かさないもの)全体が，写像の合成を積としてなす群を，$\mathrm{Aut}_K(L)$ と書く．

一般に，$\sharp(\mathrm{Aut}_K(L))$ ($\mathrm{Aut}_K(L)$ の元の個数) $\leq [L:K]$ となる．ここで等号が成立するとき，L は K の **Galois 拡大**(Galois extension)であると言い，$\mathrm{Aut}_K(L)$ を L の K 上の **Galois 群**(Galois group)と呼んで，$\mathrm{Gal}(L/K)$ と書く．

例 B.1 $K = \mathbb{R}$, $L = \mathbb{C}$ とすると，$[L:K] = 2$, $\mathrm{Aut}_K(L) = \{\sigma_1, \sigma_2\}$，ここに σ_1 は恒等写像，σ_2 は複素共役写像である．したがって $\mathbb{C}$ は $\mathbb{R}$ の Galois 拡大である．$\mathrm{Gal}(\mathbb{C}/\mathbb{R}) \cong \mathbb{Z}/2\mathbb{Z}$. □

例 B.2 $K = \mathbb{Q}$, $L = \mathbb{Q}(\sqrt{2}, \sqrt{3})$ とすると，$[L:K] = 4$, $\mathrm{Aut}_K(L) = \{\sigma_1, \sigma_2, \sigma_3, \sigma_4\}$，ここに σ_1 は恒等写像，$\sigma_2, \sigma_3, \sigma_4$ は次の性質で特徴づけられる L の K 上の自己同型である．

$$\sigma_2(\sqrt{2}) = \sqrt{2}, \quad \sigma_2(\sqrt{3}) = -\sqrt{3}, \quad \sigma_3(\sqrt{2}) = -\sqrt{2}, \quad \sigma_3(\sqrt{3}) = \sqrt{3},$$
$$\sigma_4(\sqrt{2}) = -\sqrt{2}, \quad \sigma_4(\sqrt{3}) = -\sqrt{3}.$$

L は K の Galois 拡大であり，Galois 群の群構造は
$$\sigma_2^2 = \sigma_3^2 = \sigma_4^2 = \sigma_1 = 1, \quad \sigma_4 = \sigma_2\sigma_3 = \sigma_3\sigma_2$$
で与えられ，$\mathrm{Gal}(L/K) \cong \mathbb{Z}/2\mathbb{Z} \times \mathbb{Z}/2\mathbb{Z}$. □

次の定理 B.3 が Galois 理論の主定理であって，その意味は，L が K の Galois 拡大であるとき，$K \subset M \subset L$ となる体 M がどのように存在しているか (という難しい問題) が，Galois 群 $\mathrm{Gal}(L/K)$ (という比較的簡単な対象) を見ることで読みとれるというものである.

定理 B.3 L を体 K の有限次 Galois 拡大であるとし，$G = \mathrm{Gal}(L/K)$ とおく. このとき 2 つの集合の間の全単射
$$\{K \subset M \subset L \text{ となる体 } M\} \underset{1:1}{\longleftrightarrow} \{G \text{ の部分群 } H\}$$
が，$M \leftrightarrow H$, ここに
$$H = \{\sigma \in G;\ \text{すべての } x \in M \text{ について } \sigma(x) = x\},$$
$$M = \{x \in L;\ \text{すべての } \sigma \in H \text{ について } \sigma(x) = x\}$$
によって与えられる. さらにこの対応について次の (1)–(4) が成立する.

(1) $M \leftrightarrow H$, $M' \leftrightarrow H'$ のとき，$M \subset M'$ であることと $H \supset H'$ であることは同値である.

(2) $M \leftrightarrow H$ のとき，$[M:K] = [G:H]$, $[L:M] = \sharp(H)$.

(3) $M \leftrightarrow H$ のとき，L は M の Galois 拡大であって H は $\mathrm{Gal}(L/M)$ と同一視される.

(4) $M \leftrightarrow H$ のとき，M が K の Galois 拡大であること，$\mathrm{Gal}(L/K)$ の元が M を M にうつすこと，H が G の正規部分群であることは，同値である. H が正規部分群であるとき，商群 G/H は $\mathrm{Gal}(M/K)$ と同一視される.
$$G/H \xrightarrow{\cong} \mathrm{Gal}(M/K);\ G \text{ の元 } \sigma \text{ の類} \mapsto \sigma \text{ の } M \text{ への制限}.$$ □

例 B.4 $K = \mathbb{R}$, $L = \mathbb{C}$ のとき，定理 B.3 の対応 $M \leftrightarrow H$ は,
$$\mathbb{C} \leftrightarrow \{\sigma_1\}, \quad \mathbb{R} \leftrightarrow \{\sigma_1, \sigma_2\}.$$ □

例 B.5 $K = \mathbb{Q}$, $L = \mathbb{Q}(\sqrt{2}, \sqrt{3})$ のとき，定理 B.3 の対応 $M \leftrightarrow H$ は,
$$\mathbb{Q}(\sqrt{2}, \sqrt{3}) \leftrightarrow \{\sigma_1\}, \quad \mathbb{Q}(\sqrt{2}) \leftrightarrow \{\sigma_1, \sigma_2\}, \quad \mathbb{Q}(\sqrt{3}) \leftrightarrow \{\sigma_1, \sigma_3\},$$

$\mathbb{Q}(\sqrt{6}) \leftrightarrow \{\sigma_1, \sigma_4\}, \quad \mathbb{Q} \leftrightarrow \{\sigma_1, \sigma_2, \sigma_3, \sigma_4\}$. □

このように Galois 理論は，Galois 群の力によって中間体($K \subset M \subset L$ となる体 M)を浮きぼりにしようとするものである．

§B.2 正規拡大と分離拡大

体 K の有限次拡大 L が Galois 拡大であるかどうかを判定するには，$\sharp(\mathrm{Aut}_K(L))$ を調べるよりも，

L が K の Galois 拡大である

　　$\iff L$ が K の正規拡大であり，かつ K の分離拡大である

という判定法を用いる方が実際的である．この「正規拡大」，「分離拡大」についてまとめる．

標数 0 の体の有限次拡大は必ず分離拡大なので，K が標数 0 の体なら

L が K の Galois 拡大 $\iff$ L が K の正規拡大

となる．

以下，L を含む代数閉体 Ω をとって考える．

定義 B.6　α を L の元とし，$f(T)$ を，$f(\alpha) = 0$ となる K 係数既約多項式とする．($f(T)$ は，0 でない定数倍を除いて，ただひとつ存在することが知られている．) $f(\beta) = 0$ となる $\beta \in \Omega$ を α の K 上の**共役元**(conjugate)という．すなわち Ω において $f(T) = c(T - \alpha_1) \cdots (T - \alpha_n)$ $(c \neq 0)$ と因数分解するとき，$\alpha_1, \cdots, \alpha_n$ が α の K 上の共役元全体である． □

定義 B.7　L が K の**正規拡大**(normal extension)であるとは，すべての $\alpha \in L$ について α の K 上の共役元が L に属することである． □

この条件をすべての $\alpha \in L$ について確かめることは実際上は難しいであろうが，L が $K(\beta_1, \cdots, \beta_m)$ $(\beta_1, \cdots, \beta_m \subset L)$ と書かれるとき，$1 \leq i \leq m$ について β_i の K 上のすべての共役元が L に属すれば，L は K の正規拡大となる．

例 B.8　$K = \mathbb{Q}$，$L = \mathbb{Q}(\sqrt[3]{2})$，$\alpha = \sqrt[3]{2}$ とすると，$f(T) = T^3 - 2$ であり，$\sqrt[3]{2}$ の K 上の共役元は，$\sqrt[3]{2}, \sqrt[3]{2}\zeta_3, \sqrt[3]{2}\zeta_3^2$ (ζ_3 は 1 の原始 3 乗根)である．$\sqrt[3]{2}\zeta_3 \notin L$ だから，L は K の正規拡大ではない．この場合，$[L:K] = 3$ であ

るが $\mathrm{Aut}_K(L) = \{1\}$. しかし $\mathbb{Q}(\sqrt[3]{2}, \zeta_3)$ は，$\sqrt[3]{2}$ の $\mathbb{Q}$ 上の共役元 $\sqrt[3]{2}\zeta_3^i$ ($i = 0, 1, 2$) および ζ_3 の $\mathbb{Q}$ 上の共役元 $\zeta_3^{\pm 1}$ をすべて含むから，$\mathbb{Q}$ の正規拡大であり，先に述べた判定法により $\mathbb{Q}$ の Galois 拡大である． □

定義 B.9 L の元 α が K 上分離的であるとは，$f(T), \alpha_1, \cdots, \alpha_n$ を定義 B.6 のとおりとするとき，$f(T)$ が重根を持たないこと，すなわち $\alpha_1, \cdots, \alpha_n$ が相異なることをいう．

$$\alpha \text{ が } K \text{ 上分離的} \iff f'(T) \neq 0 \iff f'(\alpha) \neq 0$$

という同値が成立する．

L が K の**分離拡大**(separable extension)であるとは，L のすべての元が K 上分離的であることである． □

この条件を L のすべての元について確かめることは実際上は難しいであろうが，L が $K(\beta_1, \cdots, \beta_m)$ と書かれるとき，$\beta_1, \cdots, \beta_m$ が K 上分離的であれば，L は K の分離拡大となる．

例 B.10 分離拡大でない例は，標数が 0 でない次のような場合にあらわれる．$K = \mathbb{F}_p(x)$ (p は素数，x は不定元)，$L = \mathbb{F}_p(x^{1/p})$ とすると，$\alpha = x^{1/p}$ のとき，$f(T) = T^p - x$ となり，$f(T)$ は Ω において $f(T) = (T - \alpha)^p$ と因数分解され重根を持つ．したがって α は K 上分離的でなく L は K の分離拡大ではない．なお，$f'(T) = pT^{p-1} = 0$ (K において $p = 0$ だから) である．この場合，$[L : K] = p$ であるが $\mathrm{Aut}_K(L) = \{1\}$. □

分離拡大，正規拡大について次が成立する．

命題 B.11 L が K の分離拡大なら，$L = K(\alpha)$ となる $\alpha \in L$ が存在する． □

命題 B.12
（1） 一般に L から Ω への K 上の体準同型の個数は $[L : K]$ 以下である．
（2） L が K の分離拡大であることと，L から Ω への K 上の体準同型が $[L : K]$ 個存在することは同値である．
（3） L が K の正規拡大であることと，L から Ω への K 上のすべての体準同型 σ について $\sigma(L) = L$ となることは，同値である． □

この命題から，先に述べた「Galois 拡大 $\iff$ 正規拡大でありかつ分離拡

例 B.13 $K=\mathbb{Q}$, $L=\mathbb{Q}(\sqrt[3]{2})$ のとき, L から Ω への K 上の体準同型は $[L:K]=3$ 個あり, それらは $\sqrt[3]{2}$ を, それぞれ $\sqrt[3]{2}, \sqrt[3]{2}\zeta_3, \sqrt[3]{2}\zeta_3^2$ にうつすものである. □

命題 B.14 L が K の分離拡大であれば, L を含む K の有限次 Galois 拡大が存在する. $L=K(\beta_1,\cdots,\beta_m)$ のとき, $\beta_i\,(1\leqq i\leqq m)$ の K 上の共役元をすべて K に添加して得られる体が, L を含む K の有限次 Galois 拡大である. □

§B.3 ノルムとトレース

L が K の有限次拡大であるとき, それぞれノルム(norm), トレース(trace)と呼ばれる L から K への写像 $N_{L/K}$, $\mathrm{Tr}_{L/K}$ が定義される.

$\alpha\in L$ とすると, α 倍写像 $L\to L;\,x\mapsto \alpha x$ は K 線形写像である. この K 線形写像の行列式, トレースをそれぞれ $N_{L/K}(\alpha)$, $\mathrm{Tr}_{L/K}(\alpha)$ と定義する. 次が成立する.

命題 B.15

(1) $\alpha,\beta\in L$ に対し
$$N_{L/K}(\alpha\beta) = N_{L/K}(\alpha)\cdot N_{L/K}(\beta), \quad \mathrm{Tr}_{L/K}(\alpha+\beta) = \mathrm{Tr}_{L/K}(\alpha) + \mathrm{Tr}_{L/K}(\beta).$$

(2) $n=[L:K]$ とおくと, $\alpha\in K$ なら
$$N_{L/K}(\alpha) = \alpha^n, \quad \mathrm{Tr}_{L/K}(\alpha) = n\alpha.$$

(3) L が K の Galois 拡大なら, $G=\mathrm{Gal}(L/K)$ とおくと,
$$N_{L/K}(\alpha) = \prod_{\sigma\in G}\sigma(\alpha), \quad \mathrm{Tr}_{L/K}(\alpha) = \sum_{\sigma\in G}\sigma(\alpha).$$

(4) L が K の分離拡大であるとし, Ω を K を含む代数閉体とし, $\sigma_1,\cdots,\sigma_n\,(n=[L:K])$ を L から Ω への K 上のすべての体準同型(B.12(2))とすると,
$$N_{L/K}(\alpha) = \prod_{i=1}^{n}\sigma_i(\alpha), \quad \mathrm{Tr}_{L/K}(\alpha) = \sum_{i=1}^{n}\sigma_i(\alpha).$$
□

たとえば $K=\mathbb{Q}$, $L=\mathbb{Q}(\sqrt{2})$ のとき, (3)により, $x,y\in\mathbb{Q}$ に対し
$$N_{L/K}(x+y\sqrt{2}) = (x+y\sqrt{2})(x-y\sqrt{2}) = x^2-2y^2,$$
$$\mathrm{Tr}_{L/K}(x+y\sqrt{2}) = (x+y\sqrt{2})+(x-y\sqrt{2}) = 2x.$$
トレース写像による分離拡大の特徴づけがある.

命題 B.16 次の(i),(ii),(iii)は同値である.
(i) L は K の分離拡大.
(ii) $\mathrm{Tr}_{L/K}(\alpha)\neq 0$ となる $\alpha\in L$ が存在する.
(iii) $L \xrightarrow{\cong} \mathrm{Hom}_K(L,K)$; $\alpha\mapsto(x\mapsto\mathrm{Tr}_{L/K}(\alpha x))$.
ここに $\mathrm{Hom}_K(L,K)$ は L から K への K 線形写像全体をあらわす. □

系 B.17 L が K の分離拡大とし, $\alpha_1,\cdots,\alpha_n$ を L の K 線形空間としての基底とするとき, L の元 $\alpha_1^*,\cdots,\alpha_n^*$ で
$$\mathrm{Tr}_{L/K}(\alpha_i\alpha_j^*) = \begin{cases} 1 & i=j\text{ のとき} \\ 0 & i\neq j\text{ のとき} \end{cases}$$

をみたすものが存在する. □

実際, $h_j\in\mathrm{Hom}_K(L,K)$ を $h_j(\alpha_j)=1$, $h_j(\alpha_k)=0\,(k\neq j)$ で定まる元とし, $\alpha_j^*\in L$ を上の(iii)の同型による h_j の逆像とすればよい.

§B.4 有限体

有限体についてまとめる. K を有限体とすると, K の位数はある素数のベキである. 逆に素数のベキである自然数 q に対し, 位数が q の有限体が同型を除いてただひとつ存在する. この有限体を $\mathbb{F}_q$ と書く.

p を素数とし, Ω を $\mathbb{F}_p=\mathbb{Z}/p\mathbb{Z}$ を含む代数閉体とすると, $q=p^m\,(m\geqq 1)$ について, $\mathbb{F}_q$ は
$$\mathbb{F}_q = \{x\in\Omega\,;\,x^q=x\}$$
として得られる.

乗法群 $\mathbb{F}_q^\times = \{x\in\Omega\,;\,x^{q-1}=1\}$ は位数 $q-1$ の巡回群になる.

$\mathbb{F}_q$ のすべての有限次拡大は, 各 $n\geqq 1$ に対する

$$\mathbb{F}_{q^n} = \{x \in \Omega\,;\, x^{q^n} = x\}$$

で与えられる. $\mathbb{F}_{q^n}$ は $\mathbb{F}_q$ の n 次 Galois 拡大であり, $\mathrm{Gal}(\mathbb{F}_{q^n}/\mathbb{F}_q)$ はその元 $\sigma_{q,n} \in \mathrm{Gal}(\mathbb{F}_{q^n}/\mathbb{F}_q)$; $\sigma_{q,n}(x) = x^q$ ($x \in \mathbb{F}_{q^n}$) によって生成される位数 n の巡回群である.

§B.5 無限次 Galois 理論

K を体とし, L を K の, 有限次と限らない代数拡大とする. L が K の Galois 拡大であるとは, L に含まれる K の有限次 Galois 拡大全体の合併が L であることをいう. L が K の Galois 拡大であるとき, L の K 上の自己同型全体のなす群を, 有限次のときと同様に, $\mathrm{Gal}(L/K)$ と書く.

有限次と限らない場合にも, $K \subset M \subset L$ となる体 M と $\mathrm{Gal}(L/K)$ の部分群の対応が, $\mathrm{Gal}(L/K)$ に下のような位相を入れて $\mathrm{Gal}(L/K)$ の閉部分群のみを考えるとき, 有限次の場合と同様に成立する.

$\mathrm{Gal}(L/K)$ の位相は, $\mathrm{Gal}(L/K)$ の元 σ の基本近傍系として, 次のような $\mathrm{Gal}(L/K)$ の部分集合族 $(V_J)_J$ をとることで定義する. ここで J は L の有限部分集合を走り,
$$V_J = \{\tau \in \mathrm{Gal}(L/K)\,;\, \text{すべての } x \in J \text{ に対し } \tau(x) = \sigma(x)\}.$$
この位相で $\mathrm{Gal}(L/K)$ は位相群になる.

次の定理が「無限次 Galois 理論」の主定理である.

定理 B.18 L を体 K の有限次と限らない Galois 拡大とし, $G = \mathrm{Gal}(L/K)$ とおく. このとき 2 つの集合の間の全単射
$$\{K \subset M \subset L \text{ となる体 } M\} \underset{1:1}{\longleftrightarrow} \{G \text{ の閉部分群 } H\}$$
が, $M \leftrightarrow H$, ここに
$$H = \{\sigma \subset G\,;\, \text{すべての } x \in M \text{ について } \sigma(x) = x\},$$
$$M = \{x \in L\,;\, \text{すべての } \sigma \in H \text{ について } \sigma(x) = x\}$$
によって与えられる. さらにこの拡大について次の(1)-(4)が成立する.

(1) $M \leftrightarrow H$, $M' \leftrightarrow H'$ のとき, $M \subset M'$ であることと $H \supset H'$ であることとは同値である.

(2) $M \leftrightarrow H$ のとき,
$$M \text{ が } K \text{ の有限次拡大} \iff [G:H] \text{ が有限}$$
$$\iff H \text{ が } G \text{ の開部分群}.$$
そして M が K の有限次拡大であるとき,$[M:K] = [G:H]$.

(3) $M \leftrightarrow H$ のとき,L は M の Galois 拡大であって H は $\mathrm{Gal}(L/M)$ と位相群として同一視される.

(4) $M \leftrightarrow H$ のとき,M が K の Galois 拡大であることと H が G の正規部分群であることは同値である.H が正規閉部分群であるとき,位相群として
$$G/H \xrightarrow{\cong} \mathrm{Gal}(M/K);\ G \text{ の元 } \sigma \text{ の類} \mapsto \sigma \text{ の } M \text{ への制限}. \qquad \square$$

体 K の有限次と限らない Galois 拡大のうち最大のものは,K の分離閉包 K^{sep} である.これは,K の代数閉包の中で K 上分離な元全体のなす体である.K^{sep} は K のすべての有限次分離拡大の合併であり,K のすべての有限次 Galois 拡大の合併でもある.

有限次と限らない Galois 拡大の Galois 群が,有限次 Galois 拡大の Galois 群の逆極限としてとらえられることを,最後に述べる.

L を体 K の有限次と限らない Galois 拡大とし,L に含まれる K の有限次 Galois 拡大全体の集合を Σ とおく(したがって $L = \bigcup_{M \in \Sigma} M$).このとき群の同型
$$\mathrm{Gal}(L/K) \xrightarrow{\cong} \varprojlim_{M \in \Sigma} \mathrm{Gal}(M/K);\ \sigma \mapsto (\sigma \text{ の } M \text{ への制限})_{M \in \Sigma}$$
が得られる.(§2.4 定義 2.10 において,$\varprojlim_{n \in \mathbb{N}}$ の形の逆極限のみを定義した.自然数の集合 $\mathbb{N}$ のかわりに一般の順序集合 Λ をとったときも,各 $\lambda \in \Lambda$ に対して集合 X_λ が与えられ,各 $\lambda, \lambda' \in \Lambda$ で $\lambda \geq \lambda'$ なるものに対して写像 $f_{\lambda,\lambda'}: X_\lambda \to X_{\lambda'}$ が与えられ,「$f_{\lambda,\lambda}$ は恒等写像」,「$\lambda \geq \lambda' \geq \lambda''$ なら $f_{\lambda',\lambda''} \circ f_{\lambda,\lambda'} = f_{\lambda,\lambda''}$」がみたされるとき,逆極限 $\varprojlim_{\lambda \in \Lambda} X_\lambda$ が,直積 $\prod_{\lambda \in \Lambda} X_\lambda$ の部分集合として,

$$\varprojlim_{\lambda \in \Lambda} X_\lambda = \{(x_\lambda)_{\lambda \in \Lambda};\ x_\lambda \in X_\lambda,\ \lambda \geqq \lambda' \text{ なら } f_{\lambda,\lambda'}(x_\lambda) = x_{\lambda'}\}$$

により定義される.)

 一般に上で各 X_λ が位相空間であり,各 $f_{\lambda,\lambda'}$ $(\lambda \geqq \lambda')$ が連続写像とするとき,$\varprojlim_{\lambda \in \Lambda} X_\lambda$ には直積位相空間の部分空間としての位相が定まる.これを**逆極限位相**と呼ぶ.もし各 X_λ がコンパクトであれば,$\varprojlim_{\lambda \in \Lambda} X_\lambda$ は逆極限位相についてコンパクトになることが知られている.先に定義した $\mathrm{Gal}(L/K)$ の位相は,各有限群 $\mathrm{Gal}(M/K)$ を離散集合と見たときの逆極限位相と一致し,したがって $\mathrm{Gal}(L/K)$ はコンパクトである.

付録 C
素点の光

この付録では，本文中に論じ足りなかった，局所体を考えることの良さについて，重要と思われる事項を補足したい．

局所体は大域体に比べて性質が比較的わかりやすいということに関して，§C.1 で Hensel の補題について述べ，次に §C.2 において，そのように比較的にわかりやすいものである局所体を，大域体の素点ごとに考え，様々な素点の光を当てることで大域体の性質がわかってくる，という考え方が大きな力を発揮することの，代表的な例として，2次形式の Hasse の原理を紹介する．

§C.1　Hensel の補題

実数体は有理数体に比べて，代数的性質が，ずっと簡単である．たとえば，実数体では方程式 $x^2+3y^2+5z^2=a$ は $a \geq 0$ なら解を持ち，$a<0$ なら解を持たない，というふうに，簡単に解の有無が判定できる．一方，有理数 a が与えられたとき，方程式 $x^2+3y^2+5z^2=a$ が有理数体においては解を持つか否かは，簡単には判定しがたい．(しかし，§C.2 に2次形式の Hasse の原理の応用として，その判定法を述べる．)

局所体も，実数体に似て，代数的性質が簡単である．Hensel の補題は，局所体の代数的性質が簡単であることを主張するものであり，実数体において成立する「1.414^2 が 2 に近いことから，1.414 の近くに $x^2=2$ の解 $\sqrt{2}$ があることがわかる」という事柄に類似の事実である．

定理 C.1(Hensel の補題) K を完備離散付値体,A をその付値環,$\mathfrak{p}$ を A の極大イデアルとする.$f(x)$ を,A 係数の多項式とし,$a \in A$ とし,
$$f(a) \equiv 0 \bmod \mathfrak{p}, \quad f'(a) \not\equiv 0 \bmod \mathfrak{p}$$
とする(ここに f' は f の微分).このとき A の元 b で,
$$f(b) = 0, \quad b \equiv a \bmod \mathfrak{p}$$
をみたすものがただひとつ存在する. □

これは,「$f(a)$ が 0 に近いから,a の近くに $f(b)=0$ となる b が存在することがわかる」という形の話である.また,「雑にいうと,$\bmod p$ で解があれば $\mathbb{Z}_p$ や $\mathbb{Q}_p$ でも解がある」という形の話でもある.例を挙げて説明する.

例 C.2 p を 4 でわると 1 あまる素数とする.平方剰余の相互法則(§2.3 定理 2.2)の「第 1 補充法則」により,$\mathbb{F}_p$ には,-1 の平方根が存在する.このことと Hensel の補題を使って,$\mathbb{Z}_p$ に -1 の平方根が存在することを証明しよう(第 2 章ではこのことを,p 進数体の指数関数,対数関数を使って証明した).

$\mathbb{F}_p = \mathbb{Z}/p\mathbb{Z}$ において -1 の平方根となる整数 a をとる.すなわち,$a^2 \equiv -1 \bmod p$ とする.$f(x) = x^2 + 1$ とおく.$f'(x) = 2x$ であるから,
$$f(a) \equiv 0 \bmod p, \quad f'(a) \not\equiv 0 \bmod p$$
が成り立つ.したがって,Hensel の補題を,$K = \mathbb{Q}_p, A = \mathbb{Z}_p$ に適用することで,
$$b^2 + 1 = 0, \quad b \equiv a \bmod p$$
となる $b \in \mathbb{Z}_p$ が存在することがわかる. □

たとえば,$p = 5$ とすると,$2^2 \equiv -1 \bmod 5$ であるから,$b^2 = -1$ かつ $b \equiv 2 \bmod 5$ となる $b \in \mathbb{Z}_5$ が存在することがわかる.

[Hensel の補題の証明] $A = \varprojlim_n A/\mathfrak{p}^n$ であるから,各 $n \geq 1$ について,$A/\mathfrak{p}^n$ の元 b_n で,条件
$$(*) \quad f(b_n) = 0 \text{ かつ } b_n \equiv a \bmod \mathfrak{p}$$
をみたすものがただひとつ存在することを示せばよい.n についての帰納法で示す.$n = 1$ なら明らか.$n \geq 2$ とする.b_n が $(*)$ をみたせば,b_n の $A/\mathfrak{p}^{n-1}$ への像は,b_{n-1} に一致しなければならないことが,n に関する帰納法でわ

かる．$A/\mathfrak{p}^n$ の元 $\widetilde{b}_{n-1}$ で，その $A/\mathfrak{p}^{n-1}$ での像が b_{n-1} に一致するものをひとつ固定する．条件 $(*)$ をみたす b_n は，$\widetilde{b}_{n-1}+s$, $s \in \mathfrak{p}^{n-1}/\mathfrak{p}^n$ の形でなければならない．特に $s^2 = 0$ となる．これから，$A/\mathfrak{p}^n$ において，$f(\widetilde{b}_{n-1}+s) = f(\widetilde{b}_{n-1}) + f'(\widetilde{b}_{n-1})s$ が成立する．$f'(\widetilde{b}_{n-1}) \equiv f'(a) \not\equiv 0 \bmod \mathfrak{p}$ ゆえ $f'(\widetilde{b}_{n-1})$ は $A/\mathfrak{p}^n$ の可逆元であり，よって $0 = f(\widetilde{b}_{n-1}) + f'(\widetilde{b}_{n-1})s$ となる s はただひとつあることがわかる．この s についての $\widetilde{b}_{n-1}+s$ が，条件 $(*)$ をみたすただひとつの $A/\mathfrak{p}^n$ の元である． ∎

§C.2 Hasse の原理

大域体は素点の光をあてることでわかるようになる，ということが，大変きれいな形に現れるのが，次の「2次形式の Hasse の原理」である．

定理 C.3（2次形式の Hasse の原理，あるいは，Hasse-Minkowski の定理と呼ばれる） K を大域体とする．

(1) $f(x_1, \cdots, x_n)$ を，K 係数の2次以下の多項式，すなわち
$$f(x_1, \cdots, x_n) = \left(\sum_{1 \leq i \leq j \leq n} a_{ij} x_i x_j\right) + \left(\sum_{1 \leq i \leq n} b_i x_i\right) + c$$
ここに $a_{ij}, b_i, c \in K$

とする．$f(x_1, \cdots, x_n) = 0$ が K に解を持つための必要十分条件は，K のすべての素点 v について，$f(x_1, \cdots, x_n) = 0$ が局所体 K_v に解を持つことである．

(2) $f(x_1, \cdots, x_n)$ を，K 係数の2次形式，すなわち
$$f(x_1, \cdots, x_n) = \sum_{1 \leq i \leq j \leq n} a_{ij} x_i x_j \qquad ここに\ a_{ij} \in K$$

とする．$f(x_1, \cdots, x_n) = 0$ が K に非自明な解 ($x_1 = \cdots = x_n = 0$ 以外の解) を持つための必要十分条件は，K のすべての素点 v について，$f(x_1, \cdots, x_n) = 0$ が局所体 K_v に非自明な解を持つことである． □

2次曲線に関する §2.3 定理 2.3（その，§2.6(b) の初めにある書き換え参照）は，この定理の一部である．

この定理の(2)は，K の標数が $\neq 2$ としたとき，特別な形の 2 次形式 $f(x,y,z) = x^2 - ay^2 - bz^2$ (ここに $a, b \in K^\times$) や $f(x,y,z,u) = x^2 - ay^2 - bz^2 + abu^2$ (ここに $a, b \in K^\times$) の場合には，§8.2 の定理 8.26 の中の，$Br(K) \to \bigoplus_v Br(K_v)$ の単射性からも出る (§8.2 の命題 8.16, 命題 8.17 参照).

この Brauer 群の単射性，すなわち「大域体 K 上の中心単純環 A について，A が K 上の n 次正方行列環に同型であることと，K のすべての素点 v について $A \otimes_K K_v$ が K_v 上の n 次正方行列環に同型であることとは，同値である」という事実は，「中心単純環の Hasse の原理」と呼ばれる．ある事柄が大域体 K で成立することと，K のすべての素点 v について同様の事柄が成立することとが，同値であるとき，その事柄について Hasse の原理 (Hasse principle) が成立する，という．2 次形式の Hasse の原理と中心単純環の Hasse の原理は，Hasse の原理が成り立つ 2 つの代表的な話である．

例 C.4 a を有理数とし，方程式 $x^2 + 3y^2 + 5z^2 = a$ を考える．さきに，この方程式に有理数の解があるかどうかは，にわかには判定できない，と述べた．しかし 2 次形式の Hasse の原理の (1) を用いれば，判定することができる．$a = 0$ なら $x = y = z = 0$ という解があるから，以下，$a \neq 0$ とする．各局所体において，次が成立する．

(i) この方程式が $\mathbb{R}$ において解を持つための必要十分条件は $a > 0$ である．

(ii) この方程式が $\mathbb{Q}_5$ において解を持つための必要十分条件は，$a = 5^k bc^{-1}$ $(b, c \in \mathbb{Z}, b, c$ は 5 でわれない) の形に書くとき，k が偶数であるか，または，k が奇数でかつ $b \equiv \pm c \bmod 5$ となることである．

(iii) p が 5 でない素数なら，この方程式は，$\mathbb{Q}_p$ において解を持つ． □

したがって，Hasse の原理により，この方程式が有理数の解を持つための必要十分条件は，(i), (ii) に述べた条件がともに成り立つことである．

なお，上の (i) の事実は明らか．

(ii) の事実の証明は，おおむね次のとおり．これは，$k = 0, 1$ の場合に帰着される．ここでは，$k = 1$, $b \equiv \pm c \bmod 5$ のときにこの方程式が $\mathbb{Q}_5$ に解を持つことを示しておく．$bc^{-1} \equiv \pm 1 \bmod 5\mathbb{Z}_5$ であるから，§C.1 でやった方法

で，Hensel の補題により，$z^2 = bc^{-1}$ となる $z \in \mathbb{Z}_5$ が存在することがわかる．この z について，$0^2 + 3 \cdot 0^2 + 5z^2 = 5bc^{-1} = a$ となる．

(iii)の事実は次のように証明される．p が 5 でない素数なら，Hilbert 記号が，$(-3, -5)_p = 1$ なので，$-3u^2 - 5v^2 = 1$ となる $u, v \in \mathbb{Q}_p$ があり，$((a+1)/2)^2 + 3(((a-1)u)/2)^2 + 5(((a-1)v)/2)^2 = a$ となる．

問 解 答

第1章

以下で，ord_p（素数 p の何乗できっかりわりきれるか，をあらわす記号，§1.3(c)や§2.4(a)参照）を用いる．

問1 a が有理数 r の平方とする．素数 p に対し，$\mathrm{ord}_p(a) = 2\,\mathrm{ord}_p(r)$．$\mathrm{ord}_p(a) \geqq 0$ ゆえ，$\mathrm{ord}_p(r) \geqq 0$．すべての素数 p について $\mathrm{ord}_p(r) \geqq 0$ だから，r は整数．

問2 p を a_i の素因数とする．仮定より，$j \neq i$ なら $\mathrm{ord}_p(a_j) = 0$．よって $\mathrm{ord}_p(a_1 \cdots a_r) = \mathrm{ord}_p(a_i)$．一方，$a_1 \cdots a_r$ は k 乗数ゆえ，$\mathrm{ord}_p(a_1 \cdots a_r)$ は k の倍数．よって，すべての素数 p について $\mathrm{ord}_p(a_i)$ は k の倍数となり，a_i は p^{km}（m は自然数）の形の数の積なので，k 乗数．

問3 $E(K)$ の元 $P \neq O$ の座標を (x, y) とすると，$-P$ の座標は $(x, -y)$ ゆえ，$2P = O \iff P = -P \iff y = -y \iff y = 0$．$K$ が代数閉体のとき，$E(K)$ の元 $P \neq O$ で y 座標が 0 のものは 3 個ある．よって $\{P \in E(K); 2P = O\}$ は位数が 4 の群でどんな元の 2 倍も O だから，$\mathbb{Z}/2\mathbb{Z} \oplus \mathbb{Z}/2\mathbb{Z}$ に同型．

問4 後半を示す．たとえば，$A = \mathbb{Q}$ とおくと $A/2A = \{0\}$ だが，A は有限生成ではない．

第2章

問1 たとえば，$\left(\dfrac{11}{5}, \dfrac{2}{5}\right)$．これは $(2, 1)$ を通る傾き -3 の直線とこの円の交点．

問2 円 $x^2 + y^2 = 1$ の点 $\left(\dfrac{1}{\sqrt{2}}, \dfrac{1}{\sqrt{2}}\right)$ に非常に近い有理点を見つければよい．$(-1, 0)$ と $\left(\dfrac{1}{\sqrt{2}}, \dfrac{1}{\sqrt{2}}\right)$ を結ぶ直線の傾きは $\sqrt{2} - 1 = 0.414\cdots$，$(-1, 0)$ と $\left(\dfrac{119}{169}, \dfrac{120}{169}\right)$ を結ぶ直線の傾きは本文にあるように $\dfrac{5}{12} = 0.416$ であるから，たとえば，$(0, -1)$ を通る傾き 0.415 の直線とこの円の，$(0, -1)$ 以外の交点をもとめればよい．その交点は $\left(\dfrac{33111}{46889}, \dfrac{33200}{46889}\right)$ であり，
$$33111^2 + 33200^2 = 46889^2.$$

問3 $\left(\dfrac{-3}{p}\right) = \left(\dfrac{-1}{p}\right)\left(\dfrac{3}{p}\right) = \left(\dfrac{-1}{p}\right)\left(\dfrac{p}{3}\right)(-1)^{\frac{p-1}{2}} = \left(\dfrac{p}{3}\right)$.

──問 解 答

問4 m を素因数分解して, $m = l_1 \cdots l_k \cdot r$, $l_1, \cdots, l_k$ は奇素数, $r \in \{\pm 2^n; n \geq 0\}$ と書く. m が奇数なら, $r \in \{\pm 1\}$ であり,

$$\left(\frac{m}{p}\right) = \left(\frac{l_1}{p}\right) \cdots \left(\frac{l_k}{p}\right) \cdot \left(\frac{\pm 1}{p}\right) = \left(\frac{p}{l_1}\right) \cdots \left(\frac{p}{l_k}\right) \cdot (p \bmod 4 \text{ で決まるもの}).$$

m が偶数なら同様にして,

$$\left(\frac{m}{p}\right) = \left(\frac{p}{l_1}\right) \cdots \left(\frac{p}{l_k}\right) \cdot (p \bmod 8 \text{ で決まるもの}).$$

問5 $\frac{15}{36}x^2 - \frac{1}{36}y^2 = 1$ の有理点がないことは, $\left(\frac{15}{36}, -\frac{1}{36}\right)_p = (15, -1)_p$ が $p = 2$ のときや $p = 3$ のとき -1 となることからわかる.

問6 $\mathrm{ord}_p\left(\left(\sum_{i=0}^{n} c^i\right) - \frac{1}{1-c}\right) = \mathrm{ord}_p\left(-\frac{c^{n+1}}{1-c}\right) \geq n+1$.

問7 (2.9) は $\sum_{i=0}^{\infty} 6 \times (-5)^i = 1$ (5 進的に) と同値である. これは m が十分大ならば $\sum_{i=0}^{m} 6 \times (-5)^i \equiv 1 \bmod 5^n$ であることをいっている.

問8 $\frac{1}{4} = \frac{1}{1+3} = 1 - 3 + 3^2 - 3^3 + 3^4 - 3^5 + 3^6 - \cdots = 61 - 3^5 + 3^6 - \cdots$. よって 61 が 1/4 の逆元.

問9 N を 2 以上の自然数とするとき, 実数 α の N 進展開とは, α を

$$\alpha = \sum_{n=m}^{\infty} a_n N^{-n}, \quad a_n \in \{0, 1, \cdots, N-1\}$$

の形にあらわすことに他ならない. 一方, p 進数の p 進展開は $\sum_{n=m}^{\infty} a_n p^n$ の形であるから, 実数の p 進展開とのちがいは次の点にある. 実数の p 進展開では, p^n の項が, n が負のものは無限個あらわれてよく, n が正のものは高々有限個あらわれるのみだが, p 進数の p 進展開では, p^n の項が, n が正のものは無限個あらわれてよいが, n が負のものは高々有限個あらわれるのみ.

問10 命題 2.18 と, $\mathbb{F}_5$ において ± 1 が平方元であることによる.

問11 $p \neq 2$ のとき, 命題 2.18 より,

$$\mathbb{Q}_p \text{ に} -1 \text{ の平方根が存在} \iff \mathbb{F}_p \text{ に} -1 \text{ の平方根が存在}.$$

$p = 2$ のときは, 命題 2.18 と $-1 \not\equiv 1 \bmod 8$ により, $\mathbb{Q}_2$ には -1 の平方根が存在しない.

問12 体の理論によると, K を 標数 $\neq 2$ の可換体とするとき, K の 2 次拡大はすべて $K(\sqrt{a})$ $(a \in K, \sqrt{a} \notin K)$ の形になり,

$$K(\sqrt{a}) = K(\sqrt{b}) \iff ab^{-1} \text{ が } K \text{ で平方元}.$$

したがって, K の 2 次拡大と, $K^\times/(K^\times)^2$ の単位元以外の元は, $a \bmod (K^\times)^2$ $(a$

$\in K, \sqrt{a} \notin K$) に 2 次拡大 $K(\sqrt{a})$ を対応させることで 1 対 1 に対応する. $p \neq 2$ のときは,$\mathbb{Q}_p^\times/(\mathbb{Q}_p^\times)^2$ の位数は 4(命題 2.19(1))ゆえ,$\mathbb{Q}_p$ の 2 次拡大の個数は $4-1=3$ となる. また,$\mathbb{Q}_5^\times/(\mathbb{Q}_5^\times)^2$ は 1 の類,2 の類,5 の類,10 の類からなるから,$\mathbb{Q}_5(\sqrt{2}), \mathbb{Q}_5(\sqrt{5}), \mathbb{Q}_5(\sqrt{10})$ が $\mathbb{Q}_5$ のすべての 2 次拡大.

第 3 章

問 1 命題 3.3(1)により
$$h_1(i) = -\frac{1}{2} \cdot \frac{1}{2\pi i} \sum_{n \in \mathbb{Z}} \left(\frac{1}{i+n} + \frac{1}{i-n} \right) = \frac{1}{2\pi} \sum_{n \in \mathbb{Z}} \frac{1}{n^2+1}.$$
一方, $h_1(i) = -\frac{1}{2i} \cdot \frac{(e^{-\pi}+e^{\pi})/2}{(e^{-\pi}-e^{\pi})/2i}.$

問 2 $\dfrac{1}{(n^2+1)^2} = -\dfrac{1}{4(i+n)^2} - \dfrac{1}{4(i-n)^2} - \dfrac{1}{4i}\left(\dfrac{1}{i+n}+\dfrac{1}{i-n}\right)$ を用いよ.

問 3 χ の像はある $n \geqq 2$ についての 1 の n 乗根全体 $\{\zeta_n^r; 1 \leqq r \leqq n\}$ になる. χ の核の位数を k とおくと,各 $1 \leqq r \leqq n$ に対し χ は値 ζ_n^r を,G の k 個の元においてとるから,$\sum_{a \in G} \chi(a) = \sum_{r=1}^{n} k \cdot \zeta_n^r = 0.$

問 4
$$\zeta\left(s, \frac{5}{2}\right) = 2^s \left(\frac{1}{5^s} + \frac{1}{7^s} + \frac{1}{9^s} + \cdots \right)$$
$$= 2^s \left\{ \left(\sum_{n=1}^{\infty} \frac{1}{n^s}\right) - \left(\sum_{n=1}^{\infty} \frac{1}{(2n)^s}\right) - 1 - \frac{1}{3^s} \right\}$$
$$= 2^s \zeta(s) - \zeta(s) - 2^s - \left(\frac{2}{3}\right)^s.$$

よって,
$$\lim_{s \to 1}\left(-\zeta\left(s, \frac{5}{2}\right) + \zeta(s)\right) = \lim_{s \to 1}(2-2^s)\zeta(s) + 2 + \frac{2}{3}$$
$$= \lim_{s \to 1}\frac{2-2^s}{s-1}(s-1)\zeta(s) + 2 + \frac{2}{3}$$
$$= \frac{8}{3} - 2\log(2).$$

ここで,最後の等式は $\lim_{s \to 1}(s-1)\zeta(s) = 1$(命題 3.15(2))による.

問 5 $\zeta(m)$ の分母の素因数 p は,命題 3.24(1)により,$m \equiv 1 \bmod p-1$ をみたす. $p-1$ が $1-m$ をわりきるから,$p-1 \leqq 1-m$. よって $p \leqq 2-m$.

第 4 章

問 1 $x^3 = (y+i)(y-i)$ から,命題 0.11 の証明と同様にして
$$y+i = (a+bi)^3, \quad a, b \in \mathbb{Z}.$$

問 解 答

両辺の虚部を比べて，$1=3a^2b-b^3=(3a^2-b^2)b$. よって $b=\pm 1$. あとの議論はやさしい．

問 2 $x^3=(y+\sqrt{-11})(y-\sqrt{-11})$ から，命題 0.10 の証明と同様にして（ただし，$y+\sqrt{-11}$ と $y-\sqrt{-11}$ の両方をわりうる素元が，$\pm\sqrt{-11}$ と ± 2 のみであることを使う）

$$y+\sqrt{-11}=\left(a+b\frac{1+\sqrt{-11}}{2}\right)^3, \quad a,b\in\mathbb{Z}.$$

両辺の虚部を比べて，$1=3\left(a+\frac{b}{2}\right)^2\frac{b}{2}-11\left(\frac{b}{2}\right)^3$. これから $(3a^2+3ab-2b^2)b=2$. よって $b\in\{\pm 1,\pm 2\}$. あとの議論はやさしい．

問 3 m を 1 以外の平方数でわれない 1 でない整数とし，$K=\mathbb{Q}(\sqrt{m})$ とおく．$\alpha=x+y\sqrt{m}\ (x,y\in\mathbb{Q})$ とし，$\alpha'=x-y\sqrt{m}$ とおく．

(i) $\alpha\in O_K$ であることと，有理数 $\alpha+\alpha'=2x$ と $\alpha\alpha'=x^2-my^2$ がともに $\mathbb{Z}$ に属することが同値であることを示す．$\alpha\in O_K$ なら，α のみたす式 $\alpha^n+c_1\alpha^{n-1}+\cdots+c_n=0\ (n\geqq 1, c_1,\cdots,c_n\in\mathbb{Z})$ の α の所に α' をおいたものも成立するから，$\alpha'\in O_K$. よって，$\alpha+\alpha', \alpha\alpha'\in O_K$ となり，これらは $O_K\cap\mathbb{Q}=\mathbb{Z}$ に属する．逆に，$\alpha+\alpha',\alpha\alpha'\in\mathbb{Z}$ なら，$c_1=-(\alpha+\alpha'), c_2=\alpha\alpha'$ とおくと，α は $\alpha^2+c_1\alpha+c_2=0$ をみたすから O_K に属する．

(ii) (i) により，次のことが示されればよい．$x,y\in\mathbb{Q}$ とするとき，$m\equiv 2,3\bmod 4$ の場合は

$$2x, x^2-my^2\in\mathbb{Z} \iff x,y\in\mathbb{Z}$$

であり，$m\equiv 1\bmod 4$ の場合は

$$2x, x^2-my^2\in\mathbb{Z} \iff 2x,2y\in\mathbb{Z} \text{ かつ } x-y\in\mathbb{Z}.$$

(iii) まず，$x,y\in\mathbb{Q}$ が $2x, x^2-my^2\in\mathbb{Z}$ をみたせば，$2y\in\mathbb{Z}$ となることを示す．l が奇素数なら，$\mathrm{ord}_l(x)\geqq 0$ と $x^2-my^2\in\mathbb{Z}$ から，$\mathrm{ord}_l(m)+2\mathrm{ord}_l(y)\geqq 0$. $\mathrm{ord}_l(m)\leqq 1$ ゆえ $2\mathrm{ord}_l(y)\geqq -1$. よって $\mathrm{ord}_l(y)\geqq 0$. また，$\mathrm{ord}_2(x)\geqq -1$ と $x^2-my^2\in\mathbb{Z}$ から，$\mathrm{ord}_2(m)+2\mathrm{ord}_2(y)\geqq -2$. $\mathrm{ord}_2(m)\leqq 1$ ゆえ $2\mathrm{ord}_2(y)\geqq -3$. よって $\mathrm{ord}_2(y)\geqq -1$. 以上により，$2y\in\mathbb{Z}$.

(iv) (ii) に述べた同値を証明するには，(iii) により，$2x,2y\in\mathbb{Z}$ と仮定して示してよい．$2x=u, 2y=v\ (u,v\in\mathbb{Z})$ とする．$m\equiv 2,3\bmod 4$ の場合

$$u^2-mv^2\equiv 0\bmod 4 \iff u\equiv v\equiv 0\bmod 2$$

を示せばよく，$m\equiv 1\bmod 4$ の場合

$$u^2-mv^2\equiv 0\bmod 4 \iff u\equiv v\bmod 2$$

を示せばよい．これらは容易に示せる．

問4 命題4.1(5)の証明と同様．

問5 類数はそれぞれ $1, 2, 2, 2$. 例として $\mathbb{Q}(\sqrt{-2})$ の場合を示す．$w_K = 2, N = 8, \chi: (\mathbb{Z}/8\mathbb{Z})^\times \to \mathbb{C}^\times$ は

$$\chi(1 \bmod 8) = \chi(3 \bmod 8) = 1, \quad \chi(5 \bmod 8) = \chi(7 \bmod 8) = -1.$$

系 4.29 により，$h_K = -\dfrac{2}{2 \times 8} \sum_{a=1}^{8} \chi(a) a = -\dfrac{2}{16}(1+3-5-7) = 1.$

第5章

問1 $(3, 1+\sqrt{-5})(3, 1-\sqrt{-5})$
$= (9, 3(1-\sqrt{-5}), 3(1+\sqrt{-5}), (1+\sqrt{-5})(1-\sqrt{-5}))$
$= (9, 3(1-\sqrt{-5}), 3(1+\sqrt{-5}), 6) = (3)$

($9-6 = 3$ だから)．(5) についての等式も同様に示せる．

問2 もし $(3, 1+\sqrt{-5}) = (\alpha)$ となる $\alpha = x+y\sqrt{-5} \in \mathbb{Z}[\sqrt{-5}]$ $(x, y \in \mathbb{Z})$ が存在すれば，複素共役との積をとると

$$(3, 1+\sqrt{-5})(3, 1-\sqrt{-5}) = (\alpha\bar{\alpha}) = (x^2+5y^2).$$

すなわち $(3) = (x^2+5y^2)$. これは $3 = \pm(x^2+5y^2)$ を意味するが，それは不可能．

問3 作図不可能．$40° = \dfrac{360°}{9}$ だから，もし $40°$ が作図可能なら ζ_9 が作図可能なはずである．しかし $[\mathbb{Q}(\zeta_9) : \mathbb{Q}] = \sharp((\mathbb{Z}/9\mathbb{Z})^\times) = 6$ が 2 のベキでないから，ζ_9 は作図不可能．

問4 $\chi_{-5}; (\mathbb{Z}/20\mathbb{Z})^\times \to \{\pm 1\}$ が $1, 3, 7, 9 \bmod 20$ を 1 に，$11, 13, 17, 19 \bmod 20$ を 1 にうつすことが χ_{-5} の定義から確かめられる．

問5 命題 5.2 により，O_K の 0 でない素イデアルで 3 を含まないものは $K(\zeta_3)$ において不分岐である．また $K(\zeta_3) = K(\sqrt{-3}) = K(\sqrt{2})$ であるから，命題 5.2 により，O_K の 0 でない素イデアルで 2 を含まないものは $K(\zeta_3)$ において不分岐である．2 も 3 もともに含む素イデアルは存在しない．

第6章

問1 (1) k に属さない $k[T]$ の元 f は，$k[T]$ のどんな 0 でない元 g についても，fg の次数が ≥ 1 となり，$fg = 1$ とはなりえない．よって f は $k[T]$ の可逆元ではない．

(2) $\mathbb{C}[T]$ に関することは容易なので略する．f を $\mathbb{R}[T]$ の既約多項式とす

る．f は $\mathbb{C}$ において根 α を持つ．$\alpha \in \mathbb{R}$ なら f は $\mathbb{R}[T]$ の中で，$T-\alpha$ でわりきれ，f の既約性から，$f=a(T-\alpha)$, $a \in \mathbb{R}^{\times}$. よって f は1次式．$\alpha \notin \mathbb{R}$ なら，α の複素共役 $\bar{\alpha}$ も f の根であり，$(T-\alpha)(T-\bar{\alpha}) \in \mathbb{R}[T]$ だから，f は $\mathbb{R}[T]$ の中で $(T-\alpha)(T-\bar{\alpha})$ でわりきれる．f の既約性から $f=a(T-\alpha)(T-\bar{\alpha})$, $a \in \mathbb{R}^{\times}$. このとき $f=aT^2+bT+c$ と書くと，$b^2-4ac=a^2(\alpha-\bar{\alpha})^2<0$. 逆に，1次式は既約多項式であり，$aT^2+bT+c$ $(a,b,c \in \mathbb{R}, \ a \neq 0, \ b^2-4ac<0)$ の形の式は $\mathbb{R}$ に根を持たない2次式だから既約多項式である．

問2 素数のかわりに最高次の係数が1の既約多項式を用いることで，同じ証明法ができる．

問3 $\nu(x+y) \geqq \min(\nu(x), \nu(y)) = \nu(y)$. もし $\nu(x+y) > \nu(y)$ なら，$y=(x+y)+(-x)$ により，$\nu(y) \geqq \min(\nu(x+y), \nu(-x)) = \min(\nu(x+y), \nu(x)) > \nu(y)$ となり矛盾．

問4 命題6.41で $\alpha = \sqrt{m}$, $\mathfrak{p} = p\mathbb{Z}$（$p$ は m をわらない奇素数）ととる．$f(T) = T^2 - m$ であり，$f'(\alpha) = 2\sqrt{m}$ は，$\mathfrak{p}$ の上にある O_L の素イデアルには含まれない．よって命題6.41(2)により，

$$p が L において完全分解する$$
$$\iff T^2 - m が \mathbb{F}_p に根を持つ \iff \left(\frac{m}{p}\right) = 1.$$

問5 $A = \mathbb{Z}$, $K = \mathbb{Q}$, $L = \mathbb{Q}(\sqrt[3]{3})$, $B' = \mathbb{Z}[\sqrt[3]{3}]$ とおく．p を素数とする．$\alpha = \sqrt[3]{3}$, $f(T) = T^3 - 3$ とおくと，$f(\alpha) = 0$ であり，p を素数とするとき，$p \neq 3$ なら $f'(\alpha) = 3\sqrt[3]{3}^2$ ゆえ，$p\mathbb{Z} \not\ni 3^2 \in \mathbb{Z} \cap f'(\alpha)B'$. $p=3$ なら $f(T)$ は $p\mathbb{Z}$ についての Eisenstein 多項式．よって命題6.46により $B' = B$.

問6 補題6.89を証明する．離散空間 X では $X = \bigcup_{x \in X} \{x\}$ が X の開被覆．さらに，X がコンパクトなら，コンパクト性の定義により，X は有限個の $\{x\}$ の合併である．すなわち X は有限．

次に補題6.90を証明する．$Y = \bigcup_{\lambda \in \Lambda} U_\lambda$ を Y の開被覆とする．Y が有限個の U_λ の合併であることを示せばよい．$X = \bigcup_{\lambda \in \Lambda} f^{-1}(U_\lambda)$ は X の開被覆であり X はコンパクトだから，添字集合 Λ の有限部分集合 Λ' で $X = \bigcup_{\lambda \in \Lambda'} f^{-1}(U_\lambda)$ となるものがある．f は全射だから $Y = \bigcup_{\lambda \in \Lambda'} U_\lambda$.

問7 (1) a_n が $\mathbb{R} \times \prod_{p:\text{素数}} \mathbb{Z}_p$ に入ること，各 p ごとに $\text{ord}_p(n!) \to \infty$ となることからしたがう．

(2) $\mathbb{A}_\mathbb{Q}^\times$ における 1 の近傍 $U = \mathbb{R}^\times \times \prod_{p:\text{素数}} \mathbb{Z}_p^\times$ をとると，$a_n \notin U$ となることからわかる．

問8 有理数は，分母が素数のベキである有理数の和になる．したがって素数 p, $n \geq 0$, $a \in \mathbb{Z}$ に対し，$\iota\left(\dfrac{a}{p^n}\right) = 1$ を示せばよいが，これは，$\iota_\infty\left(\dfrac{a}{p^n}\right) = \exp\left(2\pi i \dfrac{a}{p^n}\right) = \iota_p\left(\dfrac{a}{p^n}\right)$ と素数 $l \neq p$ に対し $\iota_l\left(\dfrac{a}{p^n}\right) = 1$ となることからしたがう．

第8章

問1 $\mathbb{Q}_p^\times/(\mathbb{Q}_p^\times)^2 \cong \mathbb{Z}/2\mathbb{Z} \times \mathbb{Z}/2\mathbb{Z}$ であり，この群の指数 2 の部分群は 3 個あるから，局所類体論により 2 次拡大の個数は 3 個．

演習問題解答

第0章

0.1 5のn乗根が有理数であると仮定し，その分母分子を素因数分解して，$\pm p_1^{e_1} \cdots p_r^{e_r}$ ($p_1,\cdots,p_r$ は相異なる素数，e_i は整数，$e_i \neq 0$)となったとする．これをn乗して，$5 = p_1^{ne_1} \cdots p_r^{ne_r}$. $n \geqq 2$ だから，これは素因数分解がただひととおりであることに矛盾．

0.2 $\sqrt{2}+\sqrt{3}$ が有理数ならその2乗である $5+2\sqrt{6}$ も有理数，したがって $\sqrt{6}$ も有理数になるはずだが，上の問題0.1と同様にして，$\sqrt{6}$ は無理数．

0.3 $29 = 2^2+5^2$, $37 = 1^2+6^2$, $\cdots$

0.4 $5 = (2+i)(2-i)$, $13 = (3+2i)(3-2i)$ という素元分解を2通りに組み合わせて，
$$65^2 = \{(2+i)(3+2i)\}^2\{(2-i)(3-2i)\}^2 = (-33+56i)(-33-56i) = 33^2+56^2.$$
$$65^2 = \{(2+i)(3-2i)\}^2\{(2-i)(3+2i)\}^2 = (63-16i)(63+16i) = 63^2+16^2.$$

0.5 $x^2-2y^2 = 1$ ならば $\left(\dfrac{x}{y}-\sqrt{2}\right)\left(\dfrac{x}{y}+\sqrt{2}\right) = \dfrac{1}{y^2}$ より，$0 < \dfrac{x}{y}-\sqrt{2} < \dfrac{1}{\sqrt{2}y^2}$. これは $\dfrac{x}{y}$ が $\sqrt{2}$ に近いことをあらわしている．

0.6 $\dfrac{1}{2}y(y+1) = x^2$ をみたす自然数の組 (x,y) が無限にあることをいえばよい．この方程式は，
$$(2y+1)^2 - 2(2x)^2 = 1$$
の形に書きかえられる．$n \geqq 1$ に対し自然数 a_n, b_n を $(1+\sqrt{2})^n = a_n + b_n\sqrt{2}$ によって定義する．
$$a_n^2 - 2b_n^2 = (a_n+b_n\sqrt{2})(a_n-b_n\sqrt{2}) = (1+\sqrt{2})^n(1-\sqrt{2})^n = (-1)^n.$$
また $(1+\sqrt{2})^n$ の展開を考えると，$a_n = 1+(偶数)$, $b_n = n+(偶数)$. よって n を偶数にとると，$a_n^2 - 2b_n^2 = 1$, a_n は奇数，b_n は偶数．そこで $y = \dfrac{a_n-1}{2}$, $x = \dfrac{b_n}{2}$ とおくと $(2y+1)^2-2(2x)^2 = 1$ となる．

第1章

1.1 解答：$O, (0, \pm 1), (-\sqrt[3]{4}, \pm\sqrt{-3}), (-\sqrt[3]{4}\zeta_3, \pm\sqrt{-3}), (-\sqrt[3]{4}\zeta_3^2, \pm\sqrt{-3})$ の9個（ζ_3 は1の原始3乗根）．もとめかた：$3P = O \Longleftrightarrow 2P = -P$. 一般に点 P

$\in E(\mathbb{C})$, $P \neq O$ の x 座標を $x(P)$ と書くと, $P, Q \in E(\mathbb{C})$ に対し
$$x(P) = x(Q) \Longleftrightarrow Q = \pm P.$$
よって,
$$3P = O, \ P \neq O \Longleftrightarrow x(2P) = x(P) \text{ かつ } P \neq O$$
$E(\mathbb{C})$ の点 P で $2P \neq O$ なるものに対し, $x(2P) = \dfrac{x(P)^4 - 8x(P)}{4(x(P)^3 + 1)}$ (§1.2(1.4)) なので, $x(2P) = x(P) \Longleftrightarrow x(P) = 0, -\sqrt[3]{4}, -\sqrt[3]{4}\zeta_3, -\sqrt[3]{4}\zeta_3^2$ となる.

1.2 m, n を互いに素な整数とし,
$$A = |(m^3 + 32n^3)m|, \quad B = |4(m^3 - 4n^3)n|$$
とし, A と B の最大公約数を D とする. 問の不等式を示すには, D が 144 の約数であることを示せばよい. なぜならそれが言えると, P の x 座標が $\dfrac{m}{n}$ ($n \neq 0$) で, m と n を互いに素とすると,
$$H(2P \text{ の } x \text{ 座標}) = H\left(\dfrac{A}{B}\right) = \dfrac{1}{D} \max(A, B)$$
$$\geq \dfrac{1}{D} \max(m, n)^4 = \dfrac{1}{D} H(P \text{ の } x \text{ 座標})^4$$
となるからである.

p を素数とする. $\mathrm{ord}_p(D) = \min(\mathrm{ord}_p(A), \mathrm{ord}_p(B))$ である. (ord_p は p の何乗できっかりわりきれるかをあらわす.) p が D の素因数なら p は n をわらない (p が n をわれば, p は m をわらず, したがって $m^3 + 32n^3$ もわらず, よって p が A をわらない.) p が D の素因数で $p \neq 2$ なら, p は m をわらない ($p \neq 2$ かつ p が m をわれば, p は B をわらない). よって p が D の素因数で $p \neq 2$ なら,
$$\mathrm{ord}_p(D) = \min(\mathrm{ord}_p(m^3 + 32n^3), \ \mathrm{ord}_p(m^3 - 4n^3))$$
$$\leq \min \mathrm{ord}_p((m^3 + 32n^3) - (m^3 - 4n^3)) = \mathrm{ord}_p(36n^3) = \mathrm{ord}_p(36).$$
よって $p = 3$ であり, $\mathrm{ord}_3(D) \leq 2$.

次に $\mathrm{ord}_2(D)$ を調べる. m が奇数なら $\mathrm{ord}_2(A) = 0$. m が偶数なら, n は奇数ゆえ $\mathrm{ord}_2(m^3 - 4n^3) = 2$, よって $\mathrm{ord}_2(B) = 4$.

以上により D は $2^4 \times 3^2 = 144$ の約数. よって問の不等式が示された.

「$r \geq 6$ ならば $\dfrac{1}{144} r^4 > r$」であるから, もし, この楕円曲線の有理点 P が $H(P \text{ の } x \text{ 座標}) \geq 6$ をみたせば, $H(2P \text{ の } x \text{ 座標}) > H(P \text{ の } x \text{ 座標})$ が成立する. 本文にあるようにこの楕円曲線は $H(P \text{ の } x \text{ 座標}) \geq 6$ なる有理点を持つ. この点 P について, $P, 2P, 4P, 8P, 16P, \cdots$ は, x 座標の高さがみな異なるから,

すべて異なる点であり，よって，有理点が無限にある．（なお，上でもっと精密に考えると，「m,n が整数で，$m \not\equiv 0 \mod 3$ または $n \not\equiv 0 \mod 3$ なら $m^3 - 4n^3 \not\equiv 0 \mod 9$」であることが，$0 \leq m \leq 8$, $0 \leq n \leq 8$ を実際にチェックして確かめられる．よって上で D が $2^4 \times 3 = 48$ の約数であることがわかり，
$$48 \cdot H(2P \text{ の } x \text{ 座標}) \geq H(P \text{ の } x \text{ 座標})^4$$
が言える．「$r \geq 4$ ならば $\frac{1}{48}r^4 > r$」ゆえ，P が $(5, 11)$ なら $P, 2P, 4P, 8P, \cdots$ の x 座標の高さがみな異なることが言えて，有理点 $(5, 11)$ の存在を知っているだけで有理点が無限にあるとわかる．）

1.3 $(x, y) \in X$ に対し $\left(\dfrac{1}{x+y}, \dfrac{x-y}{x+y}\right) \in Y$ なることは，
$$\left(\dfrac{x-y}{x+y}\right)^2 + \dfrac{1}{3} = \dfrac{4}{3} \cdot \dfrac{x^2 - xy + y^2}{(x+y)^2} = \dfrac{4k}{3} \cdot \dfrac{1}{(x+y)^3}$$
による．これが全単射であることは，逆写像 $Y \to X$ が $(x, y) \mapsto \left(\dfrac{y+1}{2x}, \dfrac{1-y}{x}\right)$ によって与えられることによる．（$(x, y) \in Y$ に対し $\left(\dfrac{y+1}{2x}, \dfrac{1-y}{x}\right) \in X$ なることの証明，合成写像 $X \to Y \to X$, $Y \to X \to Y$ がいずれも恒等写像であることの証明は省略する．）

1.4 逆写像 $Y \to X$ が $(x, y) \mapsto \left(\dfrac{y}{2x}, \dfrac{x}{4} + \dfrac{k}{x}\right)$ で与えられる．

1.5 1.3, 1.4 も証明を略記したが，この 1.5 の証明も，ただ確かめていくだけなので省く．

1.6 (i) 解答：$(x, y) = (0, 0), (2, \pm 4)$．方法：$(x, y) \neq (0, 0)$ が $y^2 = x^3 + 4x$ の有理点なら，上の問題 1.5 において $k = -1$ の場合を考えると，$g(x, y) = \left(\dfrac{x}{4} - \dfrac{1}{x}, \dfrac{y}{8}\left(1 - \dfrac{4}{x^2}\right)\right)$ は $y^2 = x^3 - x$ の有理点．それは命題 1.2 により $(0, 0), (\pm 1, 0)$ に等しいから $\dfrac{y}{8}\left(1 - \dfrac{4}{x^2}\right) = 0$．よって $y = 0$ または $x = \pm 2$．

(ii) 解答：$(x, y) = (\pm 1, 0)$．方法：(x, y) が $y^2 = x^4 - 1$ の有理点なら，1.4, 1.5 の $k = -1$ の場合を考えると，その $X \to Y \overset{g}{\to} E(K)$; $(x, y) \mapsto (x^2, xy)$ による像は，$y^2 = x^3 - x$ の有理点．よって $xy = 0$ を得る．

(iii) 解答：$(x, y) = (0, \pm 2)$．方法：(ii) と同様に，(x, y) が $y^2 = x^4 + 4$ の有理点なら (x^2, xy) は $y^2 = x^3 + 4x$ の有理点．よって(i)より，(x^2, xy) は $(0, 0), (2, \pm 4)$ のいずれかに等しい．

演習問題解答

第2章

2.1 たとえば，$\dfrac{2^n}{2^n+1}$ は $\mathbb{R}$ において 1 に収束，$\mathbb{Q}_2$ において 0 に収束．$\dfrac{2^n}{2^n+3^n}$ は $\mathbb{Q}_3$ において ($3^n \to 0$ なので) 1 に収束，$\mathbb{Q}_2$ 内で 0 に収束．

2.2 $\mathrm{Hom}\left(\mathbb{Z}\left[\dfrac{1}{p}\right]/\mathbb{Z}, \mathbb{Z}\left[\dfrac{1}{p}\right]/\mathbb{Z}\right)$ の元 f を各 $n \geqq 1$ について $\left(\dfrac{1}{p^n}\mathbb{Z}\right)/\mathbb{Z}$ に制限したものを f_n と書くと，$f_n: \left(\dfrac{1}{p^n}\mathbb{Z}\right)/\mathbb{Z} \to \mathbb{Z}\left[\dfrac{1}{p}\right]/\mathbb{Z}$ の像は (定義域 $\left(\dfrac{1}{p^n}\mathbb{Z}\right)/\mathbb{Z}$ が p^n 倍で消えるので)，$\mathbb{Z}\left[\dfrac{1}{p}\right]/\mathbb{Z}$ における p^n 倍の核 $\left(\dfrac{1}{p^n}\mathbb{Z}\right)/\mathbb{Z}$ に含まれる．よって f_n は $\left(\dfrac{1}{p^n}\mathbb{Z}\right)/\mathbb{Z}$ から $\left(\dfrac{1}{p^n}\mathbb{Z}\right)/\mathbb{Z}$ への準同型となり，それはある $\mathbb{Z}/p^n\mathbb{Z}$ の元 a_n による a_n 倍写像に一致する．こうして，環準同型

$$\varphi: \mathrm{Hom}\left(\mathbb{Z}\left[\dfrac{1}{p}\right]/\mathbb{Z}, \mathbb{Z}\left[\dfrac{1}{p}\right]/\mathbb{Z}\right) \to \varprojlim_n \mathbb{Z}/p^n\mathbb{Z}; \quad \varphi(f) = (a_n)_{n \geqq 1}$$

を得る．逆に，環準同型

$$\psi: \varprojlim_n \mathbb{Z}/p^n\mathbb{Z} \to \mathrm{Hom}\left(\mathbb{Z}\left[\dfrac{1}{p}\right]/\mathbb{Z}, \mathbb{Z}\left[\dfrac{1}{p}\right]/\mathbb{Z}\right)$$

を次のように得る．$(a_n)_{n \geqq 1} \in \varprojlim_n \mathbb{Z}/p^n\mathbb{Z}$ とする．$x \in \mathbb{Z}\left[\dfrac{1}{p}\right]/\mathbb{Z}$ に対し，$\mathbb{Z}\left[\dfrac{1}{p}\right]/\mathbb{Z} = \bigcup_{n \geqq 1}\left(\dfrac{1}{p^n}\mathbb{Z}\right)/\mathbb{Z}$ ゆえ $x \in \left(\dfrac{1}{p^n}\mathbb{Z}\right)/\mathbb{Z}$ なる $n \geqq 1$ がとれるが，$f(x) = a_n x$ とおくことで $f = \psi((a_n)_{n \geqq 1}) \in \mathrm{Hom}\left(\mathbb{Z}\left[\dfrac{1}{p}\right]/\mathbb{Z}, \mathbb{Z}\left[\dfrac{1}{p}\right]/\mathbb{Z}\right)$ が定義される．$\psi \circ \varphi$，$\varphi \circ \psi$ がそれぞれ，$\mathrm{Hom}\left(\mathbb{Z}\left[\dfrac{1}{p}\right]/\mathbb{Z}, \mathbb{Z}\left[\dfrac{1}{p}\right]/\mathbb{Z}\right)$，$\varprojlim_n \mathbb{Z}/p^n\mathbb{Z}$ の恒等写像であることは容易にたしかめられる．よって，

$$\mathrm{Hom}\left(\mathbb{Z}\left[\dfrac{1}{p}\right]/\mathbb{Z}, \mathbb{Z}\left[\dfrac{1}{p}\right]/\mathbb{Z}\right) \cong \varprojlim_n \mathbb{Z}/p^n\mathbb{Z} \cong \mathbb{Z}_p.$$

2.3 $n \neq 0$ とし，$k = \mathrm{ord}_3(n)$ とおく．命題 2.14(4) を用いると次のことがわかる．4 は $1+3\mathbb{Z}_3$ に属し $1+9\mathbb{Z}_3$ には属さないから，$\log(4)$ は $3\mathbb{Z}_3$ に属し $9\mathbb{Z}_3$ には属さない．よって $n\log(4)$ は $3^{k+1}\mathbb{Z}_3$ に属し $3^{k+2}\mathbb{Z}_3$ には属さない．よって $4^n = \exp(n\log(4))$ は $1+3^{k+1}\mathbb{Z}_3$ に属し $1+3^{k+2}\mathbb{Z}_3$ には属さない．よって 4^n-1 は $3^{k+1}\mathbb{Z}_3$ に属し $3^{k+2}\mathbb{Z}_3$ には属さない．よって $\mathrm{ord}_3(4^n-1) = k+1$．

2.4 (1) は命題 2.18 と，p が奇素数のとき

$$\left(\dfrac{-2}{p}\right) = 1 \iff p \equiv 1, 3 \bmod 8$$

であることからわかる．次に(2)の $x^2+y^2=-2$, すなわち $-\frac{1}{2}x^2-\frac{1}{2}y^2=1$ を考察する．これをみたす $x,y\in\mathbb{Q}_p$ が存在するための必要十分条件は，命題2.20により，$\left(-\frac{1}{2},-\frac{1}{2}\right)_p=1$. しかし $p\neq 2$ なら $\left(-\frac{1}{2},-\frac{1}{2}\right)_p=1$, $\left(-\frac{1}{2},-\frac{1}{2}\right)_2=-1$ である．(3)を示すには($p\neq 2$ なら $x^2+y^2=-2$ の解が $x^2+y^2+0^2=-2$ をみたすから)，$x^2+y^2+z^2=-2$ をみたす $\mathbb{Q}_2$ の元 x,y,z が存在することを言えば十分．-2 に $\mathbb{Q}_2$ の中でたいへん近い 14 については，$1^2+2^2+3^2=14$ となる．$\frac{14}{-2}=-7\equiv 1 \bmod 8$ ゆえ，命題2.18により，$a^2=\frac{14}{-2}$ となる $a\in\mathbb{Q}_2^\times$ が存在する．よって $-2=\frac{14}{a^2}=\left(\frac{1}{a}\right)^2+\left(\frac{2}{a}\right)^2+\left(\frac{3}{a}\right)^2$.

第3章

3.1 (1) Dirichlet 指標 $\chi:(\mathbb{Z}/8\mathbb{Z})^\times\to\mathbb{C}^\times$ を $\chi(1\bmod 8)=\chi(3\bmod 8)=1$, $\chi(5\bmod 8)=\chi(7\bmod 8)=-1$ と定義すると，問は $L(1,\chi)$ をもとめるものである．$\chi(-1)=-1$ だから，定理3.4により

$$L(1,\chi)=-\frac{2\pi i}{8}\cdot\frac{1}{2}\cdot(h_1(\zeta_8)+h_1(\zeta_8^3)-h_1(\zeta_8^5)-h_1(\zeta_8^7))=\frac{\pi}{2\sqrt{2}}.$$

(2) Dirichlet 指標 $\chi:(\mathbb{Z}/8\mathbb{Z})^\times\to\mathbb{C}^\times$ を $\chi(1\bmod 8)=\chi(7\bmod 8)=1$, $\chi(3\bmod 8)=\chi(5\bmod 8)=-1$ と定義する．問は $L(2,\chi)$ をもとめるものである．$\chi(-1)=1$ だから，定理3.4により

$$L(2,\chi)=\left(-\frac{2\pi i}{8}\right)^2\cdot\frac{1}{2}\cdot(h_2(\zeta_8)-h_2(\zeta_8^3)-h_2(\zeta_8^5)+h_2(\zeta_8^7))=\frac{\sqrt{2}}{16}\pi^2.$$

3.2 (1) $(1-2^{1-s})\zeta(s)=\sum_{n=1}^\infty\frac{1}{n^s}-2\sum_{n=1}^\infty\frac{1}{(2n)^s}=1-\frac{1}{2^s}+\frac{1}{3^s}-\frac{1}{4^s}+\frac{1}{5^s}-\frac{1}{6^s}+\cdots$.

(2) $\lim_{s\to 1+0}(s-1)\zeta(s)=\lim_{s\to 1+0}\frac{s-1}{1-2^{1-s}}\cdot\left(1-\frac{1}{2^s}+\frac{1}{3^s}-\frac{1}{4^s}+\cdots\right)=\frac{1}{\log 2}\cdot\log 2=1$.

3.3 $s_1-s_3-s_5+s_7$ をとると，

$$-\log\left\{\frac{(1-\zeta_8)(1-\zeta_8^7)}{(1-\zeta_8^3)(1-\zeta_8^5)}\right\}=(\zeta_8-\zeta_8^3-\zeta_8^5+\zeta_8^7)L(1,\chi)$$

ここに χ は 3.1(2) のとおり．これは

$$-\log\left(\frac{1}{(1+\sqrt{2})^2}\right)=2\sqrt{2}L(1,\chi)$$

と書きなおされ，よって $L(1,\chi)=\frac{1}{\sqrt{2}}\log(1+\sqrt{2})$.

3.4 絶対収束域のことは省略し,解析接続と,0以下の整数での値について述べる. $n_1,\cdots,n_k\geqq 0$ にわたる和を単に $\sum$ と書くとき,

$$\Gamma(s)\zeta(s,x\,;\,c_1,\cdots,c_k) = \int_0^\infty e^{-t}t^s\frac{dt}{t}\cdot\sum\frac{1}{(x+c_1n_1+\cdots+c_kn_k)^s}$$

$$= \int_0^\infty \sum e^{-(x+c_1n_1+\cdots+c_kn_k)u}u^s\frac{du}{u}$$

$$= \int_0^\infty \frac{e^{-xu}}{(1-e^{-c_1u})\cdot\cdots\cdot(1-e^{-c_ku})}u^s\frac{du}{u}.$$

$a>0$ とし,この積分を $\int_0^\infty = \int_0^a + \int_a^\infty$ と分ける. e^{-xu} が $u\to\infty$ のとき急激に 0 に近づくことにより, $\int_a^\infty$ は複素平面全体に s の正則関数として解析接続される. また a を十分小さくとって $0<|u|\leqq a$ に $1-e^{-c_iu}$ ($1\leqq i\leqq k$) の零点がないようにしておくと, $0<u\leqq a$ において

$$c_1\cdots c_k\cdot\frac{e^{-xu}}{(1-e^{-c_1u})\cdot\cdots\cdot(1-e^{-c_ku})} = u^{-k}\sum_{n=0}^\infty A_nu^n$$

(A_n は $x,c_1,\cdots,c_k$ の $\mathbb{Q}$ 係数の多項式の形に書ける数)となることを使うと

$$c_1\cdots c_k\cdot\int_0^a = \sum_{n=0}^\infty A_n\cdot\frac{a^{s+n-k}}{s+n-k}.$$

よって $\zeta(s,x\,;\,c_1,\cdots,c_k)$ は複素平面全体に有理型に解析接続され,$1,2,\cdots,k$ 以外では正則であることがわかる. 0以下の整数 m において

$$c_1\cdots c_k\cdot\zeta(m\,;\,x,c_1,\cdots,c_k) = \lim_{s\to m}\frac{1}{\Gamma(s)}\cdot A_{k-m}\cdot\frac{a^{s-m}}{s-m} = A_{k-m}\cdot(-1)^m\cdot|m|!.$$

第4章

4.1 $x^2+xy+2y^2 = \left(x+y\frac{1+\sqrt{-7}}{2}\right)\left(x+y\frac{1-\sqrt{-7}}{2}\right)$ であることから,

(i) $\iff p=\alpha\bar{\alpha}$ となる $\alpha\in\mathbb{Z}\left[\frac{1+\sqrt{-7}}{2}\right]$ が存在する.

§4.1にある命題 0.2, 0.3, 0.4 の証明と同様にして,$p\neq 2,7$ とするとき

$$\text{上の条件} \iff \left(\frac{-7}{p}\right)=1 \iff p\equiv 1,2,4 \bmod 7.$$

4.2 (ii)がみたされるなら,$n=m^2\prod_{j=1}^r p_j$, m は自然数,$r\geqq 0$, p_j は4でわる

と 1 余る素数または 2, となる. $p_j = \alpha_j \overline{\alpha}_j$, $\alpha_j \in \mathbb{Z}[\sqrt{-1}]$ となるから, $m \prod_{j=1}^{r} \alpha_j$ を β と書き $\beta = x + yi$ $(x, y \in \mathbb{Z})$ とおくと, $n = \beta \overline{\beta} = x^2 + y^2$.

(ii)がみたされないなら, $\mathrm{ord}_p(n)$ が奇数となる素数 $p \equiv 3 \bmod 4$ が存在するが, $(-1, n)_p = \left(\dfrac{-1}{p}\right) = -1$ となることから, $n = x^2 + y^2$ となる $x, y \in \mathbb{Q}$ は存在しない.

4.3 $p = \alpha \overline{\alpha}$ (α は $\mathbb{Z}[i]$ の素元)とおき $\alpha^{2n} = x + yi$ とおくと, $p^{2n} = \alpha^{2n} \overline{\alpha}^{2n} = x^2 + y^2$. 素元分解がただひととおりゆえ, $x \neq 0$, $y \neq 0$. よって p^n は x, y, p^n を 3 辺とする直角 3 角形の斜辺. α^{2n} は p でわれないから, 3 辺の長さの最大公約数は 1. これが条件をみたす(合同を除いて)唯一の 3 角形であることを示す. $p^{2n} = x^2 + y^2$, x, y は自然数とするとき, $p^{2n} = (x + yi)(x - yi)$ より, 両辺の素元分解を考えると, $x + yi = \alpha^r \overline{\alpha}^s \beta$, $x - yi = \alpha^s \overline{\alpha}^r \overline{\beta}$, $r \geq 0$, $s \geq 0$, $r + s = 2n$, $\beta \in \{\pm 1, \pm i\}$, となることがわかる. $r \neq 0$, $s \neq 0$ なら $x + yi$ は p でわれ, x, y, p^n がすべて p でわりきれる. $r = 0$ または $s = 0$ の場合, $x + yi = \alpha^{2n} \beta$ または $x + yi = \overline{\alpha}^{2n} \beta$ となるが, これは先に得た 3 角形と合同な 3 角形を与える.

4.4 命題 4.27 の記号を用いると, $(2, 1) \in P_3'$ は, あきらかに y 成分が P_3' の元の中で最小. よって命題 4.27 からしたがう.

4.5 付録の定理 A.2 により, $\prod_p p^{c_p}$, $\prod_p p^{d_p}$ はそれぞれ, a, b の両方にふくまれる A の分数イデアルのうち最大のもの, a, b の両方をふくむ A の分数イデアルのうち最小のものである. $a \cap b$, $a + b$ はそれぞれその性質をもっている.

4.6 $x^3 = (y + 2\sqrt{-5})(y - 2\sqrt{-5})$ である. $y + 2\sqrt{-5}$ が $\mathbb{Z}[\sqrt{-5}]$ の 3 乗元であることを示す. $(y + 2\sqrt{-5})$, $(y - 2\sqrt{-5})$ の両方をわりきる(つまり両方をふくむ)素イデアルは, $(y + 2\sqrt{-5}) - (y - 2\sqrt{-5}) = 4\sqrt{-5}$ を含む. イデアル (2) の素イデアル分解が $(2) = a^2$, ここに $a = (2, 1 + \sqrt{-5})$, であること, $(\sqrt{-5})$ が素イデアルであることが示せる. よって
$$(y + 2\sqrt{-5}) = a^m (\sqrt{-5})^n b, \quad (y - 2\sqrt{-5}) = a^m (\sqrt{-5})^n c, \quad m \geq 0, n \geq 0,$$
ここに, a, $(\sqrt{-5})$, b, c のどの 2 つも, 共通の素イデアルでわりきれない. $(x)^3 = a^{2m} (\sqrt{-5})^{2n} bc$ により, m, n が 3 の倍数であること, b, c があるイデアルの 3 乗になることがわかる. よって, $(y + 2\sqrt{-5})$ はあるイデアル d の 3 乗. d の 3 乗が主イデアルであるが, 類数 2 が 3 でわれないので, §4.4 でおこなったのと同じ議論によって, d 自身が主イデアルとなる. $d = (\alpha)$, $\alpha \in \mathbb{Z}[\sqrt{-5}]$ とおくと, $(y + 2\sqrt{-5}) = (\alpha^3)$ より, $y + 2\sqrt{-5} = \pm \alpha^3 = (\pm \alpha)^3$. かくて $y + 2\sqrt{-5}$ が

$\mathbb{Z}[\sqrt{-5}]$ の3乗元であることがわかった.
$$y+2\sqrt{-5} = (a+b\sqrt{-5})^3, \quad a,b \in \mathbb{Z}[\sqrt{-5}].$$
よって, $y=a^3-15ab^2$, $2=3a^2b-5b^3=(3a^2-5b^2)b$. 最後の式より, $b=\pm1,\pm2$. このあとの議論はやさしい.

第5章

5.1 $(\mathbb{Z}/8\mathbb{Z})^\times$ の部分群を調べることにより, $\mathbb{Q}(\zeta_8)$ の部分体が下のようであることがわかる. それぞれの体の右側に, その体で完全分解する素数を示した (たとえば, $(1 \bmod 8)$ とは, その体で素数 p が完全分解するための必要十分条件が $p \equiv 1 \bmod 8$ であることを意味する). これは定理 5.7 から判明するものである.

$$\begin{array}{ccc}
 & \mathbb{Q}(\zeta_8) & \\
\cup & \cup & \cup \\
\mathbb{Q}(\sqrt{2}) & \mathbb{Q}(\sqrt{-1}) & \mathbb{Q}(\sqrt{-2}) \\
\cup & \cup & \cup \\
 & \mathbb{Q} &
\end{array}
\qquad
\begin{array}{l}
(1 \bmod 8) \\
\\
(\pm 1 \bmod 8) \quad (1 \bmod 4) \quad (1,3 \bmod 8) \\
\\
(\text{すべての素数})
\end{array}$$

5.2

$$\begin{array}{ccc}
 & \mathbb{Q}(\zeta_{15}) & \\
\cup & \cup & \cup \\
\mathbb{Q}(\sqrt{-3},\sqrt{5}) & \mathbb{Q}(\zeta_{15}+\zeta_{15}^{-1}) & \mathbb{Q}(\zeta_5) \\
\cup & \cup & \cup \\
\mathbb{Q}(\sqrt{-15}) & \mathbb{Q}(\sqrt{-3}) & \mathbb{Q}(\sqrt{5}) \\
\cup & \cup & \cup \\
 & \mathbb{Q} &
\end{array}
\qquad
\begin{array}{l}
(1 \bmod 15) \\
\\
(1,4 \bmod 15) \quad (\pm 1 \bmod 15) \quad (1 \bmod 5) \\
\\
(1,2,4,8 \bmod 15) \quad (1 \bmod 3) \quad (\pm 1 \bmod 5) \\
\\
(\text{すべての素数})
\end{array}$$

5.3 例 5.28 に述べたように, $p \equiv 3,7 \bmod 20$ となる素数 p は $p=x^2+5y^2$ $(x, y \in \mathbb{Z})$ の形には書けず, $\mathbb{Q}(\sqrt{-5})$ において, 単項でない2つの素イデアルの積となる. そこで p_1, p_2 をそういう素数とし, $(p_1)=\boldsymbol{p}_1\overline{\boldsymbol{p}}_1$, $(p_2)=\boldsymbol{p}_2\overline{\boldsymbol{p}}_2$ を $\mathbb{Z}[\sqrt{-5}]$ における $(p_1),(p_2)$ の素イデアル分解とすると, $\mathbb{Q}(\sqrt{-5})$ は類数が2だから, $\boldsymbol{p}_1\boldsymbol{p}_2$ は単項イデアルとなる. $\boldsymbol{p}_1\boldsymbol{p}_2=(\alpha)$, $\alpha=x+y\sqrt{-5}$, $x,y \in \mathbb{Z}$ とおくと,
$$(p_1p_2) = \boldsymbol{p}_1\boldsymbol{p}_2\overline{\boldsymbol{p}}_1\overline{\boldsymbol{p}}_2 = (\alpha\overline{\alpha}) = (x^2+5y^2).$$
よって $p_1p_2 = x^2+5y^2$.

5.4 (1) 巡回群 $\mathbb{F}_p^\times$ の生成元を u とすると, u の位数は $p-1$ だから, もし $p \equiv 1 \bmod N$ なら $u^{(p-1)/N}$ が位数 N の元, すなわち1の原始 N 乗根になる.

逆を示す．もし $\mathbb{F}_p$ が 1 の原始 N 乗根を持てば，$\mathbb{F}_p^\times$ は位数 N の元を持つ．これは $\mathbb{F}_p^\times$ の位数 $p-1$ が N の倍数であることを示しており，よって $p \equiv 1 \bmod N$．

(2) 標数 $\neq 2$ の体の元 a について，a が 1 の原始 4 乗根 $\iff a^2 = -1$．よって奇素数 p について

$$\left(\frac{-1}{p}\right) = 1 \iff a^2 = -1 \text{ となる } a \in \mathbb{F}_p \text{ がある}$$

$$\iff \mathbb{F}_p \text{ が } 1 \text{ の原始 } 4 \text{ 乗根を持つ} \iff p \equiv 1 \bmod 4.$$

第 6 章

6.1 p を 5 でない素数とし，p の上にある $L = \mathbb{Q}(\sqrt{5})$ の素イデアル $\mathfrak{p}$ をとる．$\mathfrak{p}$ の剰余体は $\mathbb{F}_p$ であるか，または $\mathbb{F}_p$ の 2 次拡大 $\mathbb{F}_{p^2}$ である (命題 6.22)．$\mathfrak{p}$ の剰余体の 0 でない元 α は，$\alpha^{p^2-1} = 1$ をみたし，もし $\mathfrak{p}$ の剰余体が $\mathbb{F}_p$ なら $\alpha^{p-1} = 1$ をみたす．これは $\mathbb{F}_{p^2}^\times$ が位数 p^2-1 の群であり $\mathbb{F}_p^\times$ が位数 $p-1$ の群であることからわかる．α として $\frac{1+\sqrt{5}}{2} \bmod \mathfrak{p}$ や $\frac{1-\sqrt{5}}{2} \bmod \mathfrak{p}$ をとることで，$u_n \bmod \mathfrak{p}$ が，n を $n+p^2-1$ にとりかえても変わらず，$\mathfrak{p}$ の剰余体が $\mathbb{F}_p$ なら，n を $n+p-1$ にとりかえても変わらないことがわかる．

$p \equiv \pm 1 \bmod 4$ なら，$\mathfrak{p}$ は $\mathbb{Q}(\sqrt{5})$ において完全分解する (表 5.2) から，$\mathfrak{p}$ の剰余体は $\mathbb{F}_p$ になる (系 6.23)．

6.2 (1) $x \in O_L^\times$ なら $N_{L/K}(x) \in O_K^\times$ だから，$\nu_K(N_{L/K}(x)) = 0 = \nu_L(x)$．一般の $x \in L^\times$ については，e を L の K 上の分岐指数とすると，ある $y \in K^\times$ と $u \in O_L^\times$ について $x^e = yu$．$\nu_K(N_{L/K}(x)) = \nu_L(x)$ を示すには，両辺を e 倍したものを示せばよいから，結局 $y \in K^\times$ について $\nu_K(N_{L/K}(y)) = f \cdot \nu_L(y)$ を示せばよい．この左辺 $= \nu_K(y^{[L:K]}) = [L:K]\nu_K(y)$．右辺 $= fe\nu_K(y) = [L:K]\nu_K(y)$．

(2) (1) と補題 6.19(3) を用いて

$$|N_{L/K}(x)|_K = q^{-\nu_K(N_{L/K}(x))} = q^{-f\nu_L(x)} = |x|_L.$$

6.3 有理数体の場合の積公式は，素因数分解を用いて容易に証明される．一般の代数体 K を考える．$a \in K^\times$ とする．λ が $\mathbb{Q}$ の素点のとき

$$|N_{K/\mathbb{Q}}(a)|_\lambda = \Big|\prod_{v|\lambda} N_{K_v/\mathbb{Q}_\lambda}(a)\Big|_\lambda = \prod_{v|\lambda} |a|_{K_v}.$$

ここに $\prod_{v|\lambda}$ は λ の上にある K の素点 v にわたる積をあらわし，第 1 の等式は補題 6.74 により，第 2 の等式は上の問題 6.2(2) による．よって

$$\prod_v |a|_{K_v} = \prod_\lambda |N_{K/\mathbb{Q}}(a)|_\lambda = 1.$$

6.4 (1)は定義からあきらか．(2)は(3)の特別な場合($b = O_K$ の場合)である．(3)を示すには，ab^{-1} の素イデアル分解にあらわれる素イデアルの(重複も数えた)個数による帰納法により，$a = pb$, p は素イデアル，としてよい．このとき，b/a は体 O_K/p 上の1次元線形空間となる．($b \supsetneq c \supsetneq a$ となるイデアル c が存在しないので b/a は0と自分自身以外に部分 O_K/p 線形空間を持たないから．) よってこの場合，$[b:a] = \sharp(b/a) = N(p) = N(a)N(b)^{-1}$．

6.5 $K = \mathbb{R}, \mathbb{C}$ の場合はやさしいので省略し，K を，有限体を剰余体とする完備離散付値体とする．

(1) p を O_K の極大イデアルとする．$i \geqq 1$ を十分大きくとり，次に $p^j \subset np^i$ となる j をとる．$W = \mathrm{Ker}(O_K^\times \to (O_K/p^j)^\times)$ とおく．W は $K^\times$ の開部分群である．$W = \exp(p^j) \subset \exp(np^i) = (\exp(p^i))^n \subset (K^\times)^n$．

よって $(K^\times)^n$ は開部分群を含むから，開部分群である．また，$O_K^\times/W \cong (O_K/p^j)^\times$ は有限群であり，$K^\times \cong \mathbb{Z} \oplus O_K^\times$ だから，$K^\times/(K^\times)^n$ は有限群 $\mathbb{Z}/n\mathbb{Z} \oplus (O_K/p^j)^\times$ の商群と同型になり，よって有限である．

(2) H を $K^\times$ の指数 n の部分群とすると，$H \supset (K^\times)^n$ となり，$(K^\times)^n$ が(1)により開だから，H も開である．

第7章

7.1 素数が有限個とすれば，$\zeta(2)$ は有限個の $(1-p^{-2})^{-1}$ の積となり有理数となるはずである．

7.2 χ に付随する2次体 K をとると，$\widehat{\zeta}_K(s) = \widehat{\zeta}(s)\widehat{L}(s,\chi)$ が成り立つことと $\widehat{\zeta}_K(s) = \widehat{\zeta}_K(1-s)$, $\widehat{\zeta}(s) = \widehat{\zeta}(1-s)$ とから $\widehat{L}(s,\chi) = \widehat{L}(1-s,\chi)$ が得られ，したがって，$W(\chi) = 1$ がわかる．

7.3 いずれも留数計算でわかる．(1)の方針を記そう．$\mathrm{Re}(\alpha) > 0$ に対して

$$f(\alpha) = \frac{1}{2\pi i} \frac{1}{\log x} \int_{c-i\infty}^{c+i\infty} \frac{d}{ds}\left[\frac{\log\left(1 - \dfrac{s}{\alpha}\right)}{s}\right] x^s ds$$

とおく．いま

● ──── 演習問題解答

$$g_+(\alpha) = \int_{C_+} \frac{u^{\alpha-1}}{\log u} du, \quad g_-(\alpha) = \int_{C_-} \frac{u^{\alpha-1}}{\log u} du$$

とおくと(図を参照)，

$$f(\alpha) = \begin{cases} g_+(\alpha) & \text{Im}(\alpha) \geqq 0 \\ g_-(\alpha) & \text{Im}(\alpha) \leqq 0 \end{cases}$$

となることが，次のようにしてわかる．まず微分すると

$$f'(\alpha) = \frac{x^\alpha}{\alpha}, \quad g'_\pm(\alpha) = \frac{x^\alpha}{\alpha}.$$

したがって，$f(\alpha) - g_\pm(\alpha) = $ 定数，となり，$\text{Im}(\alpha) \to \pm\infty$ のときには，$f(\alpha) \to 0$，$g_\pm(\alpha) \to 0$ が見えて，確かめられる．とくに，$\alpha = 1$ とすると

$$f(1) = g_+(1) = \int_0^{1-\varepsilon} \frac{du}{\log u} + \int_{1+\varepsilon}^x \frac{du}{\log u} + \int_{1-\varepsilon\ \frown\ 1+\varepsilon} \frac{du}{\log u}$$

となり，$\varepsilon \downarrow 0$ によって

$$f(1) = \text{Li}(x) - i\pi$$

がわかる．一方，

$$f(1) = \frac{1}{2\pi i} \frac{1}{\log x} \int_{c-i\infty}^{c+i\infty} \frac{d}{ds}\left[\frac{\log(s-1)}{s}\right] x^s ds - i\pi$$

だから，(1)が得られる．(2)と(3)も同様である．

7.4 $\hat{\zeta}_K(s) = \hat{\zeta}_K(1-s)$ と $\zeta_K(s)$ の $s=1$ における留数公式を用いればよい．

7.5 対数微分をとると

$$\frac{\zeta'}{\zeta}(s) = \frac{\gamma + \log \pi}{2} - \frac{1}{s-1} + \sum_\rho \frac{1}{s-\rho} + \sum_{n=1}^\infty \left(\frac{1}{s+2n} - \frac{1}{2n}\right).$$

ここで, $s=0$ として, $\zeta(0)=-\dfrac{1}{2}$, $\zeta'(0)=-\dfrac{1}{2}\log(2\pi)$ を用いると

$$\sum_\rho \frac{1}{\rho} = \frac{\gamma}{2} - \frac{\log\pi}{2} - \log 2 + 1$$

と求まる. さらに微分して $s=0$ とすることによって

$$\sum_\rho \frac{1}{\rho^2} = 1 - \frac{\pi^2}{24} + (\log(2\pi))^2 + 2\zeta''(0)$$

が得られる.

7.6 積分に $\log(\sin x) = -\sum\limits_{n=1}^{\infty} \dfrac{\cos(2nx)}{n} - \log 2$ を代入して計算すればよい.

7.7 $\varphi(s) = \sum\limits_{n=1}^{\infty} (-1)^{n-1} n^{-s}$ とおこう. まず

$$\varphi(s) = \Big(\sum_{n=1}^{\infty} n^{-s}\Big) - 2\Big(\sum_{n=1}^{\infty} (2n)^{-s}\Big)$$

$$= \zeta(s) - 2\cdot 2^{-s}\zeta(s) = (1-2^{1-s})\zeta(s)$$

となる. Euler の関数等式は

$$\frac{\varphi(1-s)}{\varphi(s)} = -\frac{(s-1)!}{(2^{s-1}-1)\pi^s}(2^s-1)\cos\Big(\frac{\pi s}{2}\Big)$$

を言っているが, $s=2,3,4,\cdots$ に対しては

$$(s-1)! = \Gamma(s)$$

であるから, これは

$$\frac{(1-2^s)\zeta(1-s)}{(1-2^{1-s})\zeta(s)} = -\frac{\Gamma(s)}{(2^{s-1}-1)\pi^s}(2^s-1)\cos\Big(\frac{\pi s}{2}\Big)$$

と書ける. したがって,

$$\zeta(1-s) = \Gamma_{\mathbb{C}}(s)\cos\Big(\frac{\pi s}{2}\Big)\zeta(s)$$

と変形される. 一方, Riemann の関数等式は

$$\Gamma_{\mathbb{R}}(1-s)\zeta(1-s) = \Gamma_{\mathbb{R}}(s)\zeta(s)$$

であり,

$$\zeta(1-s) = \frac{\Gamma_{\mathbb{R}}(s)}{\Gamma_{\mathbb{R}}(1-s)}\zeta(s)$$

と書ける. したがって, 同値性を言うには

$$\frac{\Gamma_{\mathbb{R}}(s)}{\Gamma_{\mathbb{R}}(1-s)} = \Gamma_{\mathbb{C}}(s)\cos\Big(\frac{\pi s}{2}\Big)$$

を示せばよい．これには

$$\begin{cases} ① & \Gamma_\mathbb{C}(s) = \Gamma_\mathbb{R}(s)\Gamma_\mathbb{R}(s+1) \\ ② & \Gamma_\mathbb{R}(s+1)^{-1}\Gamma_\mathbb{R}(1-s)^{-1} = \cos\left(\dfrac{\pi s}{2}\right) \end{cases}$$

を見ればよい．このうち，①はガンマ関数の「2倍角の公式」であり，②はガンマ関数と正弦(サイン)関数の関係式

$$\Gamma(x)\Gamma(1-x) = \frac{\pi}{\sin(\pi x)}$$

において，$x = (s+1)/2$ とおいたものである．

第 8 章

8.1 (1) $L = K(\sqrt{p_1}, \cdots, \sqrt{p_n})$ とおく．$\mathfrak{p}$ を O_K の 0 でない素イデアルとする．$\mathfrak{p}$ の下にある素数が $2, p_1, \cdots, p_n$ のいずれでもなければ命題 5.2 により，$\mathfrak{p}$ は L において不分岐．$\mathfrak{p}$ の下にある素数が p_i なら，L は K に $\sqrt{p_j}$ $(j \neq i)$ と $\sqrt{-1}$ を添加した体でもあるから命題 5.2 により，$\mathfrak{p}$ は L において不分岐．また，$\mathfrak{p}$ の下にある素数が 2 なら，$\mathfrak{p}$ が L において不分岐であることは，$L \subset K(\zeta_{p_1}, \cdots, \zeta_{p_n})$ と命題 5.2 からもわかるし，次のようにしてもわかる．K' を代数体，$a \in O_{K'}$, $a \equiv 1 \bmod 4$ とし，$\mathfrak{p}'$ を O_K の素イデアルで 2 の上にあるものとすると，$K(\sqrt{a})$ において $\mathfrak{p}'$ は不分岐．これは，$\dfrac{\sqrt{a}+1}{2}$ が $f(T) = T^2 - T + \dfrac{1-a}{4} \in O_{K'}[T]$ の根であり $f'(T) = 2T - 1 \equiv -1 \bmod \mathfrak{p}'$ だから，命題 6.39 からしたがう．

(2) (1) により，$K(\sqrt{p_1}, \cdots, \sqrt{p_n})$ は K の絶対類体 $\widetilde{K}$ に含まれる．よって，$\sharp(Cl(K)) = [\widetilde{K} : K]$ は $2^n = [K(\sqrt{p_1}, \cdots, \sqrt{p_n}) : K]$ の倍数である．

8.2 $K = \mathbb{Q}(\sqrt{3})$ とおく．$Cl(K) = \{0\}$ と命題 6.114 により，$Cl(K, O_K)$ は K の 2 つの実素点が与える準同型 $O_K^\times = \{\pm 1\} \to (\mathbb{R}^\times / \mathbb{R}_{>0}^\times)^{\oplus 2}$ の余核と同型である．よって $Cl(K, O_K) \cong \mathbb{Z}/2\mathbb{Z}$．よって $K(O_K)$ は K の 2 次拡大．一方，$K(\sqrt{-1}) = K(\zeta_3)$ ゆえ，命題 5.2 により，O_K の 0 でない素イデアルはすべて $K(\sqrt{-1})$ において不分岐．よって $K(\sqrt{-1}) \subset K(O_K)$ (§8.1(g)(ウ))．よって，素数 $p \neq 2, 3$ に対し

$$p = x^2 - 3y^2 \,\exists x, y \in \mathbb{Z} \iff p \text{ が } K(\sqrt{-1}) = \mathbb{Q}(\zeta_{12}) \text{ において完全分解}$$
$$\iff p \equiv 1 \bmod 12.$$

ここに初めの $\iff$ は，命題 5.27 による．

8.3 Hilbert 記号を計算すると，$(p_i, a_i)_{p_i} = -1$ だから，$A(p_i, a_i, \mathbb{Q})$ は斜体である．また，$i > j$ のとき $(p_i, a_i)_{p_j} = 1$，$(p_j, a_j)_{p_j} = -1$ だから，$A(p_i, a_i, \mathbb{Q})$ と $A(p_j, a_j, \mathbb{Q})$ は互いに同型ではない．

欧文索引

『数論 I』pp. 1〜380, 『数論 II』pp. 381〜600.

additive reduction　　583
adele　　224
algebra　　321
algebraic function field in one variable　　175
algebraic number field　　107
analytic continuation　　95
arithmetico-geometric mean　　446
automorphic form　　382
automorphic representation　　562
bad reduction　　581
Bernoulli number　　95
Bernoulli polynomial　　96
Brauer group　　324
central simple algebra　　324
character　　244
character group　　244
character of the first kind　　500
character of the second kind　　500
characteristic ideal　　517
Chinese remainder theorem　　53
class field theory　　5
class number　　125
class number formula　　130
class number relations　　574
compact topological space　　187
completion　　184
completion of a metric space　　68
congruence　　52
congruence subgroup　　458
conjugacy classes　　571
cubic number　　10

cyclic algebra　　329
cyclotomic field　　151
decomposition group　　213, 527
Dedekind ring　　121
different　　196
Dirichlet character　　86
Dirichlet L function　　86
Dirichlet unit theorem　　8
discrete valuation　　180
discrete valuation ring　　182
division algebra　　320
divisor　　232
dual　　244
Eisenstein series　　390
elliptic curve　　11
equivalence classes of representations　　571
explicit formula　　257
factorization in prime elements　　14
factorization in prime ideals　　14
Fermat's last theorem　　1
finite place　　179
Fourier transform　　564
fractional ideal　　122
Frey curve　　593
Frobenius conjugacy class　　194
Frobenius substitution　　194
functional equation　　103
fundamental theorem on Abelian groups　　32
fundamental unit　　126
gamma function　　100

欧文索引

Gaussian sum   *160*
global field   *186*
good reduction   *581*
group of cyclotomic units   *553*
group structure   *26*
Hasse's reciprocity law   *328*
Hecke character   *284*
Hecke L function   *284*
Hecke operator   *454*
height   *22*
Hilbert symbol   *56*
Hurwitz zeta function   *94*
ideal   *120*
ideal class group   *123*
idele   *224*
idele class group   *224*
inertia group   *528*
infinite descent   *23*
integral point   *19*
inverse limit   *70*
invertible element   *8*
irregular prime   *473*
Iwasawa function   *491*
Iwasawa main conjecture   *471*
Iwasawa theory   *15*
kernel function   *572*
Kummer's criterion   *137*
λ-invariant   *514*
Langlands conjecture   *576*
left Haar measure   *190*
left invariant measure   *190*
local field   *188*
locally compact field   *187*
locally compact space   *187*
metric space   *66*
minimal Weierstrass model   *583*

modular group   *447*
module   *73*, *190*
Mordell operator   *385*
Mordell's theorem   *32*
μ-invariant   *514*
multiplicative reduction   *583*
multiplicity   *571*
n-gonal number   *9*
nonsplit multiplicative reduction   *583*
normalized product   *430*
p-adic absolute value   *66*
p-adic integer   *70*
p-adic L function   *104*, *488*
p-adic metric   *66*
p-adic number   *3*
p-adic number field   *62*
p-adic valuation   *64*
partial Riemann zeta function   *94*
Pell equation   *8*
Petersson inner product   *455*
place   *179*
point at infinity   *29*
Poisson summation formula   *564*
prime element   *5*
prime number   *5*
prime number theorem   *257*
primitive   *160*
principal adele   *224*
principal divisor   *232*
principal fractional ideal   *122*
principal ideal   *120*
principal ideal domain   *121*
principal idele   *224*
pseudo-isomorphism   *516*
pseudo-measure   *498*

quadratic curve 48
quadratic reciprocity law 52
quaternion algebra 322
Ramanujan conjecture 383
ramified 143
rational number field 7
rational point 19
regular prime 473
restricted direct product 225
Riemann zeta function 86
right regular representation 562
ring homomorphism 56
Selberg trace formula 570
Selberg ζ 575
semi-stable elliptic curve 583
semi-stable reduction 583
separated 187
Siegel modular form 464
Siegel modular group 464
Siegel upper half space 464

skew field 320
split multiplicative reduction 583
square number 11
Stickelberger element 547
Tate module 586
Tate twist 545
topological field 187
topological group 186
topological ring 187
trigonal number 10
trivial character 487
unique factorization domain 109
unit group 124
unramified 143
upper half plane 382
valuation ring 181
wave form 456
weak Mordell theorem 33
weight 382
zeta function 86

和文索引

『数論 I』pp. 1〜380, 『数論 II』pp. 381〜600.

Abel 群の基本定理 32
Bernoulli 数 95
Bernoulli 多項式 96
Birch–Swinnerton-Dyer 予想 588
Brauer 群 324
Dedekind 環 121
Dirichlet L 関数 86
Dirichlet 指標 86
Dirichlet の素数定理 269
Dirichlet の単数定理 8, 126
Eisenstein 級数 390
Eisenstein 多項式 201

Fermat の最終定理 1, 14
Fermat 予想 591, 595
Ferrero–Washington の定理 492
Fourier 変換 564
Frey 曲線 593
Frobenius 共役類 194
Frobenius 置換 194
Gauss 和 160
Greenberg 予想 542
Hamilton の 4 元数体 321
Hasse の相互法則 328
Hecke L 関数 284

和文索引

Hecke 環　454
Hecke 作用素　454
Hecke 指標　284
Hecke の逆定理　407
Herbrand, Ribet の定理　474, 545
Hilbert 記号　56
Hurwitz ζ 関数　94
Kronecker の極限公式　427
Kronecker の定理　155
Kummer の合同式　485
Kummer の判定法　137
λ 不変量　514, 517, 526
Langlands 予想　576
Lerch の公式　431
Mazur–Wiles の定理　481, 538
Mordell 作用素　385
Mordell の定理　32
μ 不変量　514, 517, 526
n 角数　9
p 進 L 関数　104, 485
p 進 Weierstrass 準備定理　514
p 進距離　66
p 進収束　64
p 進数　3, 62
p 進数体　62
p 進整数　70
p 進絶対値　66
p 進体　62
p 進展開　73
p 進付値　64
Pell 方程式　8
Petersson 内積　455, 457
Phragmén–Lindelöf の定理　410
Poisson 和公式　564
Pontrjagin の双対定理　244
Ramanujan の合同式　390

Ramanujan の等式　393
Ramanujan 予想　383
Rankin–Selberg の方法　422
Ribet の定理　593
Riemann ζ 関数　86
Riemann の明示公式　257
Selberg 跡公式　570
Serre 予想　594
Siegel 上半空間　464
Siegel 保型形式　464
Siegel モジュラー群　464
Stickelberger 元　547
Stickelberger の定理　547
Stirling の公式　410
Tate 加群　586
Tate ひねり　545
Teichmüller 指標　486, 497
Vandiver 予想　542
Wedderburn の定理　325
Wilton の結果　405
ζ 関数　86

ア 行

アデール　224
位相環　187
位相群　186
位相体　187
一意分解整域　109
1 変数代数関数体　175
イデアル　120
イデアル類群　123, 472, 513
イデール　224
イデール類群　224
岩澤関数　491
岩澤主予想　471, 481, 536, 538
岩澤の公式　531

岩澤理論　　15, 471
因子　　232
因子群　　232
円単数群　　553
円分 $\mathbb{Z}_p$ 拡大　　524
円分指標　　480, 497
円分体　　151
重さ　　382

カ 行

解析接続　　95
可逆元　　8
核関数　　572
カスプ形式　　451
加法的還元　　583
環準同型　　56
関数等式　　103
完全分解　　144, 208
完備化　　184
完備群環　　493
ガンマ関数　　100
擬測度　　498
擬同型　　516
基本単数　　126
逆極限　　70
共役差積　　196
共役類全体　　571
極小 Weierstrass モデル　　583
局所コンパクト空間　　187
局所コンパクト体　　187
局所体　　188
距離空間　　66
距離空間の完備化　　68
久保田–Leopoldt の p 進 L 関数　　488
群環　　493

群構造　　26
係数拡大　　327
原始的　　160
合同式　　52
合同部分群　　458
コンパクト位相空間　　187

サ 行

最大 Abel 拡大　　298
最大不分岐拡大　　207
3 角数　　10
算術幾何平均　　446
三平方の定理　　2
4 角数　　11
4 元数環　　322
指標　　244
指標群　　244
自明な指標　　487
自明な零点　　265
弱 Mordell の定理　　33
斜体　　320
主アデール　　224
主イデアル　　120
主イデアル整域　　121
主イデール　　224
主因子　　232
主因子群　　232
主分数イデアル　　122
準安定還元　　583
準安定な楕円曲線　　583
巡回線形環　　329
上半平面　　382
乗法的還元　　583
剰余次数　　192
正規積　　430
制限直積　　225

和文索引

整数環　118
整数点　19
正則カスプ形式　451
正則素数　473
正則保型形式　451
積測度　239
線形環　321
素イデアル定理　286
素イデアル分解　14
像　241
双対　244
素元　5, 108
素元分解　14, 108
素元分解整域　109
素数　5
素数定理　257, 265
素点　179

タ 行

体　320
大域体　186
第1補充法則　54
第1種指標　500
代数体　107
代数体の類数公式　278
第2種指標　500
第2補充法則　55
楕円曲線　11, 19, 579
楕円曲線のL関数　587
高さ　22, 33
惰性群　528
谷山–志村–Weil予想　589
単項イデアル　120
単項イデアル整域　121
単数群　124
単数定理　229

中国式剰余定理　53
中心単純環　324
重複度　571
特性イデアル　517

ナ 行

2次曲線　48
2次形式の数論　10

ハ 行

倍率　73, 190
波動形式　456
判別式　197
非自明零点　264
非正則素数　473
左 Haar 測度　190
左不変測度　190
非分裂乗法的還元　583
表現の同値類全体　571
付値環　181
部分 Riemann ζ 関数　94
不分岐　143
不分岐拡大　205, 521
分解群　213, 527
分岐　143
分岐指数　192
分数イデアル　122
分離的　187
分裂乗法的還元　583
平方剰余の相互法則　52, 54, 163
平方数　11
保型形式　10, 382
保型表現　562
本質的零点　264

マ 行

右正則表現　562
右不変測度　190
無限遠点　29
無限降下法　23, 114
無限素点　208
モジュラー群　447
モジュラーな楕円曲線　590

ヤ 行

有限素点　179
有理数体　7
有理点　19, 47

ラ 行

良い還元　581, 583
離散付値　180
離散付値環　182
立方数　10
類数　125
類数関係式　574
類数公式　130
類体論　5

ワ 行

悪い還元　581, 583

■岩波オンデマンドブックス■

数論 I──Fermat の夢と類体論

2005 年 1 月 7 日	第 1 刷発行
2013 年 11 月 15 日	第 9 刷発行
2016 年 7 月 12 日	オンデマンド版発行

著 者　加藤和也　黒川信重　斎藤 毅
　　　　（かとうかずや）（くろかわのぶしげ）（さいとうたけし）

発行者　岡本　厚

発行所　株式会社　岩波書店
　　　　〒101-8002 東京都千代田区一ツ橋 2-5-5
　　　　電話案内 03-5210-4000
　　　　http://www.iwanami.co.jp/

印刷／製本・法令印刷

© Kazuya Kato, Nobushige Kurokawa,
　Takeshi Saito 2016
ISBN 978-4-00-730450-7　　Printed in Japan